# TAUCHBOOT
# TITAN

**Hinweis**

Stehen im Buch ganze Sätze separat in Klammern, handelt es sich in der Regel um Informationen, bei denen die Zeitachse deutlich verlassen wird. Durch die Klammern wird die Hauptzeitachse des Erzählstrangs gewahrt.

Im Buch werden die Begriffe Twitter und tweeten verwendet. Der Dienst wurde erst am 20. Juli 2023 umbenannt in „X". Somit spielen 100 Prozent des Buches in „Twitter-Zeiten", wenn auch knapp.

BRIGITTE SAAR

# TAUCHBOOT TITAN

## TRAGÖDIE AM WRACK DER TITANIC

EINE CHRONOLOGIE

Koehler

TITANIC-Experte P. H. Nargeolet,
TITAN-Piloten Scott Griffith und Stockton Rush

„Karbonfaserkomposit ist ein tolles Material. Es ist besser als Titan. Es ist besser als viele andere Materialien. Aber es kann zu einem katastrophalen Versagen führen, wenn Fehlerstellen in der Struktur sind. Also muss man genau aufpassen, wie man es herstellt."

Stockton Rush, Titan-Pilot und CEO von OceanGate [1]

„Wir sind alle unter großem Risiko getaucht. Wir alle haben mehrere Dokumente unterschrieben. Da stand überall drin, dass es ein experimentelles Fahrzeug ist. [...] Wir haben verstanden, dass die Möglichkeit besteht, schwer verletzt zu werden oder zu sterben."

Fred Hagen, Titanic-Taucher [2]

„Im ersten Jahr haben wir alle gefilmt: ‚Sag, dass du weißt, dass du heute sterben kannst. Und nuschle nicht dabei.' Er [Stockton Rush] wollte Testpiloten, nicht Passagiere. Niemand zwingt dich mitzukommen, aber wenn du's tust, musst du dir des Risikos bewusst sein."

David Concannon, Anwalt und OceanGate-Berater [3]

# INHALT

## 2021



## 2022



## 2023

# 2008 – 2013

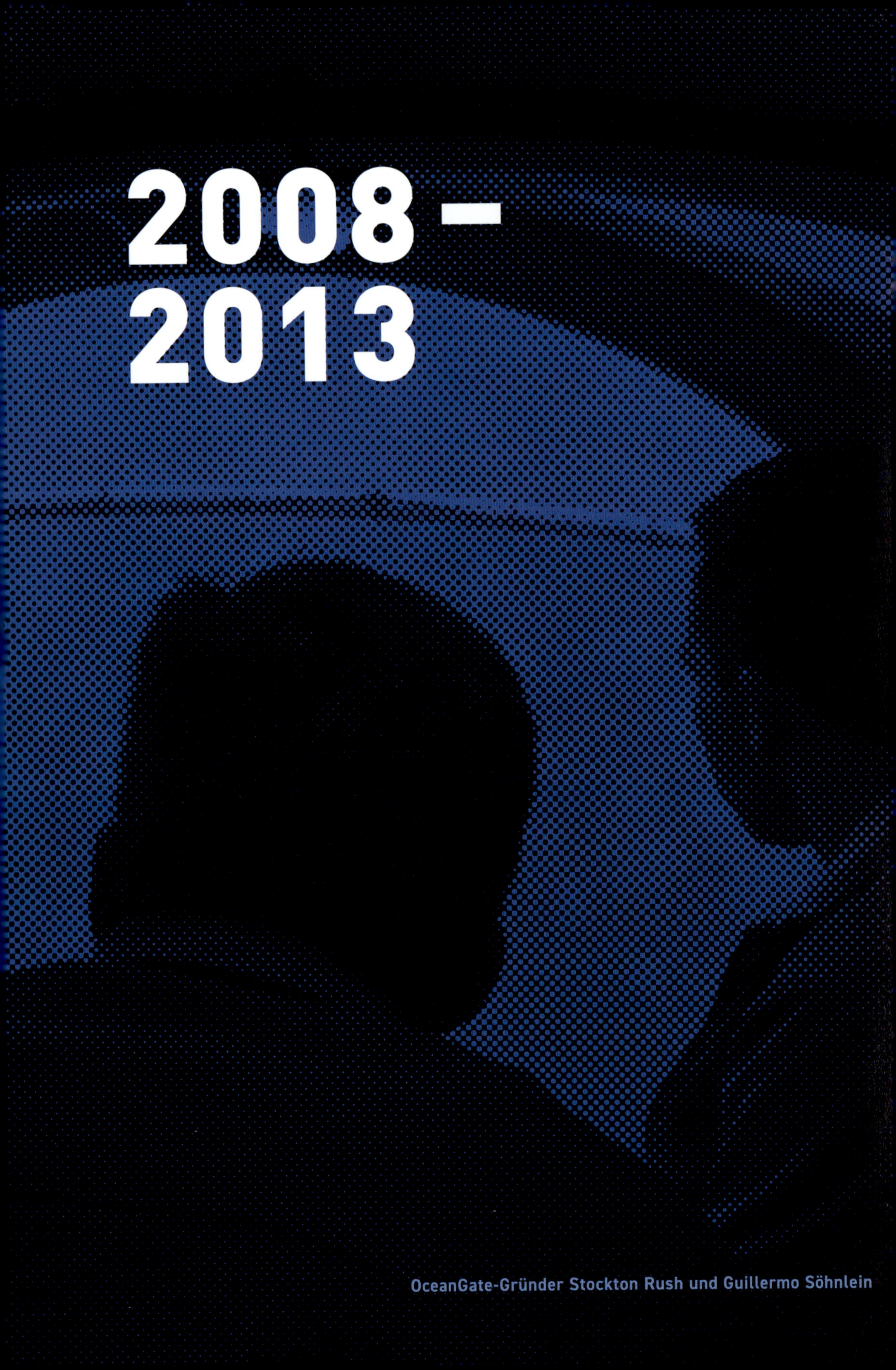

OceanGate-Gründer Stockton Rush und Guillermo Söhnlein

# EINE MÄNNER-FREUNDSCHAFT

Die Geschichte des berühmtesten Tiefsee-Tauchboots der Welt – der TITAN – beginnt mit einer Zufallsbegegnung. Guillermo A. M. Söhnlein, Amerikaner mit argentinischen Wurzeln und von Beruf Berater für Firmengründungen, lernt 2007 den Engländer Graham Hawkes kennen, einen Ingenieur für Unterwasserfahrzeuge. Dieser hat schon seit den 1970er-Jahren diverse Apparaturen und Tauchboote entwickelt. Mit seiner Firma Hawkes Ocean Technologies ist er seit 1996 in Point Richmond nördlich von San Francisco ansässig und baut dort Tauchgeräte, die eher wie Flugzeuge aussehen und nicht wie klassische Tauchboote. Das von ihm angewendete Grundprinzip ist einfach und innovativ zugleich: Hawkes' Wasserflugzeuge werden durch hydrodynamische Kräfte in die Tiefe gezogen – ähnlich dem Auftrieb, den Flugzeuge an ihren Flügeln erfahren, wenn diese sich mit hoher Geschwindigkeit durch die Luft bewegen, nur eben in umgekehrter Richtung. Hawkes' Unterwassergefährte sind so gebaut, dass sie an der Wasseroberfläche schwimmen. Bei eingeschaltetem Antrieb und einer Geschwindigkeit von etwa zwei Knoten (3,7 km/h) zieht die Wasserströmung die Konstruktion über die Flügel in die Tiefe. Stoppt das Wasserflugzeug, kehrt es von ganz allein zurück an die Oberfläche.[4] Damit unterscheiden sich Hawkes' Wasserflugzeuge grundlegend von herkömmlichen Tauchbooten, die mit Gewichten beschwert senkrecht in die Tiefe sinken und die erst wieder auftauchen, wenn sie so viel Ballast abgeworfen haben, dass das Gefährt Auftrieb bekommt.

Einer von Hawkes' Kunden ist der weltberühmte Abenteurer Steve Fossett, der um die Jahrtausendwende herum beschlossen hat, als Erster allein in die Tiefen des Marianengrabens (knapp 11.000 Meter) tauchen zu wollen. Dafür gibt er bei Hawkes Ocean Technologies – unter dem Siegel der Verschwiegenheit – im Jahr 2005 ein Ein-Mann-Unterwasserflugzeug in Auftrag. Graham Hawkes kommt dabei mit seiner Idee vom Unterwasserflieger an die Grenzen des Machbaren. Er muss einen Druckkörper bauen, der einen Menschen sicher zur tiefsten Stelle der Weltmeere bringen kann. Gleichzeitig soll das komplette Tauchboot positiven Auftrieb haben und von allein schwimmfähig sein. Ein Druckkörper aus Metall würde den Tauchflieger extrem schwer und klobig machen, weil zusätzlich viel Ausgleichsmaterial verbaut werden müsste, um den Auftrieb herzustellen. Und so ist Hawkes bereit, mit neuen Materialien zu experimentieren. Fossett schlägt vor, den Druckkörper aus zwei dicken Glashalbkugeln zu bauen. Hawkes verfolgt diese Idee eine Weile lang, findet aber keinen Hersteller, der in der Lage ist, die zweiteilige Glaskugel zu produzieren.

Bei Flugzeugen, in der Raumfahrt und im Bootsbau werden in Harz getränkte Karbonfasern schon eine Weile erfolgreich eingesetzt – sie würden einen Großteil der Eigenschaften mitbringen, die Hawkes für sein Tiefseeflugzeug braucht. Dabei werden mehrere Hundert Schichten aus hauchdünnen, in Epoxidharz getränkten Faserfäden in verschiedener Laufrichtung übereinandergelegt. Im Ofen verschmelzen die Harzschichten anschließend miteinander und härten dann aus, sodass die Fasern nun dauerhaft in Position bleiben. Graham Hawkes berechnet und tüftelt, verwirft und überarbeitet. Ein Druckkörper aus Karbonfasern könnte, wenn er dick genug ist, dem enormen Wasserdruck standhalten. Allerdings ist auch bekannt, dass das Material seine maximale Stärke entfaltet, wenn die Fasern unter Zug entlang der Faserrichtung stehen. Das ist dann der Fall, wenn der Druck im Inneren des Hohlkörpers größer ist als außen – die Fasern verhalten sich dann ähnlich einem gespannten Seil. Im Meer wirkt der Hauptdruck allerdings von außen auf den Druckkörper – die Fasern werden nicht durch den Druck gespannt, sondern eher zusammengeschoben. Dazu kommt, dass das Karbonfaser-Verbundmaterial durch Vibrationen oder einen sich ständig ändernden Druck spröde werden kann und an Festigkeit verliert. Am Ende finden Hawkes und sein Auftraggeber einen Kompromiss: Hawkes verwendet die im Vergleich zu Metall riskanteren Karbonfasern, jedoch soll Fossett mit dem Tauchboot nur einen einzigen Tauchgang in den Marianengraben machen, sodass schleichende Materialermüdung keine Rolle spielen wird. Danach soll es aus dem Verkehr gezogen und einem Museum geschenkt werden.[5, 6, 7, 8]

Für die DEEPFLIGHT CHALLENGER lässt Hawkes eine Überlebenssphäre in Form einer Röhre aus Karbonfasern mit rund 15 Zentimeter Wandstärke bauen mit einer Sichtkuppel aus Quarzglas. Der Druckkörper hat innen einen Durchmesser von etwas mehr als 60 Zentimetern. Die enge Röhre ist rund 1,80 Meter lang und bietet Platz für eine Person, die lang gestreckt auf dem Bauch liegt mit dem Kopf in der Sichtkuppel. Das Tauchboot hat ein Gewicht von 3,6 Tonnen. Hawkes' Berechnungen zufolge kann diese

Konstruktion einem Druck von 28.400 psi standhalten (entsprechend einer theoretischen Meerestiefe von 19.500 Metern).[9, 10, 11, 12, 13]

Die DEEPFLIGHT CHALLENGER ist fast fertiggestellt, und der Druckkörper hat bereits einen erfolgreichen Test in der Druckkammer der Deep Ocean Test Facility in Annapolis, Maryland, absolviert, als Steve Fossett am 3. September 2007 bei einem Flugzeugabsturz ums Leben kommt.[14, 15] Vier Wochen später hätten die ersten Testtauchfahrten im Meer stattfinden sollen. Nun steht das neue Supertauchboot unvollendet im Lager.[16, 17, 18, 19]

Als Folge muss sich Graham Hawkes mit seiner Firma neu orientieren – Guillermo Söhnlein, der schon seit ihrem ersten Treffen fasziniert ist von dem Mann und seinen Ideen, möchte ihm dabei helfen.[20] Ein erstes gemeinsames Projekt führt nicht annähernd so tief ins Meer wie in den Marianengraben. Für den Milliardär Richard Branson und seine Firma Virgin Aquatic designt Hawkes ein Tauchflugzeug namens DEEPFLIGHT MERLIN, das als kommerzielles Millionärsspielzeug konzipiert ist. Wer einen Aufenthalt im Virgin-Luxusresort auf der Privatinsel Necker Island in der Karibik bucht, hat Zugriff darauf.

Einen luftgefüllten Druckkörper gibt es bei diesem Tauchflieger jedoch nicht. Drei Personen – ein Pilot und zwei Passagiere – sollen im Neoprenanzug mit Tauchmaske und Mundstück (die zugehörigen Pressluftflaschen sind im Tauchboot verbaut) in einem offenen Cockpit bis zu 40 Meter tief durchs Wasser „fliegen" und dort ohne größere körperliche Anstrengung Wale oder Haie beobachten und begleiten können.[21] Virgin Aquatic zahlt für den Tauchflieger 670.000 US-Dollar und nennt ihn bei der Auslieferung schließlich NECKER NYMPH.[22]

Graham Hawkes arbeitet parallel dazu an dem Design für ein neues Tauchboot namens DEEPFLIGHT II, in dem trocken getaucht werden kann. Dieses soll zwei Druckkörper aus Karbonfasern haben und dazu zwei Kuppeln aus Acryl, sodass es möglich ist, einen Piloten und einen Passagier in die Tiefen des Ozeans zu bringen.

Guillermo Söhnlein will dem innovativen Ingenieur unter die Arme greifen und ihm helfen, seine Tauchboot-Designs zu vermarkten und zur Serienreife zu bringen. Er schätzt, dass sie dafür 2,5 bis 3 Millionen US-Dollar brauchen – nun gilt es, Investoren zu finden. Hawkes hat bereits Kontakt zu einem potenziellen Geldgeber: Ein gewisser Stockton Rush, ein wohlhabender Luftfahrtingenieur aus Seattle im US-Bundesstaat Washington, hat Hawkes ausfindig gemacht und ihm angeboten, als stiller Teilhaber in eines seiner Projekte einzusteigen. Söhnlein soll über die Verträge schauen und Hawkes beraten, ehe dieser unterschreibt. Er und Rush kommunizieren zunächst nur per E-Mail und Telefon. Graham Hawkes schlägt schließlich vor, dass sich beide auch persönlich kennenlernen sollen. Im Juni 2009 begrüßen sich Guillermo Söhnlein und Stockton Rush auf einem Pier im kalifornischen Monterey, – nicht mit einem Händedruck, sondern mit einem Ellenbogen-Check – Rushs bevorzugte Begrüßung lange vor Coronazeiten. Die beiden Männer finden sich auf Anhieb sympathisch. Trotzdem dauert das Treffen nicht viel länger als eine Minute. Söhnlein ist eigentlich schon auf dem Weg zum Flughafen; Rush ist hingegen gerade erst angekommen, um sich mit Hawkes' Team über eine mögliche zukünftige Zusammenarbeit zu unterhalten.[23]

Rush und Söhnlein haben erstaunlich viele Gemeinsamkeiten in ihrer Biografie: Beide wollten seit ihrer Kindheit Astronaut werden und fremde Welten erkunden, ihre Helden sind Captain Kirk aus „Star Trek" und der Meeresforscher Jacques Cousteau. Bei beiden scheitern die wagemutigen Berufspläne an der Sehkraft, die jeweils nicht gut genug ist, um bei der NASA für eine Astronautenausbildung infrage zu kommen. Und so müssen sich beide vom großen Traum verabschieden, eines Tages als Pioniere auf dem Mars zu stehen. Nun suchen sie nach anderen Wegen, ihr Forscher- und Abenteuer-Gen doch noch auszuleben. Aus einer Arbeitsbeziehung wird schnell eine echte Männerfreundschaft.

Eigentlich wollte Stockton Rush lediglich als stiller Geldgeber, als sogenannter Angel Investor, bei Graham Hawkes einsteigen und ansonsten nicht weiter in Erscheinung treten. Dann ändert Stockton Rush seine Meinung. Zu dritt wollen Rush, Hawkes und Söhnlein nun eine neue Firma gründen. Rush lässt diese von einem Anwalt am 31. August 2009 unter dem Namen DeepFlight Technologies, LLC eintragen. Die Firmenform „LLC" entspricht in etwa einer deutschen GmbH, also eine Firma mit begrenzter Haftung (wobei es aber zum Beispiel kein Mindestkapital braucht). Gemeinsam wollen sie Grahams neuestes Tiefseeflieger-Design mit dem Namen DEEPFLIGHT 2 in Serie produzieren und vermarkten. Hawkes soll Designer und Chefingenieur werden, Söhnlein der operative Geschäftsführer und Rush der CEO und Geldgeber. Dieser verknüpft die Firmengründung mit einer Bedingung: Die Firma muss ihren Sitz bei ihm in Seattle haben – Rush will auf keinen Fall von dort wegziehen. Hawkes und Söhnlein sind nicht begeistert – beide sind verheiratet und haben schulpflichtige Kinder –, stimmen aber zu. Einen schriftlichen Vertrag gibt es nicht – die drei besiegeln die

Pläne per Handschlag. Rush mietet eine leere Halle am Seattle Paine Field International Airport, der zu Everett gehört, einem Vorort von Seattle. Im Hangar B-103 soll der Firmensitz von DeepFlight Technologies entstehen.

Söhnlein verlegt seinen Wohnsitz umgehend von Virginia nach Seattle und somit von der Ost- an die Westküste der Vereinigten Staaten. Seine Frau Julie und die drei Kinder Rebecca, Daniel und Caleb sollen nachkommen, sobald ihr bisheriges Haus verkauft ist. Hawkes bleibt zunächst in Point Richmond; er will dort zuerst seine bisherige Firma abwickeln. Doch dann teilt Hawkes seinen beiden Partnern völlig überraschend mit, dass er es sich anders überlegt hat, weil er ein schlechtes Gefühl bei der Sache hat, und steigt aus dem Projekt aus.

Im Oktober 2009 sitzen Söhnlein und Rush ohne ihren Ideengeber und Chefdesigner in ihrem Flugzeughangar und stehen mit leeren Händen da. Söhnlein erinnert sich: „Wir hatten keinen Businessplan, wir hatten nichts. Wir standen buchstäblich vor einer weißen Tafel und wussten nur, dass wir irgendwas mit Tauchbooten machen wollten. Wir wollten beide unter Wasser gehen.“[24, 25]

Was folgt, ist ein langes, analytisches Brainstorming. Links auf die Tafel schreiben die beiden all ihre Fähigkeiten und Stärken auf. Rechts auf die Tafel schreiben sie alle Hürden und Hemmnisse bei der Erforschung der Meere auf. Dann suchen sie sinnvolle Verbindungen zwischen den einzelnen Bereichen in der Hoffnung, auf eine zündende Idee zu stoßen.

→ **Bild 1: OceanGate-Gründer Stockton Rush (Seite 26)**
→ **Bild 2: Guillermo Söhnlein vor dem Tauchboot ANTIPODES (Seite 26)**

Söhnlein ist zu diesem Zeitpunkt 43 Jahre alt und hat das Gefühl, dass er nach vielen kleinen Firmen- und Organisationsgründungen endlich irgendwo ankommen will. Rush, 47 Jahre alt, sucht nach einer Idee, die ihn genug begeistert, um sich nicht nur als stiller Teilhaber einzubringen. Die Latte liegt hoch: Beide wollen „die Welt verbessern“. Sie grübeln und diskutieren. Schließlich steht auf der Tafel das Problem, das sie gemeinsam lösen wollen: dass der Zugang zur Tiefsee bislang stark begrenzt ist. Das wollen sie ändern. Söhnlein schlägt eine bemannte Forschungsstation in der Tiefsee vor, einer Art ISS der Meere. Doch Rush winkt ab. Für ein derart aufwendiges Projekt müsse zu viel Kapital aufgetrieben werden. „Er meinte, wir müssten uns etwas innerhalb unserer finanziellen Möglichkeiten suchen“, erinnert sich Söhnlein. Und so skalieren sie die Idee wieder herunter und kehren zurück zu ihrer eigentlichen Geschäftsidee: den bemannten Tauchbooten.[26]

Weltweit gibt es nur eine Handvoll solcher Fahrzeuge, die Menschen in die Tiefsee bringen können. Forscher, Wissenschaftler, Filmemacher, Abenteurer und Firmen sind für ihre Unterwasservorhaben darauf angewiesen, Zugang zu einem dieser Tauchboote zu bekommen. Doch keines davon kann einfach so gechartert oder gemietet werden. Die bestehenden Tiefsee-Tauchboote werden in der Regel mit staatlichen Geldern vom Meeresforschungsinstitut ihres Landes betrieben; ihr Einsatz wird meist nur für eigene Projekte genehmigt. Die einzige Ausnahme sind die russischen Tauchkapseln MIR 1 und MIR 2. Das Schirschow-Institut für Meeresforschung in Moskau ist seit dem Niedergang der Sowjetunion auf externe Gelder angewiesen, um die beiden MIRS und das zugehörige Forschungsschiff AKADEMIK KELDYSH weiter betreiben zu können. Das Institut hat das Tauchsystem deshalb schon mehrfach verpachtet, für Filmprojekte ebenso wie für Privatexpeditionen. Doch auch hier kann man die Tauchboote nicht einfach buchen, sondern muss sich auf Vertragsverhandlungen unter russischem Recht einlassen. Alternativ könnten sich Interessenten theoretisch auch ein eigenes Tauchboot bauen lassen und es selbst betreiben, was allerdings extrem teuer und aufwendig ist.

Guillermo Söhnlein beschreibt die Situation so: „Nehmen wir einmal an, du bist das Land Ecuador und möchtest die Tiefsee rund um die Galápagosinseln erforschen. Dann kannst du entweder hoffen, dass die großen Länder ihre staatlich finanzierten Tauchboote wie ALVIN oder die MIRS eines Tages dorthin bringen und einen von deinen Wissenschaftlern mit an Bord nehmen. Die einzige andere Möglichkeit wäre, sich an Firmen wie Triton oder SEAmagine oder U-Boat Worx zu wenden, ihnen zehn bis 15 Millionen Dollar zu zahlen und dann 18 bis 24 Monate zu warten, bis sie dir ein brandneues Tauchboot liefern. Dann musst du weitere zehn Millionen Dollar oder mehr ausgeben, um ein Schiff zu kaufen, von dem aus man das Tauchboot betreiben kann; und es braucht weitere zwei bis drei Millionen Dollar jährlich, um beides zu unterhalten. Und das alles, damit einer deiner Forscher eine Woche vor den Galápagosinseln tauchen kann."[27]

Die Lösung, die Söhnlein und Rush vorschwebt, ist, der Menschheit eine Flotte an Tauchbooten zur Verfügung zu stellen, die bedarfsgerecht gebucht werden können. Auf diese Weise würde eine einwöchige Expedition mit einem Chartertauchboot am Ende „nur" noch 200.000 oder 300.000 US-Dollar kosten.

# OCEANGATE

Die beiden Männer diskutieren lange, ob sie die vor wenigen Wochen registrierte, kommerzielle Firma weiterführen oder stattdessen eine gemeinnützige Gesellschaft gründen sollen. Sie sprechen viel über Elon Musk und dessen Firma SpaceX, die die Erforschung und kommerzielle Nutzung des Weltraums fördern und Menschen auf privatwirtschaftlicher Basis ins All befördern will. Vielleicht könnten sie Vergleichbares in der Tiefsee leisten, so die kühne Idee. „Wir wollten eine Art SpaceX der Ozeane werden“, sagt Söhnlein dazu später.“[28]

Schließlich einigen sich die beiden frischgebackenen Geschäftspartner in Seattle darauf, mit einer kommerziellen Firma weiterzumachen. Nun suchen sie einen neuen, griffigen Namen. „OceanGate“ würde perfekt zu ihrer Vision und den Geschäftszielen passen, finden sie. Im Familienumfeld und unter Freunden gibt es Stimmen, die davor warnen, dass der Name an die Watergate-Politaffäre aus den 1970er-Jahren erinnert. Im Rennen sind kurzfristig auch die Namen „Ocean Gateway“ und „Gateway Ocean“. Doch die beiden Firmengründer vertrauen auf ihr Bauchgefühl – es bleibt bei „OceanGate“.

Guillermo Söhnlein soll als Chief Executive Officer das Gesicht der Firma werden, Stockton Rush möchte lieber im Hintergrund bleiben. Als ausgebildeter Ingenieur des Teams soll er der Chief Technology Officer werden, der technische Direktor. Am 9. Oktober 2009 wird die DeepFlight Technologies, LLC in OceanGate, LLC umbenannt.[29, 30, 31, 32]

Guillermo Söhnlein träumt von finanzkräftigen Kunden. Er stellt sich vor, Charter-Tauchboote eines Tages Öl- und Erdgasfirmen anzubieten, vielleicht auch Auftraggebern aus dem Verteidigungssektor. Zunächst will man aber eher Filmemacher und Wissenschaftler anvisieren.[33]

Ganz nebenbei soll die neue Firma den beiden verfehlten Astronauten eine späte Karriere als Abenteurer und Forscher ermöglichen. Stockton Rush dazu: „Es ging mir gar nicht so sehr darum, ins All zu fliegen. Ich wollte forschen, neue Lebensformen finden.“ Das Ganze soll nun eben in den Tiefen des Meeres stattfinden statt im Weltraum.[34, 35, 36, 37]

## STOCKTON RUSH III [38, 39, 40, 41, 42, 43, 44, 45]

Richard Stockton Rush, so sein Geburtsname, wird am 31. März 1962 als Sohn von Ellen Margaret (Davies) und Richard Stockton Rush jr. in eine der berühmtesten Familien San Franciscos geboren. Sein Vater ist Vorstandsvorsitzender der Peregrine Oil and Gas Company aus Burlingame, Kalifornien, und von Natoma, einer Firma, die Wohnungen und andere Investment-Immobilien rund um Sacramento verwaltet. Der Großvater Richard Stockton Rush (Senior) war CEO der American President Lines, einer Reederei, die ihr Geld mit Containerfracht verdient. Ihren Namen erhielten sie aufgrund von zwei überaus honorigen Vorfahren: Richard Stockton und Benjamin Rush, die 1776 beide die amerikanische Unabhängigkeitserklärung mit unterzeichnet haben und zu den Gründervätern der USA zählen.

Stockton Rush III wächst mit zwei älteren Schwestern auf und träumt schon als Kind davon, Astronaut zu werden. Er will als erster Mensch zum Mars fliegen. Überhaupt ist Rush sehr abenteuerlustig. Mit zwölf Jahren fängt er an zu tauchen und beschließt als Teenager, zunächst Pilot zu werden.

Rush macht seinen High-School-Abschluss an der Phillips Exeter Academy in New Hampshire und studiert dann an der Princeton University in New Jersey, wo er 1984 mit einem Bachelor der Naturwissenschaften im Fach Mechanisches Luft- und Raumfahrt-Ingenieurswesen (Mechanical and Aerospace Engineering) abschließt.

Sobald es sein Alter zulässt, absolviert Rush eine Ausbildung zum Verkehrspiloten. Bereits 1981 wird er mit lediglich 19 Jahren für den Passagierflugzeugtyp DC-8 zertifiziert und nimmt von nun an für sich in Anspruch, der jüngste je zugelassene Jetpilot zu sein. In den Sommerferien während der Collegezeit jobbt er bei der New Yorker Fluggesellschaft Overseas National Airways, die ihn als Ersten Offizier auf Auftragsflügen für Saudi Arabian Airlines ab Dschidda einsetzt. (Für die meisten dieser Angaben gibt es zugegebenermaßen nur eine einzige Quelle: Stockton Rush selbst)

1986 heiratet Rush Wendy Hollings Weil, die als Lehrerin und Account Managerin im Medienbereich arbeitet und ebenfalls einen Pilotenschein hat. Ihr Großvater Richard Weil Jr. war Präsident des New Yorker Kaufhauses Macy's. Wendy ist auch eine Ururenkelin von Isidor und Ida Straus, die beide mit der TITANIC untergingen. Das Ehepaar Rush hat zwei Kinder: Ben und Quincy. (Ben studiert später ebenfalls in Princeton und macht seinen Abschluss 2011 mit einer Arbeit über ferngesteuerte Arme für Tauchboote.)

Eine Laufbahn als Militärpilot bleibt Stockton Rush verwehrt; seine Sehstärke ist dafür nicht ausreichend. Damit ist auch der Berufswunsch Astronaut so gut wie unerreichbar. Nach seiner Zeit in Princeton arbeitet Stockton Rush in Seattle bei McDonnell Douglas als Ingenieur an dem Flugzeugtyp F-15, und (so will es zumindest die „New York Times" herausgefunden haben) er hilft während einer Stationierung auf der Edwards Air Force Base im kalifornischen Kern County dabei, die Radaranlage des Fliegers, genannt APG-63, zu testen.

1989 sattelt Rush an der University of California in Berkeley noch einen Master of Business Administration (MBA) drauf. Anschließend zieht er nach Seattle, wo er sich aus einem Bausatz nicht nur ein eigenes, zweisitziges Propellerflugzeug baut (eine Glassair III), sondern später auch ein kleines Zwei-Personen-Tauchboot (vom Typ K-350, ein Bausatz von Kittredge Submarines), das er SUDS nennt und das etwa 100 Meter tief tauchen kann. Mit der Glassair fliegt er teils wilde Manöver – Rush hat auch eine Ausbildung zum Kunstflieger absolviert. Seine Lieblingsflugfigur ist die Fassrolle, bei der der Flieger, beginnend mit einem leichten Steigflug, eine große Spirale um einen imaginären Zylinder fliegt.

Zunächst glaubt Rush, doch noch in der Raumfahrt landen zu können: „Ich dachte, wenn ich genug Geld verdiene, kann ich mir den Weg ins All erkaufen." Doch als er die Bemühungen von Richard Branson und seiner Firma Virgin Galactic sieht, den Weltraum für Touristen zu erschließen, denkt er um. Er will nicht als zahlender Passagier in die Leere des Alls starren: „Mir wurde klar, dass ich Forscher sein will. Ich wollte wie Captain Kirk sein und merkte, dass der Ozean mein Universum ist. Die Grenze zum Unbekannten bei der Erforschung neuer Lebensformen liegt unter Wasser, zumindest für die nächsten 200 bis 300 Jahre."

Vor der Küste von British Columbia taucht Rush mit seinem Tauchboot SUDS 2006 erstmals ab. Möglicherweise ist das der Moment, in dem er beschließt, das Meer künftig nicht mehr als Gerätetaucher (mit Druckluftflasche und Atemregler) erforschen zu wollen. In einem Interview mit dem „Independent" beschreibt er seine Motivation später so: „Ich wollte in einem Tauchboot sitzen, den Krabben zwei Stunden lang beim Kämpfen zusehen und dabei Mozart hören."

Rush versucht, in der Branche Fuß zu fassen. Er lässt sich in den Vorstand des Sonargeräte-Entwicklers BlueView Technologies wählen und wird Vorstandsvorsitzender bei Remote Control Technologies, einer Firma, die ferngesteuerte Geräte entwickelt und baut.

Im Jahr 2009 gründet er mit Guillermo Söhnlein die Firma OceanGate. Ihre Geschäftsidee ist, eine Flotte von Tiefsee-Tauchbooten in Leichtbauweise zu betreiben und zu verchartern, um den Zugang der Menschheit zu den Ozeanen leichter und billiger zu machen.

## GUILLERMO SÖHNLEIN [46, 47, 48, 49, 50, 51, 52]

Guillermo Söhnlein wird am 18. Mai 1966 im argentinischen Buenos Aires geboren. Im Jahr 1972 wandern seine Eltern in die Vereinigten Staaten aus und lassen sich im kalifornischen San José nieder. Guillermo ist elf Jahre alt, als er nachts davon träumt, Kommandant der ersten Kolonie auf dem Mars zu werden – ein Traum, der von nun an immer wiederkehrt. Sein Berufswunsch steht damit fest: Er will Astronaut werden und für die NASA arbeiten.

Nach der High School studiert Söhnlein zunächst an der University of California in Berkeley und schließt mit einem Bachelor im Fach Wirtschaftswissenschaften ab. Dann, mit 19, muss er einsehen, dass er zumindest bei der NASA nie in einen Weltraumanzug steigen wird. Seine Augen sind schlechter, als es die Mindestanforderung für Astronautenbewerber der amerikanischen Weltraumagentur vorschreibt. In anderer Funktion für die NASA zu arbeiten ist auch keine Option – dort werden hauptsächlich Ingenieure, Wissenschaftler und Computertechniker gesucht.

1986 wird Söhnlein US-Staatsbürger. Danach absolviert er ein zweites Studium: Er schreibt sich an der juristischen Fakultät der University of California in San Francisco ein und schließt 1995 als Jurist mit einem Juris Doctor ab. Nach dem Studium tritt er dem United States Marine Corps bei. Dabei reizt ihn besonders, seine Führungsqualitäten im extremen Umfeld des Militärs auszutesten. Er möchte Kommandant eines Erkundungs- und Scharfschützenteams werden und absolviert auch die zugehörige Grundausbildung als Offizier der Infanterie, entscheidet sich dann aber doch für die United States Marine Corps Judge Advocate Division, der Rechtsabteilung des Marine Corps. Dort bildet er sich in Militärrecht fort. Söhnlein erreicht den Rang eines Hauptmanns (Captain) und beendet im Juli 1999 seine Militärlaufbahn.[53]

Das Silicon Valley reizt Söhnlein, und so gründet er 1998 in San Francisco seine erste Firma Milo – ein Tech-Start-up, das eine Spracherkennungssoftware entwickeln will. Drei Jahre später wird das Unternehmen von einer anderen Techfirma aufgekauft, und Guillermo sucht nach der nächsten großen Geschäftsidee. Er zieht nach North Virginia um und gründet oder investiert in diverse Start-ups. Er berät Investoren, Agenturen und Thinktanks, bleibt aber nie lange bei einer Firma oder einem Projekt. Später bezeichnet er sich selbst deswegen gelegentlich als „seriellen Unternehmer". Die große Sehnsucht in Richtung Weltall bleibt dabei die ganze Zeit bestehen – aus dem unerreichbaren Kindheitstraum, Astronaut zu werden, ist inzwischen die Vorstellung geworden, zumindest daran beteiligt zu sein, wenn die Menschheit zur interplanetaren Spezies wird.

Auf der Suche nach Gleichgesinnten ruft Söhnlein 2003 die International Association of Space Entrepreneurs (IASE) ins Leben, eine Non-Profit-Organisation, die Unternehmer aus anderen Industriezweigen dazu bewegen will, eigene Weltraumprojekte aufzusetzen und voranzutreiben (später geht die Gesellschaft in der Stiftung Space Frontier Foundation auf). 2006 gründet er das Space Angels Network, eine Firma, die Einzelinvestoren berät, Start-up-Unternehmen im Bereich der kommerziellen Weltraumnutzung zu finden.

Die Space Angels sollen vielversprechenden Kreativen ihr Kapital zur Verfügung stellen und im Gegenzug stille Teilhaber an deren Start-ups werden. Söhnlein sucht nach dem einen brillanten Geist, mit dem er selbst eine Weltraumfirma gründen könnte, jedoch ohne Erfolg. Stattdessen lenkt eine Zufallsbegegnung mit dem Tauchboot-Ingenieur Graham Hawkes seinen Fokus in Richtung Tiefsee. Von 2008 bis 2009 fungiert Söhnlein für Hawkes als externer Berater. Dieser stellt ihm schließlich Stockton Rush vor, einen potenziellen Investor. Die Pläne, eine gemeinsame Firma namens DeepFlight Technologies zum Bau von Tauchbooten nach Hawkes' Designs zu gründen, gehen nicht auf. Söhnlein ist nichtsdestotrotz weiterhin begeistert vom Thema Ozeane.

Als er im Oktober 2009 zusammen mit Stockton Rush OceanGate gründet, scheint dies nur auf den ersten Blick eine Abkehr von Söhnleins Weltraumträumen. Er sieht jedoch viele Parallelen zwischen beiden Welten: Auch in der Tiefsee wartet eine für den Menschen potenziell lebensbedrohende Umwelt, die mit intelligenter Technologie bezwungen werden will. Die Erforschung des Unbekannten, inklusive neuer Lebensformen und Orte,

„die nie ein Mensch zuvor gesehen hat",[54] ist in der Tiefsee ebenso möglich wie jenseits des Erdhabitats. Um sich ganz OceanGate widmen zu können, scheidet Söhnlein 2010 schließlich aus dem Space Angels Network aus.

2011 gründet Söhnlein die Sea-Space Initiative, ein Projekt, das Synergien zwischen der Tiefsee- und der Weltraumindustrie fördern soll. (Auch dieses Projekt ist eher kurzlebig; nach zwei internationalen Workshops mit handverlesenen Teilnehmern – einer davon ist im Silicon Valley, der zweite in Washington, DC, ansässig – ist 2014 schon wieder Schluss.)[55,56]

2013 kehrt Söhnlein OceanGate den Rücken und gründet Blue Marble Exploration, eine Agentur für Extremreisen. Seinen exklusiven Kunden will er Trips an die Grenze des Menschenmöglichen organisieren: etwa im (bevorzugt bei OceanGate gemieteten) Tauchboot tief in den Ozean, zu Fuß auf den Mount Everest oder mit kommerziellen Raumfahrzeugen ins All.

Marskommandant will Söhnlein nicht mehr werden. Sein Fokus driftet ab 2020 zu einem anderen Planeten unseres Sonnensystems: der Venus. Diese sei viel besser für eine Kolonialisierung geeignet als der Mars, findet er. Und so pflegt er unter der Initiative Humans2Venus (H2V) die Vision von einer Siedlung 50 Kilometer oberhalb der Venus-Oberfläche (am Boden wäre es viel zu heiß und der atmosphärische Druck zu groß für Menschen) und sucht gleichgesinnte Geschäftspartner, Wissenschaftler und Abenteurer. Das Ziel von H2V ist, bis zum Jahr 2050 eintausend Menschen in die Atmosphäre der Venus umzusiedeln. Die Firma soll als Gründerzentrum für Space-Tech-Start-ups dienen, die Lösungen für die vielen Probleme und Herausforderungen auf dem Weg dorthin entwickeln wollen.

Im Jahr 2024 gründet Guillermo Söhnlein eine weitere Beratungsfirma: Space Bridge Partners soll Investoren, Universitäten und Weltraumfirmen zusammenbringen und Missionen und Projekte bis zur Umsetzung begleiten.

Söhnleins Firma Blue Marble Exploration kündigt 2024 eine Expedition mit einem gemieteten Tauchboot und ferngesteuerten Tauchrobotern ins Dean's Blue Hole an, einer 200 Meter tiefen Unterwasserhöhle vor der Bahamainsel Long Island, die Söhnlein schon lange im Blick hat. Ein Jahr später sind alle Unterseiten der Homepage offline – Blue Marble Exploration scheint den Betrieb eingestellt zu haben, ohne jemals eine Tauchexpedition durchgeführt zu haben.[57,58]

# ERSTES TAUCHBOOT ANTIPODES

Eine der ersten Geschäftsentscheidungen bei OceanGate ist, ein gebrauchtes Tauchboot zu kaufen. Rush und Söhnlein machen sich auf die Suche und finden tatsächlich ein interessantes Wasserfahrzeug, das zum Verkauf steht. Die 4,50 m lange ANTIPODES der Firma Submarine Adventures gibt es seit 1996. Das Tauchboot wiegt etwa 6,35 Tonnen und kann auf einem gewöhnlichen Aufleger-Lkw transportiert werden. Sie ist entstanden aus einem noch älteren Tauchboot, einer PC-15 von Perry Oceaonographics aus den 1970er-Jahren, die ursprünglich dreigeteilt war und Berufstaucher zu ihrem Einsatzort am Unterbau von Ölplattformen in der Nordsee bringen sollte. Im hinteren Drittel waren in einer Kapsel die Elektromotoren und andere Gerätschaften untergebracht. In der Mitte befand sich eine Kammer mit einer Ausstiegsluke, die den technischen Tauchern als Schleuse diente. Das vordere Drittel war ebenfalls ein separater Druckkörper und beherbergte die beiden Piloten. Das Frontsegment wurde 1994 vom Rest der Konstruktion abgetrennt und zu einem neuen Tauchboot mit dem Namen XPC-15 umgebaut. 1999 wurde es verkauft und nach einem weiteren Umbau in ANTIPODES umbenannt. Die bisherigen Eigner und Betreiber, ein Ehepaar aus Neuseeland, haben die ANTIPODES unter dem Firmennamen Submarine Adventures als touristisches Tauchboot im Milford Sound Fjord betrieben.[59, 60]

Das Tauchboot steht bei einem Zwischenhändler in Florida und wartet dort auf einen Käufer.[61] Als OceanGate es Mitte Januar 2010 für 295.000 US-Dollar erwirbt, ist die ANTIPODES vom American Bureau of Shipping (ABS) für kommerzielle Tauchfahrten bis zu einer Tiefe von 1.000 Fuß (305 Meter) zertifiziert. Eine solche Zertifizierung ist nötig, um mit einem Tauchboot kommerzielle Tauchfahrten in US-amerikanischen Gewässern unternehmen zu dürfen. Dabei handelt es sich um eine Art TÜV für Unterwasserfahrzeuge. Die Voraussetzungen sind umfangreich: Das Design des Tauchboots muss strenge Vorgaben erfüllen; beim Bau müssen Tests durchgeführt und bestanden werden. Später im laufenden Betrieb ist zudem eine jährliche Überprüfung der kritischen Komponenten des Tauchboots erforderlich, um die Zertifizierung nicht wieder zu verlieren. Alle drei Jahre steht darüber hinaus ein größerer Check an, für den das Tauchboot in seine Einzelteile zerlegt und wieder zusammengebaut werden muss.[62]

Der Druckkörper der ANTIPODES besteht aus Stahl und hat an jedem Ende ein kuppelförmiges Fenster mit einem Durchmesser von 1,47 Metern, was – wenn man sich vorbeugt – ein Sichtfeld von mehr als 180 Grad ermöglicht. Zusätzlich gibt es im Zustiegsturm oben auf der Kapsel sechs kleine Bullaugen. Das Tauchboot kann mit fünf Personen an Bord 72 Stunden unter Wasser bleiben. Vier Passagiere können direkt an den zwei Sichtfenstern Platz nehmen; der Pilot steuert das Tauchboot mit einer Fernsteuerung aus der zweiten Reihe oder im Turm stehend. Rush und Söhnlein machen sich daran, erste kommerzielle Tauchfahrten zusammenzustellen. Dabei wird die ANTIPODES zunächst leer an der Oberfläche schwimmend von einem Schiff zur Tauchstelle gezogen. Die Taucher setzen mit einem Boot über und steigen über den Zugangsturm ein. Dann kann der jeweilige Tauchgang beginnen.[63]

→ Bild 3: Das angekaufte Tauchboot ANTIPODES (Seite 26)

Rush und Söhnlein machen den Mann ausfindig, der die ANTIPODES in ihrer aktuellen Konfiguration umgebaut und mit ihr als Pilot mehrere Hundert Tauchgänge absolviert hat. Sie lassen Tym Catterson und die ehemalige Submarine-Adventures-Betriebsleiterin Ursula Ginster mehrfach nach Seattle einfliegen, um sich von den beiden beibringen zu lassen, was sie für den Betrieb des Tauchboots wissen müssen. Auch danach buchen sie Catterson immer wieder als Pilot und Techniker für diverse Tauchvorhaben.[64, 65, 66, 67]

Söhnlein arbeitet nun als CEO in Vollzeit bei OceanGate – Stockton Rush kümmert sich parallel dazu auch noch um seine anderen Investments und Firmen und kommt meist nur dazu, wenn tatsächlich Tauchgänge geplant sind. Dann braucht es einen Piloten im Tauchboot und eine zweite Person, die sich an der Oberfläche um alles kümmert. Die beiden wechseln sich ab, wobei Rush schon bald zum Chefpiloten der ANTIPODES wird, weil er mehr Geschick im Umgang mit dem Tauchboot beweist. Rush und Söhnlein tauchen nie gleichzeitig mit der ANTIPODES. So ist sichergestellt, dass immer jemand an der Wasseroberfläche ist, der sich auskennt für den Fall, dass bei einem Tauchgang etwas schiefgeht. Bis zum Frühjahr 2010 heuern die beiden zwei junge Mitarbeiter an und bilden diese zu Piloten aus. Die beiden sollen nach und nach das operative Geschäft übernehmen. Eine ihrer ersten Aufgaben ist es, die ANTIPODES auseinanderzunehmen und dann wieder zusammenzusetzen, weil ihre Rezertifizierung fällig ist. Am 22. September 2010 wird die Verlängerung der Zulassung um zwei Jahre bestätigt.[68] Danach steht einem Einsatz des Tauchboots mit Klienten nichts mehr im Weg. Erst als zur Mannschaft ein Director of Marine Operations dazustößt, der sich während der Tauchgänge um die Vorgänge an der Wasseroberfläche kümmert, wagen es die beiden Firmengründer erstmals, gemeinsam mit der ANTIPODES zu tauchen.[69]

OceanGate richtet sich eine eigene Website ein. Unter www.opentheoceans.com ist nachzulesen, was mit der ANTIPODES alles möglich ist: Expeditionsabenteuer, Unterstützung bei Meeresforschungsprojekten, technische Dienste für Unterwasser-Filmproduktionen und die Möglichkeit, als Privatperson einfach so ein Tauchboot zu chartern. „Schaffen Sie ein einzigartiges, individuelles Erlebnis für Ihre Familie, Freunde und Kollegen, bei dem Schiffswracks und Meeresbewohner fast überall auf der Welt erkundet werden können", heißt es online. Die Firma wächst weiter und hat schon bald mehr als zehn Mitarbeiter.[70, 71]

## EINE EIGENE STIFTUNG

Um ihren Anspruch, Wissenschaft und Bildung zu fördern, zu unterstreichen, gründen Stockton Rush und Guillermo Söhnlein im Juni 2010 nun doch eine gemeinnützige Stiftung, die OceanGate Foundation. Auf deren Website opentheoceans.org (später oceangatefoundation.org) stehen als Stiftungsziele das Organisieren wissenschaftlicher, historischer oder umweltbezogener Forschungsvorhaben sowie Bildungsprogramme für Schüler und Lehrer. Forschungsergebnisse und -daten sollen zudem für die Wissenschaft und für Bildungszwecke zugänglich gemacht werden. Rush ist zunächst Vorsitzender, Söhnlein Mitglied im Vorstand. (Auf Drängen der US-Steuerbehörden, die einen Interessenkonflikt in Rushs Doppelrolle bei Firma und Stiftung sehen, suchen sie später einen neuen Vorsitzenden. Söhnlein verlässt den Stiftungsvorstand, Rush wird Schatzmeister. Dafür tritt seine Ehefrau Wendy Rush dem Vorstand bei und ist von 2017 bis 2021 schließlich Direktorin der Stiftung.)[72, 73, 74, 75]

1

2

3

4

4B

1 OceanGate-Gründer Stockton Rush (OceanGate)

2 Guillermo Söhnlein posiert vor dem Tauchboot ANTIPODES. (Sammlung Söhnlein)

3 Mit dem angekauften Tauchboot ANTIPODES wollen Rush und Söhnlein das Tauchbootgeschäft lernen. (Mike Spear)

**4/4B** Die ANTIPODES hat auf beiden Seiten des Druckkörpers Sichtfenster. Die runde Reling links im Bild markiert die Vorderseite, die eckige rechts im Bild das Heck des Tauchboots. In den beiden röhrenförmigen Kufen befinden sich die Batterien. (OceanGate)

5

5B

6

7

**5/5B** Im Juni 2012 findet Stockton Rush mit der ANTIPODES vor der Küste Floridas das Wrack eines US-Jagdflugzeugs aus dem Zweiten Weltkrieg. Die Grumman F6F Hellcat liegt auf dem Rücken am Meeresboden. (OceanGate)

**6** Stockton Rush und Guillermo Söhnlein gemeinsam im Jahr 2012 (Sammlung Söhnlein/OceanGate)

**7** Im Oktober 2012 wird auf dem Blue Ocean Film Festival auch die DEEPFLIGHT CHALLENGER gezeigt (11.000 Meter Tauchtiefe). OceanGate übernimmt vor Ort das Verladen. (OceanGate)

Bei einem Tauchgang mit Stockton Rush und Guillermo Söhnlein im Mai 2010 ist der wissenschaftliche Leiter des Aquariums von Seattle an Bord, der seit Jahren die seltenen und scheuen Sechskiemerhaie erforscht, die in den Gewässern des Puget Sound vorkommen. Dabei handelt es sich um die 150 Kilometer lange, weitverzweigte Meeresbucht vor der Küste des US-Bundesstaats Washington, an der auch Seattle und Everett liegen. Die ANTIPODES setzt in 183 Meter Tiefe auf dem Meeresboden auf. Es dauert nicht lange, und der Gasttaucher macht eine Sichtung, die ihn hellauf begeistert. Was für die beiden Piloten einfach nur ein „kleiner Rattenfisch" von vielen ist, die sie bei ihren Tauchgängen häufig zu Gesicht bekommen, ist für den Wissenschaftler eine kleine Sensation: Er erkennt den Fisch als heranwachsendes Weibchen, das er als Gerätetaucher im Wasser so noch nie zu Gesicht bekommen hat. Sein Wissen macht aus der Sichtung eines beinahe beliebigen Fischs eine wertvolle wissenschaftliche Erkenntnis. Rush und Söhnlein sind beeindruckt von seinen euphorischen Ausführungen zu Haien und Rattenfischen.[76]

Der Tauchgang öffnet Stockton Rush die Augen: „Man hatte mich zuvor schon öfter nach dem einen oder anderen Fisch gefragt, und ich wusste nichts dazu." Rush wird klar, dass es für seine großen Pläne nicht reicht, Tauchboote zu haben und diese steuern zu können. Nur mit dem entsprechenden Wissen über das, was während eines Tauchgangs zu sehen ist, wird das Meer plastisch und interessant für Amateurtaucher. Als Folge nimmt OceanGate von nun an immer Meeresbiologen oder andere Experten mit auf Tauchfahrt, die erklären können, wie besonders manche Sichtung ist. „Es war ein Unterschied wie Tag und Nacht", erinnert sich Rush später. Die Experten an Bord hätten einen „elektrisierenden" Effekt auf die Mittaucher gehabt.

Die ersten Tauchgänge mit zahlenden Kunden finden im Herbst 2010 statt. Es ist für OceanGate die erste Expedition mit der ANTIPODES außerhalb der heimischen Gewässer des Puget Sounds. Der Meeresforscher Scott Cassell, der 2006 eine Expedition angeführt hat, bei der vermutlich zum ersten Mal eine lebende Riesenkrake in der Wildnis gefilmt wurde, hat eine fünfjährige Forschungsmission mit dem Namen „Undersea Voyager Project" aufgelegt, die weltweit die Meere erforschen soll. Dabei sollen auch die Gewässer vor Catalina Island an der Küste von Südkalifornien erforscht werden – mithilfe der ANTIPODES. Die zugehörige Expedition beginnt Ende September 2010 und soll sechs Wochen dauern. Zum Einsatz kommt auch eine neue Schwimmplattform, die OceanGate eigens für das Tauchboot konstruiert hat und die wie ein Miniaturtrockendock funktioniert – sie ist hohl und kann kontrolliert geflutet werden. Die Taucher steigen zu, während das Tauchboot an der Wasseroberfläche im Trockenen steht. Die Plattform wird geflutet und nimmt die ANTIPODES mit in eine Tiefe von vier bis fünf Metern. Nun kann das Tauchboot losfahren. Am Ende eines Tauchgangs setzt es in gleicher Tiefe wieder auf der Plattform auf. Dann wird mit Pressluft angeblasen und die ANTIPODES aus dem Wasser geholt. So können nun beispielsweise die Batterien aufgeladen werden, ohne das Tauchboot anlanden zu müssen.

Guillermo Söhnlein organisiert die Tauchgänge. Er stellt fest, wie viel angenehmer es ist, in den warmen Gewässern Kaliforniens zu tauchen. Das Meer ist kristallklar, und die Sonne kann so tief vordringen, dass der Pilot oft erst jenseits von 200 Meter Meerestiefe die Scheinwerfer anstellt. Im Puget Sound taucht die ANTIPODES schon ab zehn bis 15 Meter Tiefe im Dunkeln, sodass weitgehend nach Sonar navigiert werden muss. Das OceanGate-Tauchboot chauffiert Wissenschaftler ebenso wie zahlende Abenteurer zu diversen geologischen Formationen rund um Catalina Island. Die Taucher sehen Seesterne, Seetang, Riesenwolfsbarsche und Seegurken. Zudem finden sie die Überreste einer Druckkammerschleuse des US-Geheimdienstes CIA aus dem Kalten Krieg, die wohl zu einer Unterwasser-Abhörstation für U-Boote gehört hat. An Land gibt es parallel dazu, organisiert von der OceanGate-Stiftung, ein Programm für mehr als 500 Schüler, die für die Meeresforschung begeistert werden sollen.[77, 78, 79, 80, 81]

Stockton Rush fliegt erst in der zweiten Woche ein und übernimmt als Pilot. Bei seinem ersten Tauchgang geschieht etwas Seltsames: Die ANTIPODES fährt mit drei Meter Abstand über den Meeresboden, als sie plötzlich scharf nach Steuerbord gezogen wird. Rush kann keinen Gerätefehler finden; auch die Antriebsdüsen funktionieren einwandfrei. Verärgert darüber, dass „sein“ Tauchgang nicht reibungslos verläuft, nimmt er vorübergehend sogar eine Wandverschalung ab, um zu überprüfen, ob eine Kabelverbindung unterbrochen ist. Guillermo Söhnlein, der ebenfalls zur Besatzung gehört, ist irritiert – ein Reparaturversuch unter Wasser ist im Sicherheitsprotokoll nicht vorgesehen. Schließlich entdecken sie die Ursache des Problems außerhalb des U-Boots im Wasser: Die ANTIPODES zieht einen Krabbenkorb samt Boje hinter sich her. In weniger als einer Minute schafft es Rush, das Tauchboot auszufädeln und den „Klotz am

Bein“ loszuwerden, sodass der Rest des Tauchgangs wie geplant stattfinden kann.[82]

Nach nur zwei Wochen endet die Catalina-Island-Expedition abrupt. Zwischen zwei Tauchgängen geht bei einem der beiden Kufentanks der ANTIPODES eine Ventilkappe verloren, und Seewasser dringt ein, was die darin verbauten Batterien zerstört. Zwar gibt es im gegenüberliegenden Kufentank einen zweiten Satz Batterien, doch die redundante Stromversorgung gehört zum Sicherheitskonzept des Tauchboots – die ANTIPODES ist so nicht einsetzbar. Rush ist außer sich, sollte am Tag des Vorfalls doch eine Gruppe marketingträchtiger VIP-Wissenschaftler tauchen. Er weiß aber auch, dass es nur eine logische Konsequenz gibt, weil passende Ersatzbatterien so schnell nicht zu beschaffen sind: Die Expedition muss abgebrochen werden.[83]

## EIN ERFOLGREICHER FEHLSCHLAG

Im März 2011 mieten die Wracksucher Laura James und Scott Boyd bei OceanGate zunächst nicht die ANTIPODES, sondern lediglich einen von zwei zwischenzeitlich angeschafften kabelgebundenen Tauchrobotern vom Typ VideoRay Pro[84] (diese Art Unterwasserfahrzeug wird ROV genannt, für Remotely Operated Vehicle), sowie das firmeneigene Hochfrequenzsonar des Herstellers Teledyne mit der Bezeichnung 2D BlueView. Mit den Gerätschaften wollen die beiden Taucher ein von ihnen gefundenes, unbekanntes Objekt im Puget Sound untersuchen. Laura James sucht zu diesem Zeitpunkt schon seit zwei Jahrzehnten nach dem Dampfer SS DIX, einer Passagierfähre der Mosquito Fleet, die ab 1904 zwischen Seattle und der südwestlich der Stadt vorgelagerten Halbinsel Alki pendelte. Die DIX kollidierte 1906 mit einem Schoner namens JEANNIE und sank; dabei starben 39 Menschen.

Die beiden Forscher haben das Zielgebiet zuvor von Scott Boyds Boot DIVE BUM aus mit einem einfacheren Oberflächensonargerät untersucht und festgestellt, dass rund 1,6 Kilometer nördlich des Alki Point, dem westlichsten Zipfel der Halbinsel, ein „rätselhaftes Objekt“ liegt, das groß genug ist, um als Wrackstelle infrage zu kommen. Der OceanGate-ROV und das Sonar werden für die Untersuchung mit Boyds Boot über die Stelle geschafft. Am 19. März 2011 sind an Bord erste Videobilder des ROV aus einer Tiefe von rund 150 Metern zu sehen. Eine Erkenntnis: Es handelt sich ganz eindeutig um ein Schiffswrack. Die Details, die zu erkennen sind, darunter die Form des Bugs, stützen zunächst die Vermutung, dass es sich um die DIX handelt.

Mitte April 2011 soll die ANTIPODES das gesunkene Schiff genauer untersuchen. Am 14. und 15. April 2011 finden drei Tauchgänge statt. Die Taucher verbringen insgesamt elf Stunden am Wrack und überfliegen die Stelle dabei achtmal mit einem 3-D-Hochfrequenzsonar. Danach steht fest: Das Schiff liegt nach Steuerbord umgekippt auf dem Meeresboden mit einer Ausrichtung, die zur Fahrtroute der DIX passen würde. Durchs Kuppelfenster der ANTIPODES sind der Brückenstand, die Aufbauten des Oberdecks und der Propeller des Schiffes zu sehen. Zunächst sind alle der Überzeugung, die DIX gefunden zu haben. Im Nachgang wird aus den Sonarbildern ein 3-D-Modell erstellt. Dabei stellt sich heraus, dass es deutliche Abweichungen gibt zwischen den Aufbauten des Wracks und den historischen Bauplänen der DIX. Laura James und Scott Boyd sind enttäuscht. Doch Rush und Söhnlein feiern die Tauchgänge als großen Erfolg, haben sie doch bewiesen, dass sie mit der ANTIPODES und den ROVs Schiffswracks eindeutig identifizieren können.[85, 86, 87, 88]

Es folgen weitere Tauchgänge im Puget Sound und somit quasi vor der eigenen Haustüre. Noch im April 2011 untersucht die ANTIPODES direkt vor Everett die Überreste eines Fischkutters, der 1982 vor Port Gardner gesunken ist und dort auf 90 Meter Tiefe liegt.

Vom 20. bis 27. Juni 2011 taucht OceanGate viermal im Admiralty Inlet vor Port Townsend, einem Teil des Puget Sounds, um das Wrack der S. S. GOVERNOR zu erforschen. Das Passagierschiff ist 1921 nach einer Kollision mit einem Frachter in nur 20 Minuten gesunken und liegt in einer Tiefe von 73 Metern. In vier Tauchgängen entstehen insgesamt elf Sonarscans vom Hecksegment der S. S. GOVERNOR, aus denen anschließend ein 3-D-Modell erstellt werden soll. Die Tauchgänge sind nicht einfach. Am Wrack herrscht eine starke Strömung, zudem müssen der Pilot und die Crew an der Oberfläche besonders wachsam sein, weil sich die Tauchstelle in der Zufahrt für Schiffe nach Seattle befindet. Die Sicht unter Wasser ist mit sechs bis neun Metern nur mäßig, und so navigiert das Tauchboot hauptsächlich via Sonar. Die OceanGate-Piloten, darunter Tym Catterson und Randy Holt, nutzen die Tauchgänge, um mehr Erfahrung mit dem Tauchboot zu sammeln in Vorbereitung auf die nächste Expedition, bei der gleich mehrere Wracks untersucht werden sollen.[89, 90, 91, 92, 93]

Im Oktober 2011 wird ein Stiftungsgroßprojekt umgesetzt: Die ANTIPODES unternimmt vom kalifornischen Monterey aus 34 Tauchgänge und untersucht dort unter anderem das Wrack der ART RIEDEL, SR., die während eines Sturms im Jahr 1990 gesunken war. Das Baggerschiff mit Baujahr 1943 liegt etwa zwei Meilen vor der Küste in einer Tiefe von 94 Metern. Während der Tauchgänge dürfen 14 Studenten der California State University of Monterey Bay selbst entwickelte Roboter und Gerätschaften testen. Zudem bringt die ANTIPODES insgesamt 24 Lehrer aus der Region und 17 Schüler der Aptos High School in die Tiefe. Es gibt Vorträge in Klassenzimmern, einen Workshop für ferngesteuerte Tauchgeräte und Schulausflüge, bei denen das Innere des Tauchboots besichtigt werden kann. Insgesamt nehmen mehr als 1.000 Schüler und Studenten an dem Programm teil.

## KEINE ZAHLENDEN PASSAGIERE

Vor den Tauchgängen muss das Tauchboot jeweils bei der örtlichen Sektion der Küstenwache angemeldet werden, in der eine Expedition stattfinden soll (zum Beispiel Sektor Puget Sound, Sektor Miami, Sektor San Francisco). Die Küstenwache unterscheidet zwischen drei verschiedenen Arten von Tauchgängen: solche mit zahlenden Passagieren, zur ausschließlichen Meeresforschung oder als Freizeitaktivität.

Tauchgänge mit zahlenden Kunden sind am strengsten reguliert. Diese sind nur zulässig, wenn die Küstenwache das Tauchboot zuvor inspiziert und freigegeben hat. Das setzt wiederum voraus, dass bestimmte Richtlinien eingehalten werden, darunter die Empfehlungen aus dem „NVIC-593“ zur Zertifizierung und Inspektion von Tauchbooten mit Passagieren sowie „Titel 46/Unterkapitel T“ aus der Sammlung der US-Bundesverordnungen, in dem der Betrieb „kleiner Wasserfahrzeuge“ geregelt ist. Tauchfahrten mit zahlenden Passagieren sind demnach „nur bis zu einer Tiefe erlaubt, die jener des verfügbaren Rettungsgeräts entspricht". In der Regel sind das 45 Meter, denn bis in diese Tiefe können Gerätetaucher einem havarierten Tauchboot relativ leicht zu Hilfe kommen. Außerdem muss eine Bergung des Tauchboots in einer „vernünftigen Zeit möglich sein, abhängig von den Reserven der lebenserhaltenden Systeme an Bord des Tauchboots". Zusätzlich müsste bei mehr als einem Tauchgang im selben Gebiet eine stets gleichbleibende Fahr- und Tauchroute angemeldet werden in der Annahme, dass es sich um touristische Ausflüge mit planbarem Ablauf handelt.

Das Projekt in Monterey wäre unter diesen Vorgaben nicht möglich gewesen. Stattdessen beruft sich OceanGate nun auf eine von zwei Ausnahmeregelungen: Wird ein Wasserfahrzeug entweder nur für Freizeitaktivitäten genutzt oder ausschließlich zur Meeresforschung, darf es ohne Inspektion, ohne Tiefenbeschränkung und ohne feste Route tauchen. Von einer Freizeitaktivität ist auszugehen, wenn der Tauchbooteigner und seine Gäste an Bord sind und diese für die Tauchfahrt nicht bezahlt haben. Bei einem Meeresforschungsfahrzeug dürfen lediglich der Eigner, Forscher sowie Crewmitglieder an Bord sein. Fällt die ANTIPODES unter eine der beiden Ausnahmen, kann sie ihre maximale Tauchtiefe von 300 Metern voll ausschöpfen und ihren Fahrtweg spontan gestalten.

→ Bilder 4/4B: Die ANTIPODES hat auf beiden Seiten Sichtfenster. (Seite 26)

Für das Stiftungsprojekt in Monterey hat OceanGate die ANTIPODES bei der Sektion San Francisco der Küstenwache als Wasserfahrzeug für Freizeitaktivitäten angemeldet. Bei kommerziellen Expeditionsvorhaben möchten Söhnlein und Rush ihr Tauchboot künftig als Meeresforschungsfahrzeug nutzen. Damit das klappt, muss allerdings sichergestellt sein, dass zahlende Kunden zugleich Forscher oder Crewmitglieder sind.[94, 95, 96, 97, 98, 99, 100, 101]

## „CITIZEN SCIENTISTS"

Die Geschäfte laufen gut. OceanGate bekommt immer neue Buchungen: Die ANTIPODES unternimmt Tauchgänge vor der Küste des Bundesstaates Washington, vor Miami, Florida, erneut in der kalifornischen Monterey Bay und im Golf von Mexiko. In zwei Jahren kommen rund 130 Tauchfahrten zusammen.

Ein Ausflug mit der ANTIPODES kostet für zahlende Kunden – von OceanGate nun im Sinne der Nutzung als Meeresforschungsfahrzeug „Citizen Scientists" (grob übersetzt: Normalbürger-Wissenschaftler) genannt – zwischen 7.500 und 40.000 Dollar. Fast immer handelt es sich dabei um gemischte Tauchgänge, bei denen sowohl Wissenschaftler als auch betuchte Klienten an Bord sind.

In einem Interview mit „Miami Today" beschreibt Guillermo Söhnlein im Juli 2012 die Anfragen: „Manchmal rufen uns Forscher an, die Geld haben und ein U-Boot brauchen. Aber unser Fokus sind eher die Wissenschaftler, die kein Budget haben. Wir suchen Forscher, die interessante, wertvolle Arbeit leisten und an spannende Orte tauchen wollen. Dann stellen wir eine Expedition zu diesem Ziel zusammen und finanzieren die Forschung mit den sogenannten Citizen Scientists. [...] Das ist keine touristische Operation. Auf unseren Expeditionen findet Feldforschung statt, und jeder muss mitarbeiten. Wir lassen zu, dass die Citizen Scientists dafür zahlen, aber wir heuern sie gleichzeitig als Teil der Crew an."[102]

Das Konzept der „Citizen Scientists" haben Rush und Söhnlein von einer Stiftung namens Earthwatch übernommen, die gut betuchten Amateuren die Teilnahme an archäologischen Ausgrabungen ermöglicht. Diese bezahlen dafür, ein paar Tage oder Wochen an einem Projekt mitzuarbeiten und finanzieren so die eigentliche Forschung mit. OceanGate hat bei einem Projekt im Juni 2010 bereits erste Erfahrungen dieser Art gesammelt. Zusammen mit dem Sonarhersteller BlueView Technologies assistiert Rush bei einer Expedition im Lake Laberge, einem See im kanadischen Yukon Territory. Ziel ist das Wrack der A. J. GODDARD, ein Schaufelraddampfer, der während des Klondike-Goldrausches Ende des 19. Jahrhunderts Goldsucher und Gerätschaften transportierte und 1901 unterging. Die ANTIPODES kommt bei der Expedition nicht zum Einsatz, sondern nur der firmeneigene 3-D-BlueView-Sonarscanner. Er wird von Gerätetauchern auf einem Stativ an mehreren Stellen am Wrack aufgestellt und auch in einige Öffnungen hineingehalten. Aus den Daten wird anschließend ein 3-D-Modell der A. J. GODDARD erstellt. Gesponsert wird die Expedition von sechs wohlhabenden Gönnern, die kostenlos ihre Dienste oder Gerätschaften aus ihrem Besitz beisteuern. Der Unternehmer Gordon Rock etwa besitzt einen Jet; Wayne Lober ist Pilot. Gemeinsam fliegen sie kostenlos die Sonargerätschaften und zwei Mann Personal (Stockton Rush und Jon Robertson von BlueView) an den Lake Laberge und dürfen als Gegenleistung an der Expedition teilnehmen. OceanGate geht mit seinen Citizen Scientists nun einen Schritt weiter: Wohlbetuchte neugierige Abenteurer sollen künftig komplette Expeditionen finanzieren und als Kompensation tauchen dürfen.[103, 104]

Ende 2011 ändern Guillermo Söhnlein und Stockton Rush die Firmenform von OceanGate. Aus OceanGate, LLC wird am 29. Dezember 2011 OceanGate, Inc. In der neuen Firma geht auch eine zweite Firma mit dem Namen OceanGate Acquisitions, Inc. auf, die Söhnlein erst kurz zuvor gegründet hat. Eine Firma, die in den USA unter dem Kürzel „Inc." für „incorporated" läuft, ist eine Aktiengesellschaft mit einem Vorstand und einer festen Managementstruktur.[105]

## DIE GRUMMAN F6F HELLCAT

Im Januar 2012 verlegt OceanGate die ANTIPODES dauerhaft nach Florida. Die Einsatzmöglichkeiten ab Seattle sind durch die kalten Temperaturen im Winter stark beschränkt. Guillermo Söhnlein soll das Tauchboot nun stattdessen von Miami aus betreiben und zieht mitsamt seiner Familie und einem Teil der Belegschaft dorthin um.[106] Der Hauptfirmensitz von OceanGate bleibt in Seattle. Söhnlein und Rush hoffen auf ganzjährige Aufträge für ihr Tauchboot im Golf von Mexiko und in der Karibik. Der Umzug wird schon bald mit einem vielversprechenden Auftrag belohnt.[107] Das Miami-Dade County, ein zur Stadt Miami gehörender Verwaltungsbezirk, beauftragt OceanGate, mit der ANTIPODES neun künstliche Korallenriffe vor der Insel Key Biscayne zu untersuchen. Seit 1991 wurden in den Küstengewässern Floridas zwei alte Ölplattformen, mehrere Dutzend Schiffswracks und sogar ausgediente Armeepanzer im Wasser versenkt in der Hoffnung, dass sich neue Korallenriffe bilden. Zum dort ausgebrachten Material gehören auch Tausende Tonnen Betonteile und Kalksteinbrocken. OceanGate soll mit dem Tauchboot nun den Zustand und den Bewuchs der Riffe dokumentieren. Zwischen März und Oktober 2012 finden insgesamt 17 Tauchgänge statt.

Am 29. Juni 2012 soll Stockton Rush auf dem Weg zu einem Riff ein größeres Objekt am Meeresboden überprüfen, das schon länger auf den Karten der US-Meeresbehörde National Oceanic and Atmospheric Administration (NOAA) vermerkt ist. Teil der Besatzung ist an diesem Tag der Abenteurer Chris Welsh, ein guter Bekannter des Beinahe-Firmenmitgründers Graham Hawkes. Die ANTIPODES ist in etwa 75 Meter Tiefe unterwegs. Guillermo Söhnlein leitet die Crew im Begleitboot, die den Meeresboden mit einem 2-D-Sonargerät von BlueView abtastet, und dirigiert das Tauchboot. Ein erstes Objekt, das der Scanner erfasst, entpuppt sich als Betonblock. Rush bekommt von Guillermo Söhnlein Anweisungen, in welcher Richtung der nächste Zielpunkt liegt, und findet dort ein gesunkenes Segelboot. Dann geht es weiter zu einer dritten Koordinate. Plötzlich hört Söhnlein über Funk aufgeregte Stimmen aus der ANTIPODES und mehrfach das Wort „Flugzeug". Auf dem Meeresboden liegt, mit dem Bauch nach oben, ein alter Jagdflieger. Mit dem 3-D-Sonarscanner der ANTIPODES versucht Rush, die genaue Lage der Maschine am Boden zu erfassen. Söhnlein ist hellauf begeistert. Nach dem Tauchgang sagt er zu Rush: „Ist dir klar, dass es 70 Jahre her ist, dass ein Mensch dieses Flugzeug gesehen hat – wahrscheinlich der Pilot? Und ihr fünf seid die ersten, die es unter Wasser sehen – das ist echte Forschung!"[108, 109]

→ Bilder 5/5B: Das Wrack des entdeckten US-Jagdflugzeugs (Seite 27)

OceanGate meldet den Fund der US Navy und der Smithsonian Institution, der vielleicht bedeutendsten Forschungs- und Bildungseinrichtung der USA. Die ANTIPODES kehrt mehrmals zum Flugzeugwrack zurück. OceanGate übergibt anlässlich des Tages der Veteranen am 11. November 2012 alles Material, darunter Fotos, Videos und technische Daten, an das Naval History & Heritage Command (eine Abteilung der US-Marine, die deren historisches Erbe dokumentieren, Artefakte konservieren sowie die Sammlung über Museen und Archive zugänglich machen soll) zur weiteren wissenschaftlichen Auswertung.

In einer zugehörigen Pressemitteilung beschreibt OceanGate sich selbst stolz als „globalen Anbieter von Lösungen für bemanntes Tiefseetauchen". Stockton Rush dazu: „Die Entdeckung dieser Artefakte ist bedeutsam, weil sie uns hilft, mehr über das Erbe unseres Landes nachzudenken und zu lernen, aber auch weil sie unterstreicht, welche Schlüsselrolle die direkte Beobachtung bei der Unterwasserforschung spielt."

Dr. Robert Neyland, der Leiter der Unterwasserarchäologie-Abteilung des Naval History and Heritage Command, bedankt sich: „Weltweit sind mehr als 17.000 Schiffe und Flugzeuge verloren gegangen, und wir bei NHHC begrüßen eine Zusammenarbeit und Partnerschaft mit verantwortungsbewussten Firmen wie OceanGate, die uns bei unserer Mission unterstützen." Neyland und sein Team arbeiten zu dieser Zeit an einer Datenbank, die Informationen zur genauen Lage von Schiffs- und Flugzeugwracks der US-Marine erfasst – dank der ANTIPODES ist nun ein umfangreicher Eintrag hinzugekommen.[110]

Die Navy identifiziert die Maschine als Grumman F6F Hellcat, ein propellergetriebenes US-Jagdflugzeug aus dem Zweiten Weltkrieg. 79 Hellcats gingen laut dem US-amerikanischen Naval History and Heritage Command zwischen 1943 und 1952 vor der Ostküste von Florida verloren, wo Piloten auf diesem Maschinentyp ausgebildet wurden. Die verunfallte Hellcat, so die Erkenntnis aus Archivunterlagen, stürzte 1941 kurz nach dem Start ab, weil das Triebwerk ausfiel. Der Pilot sprang ab und überlebte den Absturz.

OceanGate lädt Journalisten auf einen Tauchgang zur Hellcat ein, und so schleppt das Schiff HEADROOM die ANTIPODES ein weiteres Mal aufs Meer hinaus. An Bord ist auch eine Reporterin des „Miami Herald". Das Blatt druckt im Anschluss eine Geschichte, in der der Tauchgang mit Pilot Randy Holt beschrieben wird. Die Kapsel würde mit einem Gameboy-ähnlichen Joystick kontrolliert, schreibt Reporterin Susan Cocking erstaunt. Der Vergleich hinkt ein wenig, denn der Hebel und ein kleines Display sind auf einem vergleichsweise klobigen, schwarzen Kasten aufmontiert mit dicken Kabeln, die die Steuerung mit den übrigen Systemen verbinden. Damit ähnelt er dem damaligen Gameboy nicht wirklich, der auch keinen Joystick hatte, nur Tasten. Im Artikel wird auch der Preis genannt, den es kostet, die ANTIPODES zu chartern: 15.000 bis 20.000 US-Dollar pro Tag.[111, 112, 113]

Stockton Rush versucht, die mediale Aufmerksamkeit zu nutzen, um OceanGate und die ANTIPODES für eine weitere Expeditionsidee ins Spiel zu bringen: Wer die nötigen Millionen mitbringe, könne mit ihm und seiner Tauchkapsel sicher auch das abgestürzte Flugzeug der legendären Pilotin Amelia Earhart finden, eine Lockheed Electra, mit der sie 1937 als erster Mensch die Erde entlang des Äquators umfliegen wollte.

Das Flugzeug gilt bis heute als verschollen. Dreiviertel der Strecke hatten Earhart und ihr Navigator Fred Noonan bereits erfolgreich absolviert. Am 2. Juli 1937 flogen die beiden von Lae auf Neuguinea über den Pazifik gen Ostnordost und wollten die mehr als 4.000 Kilometer entfernte Howlandinsel (die nur 2,6 Quadratkilometer groß ist) ansteuern und dort zwischenlanden. Offenbar verirrte sich das Flugzeug und stürzte ab. 64 Flugzeuge und acht amerikanische Kriegsschiffe rückten aus, um Earhart und Noonan zu finden – ohne Erfolg.

Stockton Rushs Behauptung, Earharts Flugzeug mit der ANTIPODES finden zu können, ist gewagt. Denn wahrscheinlich liegt die verunfallte Maschine im Pazifik in einer Tiefe, die für das Tauchboot schlicht unerreichbar ist. Rush ist trotzdem optimistisch. In einem Interview mit der Zeitung „The Oklahoman" sagt er dazu einige Monate später: „Die Technik, solche Flugzeuge zu finden, existiert. Es geht nur um die Frage, ob es die Investition wert ist. [...] Es ist schwer, das wirtschaftlich zu rechtfertigen. Es ist wie die Suche nach dem heiligen Gral."[114, 115]

So oder so: Stockton Rush sieht sich durch den Fund der Grumman F6F Hellcat bestätigt in seiner Vision, als kommerzieller Tauchanbieter zahlende Kunden zu spannenden Zielen am Meeresboden zu bringen und „nebenbei" Forschung zu ermöglichen.

Im Anschluss an die Tauchgänge lässt OceanGate die ANTIPODES von der US-Küstenwache in Miami rezertifizieren. Die Verlängerung gilt für weitere zwei Jahre bis einschließlich 30. August 2014. (OceanGate lässt die ANTIPODES auch in den folgenden Jahren immer wieder vom American Bureau of Shipping überprüfen, zuletzt am 7. September 2022 mit einer Gültigkeit des Zertifikats bis September 2024. Im Januar 2024 wird die ANTIPODES schließlich verkauft.)[116, 117]

Im Juni 2012 stellt Guillermo Söhnlein beim Sektor Miami der US-Küstenwache den längst überfälligen Antrag, die ANTIPODES dort als Meeresforschungsfahrzeug anzumelden. In den Unterlagen, die OceanGate eingereicht hat, sind auch Pläne, Kunden gegen eine Gebühr zu Tauchbootpiloten auszubilden. Dies untersagt die Küstenwache jedoch im August 2012. Wenn für solch einen Kurs Geld fließt, müsse die ANTIPODES als Wasserfahrzeug zum Transport zahlender Kunden angemeldet werden und alle Auflagen (unter anderem bezüglich der Tauchtiefe und der Fahrtroute) erfüllen. Unter der Ausnahmeregelung für Forschungstauchboote dürfe die ANTIPODES nur ausgebildete Wissenschaftler oder allenfalls Studenten mitnehmen, die an einem ozeanografischen oder limnologischen Studiengang (zur Erforschung von Binnengewässern) teilnehmen, sodass sie sich in der Ausbildung zum Wissenschaftler befinden. Söhnlein sagt später, er habe das Gefühl gehabt, der Sektorenkommandant wollte grundsätzlich kein Tauchboot in seiner Zuständigkeit haben, weil die Grenzschutzbehörden ihn gewarnt hätten, dass Tauchboote von südamerikanischen Drogenkartellen als Schmuggelfahrzeuge eingesetzt werden können. Söhnlein prüft daraufhin, ob es sinnvoll wäre, die ANTIPODES ins kalifornische Monterey zu verlegen, und fühlt bei der Küstenwachensektion San Francisco vor, ob diese bezahlte Pilotenkurse zulassen würde. Doch auch dort gibt es Bedenken. Und so legt Söhnlein legt die Pläne auf Eis.[118, 119, 120]

Im September 2012 findet ein weiteres großes Stiftungsprojekt statt – diesmal ohne Tauchboot. Gerätetaucher untersuchen zwei Tage lang das Wrack des Schaufelraddampfers USS HATTERAS, der 1863 im Amerikanischen Bürgerkrieg versenkt wurde. Das Wrack liegt etwa 32 Kilometer vor Galveston, Texas, auf sandigem Grund in einer Tiefe von 17 Metern. Eine Erkundung auf Sicht war bisher sehr mühsam und nicht sonderlich effektiv, weil die starke Strömung vor Ort viel Sand aufwirbelt. OceanGate steuert für die Untersuchung nun seinen 3-D-BlueView-Sonarscanner bei, der seine Umgebung mit Ultraschallimpulsen abtasten und das Oberflächenrelief fester Strukturen abbilden kann. Die US-Meeresbehörde NOAA stellt den 27 Meter langen und auf 14 Personen ausgelegten Katamaran R/V MANTA als Expeditionsschiff. Als leitender Archäologe ist Dr. James Delgado an Bord. An der Expedition nehmen auch drei Studenten der Texas A&M University in Galveston teil sowie Schüler einer örtlichen High School. Das Sonargerät von OceanGate wird für diverse Scans an 24 unterschiedlichen Stellen auf dem Meeresboden aufgestellt. Aus den gesammelten Daten entsteht schließlich ein 3-D-Modell des Wracks.[121, 122, 123]

Im Oktober 2012 organisiert die OceanGate-Stiftung zwei weitere Tauchgänge zur ART RIEDEL, SR. vor Monterey. Fünf Schulen und die California State University of Monterey sind beteiligt; mehr als 600 Schüler machen Ausflüge zur ANTIPODES. Zudem gibt es Vorträge an den beteiligten Schulen. Stockton Rush möchte so mehr Begeisterung für die Meeresforschung wecken. Die jungen Menschen sollen, wenn sie erwachsen sind, selbst in die Tiefe tauchen wollen – vielleicht ja mit einem OceanGate-Tauchboot.

→ Bild 6: Stockton Rush und Guillermo Söhnlein (Seite 27)

Zeitgleich findet in Monterey das Blue Ocean Film Festival and Conservation Event statt. Der Organisator der Veranstaltung ist Guillermo Söhnlein. Zum Programm gehört auch eine Podiumsdiskussion über die Zukunft der Unterwasserforschung. Zudem werden vier Tauchboote ausgestellt: OceanGate präsentiert die ANTIPODES. Das Waitt Institute, eine gemeinnützige Organisation mit dem Ziel einer nachhaltigen Nutzung der Ozeane, zeigt den von Nuytco Research Limited entwickelten DUAL DEEPWORKER (Tauchtiefe: 600 Meter). Dazu kommen der DEEPFLIGHT SUPER FALCON von Hawkes Ocean Technologies (maximale Tauchtiefe: 300 Meter) und die ebenfalls von Graham Hawkes gebaute, bereits erwähnte DEEPFLIGHT CHALLENGER (geplante Tauchtiefe: 11.000 Meter). Der Tiefsee-Tauchflieger ist immer noch nicht betriebsbereit und wurde zwischenzeitlich aus dem Nachlass von Steve Fossett für eine Million Dollar an Chris Welsh und seine Tauchbootfirma Deep Sub, LLC verkauft. Hawkes und Welsh möchten das Tauchboot nun doch noch fertigstellen, im Auftrag eines neuen Investors: Virgin-Airlines-Chef und Abenteurer Richard Branson plant, mit der DEEPFLIGHT CHALLENGER zur jeweils tiefsten Stelle aller fünf Weltmeere zu tauchen. Das Projekt heißt Virgin Oceanic Five Dives und soll so schnell wie möglich umgesetzt werden.[124, 125, 126, 127, 128]

→ Bild 7: Die DEEPFLIGHT CHALLENGER (Seite 27)

# DIE MAGISCHE ZAHL FÜNF

Die für 300 Meter Tauchtiefe zugelassene ANTIPODES ist nun seit knapp zwei Jahren für OceanGate im Einsatz. Söhnlein und Rush haben Erfahrungen gesammelt, was die Logistik und den Betrieb eines Tauchboots angeht, wenn auch nur in vergleichsweise flachen, küstennahen Gewässern. Sie erachten es nun an der Zeit, die weitere Zukunft der Firma zu planen und das eigentliche Ziel voranzutreiben, die Tiefsee für die Menschheit zugänglicher zu machen. OceanGate peilt zu diesem Zeitpunkt eine Flotte von vier bis fünf Tauchbooten an. Söhnlein und Rush wollen bis zu 4.000 Meter tief tauchen können – das würde 65 Prozent des Meeresbodens auf Erden zugänglich machen. Bei 6.000 Metern wären es sogar 98 Prozent. Das Konzept sieht vor, die Tauchboote auf unterschiedlichen Kontinenten zu stationieren, um den Weg zum jeweiligen Tauchziel so kurz wie möglich zu halten. Sie sollen ohne eigene Versorgungsschiffe auskommen. Für die Dauer einer Expedition soll stattdessen auf dem freien Markt ein Schiff angemietet werden, das das Gerät zum Ziel transportiert und während der Tauchgänge als Einsatzzentrale dient. Die Tauchboote sollen von ihrem regionalen Standort per

Lkw zu dem Hafen transportiert werden, der am nächsten zur Tauchstelle liegt und erst dort mit dem Expeditionsschiff „verheiratet“ werden.

Die bekannten Tiefsee-Tauchboote bieten bislang nur Platz für zwei bis drei Personen. Um die Tauchkosten pro Kopf zu senken, wäre es für OceanGate erstrebenswert, wie bei der ANTIPODES Platz für fünf Personen zu haben. Zudem würde dies ermöglichen, Beobachter mitzunehmen, die Wissenschaftlern bei der Arbeit zusehen können. Der größere Innenraum könnte auch für Dokumentarfilmer interessant sein, die Platz für ihre Kameras brauchen.[129, 130]

OceanGate fragt weltweit bei Tauchbootherstellern (Triton Submarines, Nuytco Research Ltd, SEAmagine und U-Boat Workx) an, ob sie ein solches Fünf-Personen-Tauchboot bauen können, das in Tiefen von 4.000 oder 6.000 Metern vordringen kann. Es soll leicht und kompakt genug sein, um in einen Frachtcontainer zu passen und per Lkw transportiert werden. Ein Tauchboot in Leichtbauweise bräuchte keinen Riesenkran auf dem Expeditionsschiff, um ins Wasser gehoben und wieder eingeholt zu werden, was die Zahl der infrage kommenden Schiffe vergrößern und die Charterkosten senken würde. Damit der Preis für einen Tiefsee-Tauchgang später maximal

## MEERESZONEN

Das offene Meer wird in verschiedene Tiefenzonen unterteilt. Die oberste Zone wird Epipelagial genannt und umfasst die Bereiche des Meeres, in die das Sonnenlicht vordringen kann.

Mit dem Begriff Tiefsee ist in der Regel der Bereich der Ozeane gemeint, in den kein Sonnenlicht mehr vordringt. Diese Zone beginnt unterhalb von etwa 200 Metern. Die Tiefsee wird wiederum in vier Unterzonen eingeteilt:

Das Mesopelagial erstreckt sich von etwa 200 bis 1.000 Meter Meerestiefe.

Das Bathypelagial reicht von 1.000 bis 4.000 Metern und schließt somit zum Beispiel das Wrack der TITANIC ein, die auf 3.800 Meter Tiefe liegt.

Darunter beginnt das Abyssopelagial und ab 6.000 Meter Tiefe dann das Hadopelagial, das bis zur tiefsten Stelle des Meeres bei knapp 11.000 Metern im Marianengraben im westlichen Pazifischen Ozean reicht.

sechsstellig ist, dürfte ein Tauchboot zudem nicht viel mehr als fünf Millionen US-Dollar kosten.

Die Rückmeldungen sind ernüchternd. In klassischem Design haben die Tauchkapseln der angefragten Hersteller alle einen kugelförmigen Druckkörper aus Metall. Für die Pläne von OceanGate sind sie zu wuchtig, zu schwer und innen zu klein. Guillermo Söhnlein erinnert sich: „Sie waren sich einig, dass das mit dem Gewicht nicht funktionieren wird, weil man nur in Titan oder Stahl so tief tauchen kann. Für fünf Personen müsste die Kugel zudem riesengroß sein, was sie unsäglich schwer machen würde. Zusätzlich hätten diese massiven Dinger auch noch 50 bis 100 Millionen Dollar pro Tauchboot kosten sollen."

Söhnlein und Rush gehen ihre Optionen durch: Sie könnten die angestrebte Tauchtiefe verringern. Dann könnten jedoch weniger Ziele in der Tiefsee erreicht werden, was den künftigen Klientenkreis und den „Wert für die Menschheit" schrumpfen ließe. Sie könnten ihre Firma in eine gemeinnützige Organisation umwandeln und Spendengelder sammeln für den Kauf eines konventionellen Drei-Personen-Tiefsee-Tauchboots, um die Kosten für einen Tauchgang im Rahmen zu halten. Sich darauf einzulassen, jedes Jahr mehrere Millionen an Spenden eintreiben zu müssen, scheint den beiden Firmengründern jedoch riskant. Die letzte Option ist zu akzeptieren, dass die Tauchboote wegen des Gewichts ein permanentes Mutterschiff brauchen. Dann müssten sie die höheren Kosten auf die Kunden umlegen.

Schließlich besinnen sich Söhnlein und Rush auf die Designideen des Beinahe-Firmenpartners Graham Hawkes: Wenn es gelänge, Tiefsee-Tauchboote durch den Einsatz alternativer Materialien wie Karbonfasern leichter zu machen, könnte der Plan eines kompakten Tiefsee-Tauchboots für fünf Personen doch noch umsetzbar sein. Doch keiner der angefragten Tauchboothersteller will oder kann ein solches Unterwasserfahrzeug bauen. Und so setzt sich OceanGate ein ganz neues Firmenziel: einen ultraleichten und kosteneffizienten Tauchboottyp selbst zu entwickeln. Guillermo Söhnlein: „Stockton schaltete sein Ingenieursgehirn ein und redete auch noch mal mit Graham Hawkes über Karbonfasern. Unsere Tauchboote mussten gleichzeitig leicht und stark sein. [...] Wir haben das ausführlich analysiert und dann entschieden, dass wir unsere eigenen Tauchboote entwerfen und auch bauen."[131, 132]

Stockton Rush streckt seine Fühler aus, wer ihm auf dem Weg zum Karbonfaser-Tauchboot helfen kann. Eine erste Designanalyse, die man bei der

Firma Blue Force Technologies in North Carolina in Auftrag gibt, ist grundsätzlich vielversprechend. Rush sieht sich weiter um. Der Luft- und Raumfahrthersteller Boeing, der in Everett bei Seattle – und damit fast vor der OceanGate-Haustür – sein größtes Werk mit rund 30.000 Mitarbeitern betreibt, scheint für das Vorhaben geradezu ideal. Boeing hat schon mehrere unbemannte Druckkörper aus Karbonfasern hergestellt, auch für das Ozeanografische Institut und das Labor für angewandte Physik der University of Washington (Applied Physics Lab, kurz APL). OceanGate schließt mit Boeing einen Vertrag über eine Machbarkeitsstudie ab und legt die Eckdaten fest: Der Druckkörper soll 2,50 Meter lang sein, einen Innendurchmesser von 1,50 Meter haben und einem Druck entsprechend 6.000 Meter Meerestiefe standhalten. Er soll für maximal ein bis drei Millionen US-Dollar hergestellt werden können, wobei die Entwicklungskosten für einen Prototypen nicht einzurechnen sind. Das Boeing-Team versucht in den kommenden Monaten zu berechnen, ob und mit welcher Herstellungsmethode es möglich wäre, einen Tauchboot-Druckkörper aus Karbonfasern zu konstruieren. Zu den Vorgaben von OceanGate gehört auch ein Sicherheitsfaktor von 2,25. Der Druckkörper soll der im Betrieb vorkommenden Belastung nicht nur gerade noch standhalten, sondern mit einer gewissen Reserve. Dabei wird die gewünschte operative Tauchtiefe mit dem Sicherheitsfaktor multipliziert. Daraus ergibt sich die technische Zieltiefe. Der Druckkörper muss so ausgelegt sein, dass er dem Druck der technischen Zieltiefe aushält. Im konkreten Fallbeispiel wären das 6.000 Meter operative Tiefe mal 2,25 gleich einer technischen Zieltiefe von 13.500 Metern.[133, 134]

Diese Art von Sicherheitsfaktor ist branchenüblich. Will man ein Tauchboot mit einem Druckkörper beim American Bureau of Shipping (ABS) zertifizieren lassen, ist bei den Tests ein Sicherheitsfaktor von mindestens 1,25 (und damit eine 25-prozentige Reserve) vorgeschrieben. So wurde das amerikanische Tauchboot Alvin vom Meeresforschungsinstitut Woods Hole in den Jahren 2011 bis 2014 umgebaut und bekam dabei einen neuen Druckkörper aus Titan, der für eine maximale Tauchtiefe von 6.500 Metern zugelassen werden sollte. Die Titankugel wurde im Rahmen der ABS-Zertifizierung einem Druck, wie er in 8.000 Meter Meerestiefe herrscht, ausgesetzt.[135, 136, 137, 138, 139, 140]

Bei einem unbemannten Karbonfaserkomposit-Druckkörper (zum Beispiel als Tank für ein Gas oder eine Flüssigkeit) wird üblicherweise ein höherer Sicherheitsfaktor angesetzt als bei einem aus Metall – je nach Anwendung mindestens der Faktor 2. Hat ein bemannter Druckkörper eine andere Form als eine Kugel, setzt ABS sogar einen Sicherheitsfaktor 6 an, weil jede Art von Materialversagen tödlich sein kann und es für das Design keine belastbaren Erfahrungswerte gibt. Die Zielvorgaben von OceanGate für die Machbarkeitsstudie mit einem Sicherheitsfaktor von 2,25 liegen deutlich darunter.[141, 142, 143, 144]

# GETRENNTE WEGE

Schon länger haben Stockton Rush und Guillermo Söhnlein diskutiert, wie die künftige Firmenstruktur von OceanGate aussehen soll. Jetzt, da der Schwerpunkt nicht mehr auf den Expeditionen mit der ANTIPODES liegen soll, sondern auf der Entwicklung und dem Bau neuer Tauchboote, soll Stockton Rush der CEO werden und damit das Gesicht der Firma. „Wir standen am Beginn einer Phase, in der es vordergründig ums Ingenieurwesen ging. Das war Stocktons Expertise, nicht meine. Deswegen war es sinnvoll, dass er zu diesem Zeitpunkt die Firma übernommen hat", sagt Söhnlein dazu später. Zum Zeitpunkt der Diskussion um die neue Firmenstruktur hat Söhnlein als Pilot der ANTIPODES 72 Tauchgänge durchgeführt und wird nun COO, Chief Operating Officer, also Manager des operativen Geschäfts und der Niederlassung in Miami.[145, 146, 147, 148]

Im Herbst 2012 lotet Söhnlein seinen eigenen weiteren Weg aus. Er schlägt Rush ein neue Werbemaßnahme für OceanGate vor: Forschungsexpeditionen mit der ANTIPODES und künftigen neuen OceanGate-Tauchbooten, organisiert von Söhnlein. So könne man die Tauchboote einer größeren Öffentlichkeit vorstellen und potenziellen Kunden die eigene Leistungsfähigkeit beweisen. Er hat auch schon zwei Expeditionsziele vor Augen: zum einen Dean's Blue Hole, eine der größten Unterwasserhöhlen weltweit mit einer Tiefe von etwa 200 Metern, deren Zugang in einem Riff vor der Bahamainsel Long Island liegt. Zum anderen das 125 Meter tiefe Great Blue Hole, das etwa 70 Kilometer vor der Küste von Belize im karibischen Meer liegt. An Bord des Tauchboots sollen Wissenschaftler und Kamerateams sein, die Dokumentationen drehen. Die Schätzkosten: eine Million US-Dollar bei einer Projektdauer von zwei Jahren. Rush ist skeptisch. Das Firmenmodell sei das Verchartern von Tauchbooten, nicht die Meeresforschung. Zudem wären Expeditionen zu teuer, um als Marketingmaßnahme durchgehen zu können. Denkbar wäre aber, die künftigen Tauchboote auf Werbeexpedition zu plakativ spannenden Orten schicken, finanziert von zahlenden Touristen, die tauchen dürfen und über die dann die Medien berichten. Im Idealfall würde dabei sogar ein Überschuss generiert, der in die Entwicklung weiterer Tauchboote fließen könnte, so Rush. Die beiden diskutieren über potenzielle Expeditionsziele in der Tiefsee. Rush träumt von der Erforschung hydrothermaler Quellen in der Nähe der Azoren. Das sind Stellen am Meeresboden, aus denen heißes, mineralreiches Wasser austritt, das zuvor tief in die Erdkruste eingedrungen ist und sich dort auf mehr als 300 Grad erhitzt hat. Durch den enormen Wasserdruck verdampft das Wasser nicht. Es handelt sich um ein wenig erforschtes Ökosystem, das ohne Sonnenlicht und ohne Sauerstoff auskommt.

Bislang gibt es weltweit allerdings nur ein einziges Ziel in der Tiefsee, das erfolgreich touristisch erschlossen wurde: das Wrack der TITANIC im Nordatlantik. Und so bleibt die Idee, Werbeexpeditionen zu organisieren, zunächst ein Gedankenspiel. Nicht zuletzt deswegen ist Söhnlein in seiner neuen Rolle als COO schon nach wenigen Wochen frustriert. Er fühlt sich zurückgesetzt und ist genervt, weil er den Großteil seiner bisherigen Aufgaben weiter erledigen soll, jetzt aber unter engmaschiger Überwachung durch den neuen CEO Stockton Rush. Der möchte den Betrieb der ANTIPODES zudem mittelfristig zugunsten neuer Tauchboote einstellen. Söhnlein müsste dafür die Niederlassung in Miami schließen und mit seiner Familie zurück nach Seattle ziehen, wo er ohne echte Aufgabe wäre.[149, 150, 151, 152, 153]

Ende Januar 2013 zieht sich Guillermo Söhnlein aus dem Geschäft von OceanGate, Inc. zurück. Er behält allerdings seine Anteile an der Firma. Noch im gleichen Jahr gründet er mit zwei Freunden eine neue Firma, Blue Marble Exploration, mit der er künftig Expeditionen auf den Mount Everest, zum Südpol und in späteren Jahren auch Reisen ins Weltall vermitteln oder organisieren will. Mit Stockton Rush ist abgemacht, dass Söhnlein seinen Kunden die ANTIPODES und die künftigen OceanGate-Tauchboote für Expeditionen anbieten soll. (Tatsächlich findet eine solche Zusammenarbeit mit OceanGate aber nie statt.) Nach Söhnleins Weggang gibt OceanGate den Standort Miami auf und holt die ANTIPODES zurück nach Everett.[154, 155, 156, 157, 158]

# 2013/ 2014

Die Cyclops 1 wird 2015 in Seattle ausgestellt

# DIE CYCLOPS 1

Anfang 2013 zieht OceanGate um, vom Paine-Field-Flughafen in Everett ins südlicher gelegene Woodinville – ebenfalls ein Vorort von Seattle. Auf dem neuen Gelände ist deutlich mehr Platz, der auch für die neue Entwicklungs- und Werkshalle gebraucht wird. Die ANTIPODES soll bis auf Weiteres im Expeditionsbetrieb bleiben, handelt es sich doch um das wichtigste Ertragsobjekt im Firmenvermögen.

Am 15. Januar 2013 kauft OceanGate von der Rebikoff-Niggeler-Stiftung auf den Azoren ein etwa zehn Jahre altes Tauchboot. Der Deal wird wieder über einen Zwischenhändler eingefädelt. Die LULA 500 ist zertifiziert für eine Tauchtiefe von bis zu 500 Metern; sie hat eine Überlebenssphäre aus Stahl mit einer Wandstärke von 20 Millimetern. Stockton Rush möchte das Tauchboot aufwendig umbauen. Die LULA 500 verfügt über einen Hybridantrieb. Für Fahrten an der Oberfläche gibt es einen Dieselmotor; beim Tauchen benötigen die elektrischen Triebwerke große Batterien.[159, 160] OceanGate trennt sich vom Dieselantrieb und von den Außenaufbauten, die wie ein überdimensioniertes Surfbrett geformt sind. Dort waren zentrale Komponenten verbaut, darunter das Bug- und das Heckstrahlruder, ein Kompass, die Tauchzellen, die für den notwendigen Auftrieb an der Oberfläche sorgen, Scheinwerfer, das Sonar sowie als Auftriebsmaterial sogenannter syntaktischer Schaum. OceanGate entfernt auch den Unterwassergreifarm und die Probenbox, die unter dem Tauchboot montiert war. Ein Teil der elektrischen Systeme und der Heckpropeller landen ebenfalls auf dem Müll – was bleibt, ist der Druckkörper mitsamt dem großen Kuppelfenster und der Zustiegsluke.[161, 162, 163]

OceanGate spricht von einem Zwischenschritt auf dem Weg zu einer gänzlich selbst designten Tauchkapsel aus Karbonfaserkomposit. Unter dem Namen CYCLOPS 1 soll die Ex-LULA nach dem Umbau als Testplattform dienen. So kann man bei OceanGate schon mit der Technik und der Software für das künftige Karbonfaser-Tauchboot experimentieren, obwohl dieses bisher nur als Designstudie existiert. Der Name CYCLOPS stammt aus der griechischen Mythologie. Die Zyklopen sind einäugige Riesen und zumindest in Homers „Odyssee“ die Söhne des Meeresgottes Poseidon.[164]

Man werde nicht alle Komponenten für die beiden Tauchboote selbst entwerfen und anfertigen, heißt es bei OceanGate. Vielmehr wolle man bereits auf dem Markt verfügbare Technikkomponenten (sogenannte COTS, „commercial off the shelf" technology – also Ware, die man im Handel „in den Regalen" findet) verwenden und in das eigene Design integrieren. Die Kontrolle über die einzelnen Systeme (Lebenserhaltung, Stromversorgung, Navigation und sonstige kritische Systeme) soll weitgehend automatisiert werden, sodass bei Tauchgängen mehr Zeit für die tatsächliche Forschung bleibt. Das verbessere zugleich die Sicherheit, weil die Wahrscheinlichkeit für menschliches Versagen geringer werde.[165]

Die LULA 500 hat zum Zeitpunkt des Ankaufs eine gültige Zertifizierung des American Bureau of Shipping, die durch den Umbau jedoch verloren geht. Rush hat nicht vor, sich um eine Rezertifizierung zu bemühen. Dafür müsste er sich auf eine konkrete technische Konfiguration des neuen Tauchboots festlegen und diese von ABS oder einem anderen Zertifizierungsanbieter abnehmen lassen. Jeder weitere Tausch von Komponenten würde dazu führen, dass die Zertifizierung wiederholt oder zumindest ergänzt werden muss. „Das wäre Zeit- und Geldverschwendung", so sein Urteil.[166]

## ZUSAMMENARBEIT MIT DER UNIVERSITY OF WASHINGTON

Am 7. Mai 2013 gibt Stockton Rush bekannt, ein eigenes Tauchboot mit einem Druckkörper aus Karbonfasern entwickeln zu wollen, das 3.000 Meter tief tauchen kann. Es soll mithilfe des Labors für angewandte Physik (APL) der University of Washington (UW) in Seattle entstehen. „Project CYCLOPS" nennt man bei OceanGate das Vorhaben. In einem Vertragsentwurf vom November 2012 heißt es: „APL-UW wird OceanGate, Inc. im Rahmen der Designarbeiten an der CYCLOPS 1 assistieren, neue Systeme zu konstruieren, und dies später auch bei der CYCLOPS 2."

OceanGate soll der Universität für Personal, Reisekosten, Gerätschaften und sonstige Dienste oder Verbrauchsgüter fast fünf Million US-Dollar bezahlen. Als Vertragslaufzeit sind rund drei Jahre vorgesehen: von Dezember 2012 bis Ende 2015. Die Ingenieure der Universität sollen Entwürfe und

Studien für verschiedene Komponenten des Tauchboots erstellen (sowohl die Hardware als auch die Software) und insbesondere überprüfen, ob einzelne Bauteile oder Systeme zugekauft werden können. Das Projekt steht seitens der Universität unter der Aufsicht von Robert Miyamoto, dem stellvertretenden Direktor des APL. Zwei Senior-Ingenieure im Labor, Dave Dyer und Andrew Stewart, sollen mit ihrem Team den Aufbau der technischen Anlage entwerfen, Chefingenieur Pete Brodsky und seine Mannschaft sind für die Software zuständig.[167, 168]

Das fertige Tauchboot soll 2015 in Dienst gestellt werden und fünf Personen in die Tiefe bringen können. Denkbar sei ein Einsatz in der Erdöl- und Gasindustrie, sowohl bei der Erschließung neuer Fördergebiete als auch bei der Überwachung von Bohrinseln, so Rush. Die CYCLOPS 2 soll aus Leichtbaumaterialien gebaut werden und ein großes kuppelförmiges Fenster besitzen, das den Insassen eine 180-Grad-Sicht bietet. Vollmundig heißt es, man plane, das „fortschrittlichste Tiefsee-Tauchboot der Welt" zu bauen. Gemeinsam will man zunächst Studien erstellen und danach einen Prototyp entwickeln. Gleichzeitig plant OceanGate, Studenten Praktika anzubieten – auch um kreative junge Mitarbeiter zu rekrutieren.[169, 170]

Robert Miyamoto vom APL zeigt sich in der Pressemitteilung zufrieden: „Wir glauben, dass OceanGate und das Projekt CYCLOPS für die bemannten Tauchboote einen Quantensprung darstellen, und wir freuen uns, dass wir für dieses Vorhaben unseren guten Ruf im Bereich Ingenieurwesen und Design einbringen und unsere Testanlagen zur Verfügung stellen können."[171, 172, 173]

## ERKUNDUNG DES ROTFEUERFISCH-BEFALLS

Die ANTIPODES wird für ein neues Projekt nach Florida geschafft. Überaus medienwirksam lädt OceanGate Wissenschaftler von der örtlichen Nova Southeastern University (NSU) und von der Florida Fish and Wildlife Conservation Commission ein, die Rotfeuerfische vor der Küste Floridas zu erforschen. Es handelt sich um eine aus dem Pazifik oder dem Indischen Ozean eingeschleppte invasive Art mit giftigen Stacheln in der Rückenflosse, die sich zunehmend vor der Küste Floridas, in der Karibik und im Golf von Mexiko ausbreitet.

Rush ist während der Tauchgänge zur Grumman F6F Hellcat auf die Idee gekommen, die Rotfeuerfische zu erforschen, nachdem er am Wrack des Flugzeugs etwa 30 Exemplare auf einmal vorgefunden hat. Die auffällig rotbraun-weiß gestreiften Fische stellen nicht nur für den Tourismus ein Problem dar, sondern auch für den örtlichen Fischfang. Sie haben im Amerikanischen Mittelmeer (Karibik und Golf von Mexiko) keine natürlichen Feinde und ernähren sich unter anderem von Jungfischen anderer Arten. So verdrängen sie für die Fischerei wichtige Arten wie den Zackenbarsch und den Rotbarsch. Erkenntnisse über die regionale Verbreitung des Rotfeuerfischs kommen zu diesem Zeitpunkt meist von Gerätetauchern, die in flachen Küstengewässern bis 40 Meter Tiefe unterwegs sind. Mit der ANTIPODES soll nun auch die Rotfeuerfisch-Lage in tieferen Gewässerzonen erfasst werden.

Die Logistik ist vergleichsweise einfach. Mit der Yacht REEF ROAMER von Brownie's Yachtdiver geht es vom 27. bis 29. Juni 2013 täglich hinaus aufs Meer, das Tauchboot im Schlepp. An der Tauchstelle angekommen, wird die ANTIPODES abgekoppelt. Dann setzen die Taucher mit einem Gummiboot über und klettern an Bord. Stockton Rush hat für die Tauchgänge eigens eine Vorrichtung gebaut, mit der man Fische über ein Rohr ansaugen und in einen Tank bugsieren kann, um diese nach dem Tauchgang zu untersuchen. Diese „Schlürfpistole" kommt dann aber doch nicht zum Einsatz; es bleibt bei einer Beobachtung der Tiere am Meeresgrund. Am Ende der dreitägigen Mission findet an Land eine Podiumsdiskussion mit den beteiligten Experten statt. Ein konstruktiver Vorschlag, wie der Rotfeuerfisch-Überpopulation beizukommen wäre, kommt von einem Koch: Dieser führt live vor, wie die Fische am besten filetiert und zubereitet werden können. Die kulinarische Kriegsführung gegen die invasive Spezies könne den Fischern helfen, wertlosen Beifang in geldbringende Handelsware zu verwandeln – vorausgesetzt, die hungrigen Gäste in den örtlichen Restaurants ziehen mit.

Die Wissenschaftler zeigen sich bei der Podiumsdiskussion dankbar für die Tauchgänge. Dr. Tammy Frank von der Nova Southeastern University: „Wir brauchen ein bemanntes Tauchboot wie die ANTIPODES mit einem großen Sichtfeld, um diese Art Forschung durchzuführen." Die unmittelbare Beobachtung der Unterwasserwelt sei für die Wissenschaftler viel effektiver als die bisher genutzten Kameras an ferngesteuerten Tauchrobotern: „Das ist, als würde man mit einem Auge durch ein Rohr schauen."

Die ANTIPODES mit ihren beiden großen Fensterkuppeln ermöglicht hingegen einen umfassenden Rundumblick.[174, 175, 176, 177]

Vor der Expedition hatten die Wissenschaftler die vage Hoffnung, dass die invasive Art in tieferen Wasserschichten nicht sonderlich verbreitet ist. Stephanie Green, eine Expertin für Rotfeuerfische von der Oregon State University, ist nach ihrem Tauchgang entsetzt. Dieser führte zu einem künstlichen Riff in 80 Meter Tiefe an einem vorsätzlich versenkten Stahlfrachter. „Ich hatte nicht erwartet, dass alles derart mit Feuerfischen übersät ist", beschreibt sie danach ihre Eindrücke. Am Heck des Wracks habe sie Dutzende Exemplare auf einmal gesehen, die sich dort ungestört vermehren. David Kerstetter vom Oceanographic Center der Nova Southeastern University, der ebenfalls mit der ANTIPODES getaucht ist, erläutert danach etwas resigniert: „Wir wussten schon, dass man diese Fische gelegentlich auch in der Tiefe findet. Jetzt haben wir den Beweis, dass sie weitverbreitet sind. Sie haben dort einen Rückzugsort, wo sie fressen und laichen können und ungestört tun, was auch immer Feuerfische so tun."[178, 179]

## ERGEBNISSE DER MACHBARKEITSSTUDIE FÜR EINE KARBONRÖHRE

Im Oktober 2013 legt Boeing OceanGate die soeben fertiggestellte Machbarkeitsstudie für ein Tiefsee-Tauchboot aus Karbonfaser vor. Eine erste Berechnung im Computer ergibt demnach bei einer angedachten Tauchtiefe von 6.000 Metern und einem Sicherheitsfaktor von 2,25 einen gewickelten Zylinder aus Karbonfaser-Verbundmaterial, der 23,62 Zentimeter dick sein müsste. Vorausgesetzt wird, dass es keine Durchlässe oder Einschnitte im Material (zum Beispiel für Kabel) gibt und es sich um die beste Qualität von Karbonfaserkomposit handelt, bei der die Schichten präzise von einem computergesteuerten Roboter aufgebracht werden. Zu Beginn der Studie wurden von OceanGate die Eckdaten nochmals leicht verändert; Boeing sollte nun von einer operativen Tauchtiefe von 8.600 Metern und einem Sicherheitsfaktor von 1,5 ausgehen. Dadurch verändert sich die technische Zieltiefe allerdings nur marginal: von 13.000 Meter (6.000 × 2,25) auf 12.900 Meter (8.600 × 1,5). Werden die Faserschichten optimal und jeweils um 45 Grad versetzt aufgetragen (und somit in vier verschiedenen Richtungen), könnte man mit einer Wandstärke von 17,78 Zentimetern auskommen. Boeing rät, für eine fortgeführte ausführlichere Designstudie Modelle im Größenverhältnis 1 : 4 oder 1 : 3 anzufertigen und diese in einer Druckkammer zu testen. Das Unternehmen empfiehlt auch, die Karbonfaserröhre in mehreren Schritten auszuhärten, um ein gleichmäßigeres Ergebnis zu erhalten, und dafür zuvor eine eigene Computeranalyse durchzuführen. Der Druckkörper solle nach Fertigstellung außerdem entweder mit Ultraschall oder mit Röntgenstrahlen überprüft werden, um gefährliche Lufteinschlüsse im Inneren des Werkstoffs auszuschließen. Boeing warnt zugleich vor möglichen Klebestellen zwischen dem Karbonfaserkomposit und Verbindungsteilen aus Metall. Ob eine Verklebung bei Teilen mit derart hoher Druckbelastung möglich und sinnvoll ist, müsse separat erforscht werden. Zusammengefasst heißt es, dass das Design theoretisch umsetzbar sei, jedoch vor der tatsächlichen Herstellung eines Druckkörpers aus Karbonfaserkomposit weitere Forschung nötig ist. Insbesondere müsse noch herausgefunden werden, welche Abweichungen vom theoretischen Idealzustand des Materials tolerabel sind, ohne die strukturelle Integrität des Druckkörpers zu gefährden.[180, 181, 182]

→ **Bild 8: Darstellung des Druckkörpers aus der Machbarkeitsstudie (Seite 55)**

Die Machbarkeitsstudie habe das Grunddesign für gut befunden, heißt es bei OceanGate danach ziemlich verkürzt in einer Pressemitteilung. Jerry Young, der Director of Materials and Manufacturing Technology bei Boeing Research & Technology, wird darin zitiert: „Wir freuen uns, unser Wissen über Design und Herstellung einzubringen, um OceanGate zu helfen, die technologische Herausforderung zu meistern." OceanGate stellt in Aussicht, bis 2016 ein erstes Tauchboot nach diesem Konzept mit einer maximalen Tauchtiefe von 3.000 Metern fertigstellen zu wollen. Gleichzeitig kündigt man für das vierte Quartal 2016 eine zweite Tauchkapsel an, die dann sogar bis 6.000 Meter tauchen können soll. Stockton Rush ist erfreut: „Die Machbarkeitsstudie ist abgeschlossen, nun gehen wir über in die Phase der Herstellung."

Die Karbonröhre des ersten neuen Tauchboots soll knapp 18 Zentimeter dick sein und mit „gesetzlich geschützter Technologie von Boeing" hergestellt werden, so der Pressetext. Sie soll an beiden Seiten von Halbkugeln eingefasst werden, für eine davon ist ein Sichtfenster aus Borosilikatglas vorgesehen ist. Das neue Cyclops-Tauchboot würde durch die neuen Materialien wie gewünscht weniger schwer und so leichter transportierbar und einsetzbar werden.[183, 184]

Dabei geht es nicht nur um das Gewicht des Druckkörpers an sich, sondern auch um seine Schwimmfähigkeit, weil diese sich auf das Gesamtgewicht der Konstruktion auswirkt. Besteht der Druckkörper eines Tiefsee-Tauchboots aus Titan oder Stahl, hat er eine sehr hohe Dichte und würde im Wasser sofort sinken. Um die Kapsel schwimmfähig zu machen, muss zusätzlich Material verbaut werden, das eine deutlich geringere Dichte als Wasser hat und für Auftrieb sorgt. Je höher die Dichte des Druckkörpers, desto mehr Auftriebsmaterial ist erforderlich, um die Schwimmfähigkeit herzustellen, was das Gesamtgewicht des Tauchboots vergrößert (und damit buchstäblich den Transport erschwert). Der von OceanGate anvisierte Druckkörper aus einem Karbonfaser-Verbundstoff hätte eine deutlich geringere Dichte als die üblichen verwendeten Metalle und wäre grundsätzlich von allein schwimmfähig. Trotzdem käme ein Karbonfaser-Tauchboot nicht ohne zusätzliches Auftriebsmaterial aus, weil in ihm auch Komponenten mit großer Dichte verbaut werden müssten (Batterien, Druckflaschen, Elektronikteile), die ausgeglichen werden müssen. Es bräuchte insgesamt aber deutlich weniger Auftriebsmaterial – das spart Gewicht.

OceanGate kündigt an, für das Ausbringen der Kapsel und das Einholen am Ende des Tauchgangs eine neuartige Plattform einsetzen zu wollen, deren Prinzipien bereits zum Patent angemeldet sind. Sie dient dem Tauchboot als schwimmender Parkplatz und soll von jedem beliebigen Schiff hinter sich hergezogen werden können. Eine Betaversion dieser Schwimmplattform hat man, wie bereits beschrieben, im Herbst 2012 bei einigen Tauchgängen mit der ANTIPODES getestet und das Prinzip für gut befunden.[185] (Das ausstehende Patent wird OceanGate am 8. Juni 2021 gewährt und ist unter der US-Patentnummer US11027805B1 und der Überschrift „Systems and methods for launching and recovering objects in aquatic environments; platforms for aquatic launch and recovery“ zu finden.)[186]

→ Bild 9: Eine Schwimmplattform als Start- und Landeplatz (Seite 55)

Andere Tiefsee-Tauchboote werden in der Regel dauerhaft auf ihrem Mutterschiff stationiert und transportiert. An der Tauchstelle angekommen, werden sie über einen Schwerlastkran (oder über einen schwenkbaren Kranbogen am Heck, den Heckgalgen) ins Wasser gesetzt. Bei diesen Systemen steigen die Taucher auf dem Schiff in die Kapsel; diese wird anschließend bemannt ins Wasser gehoben. Bei der geplanten Startplattform von OceanGate reicht es hingegen, ein Begleitschiff für die Dauer der Expedition zu chartern. Mit der Tauchplattform komme man deutlich unter die Betriebskosten für herkömmliche Tauchbootsysteme, heißt es entsprechend bei OceanGate.[187]

Im Jahr 2014 lotet Stockton Rush aus, wie eine Kooperation mit anderen Firmen aussehen könnte. Er versucht, Global Diving & Salvage Inc., eine US-Firma, die unter anderem mit Gerätetauchern an Bohrinseln arbeitet, für die Verwendung bemannter Tauchboote zu begeistern. Im Mai kommt es zu einer Absichtserklärung für eine strategische Zusammenarbeit. In einer zugehörigen Pressemitteilung heißt es: „Global Diving & Salvage und OceanGate werden bei ausgewählten Projekten zusammenarbeiten und dabei eine Kombination aus Flaschentauchern, bemannten Tauchbooten, klassischen ferngesteuerten Unterwasserfahrzeugen (ROVs) sowie von Tauchbooten aus gesteuerten Robotern einsetzen." Konkrete Pläne gibt es aber nicht. Gemeinsame Projekte sollen erst stattfinden, wenn OceanGate über die geplanten neuen Tauchboote verfügt und sich diese bewährt haben.

Im Juli 2014 gelingt OceanGate mit der ANTIPODES ein weiterer Marketing-Coup. Der Rapper Macklemore aus Seattle (er ist Teil des Duos Macklemore & Ryan Lewis, das mit „Thrift Shop" und „Can't Hold Us" zwei Nummer-1-Hits in den US Billboard Hot 100 Charts hatte und zwei Grammy Awards vorweisen kann), mit bürgerlichem Namen Ben Haggerty, möchte mit der ANTIPODES in der Elliott Bay tauchen und bringt dafür eine Filmcrew des Discovery Channel mit. Macklemore begeistert sich für Haie und hofft, ein Exemplar der bereits erwähnten seltenen Sechskiemerhaie zu Gesicht zu bekommen. Um die Chancen auf eine Sichtung zu erhöhen, wird zwei Tage vor dem Tauchgang ein tiefgefrorenes Köderpaket in einem Sack auf den Meeresboden versenkt. Die ANTIPODES mit Rush, Macklemore und der Meereswissenschaftlerin Dr. Erika Montague an Bord wird am 23. Juli 2014 von der Bell Harbor Marina etwa einen Kilometer zur Tauchstelle geschleppt. Der Tauchgang dauert drei Stunden; es geht in eine Tiefe von etwa 122 Metern. Die Taucher sehen diverse Fischarten am Meeresboden, aber keine Haie – diese scheuen offenbar das helle Licht, das vom Tauchboot ausgeht. Erst als Stockton Rush die Scheinwerfer der ANTIPODES ausschaltet, findet Dr. Montague mithilfe des Sonars an Bord tatsächlich einen Hai. Auf dem

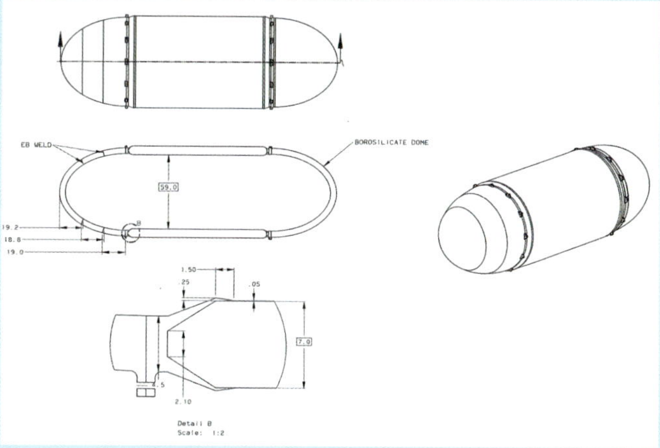


8

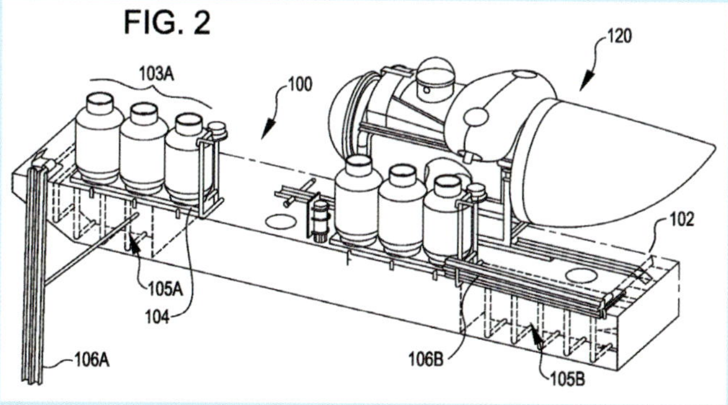


9

8 Im Oktober 2013 wird die Machbarkeitsstudie für einen Druckkörper aus Karbonfasern fertig, die OceanGate bei Boeing in Auftrag gegeben hat. Das Ergebnis: Mit einem Druckkörper in Pillenform und einer Wandstärke von 17,78 Zentimetern sollte es möglich sein, mit 5 Personen auf 6.000 Meter Meerestiefe zu tauchen. (OceanGate/Boeing/Marine Board of Investigation)

9 2014 meldet OceanGate, Inc. das Konzept einer Schwimmplattform als Start- und Landeplatz für seine künftigen Tauchboote zum Patent an. Diese soll geflutet und versenkt werden, sodass das Tauchboot unter Wasser abhebt und am Ende des Tauchgangs wieder landet. Anschließend soll die Plattform mit Druckluft aus großen Tanks wieder an die Oberfläche geholt werden. (United States Patent Office)

10 Die Antipodes wird für einen Tauchgang von einem mobilen Kran ins Hafenbecken von Seattle gehoben. (OceanGate)

11 Im Juli 2014 geht der Rapper Macklemore für eine Fernseh-Dokumentation mit Stockton Rush an Bord der Antipodes. Er hofft auf eine Begegnung mit den seltenen Sechskiemerhaien. (OceanGate)

10

11

Monitor ist zu sehen, dass etwas Großes auf das Tauchboot zuschwimmt. Als sich das Tier direkt vor der ANTIPODES befindet, schalten die Taucher das Licht wieder ein. Für einen kurzen Moment ist ein junger Hai mit sechs Kiemen zu sehen. Macklemore ist begeistert. Der Discovery Channel zeigt das Abenteuer im Rahmen einer Themenwoche über Haie im August 2014. Die ANTIPODES ist prominent in der Reportage zu sehen.[188, 189, 190]

→ **Bild 10: Die ANTIPODES wird ins Hafenbecken gehoben. (Seite 55)**
→ **Bild 11: Rapper Macklemore an Bord der ANTIPODES (Seite 55)**

Im Herbst 2014 lädt OceanGate den Sonargeräte-Hersteller Teledyne BlueView Inc. ein, im Rahmen von gemeinsamen Tauchgängen das Handling ihrer Sonargeräte zu testen und zu optimieren. An Bord der ANTIPODES ist bereits ein BlueView-Sonar verbaut. Nun stellt man der Firma in Aussicht, auch alle künftigen OceanGate-Tauchkapseln ausstatten zu dürfen.

Im Oktober 2014 stimmt der Vorstand von OceanGate, Inc. einer neuen Firmenkonstruktion zu. Die CYCLOPS 1, soll, sobald sie fertiggestellt ist, an eine Firma verkauft werden, die den Namen Cyclops 1, LLC trägt. Hinter der neuen Firma stecken mehrere wichtige Investoren von OceanGate, Inc.; diese zahlen für eine Übereignung von 90 Prozent des Tauchboots einmalig eine Million US-Dollar. Die restlichen zehn Prozent behält OceanGate. Stockton Rush wird zudem Manager der neuen Firma. Gleichzeitig chartert OceanGate das Tauchboot für fünf Jahre von Cyclops 1, LLC. Je nach Verwendung des Tauchboots ist eine Gebühr fällig: 2.000 US-Dollar am Tag, wenn dieses öffentlich ausgestellt wird, 5.000 US-Dollar bei Tauchgängen, an denen nur OceanGate beteiligt ist, und 7.500 US-Dollar, wenn Dritte das Tauchboot von OceanGate chartern. Der Vertrag sichert den Investoren von Cyclops 1, LLC eine Mindestgebühr von 82.500 US-Dollar pro Quartal zu, auch wenn das Tauchboot nicht im Einsatz ist. Es scheint, als wolle man über die Firmenkonstruktion nicht nur frisches Kapital besorgen, sondern wichtigen Investoren eine Art Vorabrendite gewähren, nachdem OceanGate, Inc. auf absehbare Zeit keine Gewinne schreiben wird. Wenn alles gut geht, haben die Geldgeber bei Cyclops 1, LLC ihre Investition nach etwa vier Jahren amortisiert und zusätzlich eine Rendite von geschätzt 13 Prozent erwirtschaftet. Nach fünf Jahren soll das Tauchboot an OceanGate, Inc. zurückgehen. Derweil wird die CYCLOPS 1 weiter um- und ausgebaut. Ende 2014 finden im Port of Everett erste Tauchtests statt.[191]

# 2015

Die Cyclops 1 auf der Tauchplattform LARS

# PRÄSENTATION DER CYCLOPS 1 IN SEATTLE

Das fertige Tauchboot wird Mitte März 2015 der Öffentlichkeit vorgestellt, vor dem Museum of History & Industry (MOHAI) in Seattle. Die CYCLOPS 1 ist schneeweiß mit glasfaserverstärktem Kunststoff verschalt. Die meisten Tauchboote kommen in knalligen Farben daher, um sie an der Meeresoberfläche besser sichtbar zu machen. Stockton Rush möchte für die OceanGate-Tauchboote einen neuen Look etablieren. Das Gelb der ANTIPODES hat er schon immer unschön gefunden, und das nicht nur, weil er den Song „Yellow Submarine" von den Beatles nicht mag. Die CYCLOPS 1 mit ihrer minimalistischen Linienführung ist für Rush auch ein Design-Statement – nur noch wenig erinnert an das Ursprungsboot LULA 500, aus dem sie gebaut wurde.[192]

→ Bild 12: Die CYCLOPS 1 in Seattle ausgestellt (Seite 60)

Die CYCLOPS 1 ist 6,70 Meter lang, wiegt neun Tonnen und hat Platz für fünf Personen inklusive Pilot. Der Zustieg, der sich oben auf dem Stahldruckkörper befindet, wird mit einer runden, durchsichtigen Kuppel verschlossen. Das riesige Frontbullauge ist aus 7,5 Zentimeter dickem Acryl gefertigt (und nicht wie ursprünglich vorgesehen aus Glas). Die Kapselwand wird innen indirekt blau beleuchtet. Die äußere Verschalung ist aus Glasfasermaterial gefertigt und läuft nach hinten oben spitz zu. OceanGate verzichtet innen komplett auf Sitze oder Bänke für die Insassen. Die beiden Taucher, die vorne am Sichtfenster sitzen, können die Füße barfuß oder in Strümpfen ein Stück unterhalb des Zwischenbodens in der Acrylglaskuppel abstellen.

Die CYCLOPS 1 kann ihre Position im Wasser nicht selbst berechnen. Das Mutterschiff muss das Tauchboot im Wasser über einen Transponder orten und die ermittelte Position dann per Akustiktelefon an den Piloten durchgegeben. An Bord ist auch ein BlueView-Sonargerät von Teledyne, das eine Reichweite von etwa 150 Metern aufweist. Die Batterien sind ausgelegt für Tauchgänge bis zu acht Stunden.

Besonders stolz ist Stockton Rush auf das Steuergerät für die Schubdüsen der CYCLOPS 1. Das Kontrollmodul der ANTIPODES diente dabei als abschreckendes Beispiel. Deren Antrieb wurde ursprünglich mithilfe eines Kastens gesteuert, an dem sechs Kipphebelschalter angebracht waren – je einer für die beiden Vertikaldüsen sowie für die vier Horizontaldüsen. Jeder Schalter hatte zudem drei Positionen: Schub, neutral, Gegenschub. Mit 18 verschiedenen Hebelpositionen erforderte die Navigation die volle Aufmerksamkeit des Piloten. Auch Guillermo Söhnlein fand die Konstruktion damals grauenhaft: „Sie lag schlecht in der Hand, war ineffizient und – was am schlimmsten ist – ein Sicherheitsrisiko." In einem ersten Schritt tauschte OceanGate den Kasten gegen den bereits beschriebenen, selbst konstruierten Joystick aus. Für die CYCLOPS 1 gibt es nun eine elegantere Lösung: Zum Einsatz kommt der handelsübliche Spielekonsolen-Controller einer Sony PlayStation 3. Der rechte Joystick-Knopf steuert die horizontalen Düsen (rechts, links, vor, zurück), der linke Knopf die vertikalen (vor bedeutet Schub nach oben, zurück entsprechend nach unten). Die Spielekonsolen-Steuerung ist bequem, günstig und intuitiv zu bedienen, was das Risiko von Fehlmanövern auf ein Minimum reduzieren soll.[193, 194, 195, 196]

Auf der Website macht OceanGate umfänglich Werbung für das neue Tauchboot. Später wird eine FAQ-Seite zur CYCLOPS 1 eingerichtet. Zu finden sind die Abmessungen und weitere technische Details sowie Hinweise, wie man eine Expedition oder einen Tauchgang buchen kann. Auch die Frage „Sind U-Boote sicher?" steht auf der Fragenliste. OceanGates Antwort: „Absolut. In den letzten 35 Jahren sind mehr als elf Millionen Menschen in zertifizierten, zivilen bemannten Tauchbooten getaucht – ohne dass je jemand schwerwiegend verletzt wurde."[197]

→ **Bild 13: Die CYCLOPS 1 auf der Plattform LARS (Seite 60)**

Insgesamt zahlt OceanGate der University of Washington für die Ingenieursarbeiten an der CYCLOPS 1 nur etwa 650.000 US-Dollar statt der geplanten fünf Millionen, weil eines der ursprünglichen Ziele, einen neuen Druckkörper für Tauchfahrten bis zu 6.000 Meter Tiefe zu konstruieren, nicht umgesetzt wurde. Zwar erstellen die Ingenieure der Uni im Computer Dutzende Designentwürfe für eine Hülle aus Karbonfaserkomposit. Durch den Ankauf der LULA 500 mit seinem Metalldruckkörper wurden die Pläne bei der CYCLOPS 1 aber nicht umgesetzt.

Die bezahlte Zusammenarbeit zwischen OceanGate und der Universität geht nach der Fertigstellung der CYCLOPS 1 unter einem neuen Rahmenvertrag weiter. Ziel ist die Entwicklung eines Tauchboots mit dem Namen

12

13

14

15

**12** Die Cyclops 1 wird im März 2015 vor dem Museum of History & Industry (MOHAI) in Seattle ausgestellt. (Isabeljohnson25/ Wikimedia Commons)

**13** Die Cyclops 1 auf der Plattform LARS, kurz bevor das Tauchboot ausparkt (OceanGate)

**14** 2015 wird bei Spencer Composites auch eine Karbonfaserkugel hergestellt. Diese soll, in zwei Hälften zerteilt, als die beiden Abschlussdome für das 1:3-Modell des Druckkörpers für die Cyclops 2 dienen. (OceanGate)

**15** Eine der beiden fertigen Halbkugeln des 1:3-Modells und rechts davon der Stahlstöpsel, mit dem das Loch in der Mitte der Halbkugel während des Tests verschlossen werden soll. (OceanGate)

CYCLOPS 2, die dann tatsächlich einen Karbonfaserkomposit-Druckkörper aufweisen soll.[198, 199, 200, 201, 202]

# LARS (LAUNCH AND RECOVERY SYSTEM)

Im September 2015 findet eine erste, zweiwöchige Expedition mit der CYCLOPS 1 statt. Ziel ist das Flower Garden Banks National Marine Sanctuary im Golf von Mexiko, etwa 220 Kilometer von der texanischen Küste bei Houston, Texas, entfernt. Das Meeresschutzgebiet umfasst mehrere Korallenriffe und beherbergt zudem fast 300 Fischarten. Als Expeditionsschiff dient die R/V PELICAN des Louisiana Universities Marine Consortium (LUMCON).[203, 204]

Die CYCLOPS 1 startet von der nagelneuen versenkbaren Startplattform LARS (Launch and Recovery System). Auf dieser sind an drei von vier Kanten zwölf weiße, hochkant stehende Pressluftflaschen angeordnet. Über die vierte leere Kante kann das Tauchboot aus der Parkbucht in der Mitte der Plattform heraus- und wieder einfahren. Die Taucher setzen vom Expeditionsschiff in einem Boot zu LARS über, steigen dort über eine Leiter hoch zur Einstiegsluke und dann in die Kapsel. Sobald das Tauchboot bemannt, verschlossen und startklar ist, wird das Innere der Plattform mit Wasser geflutet, bis diese fünf bis zehn Meter unter Wasser schwebt. Die zugehörige Steuerung befindet sich auf dem Expeditionsschiff und ist über ein Kabel mit LARS verbunden. Nach erfolgreicher Flutung wird das Tauchboot entkoppelt, und die CYCLOPS 1 fährt – weitgehend geschützt vor den Wellen an der Oberfläche – rückwärts aus der Parkbucht. Am Ende des Tauchgangs muss das Tauchboot wieder auf LARS einparken und verankert werden. Dann drückt Pressluft das Wasser aus der gefluteten Plattform, und das System steigt zurück an die Oberfläche. (Bei späteren Expeditionen werden schließlich die Pressluftflaschen vor dem Sichtfenster der geparkten CYCLOPS 1 entfernt, sodass die CYCLOPS 1 auch vorwärts „ausparken" kann.) Der tiefste der drei Tauchgänge der Expedition geht runter auf 457 Meter. Viel wichtiger ist für OceanGate aber die Erkenntnis, dass das LARS-System weitgehend wie erwartet funktioniert.[205, 206, 207]

Auch das Transportkonzept bewährt sich. LARS kann entlang der Längsachse in zwei Segmente zerlegt werden, die aufeinandergestapelt auf einen Lkw-Auflieger passen (die Pressluftbehälter müssen dazu abmontiert werden). Die CYCLOPS 1 kann ebenfalls per Lkw transportiert werden. Damit ist die Grundidee umgesetzt, sich mit dem Tauchboot unabhängig von einem eigenen Mutterschiff zu machen. Das gemietete Expeditionsschiff muss lediglich in der Lage sein, die Plattform mit der Tauchkapsel hinter sich herzuschleppen und (auf längeren Expeditionen) über ein Kabel die Batterien der CYCLOPS 1 zu laden.[208]

Mit zwei aktiven Tauchbooten und einem weiteren in Planung braucht OceanGate dringend mehr Platz am Firmensitz, und so wird dieser im Laufe des Jahres 2015 ein weiteres Mal verlegt: Von Woodinville geht es rund 25 Kilometer nach Norden nach Everett. 335 Quadratmeter mietet OceanGate vom Port of Everett im Waterfront Center, einem großen Gewerbekomplex, und dazu Flächen auf dem Hof hinter dem Gebäude. Das Gelände am Craftsman Way liegt nur wenige Meter vom örtlichen Hafen entfernt. Dieser verfügt über einen mobilen Kran, mit dem Boote und Gerätschaften wie LARS aus dem Wasser an Land (oder andersherum) gehoben werden können.[209, 210, 211, 212]

## EINE ERSTE TITANIC-KUNDIN

Ab September 2015 steht die CYCLOPS 1 vorübergehend auf dem Hugh R. Sharp Campus der University of Delaware im Rahmen einer Zusammenarbeit mit dem dortigen College of Earth, Ocean and Environment. Während des Herbstsemesters sind zwei Tauchmissionen geplant – Stockton Rush hofft, dass sich daraus eine längerfristige Zusammenarbeit ergibt.

Vom 28. bis 30. Oktober 2015 lädt OceanGate Studenten der Ozeanografischen Fakultät und ihren Professor Art Trembanis ein, mit der CYCLOPS 1 in der Bucht von Delaware zu tauchen. Vom Pier neben dem Campus in Lewes wird das Tauchboot an einem Seil hinter der R/V JOANNE DAIBER (einem kleinen Forschungsschiff der Universität) raus aufs Meer gezogen. Dort steigen die Taucher zu; dann geht es in die Tiefe. Leider wirbelt die

Cyclops 1 im flachen Wasser derart viel Sediment auf, dass die Navigation weitgehend via Sonar stattfinden muss. Ziel der Tauchfahrten sind mehrere künstlich angelegte Riffe in der Bucht, darunter auch das Redbird-Riff 25 Kilometer von der Küste entfernt, das 2001 aus 714 ausgedienten New Yorker U-Bahn-Waggons, 86 Panzerfahrzeugen und mehreren vorsätzlich versenkten Booten entstanden ist.

Die kostenlosen Tauchgänge sollen der Fakultät zeigen, was in der bemannten Unterwasserforschung möglich ist. „Hoffentlich öffnet uns das ein paar Türen", sagt Stockton Rush zu einem Reporter der kostenlosen Zeitung „Delaware Wave". Professor Trembanis ist zwar begeistert von dem „magischen Schulbus", der seine Studenten zur Unterwasserforschung fahren kann, doch das Budget, das nötig wäre, um OceanGate künftig buchen zu können, kann er nicht beschaffen.[213, 214, 215]

Im Dezember 2015 bekommt die Cyclops 1 auf dem Campus Besuch von einer Frau, die all ihre Hoffnungen auf den Erfolg der OceanGate-Tauchboote setzt. Renata Rojas ist eine New Yorker Bankerin mexikanischer Abstammung. Sie ist seit ihrer Kindheit passionierte Gerätetaucherin und wollte bereits als junges Mädchen das damals noch verschollene Wrack der Titanic finden, nachdem sie Walter Lords Buch „A Night to Remember" (auf Deutsch „Die letzte Nacht der Titanic") gelesen hatte. 1985 kam ihr eine amerikanisch-französische Expedition unter der Leitung von Robert Ballard und Jean-Louis Michel zuvor – das Wrack der Titanic war gefunden. Im Jahr darauf fanden erste bemannte Tauchgänge zum Wrack statt. Seitdem träumt Rojas davon, selbst zur Titanic zu tauchen. Als Erwachsene fängt sie an, regelmäßig Geld beiseitezulegen, in der Hoffnung, dass sie sich damit irgendwann die Teilnahme an einer Expedition zum Wrack ermöglichen kann. Ab 1987 finden mehrere Expeditionen zum Wrack statt, bei denen Artefakte vom Meeresboden geborgen werden – eine bezahlte Teilnahme ist nicht möglich. Erst nach dem Riesenerfolg von James Camerons Kinofilm „Titanic" kommt der australische Geschäftsmann Mike McDowell auf die Idee, touristische Tauchgänge zum Titanic-Wrack anzubieten. Er schließt mit dem russischen Schirschow-Meeresforschungsinstitut in Moskau einen Rahmenvertrag ab, über den er die Tauchboote Mir 1 und Mir 2 sowie das zugehörige Mutterschiff R/V Akademik Mstislav Keldysh chartern kann. Ab 1998 finden mehrere Expeditionen von Deep Ocean Expeditions (DOE) zur Titanic statt – mit Buchungspreisen von zunächst 32.500 US-Dollar für einen

Tauchgang. In späteren Jahren ruft der Veranstalter bis zu 59.000 Dollar pro Person auf.[216]

Renata Rojas versucht, einen Platz auf der 2005er-Expedition von DOE zu buchen, landet aber nur auf der Warteliste. Danach finden keine weiteren touristischen TITANIC-Expeditionen mehr statt, obwohl DOE bis 2012 immer wieder neue Trips zum Wrack ankündigt. Rojas versucht, ihre Leidenschaft für Abenteuer in andere Bahnen zu lenken. Sie interessiert sich unter anderem für einen Flug ins All mit Virgin Galactic und nimmt an einem Astronautentraining teil. Als sie dort erwähnt, dass sie eigentlich viel lieber zur TITANIC tauchen würde, erzählt ihr jemand von OceanGate und deren Plänen für kommerzielle Tiefsee-Tauchboote. Rojas kontaktiert OceanGate und vereinbart schließlich ein Treffen mit Stockton Rush auf dem Campus der University of Delaware. Sie verbringt fast den ganzen Tag auf dem Gelände und besichtigt die CYCLOPS 1 auch von innen. Danach postet sie auf Facebook: „Endlich habe ich meinen Tag in einem Tauchboot bekommen und durfte es ausprobieren. Dummerweise war das nur im Trockendock. Tausend Dank an meinen Gastgeber OceanGate.“ Am Ende des Tages steht fest: Sie werden in Kontakt bleiben. Und: Falls OceanGate seine Tauchboote jemals zur TITANIC schickt, will Renata Rojas dabei sein.[217, 218, 219, 220]

## DIE CYCLOPS 2: DRUCKTESTS MIT KLEINEN MODELLEN

Im Laufe des Jahres 2015 nehmen die Pläne für ein selbst entwickeltes Tauchboot mit einem Druckkörper aus Karbonfaserkomposit Gestalt an. Dafür sucht OceanGate einen Partner, der die nötige Expertise hat. Stockton Rush fragt mehrere große Firmen an, doch alle lehnen ab: Boeing, Orbital ATK (ein Hersteller für Raketenantriebe, Satelliten und Waffensysteme), General Dynamics (Atom-U-Boote, gepanzerte Fahrzeuge). Bei Spencer Composites in Sacramento, Kalifornien, wird OceanGate schließlich fündig. Spencer hat schon einmal einen zylindrischen Druckkörper für eine Tiefsee-Tauchkapsel hergestellt – den des von Hawkes Ocean Technologies entwickelten Ein-Personen-Tiefseefliegers DEEPFLIGHT CHALLENGER.

Dass das Tauchboot außer Dienst genommen wurde, ohne jemals in Betrieb gegangen zu sein, stört Stockton Rush offenbar nicht. Zunächst hatte man bei Hawkes Ocean Technologies die Pläne von Richard Branson unterstützt, mit dem 2011 aus dem Nachlass von Steve Fossett übernommenen Tauchboot an die jeweils tiefste Stelle der fünf Weltmeere zu tauchen. Doch dann sickerte durch, dass Bransons Firma Virgin Oceanic mehr als die fünf Tauchgänge mit ihm und seinem Geschäftspartner Chris Walsh plante, die für den Weltrekord nötig waren. Im Anschluss sollten offenbar weitere Tauchgänge mit der DEEPFLIGHT CHALLENGER verkauft werden, für jeweils 500.000 US-Dollar. Graham Hawkes, der Konstrukteur des Tauchboots, hatte daraufhin beschlossen, mit einer öffentlichen Warnung die Reißleine zu ziehen. Das Vorhaben sei zu riskant. Die Karbonröhre sei ursprünglich sogar nur für einen einzigen Tauchgang gebaut worden. Mit jedem weiteren werde sie an Stabilität verlieren. Langfristig sei mit Materialermüdung zu rechnen. Den kommerziellen Einsatz des Tauchfliegers lehnte er ab, weil er nicht garantieren könne, dass die DEEPFLIGHT CHALLENGER über einige wenige Tauchgänge hinaus ein sicheres Gefährt bleibe. Daraufhin hatte Branson seine Pläne für die DEEPFLIGHT CHALLENGER 2014 endgültig verworfen – der Tauchflieger kam nie zum Einsatz. Dennoch ist Stockton Rush davon überzeugt, dass er in Spencer Composites den besten Partner zur Herstellung einer Karbonröhre für die CYCLOPS 2 gefunden hat.[221, 222, 223, 224, 225, 226]

OceanGate beauftragt Spencer mit der Berechnung und Konstruktion eines Druckkörpers für ein Fünf-Personen-Tiefsee-Tauchboot. Am 25. Juni 2015 legt die Firma einen „Design- und Analysebericht“ für den Druckkörper vor. Gemäß den Vorgaben von OceanGate soll die Hülle etwa 2,50 Meter lang sein und eine Zieltauchtiefe von 6.000 Metern haben. Bei einem angestrebten Sicherheitsfaktor von 2,25 müsste der Druckkörper einem theoretischen Druck von 13.500 Metern standhalten. Damit kehrt OceanGate zu den ursprünglichen Kennzahlen aus der Boeing-Machbarkeitsstudie zurück.[227, 228]

Abweichungen sind im Auftrag für die Designberechnungen von Spencer Composites ausdrücklich nicht ausgeschlossen – OceanGate ist gewillt, wenn nötig, einen Druckkörper mit geringerer Zieltiefe (mindestens 3.000 Meter) oder einem niedrigeren Sicherheitsfaktor (mindestens 1,5) zu akzeptieren. Spencer bleibt bei 6.000 Meter Zieltiefe und schlägt einen Karbonzylinder mit einer Wandstärke von 11,43 Zentimetern vor, der wahlweise mit Halbkugeln aus Titan oder aus Karbonkompositmaterial abgeschlossen werden kann. In eine der beiden Halbkugeln soll ein Fenster aus Borosilikatglas eingelassen werden. Bei einem Design mit Titanhalbkugeln kommt Spencer insgesamt auf einen Sicherheitsfaktor von 2,21, bei einem Druckkörper komplett aus Karbonfasern auf 2,19. Somit liegt er nur knapp unter den Zielvorgaben des Auftraggebers.[229]

OceanGate lässt bei Spencer zunächst ein Modell des Druckkörpers herstellen. Der kleine Testdruckkörper besteht aus drei Teilen, die aus in Epoxidharz getränkten Karbonfasern gewickelt und in einem Ofen anschließend zu einem heterogenen Werkstoffverbund verbacken werden. Die an den Kanten zugeschnittene Röhre wird mit zwei Halbkugeln verschlossen. Diese haben in der Mitte jeweils eine Öffnung an der Stelle, wo beim Wickeln der Kugel die Achse des sich drehenden Formkerns war. Die drei Elemente sind über vier Stahlringe miteinander verbunden; die Ränder der Karbonfaserteile sind dabei jeweils mit einem Stahlring verklebt. Die Öffnungen in den Halbkugeln sind wiederum mit einer Art Stöpsel verschlossen – dieser ist ebenfalls aus Stahl und wird mit der angrenzenden Karbonfaserkante verklebt. Die Miniatur wird im Verhältnis 1 : 3 angefertigt und im Dezember 2015 in einer bei der Universität von Washington angemieteten Druckkammer getestet. Ziel ist, zunächst zu beweisen, dass die Konstruktion einem Druck von 6.000 psi (pounds per square inch – etwa 414 bar) entsprechend einer Meerestiefe von 4.116 Metern standhalten kann. Die operative Zieltauchtiefe der Modellkapsel ist mit 3.000 Metern angegeben. Sie soll im Test somit das 1,37-Fache an Druck aushalten. Das Design hätte also, wenn es standhält, eine 37-prozentige Reserve.

→ Bild 14: Karbonfaserkugel für das Modell der Cyclops 2 (Seite 60)
→ Bild 15: Eine der beiden fertigen Halbkugeln (Seite 60)

# DRUCK – VERSCHIEDENE EINHEITEN

**psi = pounds per square inch: Pfund pro Quadratzoll**

Die Einheit psi gibt die Kraft (in Pfund) an, die auf eine Fläche von einem Quadratzoll ausgeübt wird. Druck bedeutet also Kraft pro Fläche.

**psig = pounds per square inch, gauge: Pfund pro Quadratzoll relativ**

Die Einheit psig gibt den Druck relativ zum Umgebungs- oder Innendruck an. Es handelt sich also um den Überdruck bzw. um die Differenz zwischen zwei benachbarten Druckniveaus.

Wäre im geschlossenen Druckkörper eines Tauchboots ein Vakuum, würde auf der Hülle an der Meeresoberfläche die Erdatmosphäre mit einem Druck von etwa 14,7 psi lasten. Da der Druckkörper jedoch mit Luft gefüllt ist, die beim Schließen den gleichen Luftdruck hat wie der außerhalb der Hülle, beträgt der relative Druck auf die Hülle an der Meeresoberfläche 0 psig, weil sich der innere und der äußere Druck neutralisieren.

**Bar und Pascal (Pa)**

Bar und Pascal sind ebenfalls weit verbreitete Druckeinheiten. Die Umrechnung ist vergleichsweise einfach: 1 bar = 100.000 Pa. Grob gerundet entspricht 1 bar in etwa dem Luftdruck an der Meeresoberfläche. Wer es präziser mag: Der Normaldruck, auch Standardatmosphäre (atm) genannt, beträgt 1,01325 bar – umgerechnet sind das die schon erwähnten rund 14,7 psi.

**Umrechnung Meerestiefe/Wasserdruck**

Die Umrechnungen zwischen Wasserdruck in psi und der dazugehörigen Meerestiefe wurden auf https://calculator.academy/pressure-depth-calculator/ vorgenommen. Sie sind lediglich eine Annäherung, bei der die genaue Wassertemperatur und der Salzgehalt nicht beachtet werden.

Die Druckkammer ist eine senkrechte Röhre, die von oben befüllt wird. Das Modell ist durch die Luft im Inneren leichter als Wasser und würde an der Oberfläche aufschwimmen. Im Labor der Universität wird es deshalb mit Bleigewichten beschwert und an Gurten in die Druckkammer gehängt, sodass die Kapsel unten nicht aufsitzt und oben nicht anstößt. Die abgeschlossene Kammer wird mit Wasser gefüllt. Der Druck im Inneren wird nun stufenweise um jeweils 500 psi erhöht. Die Testkapsel muss dabei jeweils eine bestimmte Zeit auf dem neuen Drucklevel ausharren, ehe dieser auf die nächste Stufe erhöht wird. In der luftgefüllten Kapsel herrscht ein Druck von 14,7 psia (psia gibt den absoluten Druck im Vergleich zu einem Vakuum an), was in etwa einer Atmosphäre beziehungsweise einem Bar entspricht – und damit dem normalen Luftdruck an der Meeresoberfläche. Mögliche Verformungen im Druckkörper werden über Dehnungsmessstreifen erfasst.

Nach 71 Minuten sind im Test 4.000 psi erreicht. Dies entspricht einer Tauchtiefe von 2.744 Metern oder 275 Bar. Bei 4.285 psi (2.939 Meter Meerestiefe)[230] geben bei der unteren Halbkugel die Karbonfasern an der Kante zum Edelstahleinsatz nach, der das Loch in der Mitte verschlossen hat, und Wasser dringt ein. Trotzdem wertet OceanGate den Test als Erfolg, habe er doch bewiesen, dass die Röhre dem Druck standhalte. In einem Brief an die Anteilseigner von OceanGate schreibt Stockton Rush anschließend: „Wir haben eine Tiefe erreicht, in der nur acht staatlich betriebene Tauchboote operieren können und die einen großen kommerziellen und militärischen Wert hat, weil sie tiefer ist als jedes Ölvorkommen und die tiefsten Stellen des Kontinentalschelfs." Die beiden Komposit-Halbkugeln werden nach dem Test umgehend zu Spencer Composites geflogen in der Hoffnung, das Design so überarbeiten zu können, dass die Halbkugeln beim nächsten Mal ebenfalls halten.[231, 232, 233, 234, 235, 236, 237]

# 2016

Ein Modell der Karbonfaserröhre wird getestet.

# GEMISCHTE RESULTATE DER DRUCKTESTS

Am 8. Februar 2016 findet ein zweiter Drucktest an der Universität von Washington statt, bei dem ausschließlich die Karbonröhre getestet wird. Dafür wird diese nun mit rund 15 Zentimeter dicken Aluminiumplatten verschlossen. Wieder wird in mehreren Schritten der Druck erhöht und die Kapsel mindestens fünf Minuten auf der jeweiligen Druckstufe gehalten. Um 11.02 Uhr sind die vorgegebenen 6.000 psi (entspricht etwa 4.116 Meter Meerestiefe) erreicht – der Test ist ein Erfolg. Als der Druck noch ein weiteres Mal erhöht wird, gibt es bei 6.500 psi (etwa 4.458 Meter Meerestiefe) einen Knall. Als das Modell aus der Druckkammer gezogen wird, klafft zwischen der Kompositröhre und den Aluminiumplatten ein Spalt.[238]

→ Bild 16: Der zweite Modell-Drucktest der Karbonröhre (Seite 78)

Bei einem dritten Test am 11. März 2016 wird die Röhre mit zwei neuen Karbonfaser-Halbkugeln verschlossen. Man erhofft sich diesmal vor allem Erkenntnisse, ob sich vor einer Implosion Veränderungen im Material abzeichnen. Neben 16 Dehnungsmessstreifen sind erstmals auch neun akustische Sensoren verbaut. Diese sollen das Knacken registrieren, das entsteht, wenn Karbonfasern reißen oder das Epoxidharz zwischen den Fasern bricht, sodass Risse entstehen oder sich die Verbindung zwischen zwei Faserschichten löst. Vertragspartner ist dabei erneut die Firma Boeing, deren akustische Sensoren schon länger zur Überwachung von Materialermüdung bei Flugzeugen eingesetzt werden. Boeing liefert nicht nur die Sensoren und die Software, sondern begleitet die Tests auch mit zwei Mitarbeitern, um die gewünschten Daten zu generieren.[239, 240, 241]

Diesmal soll die Konstruktion bis 9.500 psi getestet werden (was einer Meerestiefe von 6.516 Metern entspricht). Bei 3.000 psi (eine Meerestiefe von 2.058 Metern) gibt es ein erstes erwähnenswertes „akustisches Ereignis" mit mehreren kleinen Geräuschen. Bei 3.500 psi (2.401 Meter Meerestiefe) werden weitere Knackgeräusche detektiert, und etwa 30 Sekunden nachdem 4.000 psi (2.744 Meter Meerestiefe) überschritten sind, gibt es einen lauten Knall, wobei eine der Abschluss-Halbkugeln nachgibt.[242, 243, 244]

Rush ist enttäuscht, weil die Abschlusskappe im Vergleich zum Dezembertest bei weniger Druck nachggegeben hat, obwohl das Design danach überarbeitet und verbessert wurde. Die gute Nachricht sei aber, dass die akustischen Boeing-Sensoren weit vor dem Versagen „Aktivität" in der Hülle festgestellt hätten. Dies sei das gewünschte Ergebnis gewesen. Allerdings verfolge man die Idee, karbonfasergewickelte Halbkugeln als Abschluss des Druckkörpers einzusetzen, bis auf Weiteres nicht mehr. Stattdessen werde man auf die im Tauchbootbau bewährten Metallhalbkugeln setzen. Die Dehnungsmessstreifen hätten wenig gebracht, weil sie erst zwei Sekunden vor der Implosion eine deutliche Veränderung im Material registriert hätten. Dies sei jedoch „wenig überraschend".[245, 246]

Die Beteiligung von Boeing bei der Konzeptionierung des akustischen Überwachungssystems wird von OceanGate ausdrücklich unterstrichen. „Boeing hat uns unterstützt mit einem System, das sie selbst seit Jahren verwenden, um emittierten Schall von Karbonfaserproben zu überwachen. Die Systeme, die sie benutzen, sind Standard in der Industrie; sie sind aber groß und teuer und fressen viel Strom. Wir brauchen etwas für die Tauchkapsel, das klein ist und wenig Strom benötigt. Und unser akustisches Überwachungssystem musste vergleichsweise billig sein, weil wir vorhatten, es bei einem der Tests zu zerstören. Das System, das wir geschaffen haben, erfüllt diese Vorgaben nun." (Im März 2018 meldet Stockton Rush sein Überwachungssystem sogar zum Patent an, unter der Überschrift „Systems and methods for curing, testing, validating, rating, and monitoring the integrity of composite structures". Zwei Monate später wird das entsprechende Patent mit der Nummer US11119071B1 erteilt.)[247]

Mitte März 2016 stellt OceanGate einen eigenen Chefingenieur ein, nachdem für die Entwicklung bisher hauptsächlich die University of Washington zuständig gewesen war. Tony Nissen ist ein Experte für Materialkunde und elektrische Systeme. Er soll helfen, all die Komponenten, die für die CYCLOPS 1 entwickelt wurden, auf das neue Tauchboot CYCLOPS 2 zu übertragen. Zudem soll er bei der Auswertung der Sensoren des angedachten akustischen Warnsystems für die Karbonfaserröhre unterstützen. Die Entwicklung weiterer Komponenten für die CYCLOPS 2, darunter das Landegestell und die Steuerungseinheit für die Schubdüsen, bleiben zunächst in den Händen der Ingenieure des APL, dem Labor für angewandte Physik an der Universität.[248, 249]

Im Juli 2016 findet ein vierter Modelltest in der Druckkammer der University of Washington statt. Einen konkreten Zieldruck, dem die Röhre standhalten soll, gibt es diesmal nicht. Stattdessen soll die Röhre bis zur Zerstörung unter Druck gesetzt werden. Stockton Rush möchte herauszufinden, wie lange vor der Implosion die akustischen Sensoren eine signifikante Zunahme von Knackgeräuschen detektieren. So möchte Rush überprüfen, ob diese dafür taugen, als Überwachungssystem eingesetzt zu werden. Durch die drei vorherigen Tests ist die kleine Röhre vermutlich vorgeschädigt; man erwartet infolgedessen ein Versagen bei niedrigerem Druck als beim zweiten Test (wo die Röhre bei einem Druck entsprechend 4.458 Metern nachgegeben hat). Der Zylinder wird mit Aluminiumplatten verschlossen. Stockton Rush hofft, dass die drei Teile diesmal so fest miteinander verbunden sind, dass am Ende die Röhre versagt und nicht eine der Verbindungsstellen.[250, 251]

Bis 5.000 psi (3.430 Meter Meerestiefe) sind nur moderate Geräusche zu bemerken, die man als ein punktuelles „Arbeiten des Harzes" deutet. Danach wird das Knacken deutlich lauter. Dies weist darauf hin, dass sich Faserschichten im Epoxidharz voneinander lösen und die Fasern in der Folge möglicherweise ausknicken oder reißen, was zu einer strukturellen Schwächung der Röhre führt. Bei 6.000 psi (4.116 Meter Meerestiefe) werden die Geräusche zunächst wieder leiser. Schließlich gibt die Röhre bei einem Druck von 6.502 psi (entsprechend einer Meerestiefe von 4.460 Metern) endgültig nach. Zwischen dem ersten Vernehmen lauter Geräusche und der Implosion liegt ein Druckanstieg von etwa 1.500 psi (was 1.029 Meter zusätzlicher Meerestiefe entspricht). Bei OceanGate sieht man es deshalb als erwiesen an, dass die akustischen Sensoren als Frühwarnsystem funktionieren.[252, 253]

Chefingenieur Tony Nissen ist mit den Ergebnissen nicht zufrieden, wie er später erzählt. Er möchte weitere Tests mit modifizierten Modellen durchführen, vor allem mit einem, bei dem die Röhre wie später das Tauchboot mit Halbkugeln aus Titan verschlossen wird. Doch Stockton Rush habe abgewunken. Die Herstellung der gewünschten Titanbauteile im Verhältnis 1 : 3 würden 100.000 bis 150.000 US-Dollar kosten – zu viel, habe der OceanGate-CEO gefunden. Zudem versichert Spencer Composites seinem Auftraggeber, dass die noch herzustellende große Karbonfaserröhre für das Tauchboot so stabil wie berechnet sein wird, trotz der Testergebnisse mit den Modellen. OceanGate kündigt an, nun mit dem Bau der tatsächlichen Hülle für die Cyclops 2 beginnen zu wollen. Man habe Vertrauen in die zylindrische Form des Druckkörpers und die Fähigkeit, Materialermüdung durch akustische Sensoren rechtzeitig zu erkennen.[254]

# AUF DER SUCHE NACH EINEM EXPEDITIONSLEITER

Derweil ist Stockton Rush bereits auf der Suche nach einem Leiter für Expeditionen mit der CYCLOPS 2. Er hofft, den Neuseeländer Rob McCallum anwerben zu können. Dieser war zuvor bei mehreren touristischen TITANIC-Missionen von Deep Ocean Expeditions tätig.[255] Im Frühjahr 2016 bietet Rush McCallum an, die CYCLOPS-2-Expeditionen für OceanGate zu organisieren und abzuwickeln – möglicherweise auch in der Hoffnung, an dessen Adressbuch voller reicher Abenteurer zu kommen.

McCallum und Rush kennen sich bereits seit 2009, als Rob einige Zeit in Seattle verbrachte und den Umbau des ehemaligen Forschungsschiffes NADIR in eine moderne Expeditionsyacht mit dem Namen ALUCIA betreute, die zuvor mehrere Expeditionen zur TITANIC für das französische Meeresforschungsinstitut IFREMER unternommen hatte. Das Projekt hatte Rush damals sehr interessiert, steckte er zu diesem Zeitpunkt doch mitten in der Firmengründung von OceanGate und liebäugelte mit diversen Geschäftsideen. Auf der Werft standen damals drei Tauchboote, für die auf dem Schiff ein Hangar gebaut werden sollte: zwei Deep Rover (zertifiziert für Tauchtiefen von 1.000 Metern) des Herstellers Deep Ocean Engineering und ein Dual Deep Worker (600 Meter) von Nuytco Research. Stockton Rush hatte häufiger auf der Stabbert-Werft vorbeigeschaut, sich ausführlich mit McCallum unterhalten und ihn bei seinen eigenen Tauchbootplänen um Rat gefragt.[256, 257, 258]

Durch das ALUCIA-Projekt hatte McCallum auch Kontakt zu mehreren freiberuflichen Tauchbootpiloten. Als Rush später nach einem geeigneten Kandidaten für den Posten des Chefpiloten bei OceanGate suchte, empfahl McCallum ihm David Lochridge aus Schottland. Lochridge bewirbt sich später tatsächlich auf eine Anzeige von OceanGate für die Position als Director of Marine Operations und wird prompt genommen.

Das Angebot an McCallum, als Expeditionsleiter für OceanGate zu arbeiten, liegt auf dem Tisch, als er am 26. April 2016 mit David Lochridge als Pilot einen Probetauchgang mit der CYCLOPS 1 unternimmt. Es soll nur rund 100 Meter aus dem Hafen von Everett (direkt gegenüber vom OceanGate-Gelände) rausgehen. Stockton Rush betreut den Tauchgang von der Oberfläche aus. Es läuft nicht gut. Die CYCLOPS 1 ist noch nicht lange im Wasser, als die Bluetooth-Verbindung im Tauchboot ausfällt und damit auch der Playstation-Controller, der die Antriebsdüsen steuert. Manövrierunfähig liegt die CYCLOPS 1 in acht Meter Tiefe im Wasser. Unverrichteter Dinge tauchen sie schließlich wieder auf und werden zurück zum Pier geschleppt. McCallum kritisiert daraufhin scharf, dass es für ein so wichtiges Primärsystem wie den Antrieb keinen Plan B in Form eines kabelgebundenen Reservecontrollers gibt.[259]

Im Mai 2016 lehnt McCallum endgültig ab, für OceanGate zu arbeiten und schreibt an Rush, dass ein nicht zertifiziertes Tauchboot seiner Meinung nach grundsätzlich nicht für kommerzielle Tauchfahrten geeignet ist. Sollten Kunden seiner eigenen Firma EYOS Expeditions ihn nach der CYCLOPS 2 fragen, werde er ihnen abraten, in ihr zu tauchen. Stockton Rush ist daraufhin ziemlich verärgert. Und so kühlt das Verhältnis zwischen den beiden deutlich ab.[260, 261]

## FAHRT ZUR ANDREA DORIA

Derweil läuft der Expeditionsbetrieb mit der CYCLOPS 1 weiter. Anfang Juni 2016 nimmt OceanGate ein weltweit bekanntes Tauchziel ins Visier: das Wrack der ANDREA DORIA, etwa 93 Kilometer von der Insel Nantucket entfernt, die zu Massachusetts gehört. Das Schiff liegt in einer Tiefe von 77 Metern auf dem Meeresboden und wird auch als „Mount Everest der Gerätetaucher" bezeichnet, weil diese vor Ort nur rund 20 Minuten Zeit für ihre Erkundungen haben, ehe sie sich wegen der langen Dekompressionspausen beim Auftauchen wieder auf den Weg nach oben machen müssen. Mehr als ein Dutzend Taucher sind schon so weit über ihre Grenzen hinausgegangen, dass der Besuch des Wracks für sie tödlich endete.

Kurz vor der Expedition wird die CYCLOPS 1 aufgerüstet mit einem neuen Navigationssystem der Firma iXblue. Mithilfe von PHINS (Positioning and Heading Inertial Navigation System) kann der Pilot die Position des Tauchboots endlich selbst bestimmen – ohne Funkverkehr mit dem Begleitschiff an der Oberfläche.

Die Cyclops 1 wird für die Expedition, so betont man bei OceanGate, von einer 2016 neu gegründeten Firma namens Argus Expeditions, Ltd. „gechartert". Die Firma ist auf den Bahamas eingetragen (und wird später auch unter dem Namen OceanGate Expeditions firmieren, bis sie 2021 offiziell umbenannt wird). Der CEO von Argus Expeditions ist Stockton Rush – er mietet das Tauchboot (über den Umweg der schon erwähnten Cyclops 1, LLC) also im Prinzip bei sich selbst. Damit ist das operative Expeditionsgeschäft zumindest auf dem Papier abgetrennt von der in den USA ansässigen Firma OceanGate, Ltd., die die Tauchboote entwickelt und baut. Diese Firmenkonstruktion ist aus juristischer Sicht vorteilhaft: Argus Expeditions unterliegt nicht der US-Gerichtsbarkeit und auch nicht den Gesetzen und Vorschriften der USA, sondern denen der Bahamas. Dort gibt es so gut wie keine Regelungen für die Ausstattung und den Betrieb eines Tauchboots.

Das Wrack der Andrea Doria liegt auf dem amerikanischen Kontinentalschelf. Sie befindet sich somit in US-Gewässern. Durch den Umbau hat die Cyclops 1 die gültige Zertifizierung der Lula 500 verloren. Sie dürfte laut US-Gesetzen eigentlich nicht mit zahlenden Passagieren an Bord betrieben werden. Um trotzdem tauchen zu können, bedient sich OceanGate der gleichen Argumentation, mit der bei der Antipodes hinderliche Vorschriften ausgehebelt wurden: Das Tauchboot wird als Meeresforschungsfahrzeug beim Küstenwachensektor Southeastern New England in Woods Hole angemeldet. Die Taucher, die für ihre Teilnahme an der Expedition je 20.000 US-Dollar gezahlt haben, werden als Crewmitglieder geführt und nicht als Passagiere. Unter dieser Voraussetzung muss ein Tauchboot weder zertifiziert sein noch von der Küstenwache inspiziert werden.[262, 263, 264, 265]

Das wissenschaftliche Ziel der Andrea-Doria-Expedition ist, mit einem 2-D- und einem 3-D-Sonar sowie mit Videokameras Daten zu sammeln. Aus diesen soll ein Computermodell der Wrackstelle entstehen, auch um künftig die Navigation zu erleichtern. Acht Tauchgänge sind binnen einer Woche geplant, mit zwei jeweils dreistündigen Tauchgängen pro Tag. Als Expeditionsschiff kommt die Warren Jr. zum Einsatz. Sie ist 46 Meter lang und elf Meter breit und wird von Semper Offshore aus Charlestown, Massachusetts, betrieben. Die Warren Jr. schleppt die LARS-Plattform mit der darauf befindlichen Cyclops 1 hinter sich her zur Wrackstelle.[266, 267, 268]

Ein erster erfolgloser Tauchversuch findet am 3. Juni 2016 statt; am 4. Juni macht Nebel den Tauchern erneut einen Strich durch die Rechnung. Am

5. Juni 2016 wird die CYCLOPS 1 auf dem Weg zum Meeresboden von der starken Strömung erfasst und zu weit abgetrieben, um das Wrack zu erreichen. Sie taucht unverrichteter Dinge wieder auf und wird weiter strömungsaufwärts geschleppt. Dort startet ein zweiter Tauchgang mit gleicher Besatzung.[269] Als zahlende Taucher sind Renata Rojas und Arthur Vaccarino an Bord sowie ein guter Freund von Stockton Rush namens Chris (Nachname unbekannt).[270] Rojas hatte sich schon an dem Tag, als die CYCLOPS 1 getauft wurde, für die Expedition angemeldet – sie wollte unbedingt dabei sein und Tauchboot-Erfahrung sammeln, ehe es zur TITANIC geht.[271, 272]

→ **Bild 17: Mission Specialist Renata Rojas auf der CYCLOPS 1 (Seite 79)**

Der Tauchgang, bei dem mit Stockton Rush und David Lochridge gleich zwei Piloten an Bord sind, läuft durchwachsen. Am Wrack herrscht eine starke Strömung. Nicht zuletzt deswegen ist abgesprochen, den Versuch zu starten, die CYCLOPS 1 mit einem Abstand von mindestens 50 Metern auf dem Meeresboden aufzusetzen. Die ANDREA DORIA ist mit Fischernetzen übersät und die Lage sehr unübersichtlich; es besteht also eine nicht zu unterschätzende Gefahr, irgendwo hängen zu bleiben. Die Schubdüsen der CYCLOPS 1 wirbeln viel Sediment auf, sodass das Wrack zunächst nur auf dem Sonar zu erkennen ist, nicht aber durch das Frontfenster. Die Sicht beträgt lediglich etwa drei Meter. Ausschließlich instrumentengestützt fahren sie auf den Bug der ANDREA DORIA zu. Dieser steht, anders als bei der TITANIC, nicht aufrecht auf dem Meeresboden, sondern liegt auf seiner Steuerbordseite; die Bugspitze schwebt über dem Meeresboden im Wasser. Der Untergrund und die Bordwand bilden einen spitzen Winkel und somit einen für Tauchboote gefährlichen Überhang. In kleinen Schritten tasten sie sich an das Wrack heran.

Renata Rojas erinnert sich: „Vor dem Fenster war nichts zu erkennen, und so haben wir Kunden Stockton angestiftet, immer noch ein Stückchen näher ranzufahren. Bis wir plötzlich direkt am Bug waren.“ Als Rush die Schiffswand auftauchen sieht, ist sie keine eineinhalb Meter entfernt. Ein Versuch, rückwärtszufahren und Abstand zu gewinnen, scheitert aber wegen der starken Strömung. Zudem befindet sich das Tauchboot in einer flachen Kuhle. Rush versucht, das Wasserfahrzeug mit „kleinen Kaninchensprüngen“, wie Rojas später das Manöver beschreibt, aus der Senke zu manövrieren, indem er jeweils einen kurzen Moment Schub nach oben und zur Seite gibt, doch der Plan funktioniert nicht. Die CYCLOPS 1 sitzt fest.

→ Bild 18: Tauchgang mit der CYCLOPS 1 zur ANDREA DORIA (Seite 79)

Um herauszufinden, wo genau sich das Tauchboot befindet, schaltet Rush die Scheinwerfer aus. Die Taucher blicken durch den Glasdom der Zustiegsluke nach oben. Nun zeichnet sich die Silhouette des Wracks über ihnen ab, wie ein Scherenschnitt im dunkelgrünen Wasser. „Wir wollten nicht anstoßen und haben verschiedene Dinge ausprobiert", erinnert sich Renata Rojas. „Rückwärtsfahren, scharf eindrehen. Es gab Vorschläge, was wir noch tun könnten. Lochridge hat von Stockton [Rush] immer wieder die Steuerung verlangt. Er war sicher der bessere Pilot, aber es war Stocktons Tauchboot. Er war der Chef, er wollte es selbst versuchen. Ich glaube, es war Lochridge einfach peinlich, dass Stockton uns da nicht rausbekam. Am Ende hat Stockton ihm den Controller gegeben, und Lochridge hat sich damit in die Kuppel (die Zustiegsluke) gestellt und uns rausmanövriert. Ich hatte dabei nie das Gefühl, in Gefahr zu sein."

In einem Artikel der Zeitschrift „Vanity Fair" wird der Vorfall später als Eklat zwischen Rush und seinem Co-Piloten beschrieben. Die Journalistin Susan Casey stützt sich dabei offensichtlich auf Erzählungen von David Lochridge. Dieser behauptet, dass Rush trotz seiner Warnungen, wie gefährlich das Wrack sei, mit Vollgas unterwegs war und mit dem Tauchboot hart gegen die Steuerbordseite des Bugs stieß, sodass man die weiße Glasfaser-Abdeckung der CYCLOPS 1 habe brechen hören. Er selbst habe während der diversen Manöver massiv geflucht und immer wieder verlangt, die Steuerung zu übernehmen. Doch Rush habe sich geweigert. Nach über einer Stunde erfolgloser Befreiungsversuche habe Rojas Rush angeblafft: „Gib ihm endlich den Scheiß-Controller!", woraufhin Rush die Steuerung zu Lochridge rübergeschleudert haben soll.[273, 274] Renata Rojas widerspricht dieser Darstellung entschieden: „Der Tauchgang war in Ordnung. Dass geschrien und gebrüllt wurde, ist ein Märchen, das hat so nie stattgefunden. Stockton [Rush] hätte vor Kunden nie so die Fassung verloren, dazu war er zu professionell."[275]

Ungeachtet diesen Vorfalls, schaffen sie es, den Bug der ANDREA DORIA mit dem Sonargerät etwa ein Dutzend Mal zu scannen, ehe die CYCLOPS 1 zur Oberfläche zurückkehrt. Danach fährt das Expeditionsschiff mit dem Tauchboot im Schlepp nach Menemsha, einem Fischerdorf auf Martha's Vineyard, um die CYCLOPS 1 zu warten, die Batterien aufzuladen und neue Taucher an Bord zu nehmen. Joel Perry, bei OceanGate zu diesem Zeitpunkt

16

**16** Beim zweiten Modell-Drucktest wird am 8. Februar 2016 nur die Karbonröhre getestet, nachdem zuvor die Abschluss-Halbkugeln aus Karbonfaser versagt haben. Diesmal wird die Röhre mit Aluminiumplatten verschlossen. (OceanGate)

**17** Mission Specialist Renata Rojas steigt am 5. Juni 2016 für ihren Tauchgang zur ANDREA DORIA in die CYCLOPS 1. (OceanGate)

**18** Tauchgang mit der CYCLOPS 1 zur ANDREA DORIA. Rechts im Bild ist David Lochridge, einer der beiden Piloten, dahinter, auf der Kante zur Kuppel sitzend, Mission Specialist Renata Rojas. (OceanGate)

**19** Die CYCLOPS 1 im Oktober 2016 vor der Gefängnisinsel Alcatraz in der Bucht von San Francisco (OceanGate)

17

18

19

zuständig für Medien und Marketing, spricht zudem von einem „kleinen Schaden an der Schwimmplattform“, der behoben werden müsse. Aber: „Es läuft ziemlich gut.“[276, 277] Für Renata Rojas endet die Expedition hier; sie fliegt direkt weiter nach Griechenland. Dort taucht sie Tage später zwischen den Inseln Kea und Makrónissos mit einem Drei-Personen-Tauchboot von Triton zum Wrack der BRITANNIC, dem Schwesterschiff der TITANIC.[278, 279]

Die ANDREA-DORIA-Expedition wird schließlich ohne weitere Tauchgänge abgebrochen. OceanGate nennt die schlechten Wetterprognosen als Grund dafür. Stockton Rush sagt dazu: „Du kannst dein Equipment kontrollieren und deine Leute. Aber Mutter Natur kann eine ganz andere Meinung haben.“

Obwohl es nur einen einzigen erfolgreichen Tauchgang gegeben hat, verkauft Stockton Rush die Expedition als großen Erfolg. Auf einer Pressekonferenz in Boston am 13. Juni 2016 auf dem historischen Kai der Long Wharf präsentiert er die während der Tauchgänge erstellten Sonarscans vom Wrack und die Erkenntnisse zum zunehmenden Zerfall des Schiffes: Ein Vergleich mit Sonarbildern von einer früheren Expedition habe ergeben, dass ein Teil des Bugs abgebrochen sei. Das Schiff sehe nun „dramatisch anders“ aus als auf den bisherigen Fotos. Die Außenwand sei an mehreren Stellen eingebrochen. Um ein 3-D-Modell des Wracks zu berechnen, reichen die gesammelten Daten nicht. OceanGate kündigt für 2017 eine weitere Expedition zur ANDREA DORIA an, auch um die ausgefallenen Tauchgänge nachzuholen. 25.000 US-Dollar soll die Teilnahme für betuchte Abenteurer kosten – 5.000 mehr als 2016. Allerdings: Die zweite Expedition findet so nie statt.[280, 281, 282, 283, 284, 285, 286, 287, 288]

(Renata Rojas wird im Juli 2017 hingegen mit einer anderen Expedition zur ANDREA DORIA zurückkehren und als Gerätetaucherin eine Gedenktafel ablegen, für alle „legendären Taucher“, die ihre „Träume verfolgen“ und für „alle, die an diesem Ort gestorben sind“.)[289, 290]

Im Oktober 2016 unternimmt die CYCLOPS 1 noch eine weitere Expedition. Unter dem Projektnamen „Eye on the Sanctuaries“ soll ab Moss Landing, Kalifornien, für eine Woche das Meeresschutzgebiet des Greater Farallones National Marine Sanctuary untersucht werden. Insgesamt finden drei Tauchgänge in eine maximale Tiefe von 500 Metern statt. Es geht in die Gewässer vor Point Reyes, einem Küstenschutzgebiet nördlich von San Francisco. Die CYCLOPS 1 bleibt dabei mit dem Expeditionsschiff QUINN DELTA vor Ort, während die Taucher täglich ab Fisherman's Wharf direkt in San Francisco mit dem Schiff El Dorado raus aufs Meer pendeln. Rushs Ehefrau Wendy ist Teil der Expeditionsmannschaft und übernimmt die Kommunikation zwischen dem Tauchboot und dem Schiff. Die Cyclops 1 erkundet schwarze Korallen an der Cochrane-Meeresbank, das Wrack des 1920 gesunkenen Dampfers Ituna und Schwammkolonien im Bereich der Rittenburg-Meeresbank. Dann trübt sich das Wetter ein, und OceanGate verlegt die Cyclops 1 in die San Francisco Bay, wo in der Nähe der berühmten Gefängnisinsel Alcatraz ein Tauchgang stattfindet. In 29 Meter Tiefe sehen die Mission Specialists unter anderem einen großen Sardellenschwarm. Das Video- und Fotomaterial soll mithilfe der Stiftung anschließend so aufbereitet werden, dass es an örtlichen Schulen im Unterricht verwendet werden kann.[291, 292, 293, 294, 295]

→ Bild 19: Die Cyclops 1 vor der Gefängnisinsel Alcatraz (Seite 79)

# THE BLUEFISH: ANKÜNDIGUNG EINER TITANIC-EXPEDITION 2018

Im September 2016 lässt Steve Sims, Inhaber der britischen Event-Agentur The Bluefish, ausgewählte Kunden wissen, dass es im Juni 2018 eine Expedition zur Titanic geben soll. Drei Teilexpeditionen seien angesetzt, mit jeweils neun Tauchern. Es sei ratsam, bald zu buchen, heißt es in einer E-Mail, denn die verfügbaren Plätze füllten sich schnell, und man wisse nicht, ob und wann es eine weitere Expedition geben werde. Sims bietet sonst Lifestyle-Termine für Ultrareiche an, vermittelt gegen Geld den Zugang zu Hollywood-Preisverleihungen, in die Formel-1-Boxengasse und zum Polo-Chapagner-Empfang im Dunstkreis der Royals – Veranstaltungen, die man eigentlich nur mit persönlicher Einladung besuchen kann.

Tauchgänge zur Titanic waren bei The Bluefish schon einmal zu buchen. Sims versuchte ab Februar 2010, Kunden an den Expeditionsveranstalter Deep Ocean Expeditions zu vermitteln, der schon mehrmals die russischen

Tauchboote MIR 1 und MIR 2 gechartert hatte. 2012 sollten gleich zwei Expeditionen stattfinden – handelte es sich doch um das Jahr, in dem sich der Untergang des berühmten Ozeanliners zum 100. Mal jährte. Die Expeditionen wurden erst um ein Jahr verschoben (weil die Tauchboote völlig unerwartet doch nicht zur Verfügung standen) und dann ganz abgesagt.[296, 297, 298, 299]

Mit der Ankündigung der TITANIC-Expedition 2018 verschickt The Bluefish eine zehnseitige PDF-Broschüre, in der der ungefähre Ablauf der Reise beschrieben ist. Zunächst werde man mit einer Yacht hinaus aufs Meer zur Untergangsstelle gebracht, wo das Hauptexpeditionsschiff und ein Tauchboot warten. Vier Tage sollen die zahlenden Teilnehmer vor Ort verbringen, wobei drei Tauchgänge geplant sind. Maximal neun zahlende Taucher sollen im Rahmen der gut einwöchigen Reise zum Zuge kommen. Das Schiff selbst soll stationär vor Ort bleiben und immer neue Taucher beherbergen. Illustriert wird die Broschüre mit einem Foto, das die Silhouette der HAVILA HARMONY zeigt, ein Versorgungsschiff, das auch über einen Helikopterlandeplatz verfügt. Einmal die Woche sei ein Bettenwechsel geplant – fast wie bei einer Pauschalreise. Aufgrund der Vorgeschichte von The Bluefish und des Website-Layouts hätte man fast annehmen können, die Expeditionen mit den russischen Tauchbooten MIR 1 und MIR 2 würden neu aufgelegt. OceanGate und die CYCLOPS 2 sind mit keinem Wort erwähnt. Auf Seite 10 ist allerdings ein Foto von Pilot David Lochridge in der Einstiegsluke der CYCLOPS 1 zu sehen sowie eines von der ANDREA-DORIA-Taucherin Renata Rojas. Auf der ersten Seite der Datei prangt eine Illustration des Künstlers Andrea Gatti von der Bugsektion des TITANIC-Wracks. Darüber schwebt links ein kleines Tauchboot – komplett weiß, mit spitz zulaufendem Heck und einem einzelnen, rot leuchtenden Bullauge im Frontdom. Das Design erinnert an das der CYCLOPS 1. Dass The Bluefish Werbung für OceanGate macht, ist dennoch nur zu erahnen.[300, 301]

Stolze 105.129 US-Dollar soll die Teilnahme an der Expedition kosten – angeblich entspricht dieser Preis inflationsbereinigt dem der teuersten Erste-Klasse-Parlour-Suiten an Bord der TITANIC im Jahr 1912. Versprochen wird ein Aufenthalt von drei bis vier Stunden am Wrack, bei dem hauptsächlich die Bugsektion erkundet werden soll. „Die mächtigen Lichter des Tauchboots werden den Hohlraum beleuchten, in dem sich einst die große Treppe befand", heißt es weiter. Möglicherweise werde man auch die Brücke besuchen, und auf dem Weg zum Heck werde man durch das große Trümmerfeld fahren, so die Ankündigung.

Es dauert nicht lange, und erste Interessenten lassen sich bei OceanGate auf eine Buchungswarteliste setzen. Auf dieser Liste steht an Position eins längst Renata Rojas, die für den Trip zur TITANIC den Großteil ihrer Ersparnisse einsetzen will. Auch das Ehepaar Marc und Sharon Hagle, Multimillionäre aus Florida, wollen dabei sein. 10.000 US-Dollar pro Person sind bei der Reservierung sofort als Anzahlung fällig.[302, 303]

Mit den Tauchgängen zur TITANIC möchte Stockton Rush den Sprung vom Start-up-Unternehmen zu einer profitablen Firma schaffen. Er spielt verschiedenste Szenarien durch, um den Trip für private Abenteurer attraktiver zu machen. Rush überlegt sogar, Schauspieler aus dem TITANIC-Kinofilm auf die erste Expedition zum Wrack einzuladen, wie er im April 2017 dem amerikanischen Tech- und Business-Magazin „Fast Company" verrät. Er will den ganz großen Erfolg, der dann als Visitenkarte dienen soll, um mit seinen Low-Cost-Tauchbooten neue Märkte zu erobern. Sobald bewiesen ist, dass OceanGate zuverlässig in die Tiefsee tauchen kann, möchte Rush an Betreiber von Ölplattformen und Pipelines herantreten und ihnen seine Dienste anbieten. Sein Plan: „Klar werden wir nichts mit der Ölförderung zu tun haben, dafür aber mit Inspektions-, Reparatur- und Wartungsarbeiten. Und je billiger man das anbieten kann, umso öfter wird man solche Jobs bekommen."[304]

## BAU DER CYCLOPS 2

Hinter den Kulissen laufen derweil die Vorbereitungen für den Bau der CYCLOPS 2 weiter. Am 8. Dezember 2016 meldet OceanGate in einer Pressemitteilung, bei der Firma TiFab (Titanium Fabrication Corporation) mit Sitz in Fairfield, New Jersey, zwei Halbkugeln und zwei Ringe aus Titan bestellt zu haben. Die Ringe sollen als Abschluss auf die Schnittflächen der gewickelten Karbonfaserröhre geklebt werden und zusammen mit den Titanhalbkugeln, die eine Wandstärke von rund 8,3 Zentimeter haben, den Druckkörper des Tauchboots bilden. In die Ringe sind auf einer Seite am Außen- und Innenrand Metallstreifen als Führung angebracht. Diese sollen die Schnittkante der Röhre auf einer Breite von etwa drei Zentimeter einfassen. Allein die Materialkosten belaufen sich auf 475.000 US-Dollar. Es handelt sich um Titan der Güteklasse 3, obwohl in der Machbarkeitsstudie von Boeing ursprünglich von Titan der Güteklasse 5 ausgegangen wurde. Dieses hätte allerdings aus dem Ausland importiert werden müssen. Die Lieferung hätte daher doppelt so lange gedauert, und das Material wäre OceanGate deutlich teurer gekommen. Titan der Güteklasse 5 hat eine fast doppelt so große Zugfestigkeit wie das der Klasse 3. Stockton Rush ist jedoch davon überzeugt, dass Güteklasse 3 für sein Tauchboot ausreicht.[305]

Etwa zur gleichen Zeit erteilt OceanGate Spencer Composites den Auftrag, eine Karbonfaserröhre in voller Größe herzustellen, als Herzstück des neuen Tauchboots und mit folgenden Spezifikationen: Länge 2.540 mm; Außendurchmesser 1.676 mm; Wandstärke nun 12,7 Zentimeter statt wie ursprünglich geplant 11,43 Zentimeter; operative Druckbelastung 6.600 psi (was einer Meerestiefe von 4.527 Metern entspricht). In einem Onlineartikel von CompositesWorld wird im Mai 2017 ein Sicherheitsfaktor von 2,25 erwähnt (was einer maximalen Druckbelastung entsprechend einer Meerestiefe von 10.186 Metern entspräche). Zum Vergleich: Die Karbonkompositröhre der ebenfalls bei Spencer Composites hergestellten DEEPFLIGHT CHALLENGER war für eine theoretische Zieltiefe von 19.500 Metern konstruiert worden, mit einer operativen Tauchtiefe von maximal 11.000 Metern, entsprechend der tiefsten Stelle der Weltmeere im Marianengraben. Dieser Druckkörper hatte somit einen Sicherheitsfaktor von „nur" 1,77.[306, 307, 308, 309]

# 2017

Tauchgang mit der Cyclops 1

# KONKRETE EXPEDITIONSPLÄNE

Schon im Dezember 2016 hat OceanGate, Inc. eine weitere Firma gegründet, mit Stockton Rush als deren Manager. Die CYCLOPS 2, LLC wird für insgesamt fünf Millionen US-Dollar an diverse Investoren verkauft. Diese bezahlen an OceanGate, Inc. zunächst drei Millionen US-Dollar und dann noch jeweils eine Million anlässlich der Fertigstellung des Druckkörpers sowie nach dem ersten erfolgreichen Tauchgang auf mindestens 2.500 Meter Meerestiefe. OceanGate chartert zeitgleich das (zunächst noch unfertige) Tauchboot von den neuen Eignern. Sobald die CYCLOPS 2 in den Tauchbetrieb übergeht, zahlt OceanGate an die LLC festgelegte Gebühren. Man rechnet mit Zahlungen in Höhe von 165.000 US-Dollar im Jahr 2017, 765.000 US-Dollar im Jahr 2018 und mit jeweils mehr als einer Million US-Dollar in den Jahren 2019 bis 2021. Ab 2020 sind jährlich 75 Tauchgänge mit der CYCLOPS 2 vorgesehen.[310]

Im Februar 2017 kommt die offizielle Ankündigung einer Expedition zum Wrack der TITANIC für das Jahr 2018, mit einer neuen Broschüre und Informationen auch auf der Website von The Bluefish. In der zwölfseitigen Übersicht ist nun auch eine große Computergrafik der CYCLOPS 2 zu sehen. Auf dieser ist die vordere Halbkugel der Kapsel blaugrüngelb bemalt, die wie die Iris eines übergroßen Auges anmutet. Auch die Miniaturdarstellung des Tauchboots auf dem Cover wurde farblich angepasst. OceanGate wirbt damit, dass seine Piloten seit 2010 „Tausende Stunden in kommerziellen Tauchbooten verbracht haben“.

Weiter heißt es: „Die CYCLOPS 2 wird die strengen Richtlinien zur Klassifikation von Tauchbooten des Germanischen Lloyd erfüllen oder übertreffen. Dazu gehören auch Lebenserhaltungssysteme, die auf vier Tage ausgelegt sind, und verschiedene Notfallsysteme und Backups.“ Das klingt vielversprechend, hat allerdings einen Makel: Der Germanische Lloyd mit Sitz in Hamburg war zwar eine hochangesehene Klassifikationsgesellschaft. Allerdings fusionierte er bereits 2013 mit dem Konkurrenten Det Norske Veritas (DNV) und firmiert seitdem nicht mehr unter dem ursprünglichen Namen, sondern unter dem kombinierten Kürzel „DNV GL Group“ (seit 2021 nur noch DNV). Wäre OceanGate 2017 tatsächlich mit der Firma in Kontakt gewesen bezüglich einer Zertifizierung, müsste man vom Namenswechsel eigentlich wissen.

→ Bild 20: Designstudie der CYCLOPS 2 (Seite 94)

Die maximale Tauchtiefe der CYCLOPS 2 wird in der Bluefish-Broschüre nun mit 4.000 Metern angegeben. Das ist überraschend, war doch bei OceanGate zuvor immer von einem Tauchboot mit 3.000 Meter Zieltiefe die Rede – mit dem Hinweis, zum späteren Zeitpunkt ein weiteres Tauchboot bauen zu wollen, das dann in der Lage wäre, bis zu 6.000 Meter tief zu tauchen. Eine Erklärung, ob und wie die Baupläne des Tauchboots wegen der neuen Zieltiefe verändert wurden, gibt es nicht. Klar ist nur: Es braucht diese Änderung, weil die TITANIC mehr als 3.800 Meter tief liegt.

Sechs Teilmissionen sind für 2018 aufgesetzt; die erste soll am 26. Mai starten, die letzte am 2. Juli enden. Die ersten vier Missionen, so der Text in der Broschüre, seien bereits ausgebucht. Für Teil 5 und 6 gibt es offenbar noch Plätze.

Der geplante Reiseablauf hat sich im Vergleich zur ersten Broschüre deutlich verändert. Nun ist die Rede von einem Helikopterflug ab St. John's, Neufundland (Kanada), und sieben Tagen Aufenthalt an Bord des Expeditionsschiffs. Dafür soll das 103 Meter lange norwegische Mehrzweck-Versorgungsschiff ISLAND PRIDE[311] gechartert werden. Dieses hat einen Helikopterlandeplatz über dem Bug und ein großes offenes Heck, auf dem die TITAN und die Plattform LARS transportiert werden können. Sechs Tauchgänge pro Woche sollen maximal möglich sein. Die Anreise mit dem Heli aufs offene Meer ist nicht ohne Gefahren. Deshalb müssten alle Expeditionsteilnehmer zuvor ein eintägiges Training absolvieren, ähnlich dem für Crews von Ölplattformen, inklusive einem simulierten Notausstieg aus einem Hubschrauber (Helicopter Underwater Egress Training) und einer Seenotrettungsübung. Stockton Rush hat bereits einen Anbieter solcher Kurse im Visier: Falck Safety Services Canada, die einen Standort in Mount Pearl haben, einer Nachbarstadt von St. John's, sodass die Ausbildung ohne großen Aufwand direkt vor der Expedition stattfinden könnte.[312] Diese Art von Kursen sind allerdings hoch anstrengend. Sie beinhalten, die Luft anzuhalten und sich aus einer unter Wasser befindlichen Heligondel herauszukämpfen. Das könnte den einen oder anderen unsportlichen Multimillionär abschrecken zu buchen. Dazu kommt, dass das Expeditionsschiff dem Hubschrauber jedes Mal ein gutes Stück entgegenfahren müsste, damit das Kerosin reicht – das TITANIC-Wrack liegt für einen Nonstop-Helikopterflug zu weit draußen auf dem Meer. Und so wird die Idee vom Helikopterzubringer später wieder verworfen.

Am 14. März 2017 veröffentlicht OceanGate eine Pressemitteilung dazu. Die „TITANIC Survey Expedition“ soll ab 2018 jedes Jahr stattfinden, heißt es darin. Ziel sei es, den Zustand des Wracks zu erforschen und zu dokumentieren. Versprochen wird eine hochwertige wissenschaftliche Expedition, an der finanzkräftige Abenteurer als Crewmitglied teilnehmen können. „Hilf dem Piloten, die Navigation zu überwachen“, steht im Werbematerial von The Bluefish, und weiter: „Hilf beim Sichten des Videomaterials, hilf bei der Kommunikation, unterstütze die Crew an der Wasseroberfläche.“ Die geplante Verweildauer am Wrack beträgt drei Stunden.

Neben neuen Fotos und Videos von der TITANIC soll dabei auch ein detailliertes 3-D-Modell aus Sonar- und Laserscannerdaten entstehen, sodass der fortschreitende Zerfall des berühmten Wracks im Ganzen dokumentiert werden kann. Entsprechend soll das Tauchboot keine vorgeplante Route zu den Highlights am Wrack abfahren. Das war bei den touristischen Tauchfahrten mit den russischen MIRs üblich, mit der Brücke, dem Bug, den Ankern, dem Mast, (wenn die Zeit reichte) dem Heck samt Propeller als Standardprogramm. Ein vollständiges 3-D-Modell zu erstellen erfordert hingegen, immer neue und auch vergleichsweise langweilige Stellen anzusteuern.[313, 314, 315, 316, 317]

## DER DRUCKKÖRPER AUS KARBON ENTSTEHT

Im März 2017 wird bei Spencer Composites damit begonnen, die von OceanGate bestellte Karbonfaserröhre zu fertigen. Wie bei einem riesigen Lockenwickler dreht sich dabei eine zylindrische Form aus Metall um die eigene Achse, während ein fast endloser Faserstrang direkt vor Ort in Epoxidharz getränkt und um den Formkern gewickelt wird. Die Fasern stammen von Mitsubishi Chemical Carbon Fiber Composites; das Epoxidharz Epon Resin 682 wurde von der Firma Hexion bezogen. Nach jeweils zwei Schichten ringförmig gewickelter Fasern wird eine Schicht mit Faserausrichtung parallel zur Zylinderachse aufgetragen, also um 90 Grad gedreht. Diese Querfasern wurden vom Hersteller Newport Composites bereits mit einer Harzschicht überzogen angeliefert (es sind Prepreg-Fasern, abgeleitet von dem englischen Wort „preprengated", übersetzt „vorab durchtränkt"). 480 übereinanderliegende Faserschichten ergeben nun einen Zylinder mit einer Wandstärke von 12,7 Zentimetern – rund fünf Zentimeter weniger als in der Boeing-Machbarkeitsstudie von 2013 berechnet. Es gibt zudem keine Zwischenschichten mit Fasern in 45-Grad-Ausrichtung, weil die CYCLOPS 2 nur auf 4.000 Meter tauchen soll und nicht auf 8.600 Meter, wie in der Machbarkeitsstudie gefordert. Sobald alle Fasern aufgetragen sind, wird die Röhre sieben Tage bei 137 Grad Celsius in einem Ofen ausgehärtet und an beiden Seiten glatt abgeschnitten, sodass sie bündig in die Nut der Verbindungsringe passt. Anschließend wird die Röhre an OceanGate geliefert.[318, 319, 320]

→ Bild 21: Die Karbonfaserkomposit-Röhre wird gewickelt. (Seite 94)

Um die Röhrenoberfläche zu versiegeln, wird diese kurze Zeit später aus der Werkstatt auf den Parkplatz von OceanGate geschafft und von einer externen Firma mit einer rund fünf Millimeter dicken Schutzsicht aus Polyurethan besprüht, die wasserundurchlässig ist. Diese Art Versiegelung wird normalerweise als Korrosionsschutz auf die Ladefläche von Lkw und Pick-up Trucks aufgebracht und ist in den USA unter dem Markennamen Rhino Liner bekannt.[321, 322]

Am 10. April 2017 hält Stockton Rush einen Vortrag vor Mitgliedern des Explorers Club (ein geschichtsträchtiger und exklusiver Privatclub für Forscher und Abenteurer) in New York und stellt dabei eine Reihe von Tauchzielen vor, die vom neuen OceanGate-Tauchboot erforscht werden könnten: die DEEPWATER-HORIZON-Ölplattform im Golf von Mexiko, die 2010 Feuer fing und unterging (und nun etwa 1.500 Meter tief liegt); das Wrack des Flugzeugträgers USS LEXINGTON (3.000 Meter Meerestiefe), der im Zweiten Weltkrieg am 7. Mai 1942 von japanischen Flugzeugen und U-Booten beschossen und versenkt wurde; das Wrack der USS INDEPENDENCE (790 Meter), die vom US-Militär im Bikini-Atoll für Tests mit einer Atombombe benutzt und danach derart verstrahlt war, dass sie in der Nähe der Farallon-Inseln bei San Francisco versenkt wurde. Während seines Vortrags spricht Stockton Rush auch über die tollen Materialeigenschaften von Karbonfaserkomposit. Er schwärmt davon, wie viel mechanische Belastung (Druck) das Material aushalten kann bei vergleichsweise niedriger Dichte (die gut für das Auftriebsverhalten ist). Die „strength-to-buoyancy ratio" (das Verhältnis der Festigkeit eines Materials zu seiner Schwimmfähigkeit) sei dreimal größer als beim Werkstoff Titan, so Rush. Es ist eine Kennzahl, die sonst nirgends in der Tauchbootbranche verwendet wird. Rush behauptet zudem, dass er für die 2018er-TITANIC-Expedition bereits 54 Anmeldungen hat und damit de facto ausgebucht ist.[323, 324, 325, 326, 327, 328, 329]

Im Mai 2017 endet die Zusammenarbeit zwischen OceanGate und dem Labor für angewandte Physik (Applied Physics Lab – APL) überraschend. Der Universitätsingenieur Dave Dyer spricht später von unüberbrückbaren Differenzen. Das APL habe darauf gedrängt, frühzeitig Tests einzuplanen, bei denen alle Komponenten miteinander agieren – OceanGate will diese lieber unabhängig voneinander entwickeln und testen. Dyer hat die Konstruktionsdaten des Druckkörpers an die Gießerei weitergeleitet, die die Titankomponenten für das Tauchboot herstellen sollte. Stockton Rush ist darüber empört, weil nur Daten an Externe gehen sollen, die zur Fertigung des jeweiligen Bauteils absolut nötig sind.[330] Zudem haben die APL-Ingenieure Bedenken bezüglich des akustischen Warnsystems, das OceanGate in der Karbonfaserhülle verbauen will. Sie verweisen darauf, dass es keine Vergleichsdaten gibt, die es ermöglichen, das von den Sensoren detektierte Knacken richtig zu interpretieren. Dyer sagt zu Stockton Rush: „Du musst wissen, was deine Daten bedeuten. Bisher weißt du nur, dass es [bei einem Knacken] einen Vorfall in der Hülle gibt, aber nicht, was für einen." Das APL findet zudem, dass die Daten aus den Drucktests mit den Miniaturdruckkörpern noch nicht ausreichen, um das Materialversagen erklären zu können, und drängt auf weitere Tests.

Meinungsverschiedenheiten gibt es auch in Bezug auf das Gehäuse für die Antriebssteuerung. Stockton Rush möchte außen an der CYCLOPS 2 zwei Kugeln aus Borosilikatglas verbauen – das APL ist kategorisch dagegen. An der CYCLOPS 1 sind bereits solche Druckgehäuse angebracht. Sie stammen von der Firma Nautilus Marine Service GmbH in Buxtehude und bestehen jeweils aus zwei Glashalbkugeln mit einer Wandstärke von 14 Millimetern, die durch Unterdruck im Inneren aneinandergepresst und in Position gehalten werden. Die Verwendung sei zu riskant, heißt es seitens der Universität. Sollten die Glaskugeln in 4.000 Meter Meerestiefe nachgeben, entsprächen die freigesetzten Implosionskräfte einer Detonation von bis zu fünf Kilogramm TNT. Stockton Rush möchte trotzdem an ihnen festhalten, weil sie positiv schwimmfähig sind und im Vergleich zu anderen Gehäuselösungen Gewicht sparen. Auch nach langen Diskussionen finden Rush und die Ingenieure der Uni keinen gemeinsamen Nenner. Der OceanGate-Chef löst die Pattsituation auf seine Weise und beendet die Zusammenarbeit mit dem APL an dem Projekt.[331, 332, 333, 334, 335]

OceanGate-Chefingenieur Tony Nissen muss nun die Verantwortung für die Entwicklung der CYCLOPS 2 übernehmen, statt wie geplant lediglich die von der Universität entwickelten und fertiggestellten Komponenten zusammenzuführen. Dafür braucht er vor allem Personal. Binnen weniger Wochen stellt Nissen ein Ingenieurssteam zusammen, das schließlich 18 Köpfe umfasst. Das Team steht vor großen Herausforderungen: So kann die für die CYCLOPS 1 entwickelte Antriebssoftware nicht auf die CYCLOPS 2 übertragen werden, weil die zugehörigen Schubdüsen der Firma Innerspace nicht mehr lieferbar sind. Nissen und sein Team müssen einen anderen Antrieb verwenden und die Steuerung komplett neu programmieren. Es ist der Beginn einer Kaskade an Problemen. Immer mehr Komponenten der CYCLOPS 1 erweisen sich als ungeeignet für das neue Tauchboot und müssen überarbeitet oder neu gedacht werden.[336]

Im Juli 2017 findet der nächste wichtige Schritt beim Bau der CYCLOPS 2 statt: Die zwei Titanringe von TiFab werden auf die Enden der Karbonfaserröhre geklebt. Stockton Rush lässt davon ein Video drehen. Darin steht er neben der hochkant aufgestellten Röhre, lächelt und sagt: „Es ist ziemlich einfach, aber wenn wir das versauen, gibt es nicht viel, was man dann noch tun kann." Zum Einsatz kommt ein Zweikomponentenkleber von Henkel namens Loctite EA 9394 AERO. Die Konsistenz vergleicht Rush mit der von Erdnussbutter. Aus Epoxidharz und einem Amin-Härtungsmittel wird zunächst eine dunkelgraue Paste angerührt. Dann verteilen drei Männer den Kleber mit Spachteln auf der Grundfläche und den rund 3,5 Zentimeter hohen Flanken der Nut sowie auf der Schnittkante der Röhre. Kleine Abstandshalter aus Plastik sollen dafür sorgen, dass die Schicht die richtige Dicke hat. Sobald die Paste angerührt ist, bleibt weniger als eine halbe Stunde Zeit, bis sie anfängt auszuhärten. Zunächst wird der Frontring mit der Röhre verklebt. Dann wird alles um 180 Grad gedreht, und der Kran setzt in einer zweiten Runde den Heckring auf. Es dauert jeweils fünf Tage, bis die Klebeverbindung bei Raumtemperatur vollständig ausgehärtet ist. „Eine akkurate Ausrichtung und die Integrität der Verbindung sind kritisch, um innerhalb der genauen Toleranzen beim Bau zu bleiben", erklärt Tony Nissen. „Die Präzision, die wir erreicht haben, garantiert uns, dass wir eine solide Basis haben, wenn wir fortfahren, das Tauchboot zusammenzubauen."

→ Bilder 22/22 B: Der vordere Verbindungsring wird verklebt. (Seite 94)

Im August 2017 ist die Druckhülle der CYCLOPS 2 weitgehend fertig montiert, bestehend aus der Karbonröhre, den beiden Titanringen und den zwei Halbkugeln aus Titan, von denen eine ein Scharnier besitzt und als Zustieg dient.[337, 338, 339]

# EIN UNGEWÖHNLICHES FENSTER

Noch fehlt aber das Bullauge. In den Frontdom (der vorderen Titan-Halbkugel) wurde dafür in der Mitte ein Loch gefräst, das einen nach innen zulaufenden konischen Trichter bildet. Das Fenster soll lose und ohne Rahmen auf die Auflagefläche gesetzt werden. Ein von außen aufgeschraubter Ring hält es in Position. Sobald das Tauchboot im Wasser ist, presst der Wasserdruck das Fenster in den Trichter und dichtet das Bullauge ab.

Schon im Juni 2017 hat Stockton Rush bei der Firma Hydrospace Group, Inc. aus Rancho Cucamonga in Kalifornien einen Entwurf für ein Acrylfenster angefordert, das in die Öffnung des Frontdoms passt. Die Firma hat in der Branche einen exzellenten Ruf. Eine Tochterfirma von Hydrospace mit dem Namen SEAmagine baut selbst seit den 1990er-Jahren Tauchboote, die allesamt zertifiziert sind und (Stand 2017) in Tiefen bis zu 1.500 Metern vordringen können. Hydrospace-Chef Will Kohnen ist zudem der Vorsitzende des Komitees für bemannte Tauchboote im Branchenverband Marine Technology Society. Kohnen gehört auch dem Komitee an, das die Vorgaben und Regeln erarbeitet, die das American Bureau of Shipping bei der Zertifizierung von Tauchbooten heranzieht.

OceanGate möchte bei Hydrospace das „größte je gefertigte Tiefseetauchboot-Fenster" bestellen, das einen Außendurchmesser von rund 57 Zentimetern und ein Sichtfeld mit 31 Zentimeter Durchmesser haben soll. Zum

Vergleich: Das größte der drei Bullaugen der russischen MIR-Tauchkapseln, durch das James Cameron die Wrackbilder für seinen TITANIC-Film gedreht hat, bringt es auf ein Sichtfeld von gerade einmal 20 Zentimeter Durchmesser. Kohnen schlägt Rush ein Fenster mit einer Kugelsegment-Krümmung vor, weil diese die auftretenden Kräfte bestmöglich verteilt und relativ leicht zu zertifizieren wäre. Das kuppelförmige Fenster wäre außen und innen gekrümmt bei durchgehend gleicher Wandstärke. Hydrospace bietet OceanGate an, das Fenster in Kuppelform gegen eine Zusatzgebühr von 2.250 US-Dollar komplett zertifiziert anzuliefern.

Der Nachteil dieser Form ist, dass sie wie ein Brillenglas wirkt; Objekte werden optisch verkleinert und scheinen weiter weg. Der Effekt entsteht im Übergang zwischen der Luft im Inneren des Druckkörpers und der angrenzenden Acryloberfläche. Die äußere Krümmung des Fensters verändert das Bild hingegen nicht sonderlich, weil Acryl und Wasser eine ähnliche optische Dichte haben, sodass das Licht am Übergang zwischen beiden Medien kaum gebrochen wird.

Stockton Rush will unbedingt ein Fenster ohne Verkleinerungseffekt haben und schlägt deshalb eine plankonvexe Form vor: außen mit einer Kugelwölbung, innen aber komplett flach. Dies wäre eine unübliche Form für ein Tauchbootfenster. Hydrospace sagt zu, das gewünschte Fenster in „Hybridform" zu berechnen. Kohnen warnt Rush aber auch, dass ein Hybridfenster extrem aufwendig zu zertifizieren wäre. Dafür müsste OceanGate insgesamt fünf dieser Fenster bis zur Zerstörung unter Druck setzen, und alle müssten ungefähr den gleichen Druck aushalten, damit das Material und die Form als zuverlässig stabil gelten. Zusätzlich müsste das Fenster 300 Stunden lang einen deutlich erhöhten Druck aushalten. Dazu kommen Tests, bei denen 1.000 Tauchzyklen mit dem gleichen Druck simuliert werden, für den das Fenster zugelassen werden soll. Die zu erwartenden Kosten für die Zertifizierung sind sechs- bis siebenstellig. Ohne solche Tests kann das Fenster in Hybridform lediglich analog zu einem komplett flachen zertifiziert werden in der Annahme, dass die äußere Krümmung eine Art Materialüberschuss darstellt, der die Eigenschaften des ansonsten flachen Fensters nicht verschlechtert. Das würde eine Zertifizierung bis maximal 945 psi Druck bedeuten (was einer Meerestiefe von nur knapp 650 Metern entspricht).[340, 341, 342]

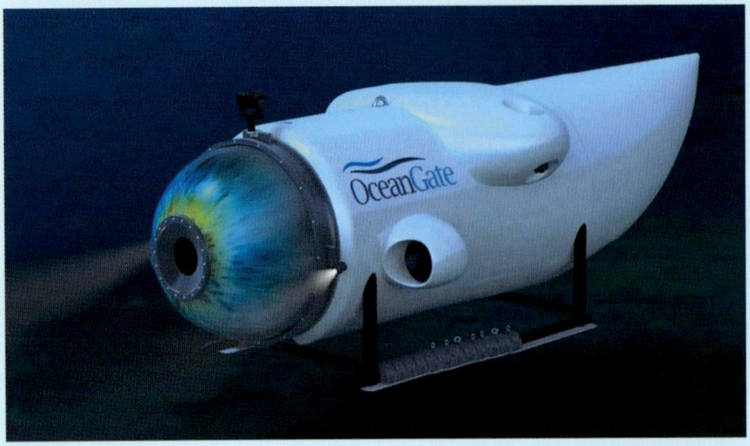


20

20 Designstudie der CYCLOPS 2. Die Bemalung des Frontdoms erinnert an einen Augapfel in Anlehnung an den Namen „Cyclops“ – der einäugige Riese aus der griechischen Mythologie. (OceanGate)

21 Im März 2017 wird bei Spencer Composites die Karbonfaserkomposit-Röhre für den Druckkörper der TITAN gewickelt. (OceanGate)

22/22 B Der vordere Verbindungsring wird im Juli 2017 auf die Karbonfaserröhre geklebt. (Marine Board of Investigation/ OceanGate)

21

22

22 B

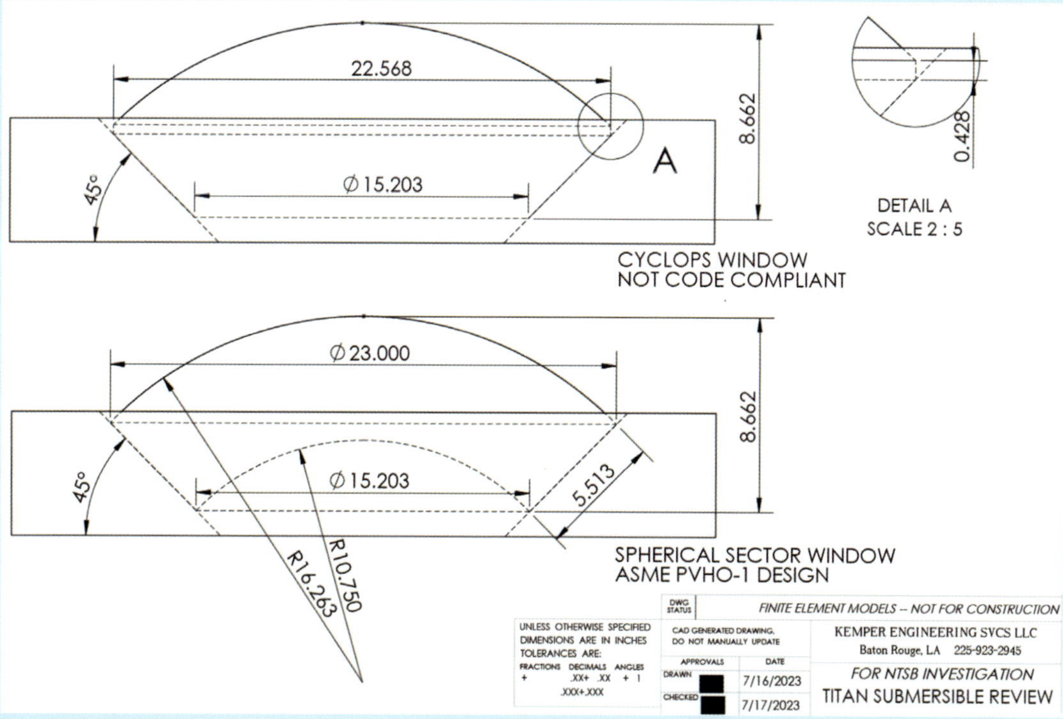


23

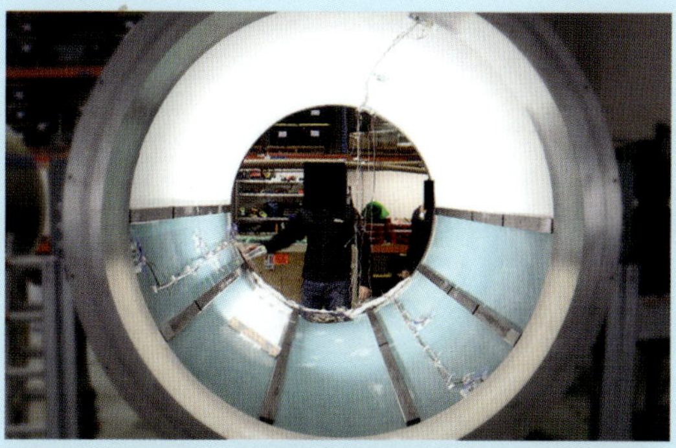

24

25

**23** Stockton Rush möchte für die CYCLOPS 2 ein Fenster, das innen nicht gewölbt, sondern eben ist (oben). Hydrospace schlägt ein kuppelförmiges Fenster vor (unten), das leicht zu zertifizieren wäre. (Marine Board of Investigation/ Kemper Engineering)

**24** Die Akustiksensoren des Real Time Monitoring Systems sind innen auf der Röhre angebracht. Gut zu erkennen sind auch die Schienen, auf denen die Innenhülle der TITAN aufliegt, die „Insert" genannt wird. (Marine Board of Investigation/OceanGate)

**25** Das fertige Acrylfenster von Hydrospace: außen gewölbt, innen komplett eben (Marine Board of Investigation/ OceanGate)

→ **Bild 23: Rush möchte für die Cyclops 2 eine ungewöhnliche Fensterform. (Seite 95)**

Stockton Rush bestellt bei Hydrospace am 17. November 2017 dennoch ein Fenster in Hybridform und bezahlt dafür 33.450 US-Dollar inklusive Versand. Will Kohnen schlägt Rush vor, zusätzlich ein Kuppelfenster zu produzieren, sodass Rush für die anstehenden Tiefsee-Tauchgänge mit seinem neuen Tauchboot ein zertifiziertes Fenster für den sofortigen Gebrauch hätte. Das Fenster in Hybridform könnte OceanGate unabhängig davon für erste Tests und mit einer eher langfristigen Zertifizierungsperspektive verwenden. Die unterschiedlichen Fenstertypen könnten am Tauchboot binnen weniger Stunden getauscht werden. Stockton Rush lehnt ab und bestellt nur ein Fenster in Hybridform, das am 6. Dezember 2017 nach Everett geliefert wird.[343]

→ **Bild 24: Die Akustiksensoren (Seite 95)**

Die Sache lässt Will Kohnen keine Ruhe. Er bittet seinen Freund Bart Kemper, einen auf Tauchboot-Bullaugen spezialisierten Ingenieur, eine Computeranalyse für das Hybridfenster zu erstellen. Daraufhin simuliert Kemper, wie sich ein Druck von bis zu 5.800 psi (entsprechend knapp 4.000 Meter Meerestiefe) darauf auswirken würde. Kemper kommt zu dem Ergebnis, dass es nicht unwahrscheinlich ist, dass das OceanGate-Fenster nach mehreren Dutzend Druckzyklen kaputtgeht. Laut Computeranalyse ist die Belastung an der inneren Kante der Auflagefläche am größten. Das Fenster wird vom Wasserdruck bei jedem Tauchgang wie ein Stöpsel ein Stück nach innen gedrückt und wandert idealerweise bei nachlassendem Druck in die ursprüngliche Position zurück. Unter zu hohem Druck kann sich das Acryl dauerhaft verformen, sodass der Fensterrand dann nicht mehr mit der vollen Fläche aufliegt und als Folge immer tiefer in die Öffnung gepresst wird. Schließlich könnte das Fenster ganz durch die Öffnung im Frontdom gedrückt werden, und der Druckkörper würde implodieren. Die Hybridform sei deshalb „problematisch“, so Kemper. Er schickt Kohnen seine Analyse als kostenlosen Freundschaftsdienst. Der leitet die Ergebnisse am 30. Januar 2018 an Stockton Rush weiter in der Hoffnung, ihn doch noch zu überreden, ein kuppelförmiges Fenster zu bestellen. Doch es bleibt bei dem einen Fenster in Hybridform.[344, 345, 346, 347, 348, 349, 350]

Im Februar 2018 ist die Cyclops 2 montiert, ausgestattet und verkabelt. Ein Teil der technischen Komponenten ist ähnlich dem der Cyclops 1: Die

Steuerung wird ebenfalls mit einem Bluetooth-Gamecontroller durchgeführt. Allerdings kommt statt dem Sony PS3 DualShock-3-Controller nun das Logitech-Model F710 zum Einsatz – Testberichte loben die lange Batterielaufzeit und das robuste Gehäuse (das bis heute auf dem Markt ist). OceanGate hat den Controller für seine Zwecke leicht modifiziert: Auf die beiden Joystick-Knöpfe sind kleine Kegel aus dem 3-D-Drucker aufgeklebt, sodass man sie betätigen kann, ohne mit dem Daumen Druck nach unten ausüben zu müssen. Einer der Steuerknöpfe ist mit einer sogenannten Totmannschaltung programmiert. Diese soll verhindern, dass die Schubdüsen aus Versehen aktiviert werden. Nur wenn der Pilot den Totmannknopf gedrückt hält, gibt der Computer die Steuerung frei.[351, 352, 353]

Die Kommunikation mit der Meeresoberfläche funktioniert gänzlich anders: Wegen der großen Tauchtiefe könne bei der CYCLOPS 2 weder das Navigationssystem noch der Sprechfunk der „kleinen Schwester" eingesetzt werden. Stattdessen muss die Position nun wieder über Sonarpeilung vom Mutterschiff bestimmt und in die Tiefe übertragen werden. Für die Kommunikation werden zwei Sonardyne Benthos Akustikmodems eingesetzt – eines direkt an der Meeresoberfläche, ein zweites, tiefseetaugliches an Bord des Tauchboots. Die Positionsbestimmung funktioniert über die Transponderfunktion des Modems: An der Oberfläche wird von Mission Control ein Ping abgesetzt und vom Tauchboot automatisiert zurückgeschickt. Aus der verstrichenen Zeit, bis das Antwortsignal an der Oberfläche ankommt, lässt sich der Abstand zum Tauchboot berechnen. Im Transponder des Expeditionsschiffes sind mit kleinen Abständen mehrere Empfänger verbaut. Die Laufzeit des Signals ist bei jedem der Empfänger minimal anders. Daraus lässt sich die (ungefähre) Position der CYCLOPS 2 berechnen. Mit den Akustikmodems können auch kurze Textbotschaften (maximal 64 Zeichen) ausgetauscht werden – allerdings mit einer deutlichen Verzögerung. Das liegt zum einen an der begrenzten Bandbreite des Akustikmodems, zum anderen daran, dass die Signalübertragung via Sonar störanfällig ist. Durch Hintergrundgeräusche im Wasser und Reflexionen kann es zu Überlagerungen und Verfremdungen kommen, die zunehmen, je weiter die beiden Geräte voneinander entfernt sind. Der Text wird deshalb in kleine Datenpakete zerlegt, die jeweils eine Prüfsumme enthalten. Findet der Computer einen Fehler, wird das Paket erneut angefordert und nach Erhalt wieder überprüft. Bei einem Tauchgang auf 4.000 Meter kann es etwa eine halbe Minute dauern, bis eine 64-Zeichen-Textbotschaft an der Meeresoberfläche angekommen und vollständig zusammengesetzt ist, obwohl der Schall eigentlich nur 2,7 Sekunden durch die Wassersäule braucht. Die Kommunikation rein über Textbotschaften unterscheidet sich von den meisten anderen Tiefsee-Tauchbooten. Diese haben in der Regel Systeme mit deutlich höherer Bandbreite an Bord, die Sprache direkt zwischen dem Tauchboot und dem Expeditionsschiff übertragen können.[354, 355, 356, 357, 358]

## ÜBERWACHUNG DER HÜLLENINTEGRITÄT

Das neue Tauchboot hat nun tatsächlich das angekündigte Real Time Monitoring System (RTM) mit Messfühlern wie bei den Modelltests 2015 und 2016. Auf der Röhre sind innen sieben akustische Sensoren vom Typ R6S des griechischen Herstellers Mistras angebracht, dazu einer auf dem hinteren Verbindungsring im Bereich der Leitungsdurchlässe. Neben sechs der Sensoren sind jeweils zwei Dehnungsmessstreifen angebracht (fünf auf der Röhre, einer auf dem Heckring), die im 90-Grad-Winkel zueinander aufgeklebt sind. Einer misst die horizontale Verformung, der andere die vertikale entlang der Krümmung. Offenbar hat Rush seine Meinung bezüglich der Sinnhaftigkeit von Dehnungsmessstreifen geändert. Diese hatten bei den Tests mit dem 1:3-Modell erst zwei Sekunden vor der Implosion eine nennenswerte Veränderung gemessen. Nun kommen sie dennoch zum Einsatz, um Verformungen der Hülle zu detektieren.[359, 360, 361, 362]

Die Akustiksensoren haben im Test tatsächlich weit vor der Implosion Risse „gehört". Stockton Rush ist davon überzeugt, dass dank der Zustandsanalyse genügend Zeit bleibt, einen Tauchgang abzubrechen und zur Oberfläche zurückzukehren, sollte es Probleme geben. „Sicherheit ist unsere oberste Priorität", sagt er, und weiter: „Wir finden, dass eine Echtzeitüberwachung des Zustands der Kapsel auf allen bemannten Tauchbooten zur Standard-Sicherheitsausrüstung gehören sollte."[363]

→ Bild 25: Das fertige Acrylfenster von Hydrospace (Seite 95)

Die Sensoren am Druckkörper sind für die Besatzung der CYCLOPS 2 nicht einsehbar. Die Taucher sitzen nicht direkt auf der Karbonfaserhülle, sondern in einem zweiten dünnen Zylinder aus einem Glasfaser-Verbundwerkstoff, der am Stück in den Druckkörper geschoben wurde und auf sechs langen Unterlegleisten aufsitzt. Bei OceanGate nennt man diese Innenhülle das „Insert". Das untere Viertel besteht aus einem Gestell für Sauerstoffflaschen und Batterien. Darüber wurde ein Zwischenboden mit Zugangsklappen verbaut, auf dem wiederum eine Matte liegt, die das Sitzen komfortabler machen soll. Oberhalb ist das Insert mit einem Lochblech aus eloxiertem Aluminium verschalt, hinter dem LED-Streifen angebracht sind, die den Innenraum indirekt beleuchten. Zwei Deckenlampen und die Halterungen für zwei Flachbildschirme sind ebenfalls mit dem Insert und nicht mit der Außenhülle verschraubt.[364, 365, 366, 367]

# 2018

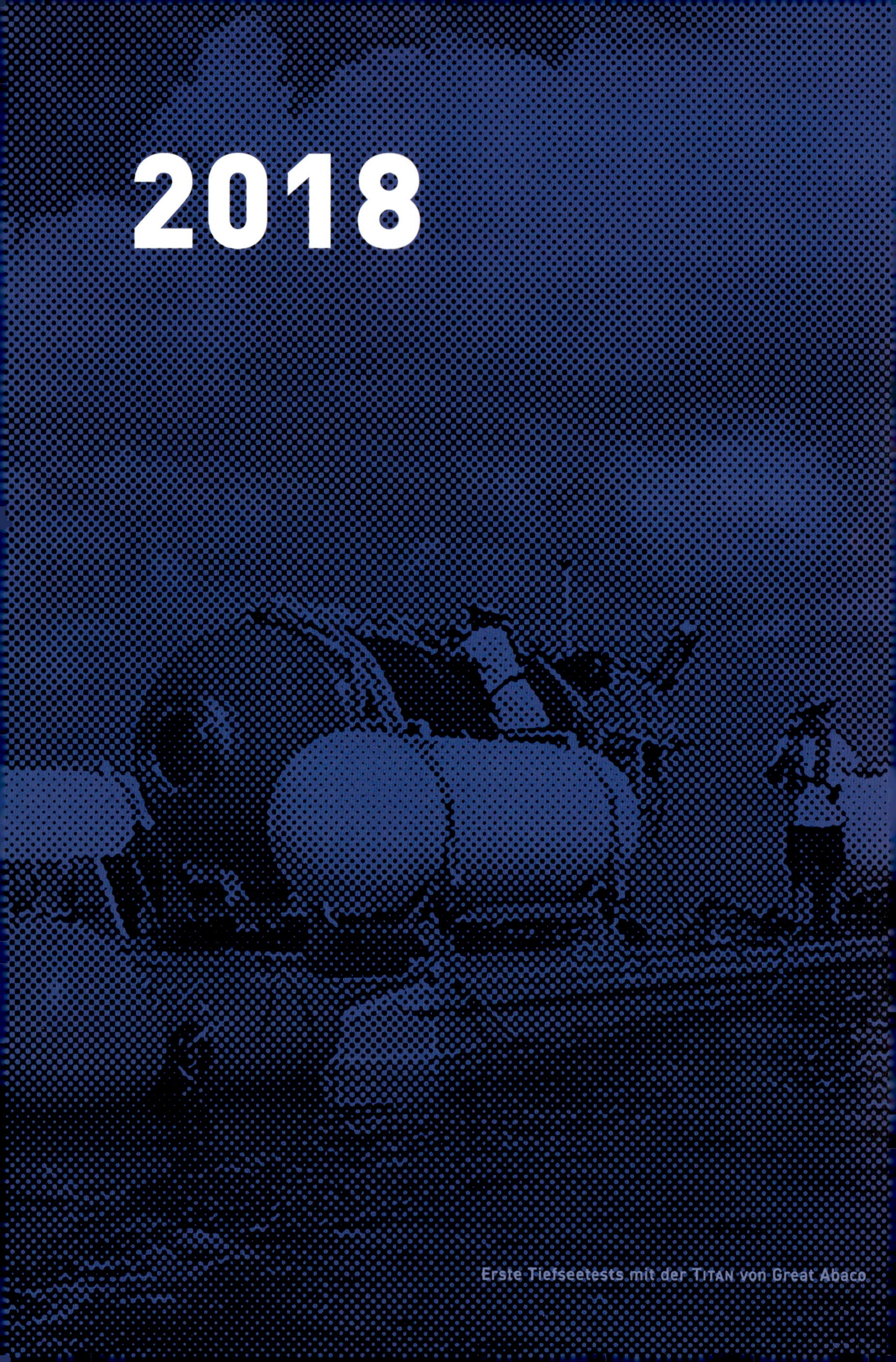

Erste Tiefseetests mit der TITAN von Great Abaco

# STREIT MIT DAVID LOCHRIDGE

Anfang Januar 2018 ist die CYCLOPS 2 so weit fertiggestellt, dass OceanGate sie aus dem Engineering Department, also der Abteilung für die Konstruktion und den Bau des Tauchboots, ins operative Geschäft überführen möchte. Stockton Rush bittet seinen Chefpiloten David Lochridge, die CYCLOPS 2 abzunehmen. Lochridge ist zu diesem Zeitpunkt Director of Marine Operations bei OceanGate und – wie er selbst sagt – zuständig für „die Sicherheit der Crew und der Klienten, im Tauchbetrieb sowie an der Oberfläche". Anschließend soll die CYCLOPS 2 erstmals zu Wasser gelassen werden.

Lochridge arbeitet seit Mai 2015 für OceanGate. Er ist Schotte und somit britischer Staatsbürger. Als er sich damals als Tauchbootpilot beworben hat, lebte er mit seiner Familie noch in Schottland. Zunächst wurde Lochridge als freier Unternehmer und Berater angeheuert über seine eigene Firma DC Underwater Services Limited, an der auch seine Frau Carol Reid Lochridge beteiligt war. OceanGate zahlte den Lochridges 7.500 US-Dollar für den Umzug in die USA und half ihnen auch, eine befristete Arbeitserlaubnis zu erhalten. Lochridge hat ein O-1-Visum beantragt, das eine Einreise für Personen erlaubt, deren herausragende Qualifikation in den Bereichen Wissenschaft, Künsten, Erziehung, Wirtschaft oder Sport dringend gebraucht wird. Im Januar 2016 war alles unter Dach und Fach: Lochridge hielt ein Drei-Jahres-Visum in Händen. Am 22. Februar 2016 hat er seinen Anstellungsvertrag unterschrieben. Dabei wurde ihm auch eine Vertraulichkeitsvereinbarung zur Unterschrift vorgelegt, die besagt, dass er keine Firmengeheimnisse weitergeben und OceanGate und die Produkte der Firma nicht verunglimpfen darf. Zunächst sind beide Seiten zufrieden mit der Zusammenarbeit. Im Dezember 2017 haben die Lochridges dann eine unbefristete Aufenthaltserlaubnis bekommen. Die Gesamtkosten für das Beschaffen aller Papiere in Höhe von 16.267 US-Dollar, darunter Visagebühren und Anwaltskosten, hat OceanGate bezahlt.[368]

Die Aufforderung von Rush an seinen Director of Marine Operations, die fertiggestellte CYCLOPS 2 für den Betrieb freizugeben, kommt kurz danach. Rush erwartet offenbar, dass dies eine Formalie ist. Doch David Lochridge nimmt den Auftrag sehr ernst und formuliert eine ausführliche Beurteilung. Er fordert dafür unter anderem die Unterlagen zum Bullauge des Tauchboots an und sagt dazu später, die Reaktionen seien „feindselig“ gewesen; er habe die Papiere nicht zu Gesicht bekommen. Am 19. Januar 2018 reicht Lochridge seinen Bericht per E-Mail bei der Geschäftsleitung ein, adressiert an Stockton Rush (CEO), Neil McCurdy (COO), Scott Griffith (Director of Operations und Pilot), Tony Nissen (Director of Engineering) und Bonnie Carl (Director of Finance & Administration). Lochridge äußert darin schwere Bedenken: „Meine mündlich vorgetragenen Schlüsselargumente, die ich im beiliegenden Dokument angehängt habe, wurden bei mehreren Gelegenheiten abgewiesen, und so glaube ich nun, diesen Bericht abgeben zu müssen, damit er offiziell protokolliert ist.“ Und weiter: „Bis passende Korrekturen durchgeführt sind, sollte die CYCLOPS 2 bei den anstehenden Tests meiner Meinung nach unbemannt bleiben.“[369]

Die Mängelliste umfasst 26 Komponenten. Lochridge führt an, dass im Überschussmaterial, das beim Zuschneiden der Röhre abgetrennt wurde, Hohlräume erkennbar sind. Diese wiesen darauf hin, dass das Epoxidharz möglicherweise nicht homogen verbacken und ausgehärtet ist. Lochridge fordert eine technische Inspektion der Röhre. Zwar sei es nicht ungewöhnlich, dass Karbonverbundstoff an den äußersten Enden poröser sei, weswegen das Werkstück nach der Fertigung zugeschnitten wird. Durch den immensen Druck, dem das Tauchboot im Betrieb ausgesetzt ist, könnten entsprechende Mängel jedoch zu einer gefährlichen Materialermüdung führen. Die Verklebung zwischen der Karbonröhre und den Titanringen hält Lochridge ebenfalls für bedenklich, weil nicht überprüft wurde, ob es Hohlräume in der Verbindung gibt. Die ölgefüllten Schläuche mit den Kabeln für die vier Schubdüsen stellten durch ihre Anordnung ein Risiko dar, irgendwo hängenzubleiben. Lochridge bemängelt weiter, dass im Innenraum der CYCLOPS 2 eine leicht entflammbare Kunststoffmatte aus HDPE (Polyethylen hoher Dichte) ausgelegt wurde. Er habe auf dem Parkplatz von OceanGate einen Versuch durchgeführt, bei dem ein Streifen des verwendeten Materials drei Sekunden lang einer Flamme ausgesetzt wurde und danach weiterbrannte, wobei giftiger schwarzer Rauch entstand. Das Material verflüssigte sich dabei teilweise und tropfte – immer noch brennend – auf den Asphalt. Das Vinylklebeband, das im Tauchboot verwendet wurde, gebe im Fall eines Feuers ebenfalls hochgiftige Gase ab.[370, 371]

Ein weiterer Knackpunkt sei die Fräsung für die Dichtungsgummis im Front- und Heckdom. Die ringförmige Vertiefung ist an der Oberfläche schmal und wird mit zunehmender Tiefe breiter. Im Querschnitt hat sie die Form eines an der Spitze abgeschnittenen Dreiecks. Der Durchmesser des Dichtungsrings ist etwas größer, als die Nut an der Oberfläche breit ist. Wird der Ring in die Aussparung gedrückt, kann er nicht mehr herausrutschen und steht zudem leicht über, sodass er später unter Druck dicht schließt. Wegen ihrer Form muss diese Art Nut eigentlich in mehreren Schritten gefräst werden. Denn der Bohrkopf darf maximal so breit sein wie der Schlitz an der Oberfläche. Er taucht senkrecht ins Material ein und muss dann gekippt werden, um die besondere Form der Fräsung (oben schmal, unten breit) hinzubekommen. Stattdessen wurde bei der CYCLOPS 2 ein Bohrkopf eingesetzt, der im Querschnitt genau die Form der Nut hat. Er dringt senkrecht ins Metall ein und fräst die Rille in einer einzigen Kreisbewegung. Beim Anbohren entsteht so allerdings eine zylinderförmige Aussparung über die komplette Bohrtiefe, sodass der Gummiring an der Bohrlochstelle nicht bündig mit der Fräsung abschließt. Lochridge sieht dieses „Eintauchloch" des Bohrers („plunge hole") kritisch und befürchtet, dass an dieser Stelle bei hohem Druck Wasser in den Druckkörper kriechen kann.[372, 373]

→ Bild 26: In der Kritik: ein zylindrisches Eintauchloch (Seite 116)

Er bemängelt, dass er die Auflagefläche zwischen dem hinteren Verbindungsring und dem Heckdom, die Ventile der Sauerstoffflaschen und die Hauptbatterien gar nicht überprüfen konnte, weil sie unzugänglich verbaut sind. Ihm ist zudem unwohl angesichts der Pläne, die CYCLOPS 2 – ähnlich wie die CYCLOPS 1 – von einer flutbaren Plattform aus in die Tiefsee zu schicken. Daran stört ihn, dass es keinen Plan B gibt, wenn das Tauchboot fernab vom Festland im Wasser ist und die Plattform kaputtgeht oder gar sinkt. Die Besatzung kann nur aussteigen, wenn das Tauchboot im Trockenen steht, weil dafür der Frontdom geöffnet werden muss. Es ist nicht vorgesehen, die CYCLOPS 2 im Notfall mit einem Kran direkt auf das Expeditionsschiff zu wuchten. Falls die Tauchplattform ausfällt, sitzen die Taucher in der Falle.[374, 375]

Rush ist stinksauer wegen des Berichts und beruft noch am selben Tag ein Meeting ein. Daran nehmen er selbst, Lochridge, die Verwaltungsleiterin Bonnie Carl, Scott Griffith und der Leitende Ingenieur Tony Nissen teil. Erneut bringt David Lochridge seine Bedenken vor. Für das, was dann passiert ist, gibt es zwei Versionen. Seitens OceanGate heißt es dazu, man habe in dem Meeting dargelegt, dass die Beurteilung der Kapsel durch Lochridge schlicht falsch sei. Dieser habe eine entsprechende Bewertung auch gar nicht vornehmen können, weil er kein Ingenieur, sondern nur Pilot sei. Lochridge habe sich geweigert, die „Richtigkeit der Informationen" anzuerkennen.

Rush weist in dem Meeting mehrmals darauf hin, dass eine zerstörungsfreie Prüfung der Röhre (zum Beispiel mit Ultraschall oder Röntgenstrahlen), die Lochridge so vehement fordert, keine brauchbaren Ergebnisse brächte, weil die Röhre zu dick sei. Kleine Lufteinschlüsse im Material seien so nicht zu detektieren, allenfalls massive Schäden. Auch eine Überprüfung der Klebeverbindung sei nicht möglich.

Rush betont noch einmal, dass er auf die in der Hülle verbauten akustischen Sensoren als Sicherheitsmerkmal zählt, die die Integrität der Hülle in Echtzeit überprüfen und rechtzeitig vor möglichen Materialschäden warnen sollen. Dies sei für die Sicherheit der Tauchbootbesatzung ausreichend. „Es würde mich nicht beunruhigen, wenn wir [...] am Ende ein Tauchboot haben, das nur 50-mal tauchen kann, und wir dann ein neues machen müssen. Bei 50 Tauchgängen pro Hülle würden wir immer noch Geld verdienen. Dann stellen wir einfach jede Menge Hüllen her. Wir werden es rechtzeitig wissen, [...] wenn die Hülle kaputtgeht, lange bevor es so weit ist", sagt Rush zu Lochridge. Dieser befürchtet wiederum, dass die akustischen Sensoren keine aussagekräftigen Daten werden liefern können, weil es (noch) keine Vergleichsdaten gibt.[376]

Im Laufe des Meetings erhält Lochridge nun auch die geforderten Informationen zum Acrylfenster der CYCLOPS 2. Er ist entsetzt, als er hört, dass das Bullauge von dem Hersteller Hydrospace nicht für 4.000 Meter Tauchtiefe zertifiziert wurde. (OceanGate-Chefingenieur Tony Nissen sagt später, das Acrylfenster sei seines Wissens bis 1.300 Meter zertifiziert gewesen; Lochridge spricht im Herbst 2024 von „rund 1.000 Metern". Will Kohnen vom Hersteller Hydrospace beteuert hingegen, ein Zertifikat für nur 650 Meter ausgestellt zu haben.) Stockton Rush wiegelt ab: Das Fenster werde seine Tauglichkeit im Rahmen der ersten Tiefseetests beweisen. Sollte es nicht für 4.000 Meter Tiefe geeignet sein, würde es deutlich vor einem tatsächlichen Versagen durch Mikrorisse blind werden, und der Tauchgang könne sicher abgebrochen werden. In diesem Fall würde er das Fenster kurzfristig mit einem „Stahlstöpsel" ersetzen lassen und die Testtauchgänge ohne direkte Sicht und ausschließlich mithilfe der Videokameras weiterführen.[377, 378, 379, 380]

Am Ende des Meetings mit Lochridge fragt Stockton Rush ihn ein letztes Mal, ob er die vorgelegten Unterlagen, die Einschätzungen von OceanGate und das geplante weitere Vorgehen der Firma akzeptieren könne. Doch Lochridge besteht weiter darauf, die Kapsel erst für bemannte Tests freizugeben, nachdem die Hülle entsprechend überprüft wurde. Stockton Rush ist jedoch nicht bereit, Zugeständnisse zu machen: „Ich will niemanden in meiner Firma haben, bei dem das, was wir hier machen, Unbehagen auslöst. [...] Ich werde mein Ding auch weiterhin durchziehen. Ich zwinge niemandem, sich meiner ‚Religion' anzuschließen, wenn er das nicht möchte." Das Meeting endet nach zwei Stunden und vier Minuten. Vier Tage später wird Lochridge gekündigt. Man habe ihm zehn Minuten zugestanden, um seinen Schreibtisch zu räumen; dann sei er aus dem Haus eskortiert worden. Stockton Rush ist auch danach noch immer stinksauer. Tony Nissen erzählt später, Rush habe ihm gegenüber in Andeutung an die Konfrontation mit Lochridge gesagt, dass er kein Problem damit habe, 50.000 US-Dollar auszugeben, um jemandem sein Leben zu ruinieren.[381, 382, 383, 384, 385, 386, 387]

Bonnie Carl, die sich neben ihrem Job als Verwaltungschefin gerade mitten in der Ausbildung zur Pilotin der CYCLOPS 1 befindet – Lochridge war ihr Lehrer –, wird nach dessen Weggang mit einem ungewöhnlichen Angebot überrascht: Stockton Rush fragt sie, ob sie Chefpilotin bei OceanGate werden möchte. Sie sei schockiert gewesen, weil sie noch nicht annähernd qualifiziert war, sagt sie später. Sie hätte schon länger ein ungutes Gefühl ihrem Arbeitgeber gegenüber gehabt, auch weil mehrere der Ingenieure, die an der CYCLOPS 2 arbeiten, blutjung waren und kaum Erfahrung hatten. Nach dem Vorschlag, Chefpilotin zu werden, sei ihr Vertrauen derart angeknackst gewesen, dass sie am 28. Februar 2018 ihrerseits gekündigt hat.[388, 389]

Als Rob McCallum zu Ohren kommt, dass Lochridge raus ist bei OceanGate (McCallum hat zuvor abgelehnt, TITANIC-Expeditionsleiter zu werden), schickt er diesem eine E-Mail. Darin schreibt McCallum unter anderem: „Ich würde gerne herausfinden, wie schlimm die Lage wirklich ist." Und weiter: „Ich habe Berichte bekommen, aber ich weiß nicht, ob sie zutreffend sind." McCallum ist der Meinung, dass, sollten seine Informationen stimmen, die CYCLOPS 2 in Zusammenarbeit mit einer Zertifizierungsorganisation umgebaut werden muss, damit es später nicht zu einem „katastrophalen [Material-]Versagen" kommen kann. Lochridge antwortet und bestätigt, dass „das

Tauchboot nicht sicher ist". Er traue sich aber nicht, die Sache öffentlich zu machen, weil er Angst vor Vergeltung habe. McCallum fragt nach: „Glaubst du, dass man das Tauchboot noch sicher machen kann, oder ist es eine totale Gurke?" Lochridge antwortet: „Es ist eine Gurke." (Für Leser, die es gerne präzise haben: McCallum und Lochridge verwenden im Englischen das Wort „lemon", Zitrone, ein stehender Begriff für etwas, das ständig kaputtgeht oder unrettbar schlecht ist.)[390, 391]

McCallum leitet seinen Mail-Austausch mit Lochridge an Patrick Lahey weiter, den Chef des Tauchbootherstellers Triton Submarines. Die Firma hat ihren Sitz in Sebastian, Florida, und baut zu dieser Zeit gerade ein Unterwasserfahrzeug namens LIMITING FACTOR für bemannte Tauchgänge in unbegrenzte Meerestiefen. Die LIMITING FACTOR hat einen kugelförmigen Druckkörper aus Titan und ist für zwei Personen gedacht. Der Großteil der rund zwei Dutzend Tauchboote, die Triton zuvor gebaut hat, ist allerdings für Tiefen von nur etwa 100 bis 1.000 Meter zertifiziert und hat in der Regel Druckkörper, die zu großen Teilen aus Acryl bestehen. Lahey sieht die Lage wie folgt: Wenn Lochridge „ernsthaft glaubt, dass dieses Tauchboot eine Gefahr für seine Insassen darstellt, dann hat er eine moralische Verpflichtung, die Behörden zu unterrichten".[392, 393, 394]

Nach reiflicher Überlegung schickt Lochridge seinen Mängelbericht zur CYCLOPS 2 am 6. Februar 2018 an die für den Arbeitsschutz zuständige US-Behörde, die Occupational Safety and Health Administration (OSHA), und beschreibt auch das Meeting vom 19. Januar. Der OSHA-Inspekteur Paul McDevitt kontaktiert OceanGate daraufhin, um zu prüfen, ob Lochridge unrechtmäßig gekündigt wurde. Denn gemäß dem Washington State Whistleblower Act (RCW 49.60.2010)[395] ist es nicht zulässig, Mitarbeiter zu bestrafen, die unter den Seamans Protection Act (SPA – ein US-Bundesgesetz, das Seeleute vor Vergeltungsmaßnahmen schützen soll) fallen, wenn sie beim Arbeitgeber auf Missstände hinweisen oder diese einer Behörde zur Kenntnis bringen. Als Tauchbootpilot kann Lochridge den SPA in Anspruch nehmen. McDevitt setzt OceanGate eine Frist von 20 Tagen, um auf die Vorwürfe zu reagieren und leitet die von Lochridge geäußerten Sicherheitsbedenken in Form eines Briefes angeblich an die Küstenwache weiter. David Lochridge bekommt daraufhin von dem OceanGate-Anwalt Thomas Gilman einen Brief, in dem er aufgefordert wird, die Eingabe bei der OSHA binnen zehn Tagen zurückzunehmen und 10.000 US-Dollar für die Anwaltskosten in der Sache zu erstatten. Doch Lochridge weigert sich.[396, 397, 398, 399]

# EIN NEUER NAME: DIE TITAN

Derweil ändert OceanGate den Namen des Tauchboots: Aus „CYCLOPS 2" wird „TITAN". Stockton Rush bleibt dabei in der Welt der griechischen Mythologie – statt einem einäugigen Riesen steht nun also eine Urgottheit Pate. Der Begriff „Ozean" leitet sich direkt vom Namen des Titanen Okeanos ab, der antiken Vorstellung nach entspringen in ihm alle Gewässer der Erde. Zudem ist der neue Name näher dran am künftigen Haupttauchziel des Tauchboots, dem Wrack der TITANIC.

Erste unbemannte Tests finden am 6., 7. und 8. Februar 2018 im Hafen von Everett statt. Die TITAN bekommt ihre eigene LARS-Schwimmplattform (Launch and Recovery System), ähnlich wie die der CYCLOPS 1. Der Auftrag dafür geht an Everest Marine, eine örtliche Firma, die sonst Pontons und Boote herstellt, die in der Küstenfischerei verwendet werden. Die neue Plattform ist aus Aluminium gefertigt und wiegt rund 22 Tonnen.

Bei den ersten Tests wird die Kapsel lediglich passiv durch das Absenken von LARS unter Wasser getaucht und anschließend wieder an die Oberfläche geholt. Die Tauchgänge werden mit den Nummern #1 bis #3 im frisch angelegten Tauch- und Wartungslog der TITAN vermerkt.[400, 401, 402]

Am 12. Februar 2018 steht die Taufe des neuen Tauchboots im Hafen von Everett an. Die zeremonielle Ehre geht an den Chefingenieur Tony Nissen, der am Bodengestell der TITAN eine Flasche Sekt zerschlägt. Stockton Rush hält eine kurze Rede und kündigt darin vollmundig die Entwicklung einer CYCLOPS 3 an mit einer Tauchtiefe von bis zu 6.000 Metern: „Die Tage staatlicher Finanzierung von Forschung sind vorbei, sie muss nun als privatwirtschaftliches Unterfangen stattfinden, so wie schon zu Beginn des letzten Jahrhunderts, als Privatpersonen Expeditionen finanziell möglich gemacht haben." In einer Pressemitteilung nach der Taufe teilt OceanGate zusätzlich mit, dass man die vorgesehene maximale Tauchtiefe der TITAN auch von einer „unabhängigen Zertifizierungsorganisation" bestätigen lassen wolle. OceanGate meldet das Tauchboot – anders als die ANTIPODES und die CYCLOPS 1 – nicht bei der örtlichen Küstenwachensektion an. Weil dessen geplante Einsätze in internationalen Gewässern stattfinden sollen, sei diese für das neue Tauchboot nicht zuständig, so die Ansicht von Stockton Rush.[403, 404]

Noch am gleichen Tag findet der erste bemannte Tauchtest mit der TITAN statt (#4 im Tauchlog). Stockton Rush und vermutlich auch Tony Nissen sind an Bord. Die Plattform LARS schwimmt dabei drei Meter unter der Oberfläche – das Tauchboot hebt nicht von der Plattform ab. Die beiden Insassen führen diverse Systemchecks durch. Insgesamt ist die TITAN eineinhalb Stunden unter Wasser.[405]

Am 21. Februar 2018 veröffentlicht das Portal „WSU Insider“ der University of Washington einen Artikel, in dem stolz berichtet wird, dass mehrere ehemalige Studenten an der TITAN mitarbeiten. Das Zerwürfnis mit OceanGate wegen der gläsernen Druckkörper für die Antriebssteuerung scheint vergessen. „Das komplette elektrotechnische System ist unser Design, wir haben es implementiert, und es funktioniert“, wird Mark Walsh zitiert. Walsh ist ein ehemaliger Sergeant der United States Air Force, der 2017 an der WSU im Voiland College of Engineering and Architecture seinen Abschluss als Elektrotechnik-Ingenieur gemacht hat. Begonnen hat der mehrköpfige Personaltransfer mit einer Führung für die Mitglieder einer Studentenverbindung über das OceanGate-Gelände. Der Leitende Ingenieur Tony Nissen nahm sich der Gruppe an. Mark Walsh machte während des Rundgangs konkrete Vorschläge, wie einzelne Probleme überwunden werden könnten, nachdem Nissen ihnen von den Herausforderungen beim Design diverser elektrischer und elektronischer Komponenten erzählt hatte. Nissen bot Walsh daraufhin sofort ein Praktikum an. Später kam sein Kommilitone Nick Nelson als weiterer Praktikant dazu. Nachdem sie ihr Studium abgeschlossen hatten, wurde beiden Jobs bei OceanGate angeboten, die sie gerne angenommen haben. Walsh leitet im Februar 2018 das Team, das die elektrotechnischen Komponenten der TITAN entwickelt. Er ist auch zuständig für die Software des Gamecontrollers, mit dem die TITAN gesteuert wird, für das drahtlose Netzwerk an Bord und die im Tauchboot verbauten Sonargeräte. Nelson ist für die Integration der verschiedenen Komponenten zuständig. Auch jetzt arbeiten im Team zwei WSU-Studenten als Praktikanten mit. Im Artikel schwärmt Walsh: „Wir stehen kurz davor, Geschichte zu schreiben, und all unsere Systeme kommen mit runter zur TITANIC. Es ist ein tolles Gefühl!“[406]

# KRITIK VON DER MARINE TECHNOLOGY SOCIETY

In der Tiefseebranche spricht sich die Fertigstellung des neuen Tauchboots schnell herum. Einige Experten halten den Druckkörper aus gewickelter Karbonfaser für grundsätzlich ungeeignet, um damit wiederholt in eine Tiefe von bis zu 4.000 Metern zu tauchen. Mitglieder des Verbands Marine Technology Society (MTS), darunter auch der Hydrospace-Chef Will Kohnen, setzen Ende März 2018 einen Brief an Stockton Rush auf, in dem sie ihre große Besorgnis zum Ausdruck bringen. „Unsere Befürchtung ist, dass die aktuelle ‚experimentelle' Herangehensweise, wie sie von OceanGate übernommen wurde, zu Fehlschlägen führen könnte (von geringfügig bis katastrophal), mit schwerwiegenden Folgen für jeden in der Branche." Es sei nicht zu erkennen, dass OceanGate eine Zertifizierung der Kapsel nach üblichen Standards herbeiführen wolle. Man fordere als Mindeststandard eine überwachte Testserie mit einem Prototyp, auch wenn dies Geld und Zeit koste.

Unter dem Brief stehen 38 Namen, aber noch keine Unterschriften. Er ist auf den 27. März 2018 datiert, wird dann aber doch nicht offiziell verschickt, denn innerhalb der MTS gibt es kartellrechtliche Bedenken. Einige befürchten, dass das Schreiben im Falle eines Rechtsstreits als Versuch gewertet werden könnte, einen unliebsamen neuen Wettbewerber vom Markt zu drängen. Stockton Rush bekommt den Brief angeblich unter der Hand zugespielt. Er habe daraufhin erbost angerufen, sagt Will Kohnen später – er ist der Vorsitzende der U-Boot-Gruppe innerhalb der MTS. OceanGate-Anwalt und -Berater David Concannon bezweifelt hingegen, dass der Brief bei Rush ankam: „Ich habe ihn nie gesehen. Er [Stockton Rush] hätte ihn mir sicherlich gezeigt." Concannons Firma Explorer Consulting bietet Rechtsberatung rund um Expeditionen an. Er unterstützt Abenteurer, Unternehmen oder sonstige Organisationen bei der Planung und Durchführung. Concannon ist selbst schon dreimal an TITANIC-Expeditionen beteiligt gewesen und viermal zum Wrack getaucht.[407, 408, 409, 410]

# DAS ENDE EINER FREUNDSCHAFT

Rob McCallum schickt Rush ebenfalls einen Appell, das Design der TITAN zu überdenken. Dieser fühlt sich durch die anhaltende Kritik zunehmend persönlich angegriffen und verteidigt seine Sicherheitsstrategie. Am 25. März 2018 antwortet Rush: „Ich würde sagen, dass es unsicherer ist, Tauchboote an einen Yachtbesitzer zu verkaufen, als den Betrieb selbst zu kontrollieren, wie wir es machen. Ein jährlicher Stempel von DNV/GL [der Firma, die zuvor als möglicher Zertifizierer der TITAN genannt wurde] schützt niemanden vor betrunkenen oder sonst wie fahruntüchtigen Piloten oder einem Betreiber, der in Gebieten mit viel Schiffsverkehr taucht, ohne ordentliche Unterstützung an der Meeresoberfläche, oder an Orten mit starker Strömung oder wo es Fischernetze gibt. Bei der Sicherheit geht es um die Firmenkultur, und kein Stück Papier von DNV/GL kann die garantieren. [...] Ein relevanter Vergleich für OceanGate wäre der mit Virgin Galactic, Blue Origin und SpaceX, die mit ihren Kunden [ebenfalls] nicht zertifizierte Raumfahrzeuge benutzen. [...] Es geht um durchdachtes Design, umfangreiche Tests und das erklärte Einverständnis der Teilnehmer."

Rush schreibt weiter: „Ich habe genug von den Akteuren dieser Branche, die versuchen, Innovationen zu blockieren mit irgendwelchen Sicherheitsargumenten, und die ihren kleinen, bestehenden Markt vor einem Neuzugang abschotten wollen. Seit Guillermo und ich OceanGate gegründet haben, hat man uns viel zu oft unbegründet zugerufen: ‚Ihr werdet noch wen umbringen.' Ich empfinde das als schwere persönliche Beleidigung."[411]

Rob McCallum antwortet am 27. März 2018: „Eure Website führt die Menschen noch immer in die Irre und behauptet, dass das Tauchboot von DNV/GL zertifiziert werden soll, wobei das ganz klar nicht der Fall ist. [...] Klassifizierung ist kein perfektes System, aber es ist das beste System, das wir haben, um sicherzustellen, dass eine außenstehende Organisation Dinge noch mal überprüft und die verhindert, dass man Konzepte im Tunnelblick vorantreibt. Dass kommerzielle Tauchboote heute so sicher sind, geht auf diese strenge Gründlichkeit zurück. Egal wie gut der Pilot auch sein mag – ein Fahrzeug, das systemimmanente Schwachstellen hat, ist gefährlich. Ohne gutes Design, solidem Ingenieurwesen und einer qualitativ hochwertigen Konstruktion kann es versteckte Schwachstellen geben, die später in einem kritischen Moment versagen. [...] Mit einer unabhängigen Aufsicht kann man sicher sein, dass alles unternommen wurde, um solche Risiken zu minimieren." Und: „Den Kunden ist nicht bewusst, dass das Fahrzeug keine Zertifizierung oder Klassifizierung haben wird. Das ist kein ‚erklärtes Einverständnis'."[412]

Als Folge ändert OceanGate zumindest den Haftungsausschluss, den Taucher unterschreiben müssen. Er wird erweitert und bezeichnet die TITAN nun ausdrücklich als „experimentelles" und „unzertifiziertes" Tauchboot.[413, 414]

# TESTTAUCHGÄNGE

Bei Tauchgang #15 am 3. April 2018 verlässt die TITAN mit Stockton Rush und zwei weiteren Personen an Bord erstmals die Plattform LARS. In vier Meter Tiefe dreht sie eine Runde und parkt anschließend wieder auf LARS ein. Rush ist noch nicht zufrieden mit dem Manöver. Auf sein Geheiß wird die Plattform an einem Ende mit Bleigewichten beschwert, um so ein leichtes Gefälle herzustellen, was das Herausfahren aus der Parkposition erleichtern soll.[415, 416, 417]

Fünf Tage später sinkt Rush mit der TITAN während Tauchgang #18 im offenen Wasser der Bucht von Everett erstmals auf 37 Meter Tiefe. Der Zeitplan ist sportlich: Direkt im Anschluss ist geplant, das Tauchboot in die Bahamas zu verlegen, wo erste Tiefseetests stattfinden sollen. Von dort aus soll es schließlich direkt nach St. John's, Neufundland (Kanada), gehen, wo im Mai 2018 die bereits angekündigte sechswöchige TITANIC-Expedition beginnen soll.[418, 419]

OceanGate bringt die TITAN nach Marsh Harbour auf der Bahamainsel Great Abaco, wo in der Nähe zunächst zehn weitere Flachwassertests und dann die Tiefseetaufe des Tauchboots erfolgen sollen. Director of Operations Scott Griffith hat die Insel ausgewählt, die nun als Basislager dient. Sie liegt direkt an der Kante des Kontinentalschelfs und damit am Übergang zur Tiefsee. Tauchgänge in „TITANIC-Tiefen" sind ab Great Abaco möglich, ohne stundenlang aufs offene Meer rausfahren zu müssen. Nur etwa 20 Kilometer von der Insel entfernt ist der Ozean bis zu 4.000 Meter tief. Die TITAN und alle sonstigen Gerätschaften müssen zunächst vom Zollamt der Bahamas freigegeben werden. Danach ist vorgesehen, die Tauchplattform zusammenzubauen und das Equipment vorzubereiten. Weil jedoch wiederholt Gewitter über die Insel ziehen, verzögert sich alles. Während eines ruhigeren Wetterfensters gelingt es dem OceanGate-Team zumindest, das Versenken und Wiederauftauchen der leeren LARS-Plattform zu testen.[420, 421]

Am 30. April 2018 kann die TITAN endlich vom Lkw-Auflieger auf ihre Schwimmplattform gewuchtet werden. Dann häufen sich für die Crew die Probleme. Mehr als zwei Drittel der elektrotechnischen Komponenten funktionieren nicht mehr. Eine Theorie, die die massiven Ausfälle erklären soll und die OceanGate auch im Blog auf der eigenen Website veröffentlicht, lautet: Die TITAN könnte während eines Gewitters durch in der Nähe einschlagende Blitze und das damit einhergehende starke Magnetfeld Schäden erlitten haben. In Sichtweite des Tauchboots liegt ein Katamaran vertäut. Dessen Besatzung berichtet, dass ein Blitz in den Mast eingeschlagen hat, der so viel Energie freigesetzt hat, dass nicht nur große Teile der Elektronik kaputtgegangen sind, sondern auch eine der Propellerkappen geschmolzen ist.

Stockton Rush lässt Mark Walsh einfliegen, den Leitenden Elektroingenieur der TITAN, sowie den Chefingenieur Tony Nissen. Walsh war während seiner Zeit bei der Air Force Teil eines Teams, das durch Blitzschlag gestrandete Flugzeuge wieder flottgemacht hat. Die beiden tauschen die Speicherpatten aus, ersetzen Teile der Verkabelung und spielen die Steuerungssoftware neu auf. Mithilfe von zwei weiteren eiligst eingeflogenen Mitarbeitern schaffen sie es, die TITAN binnen fünf Tagen tauchbereit zu bekommen. Den Beginn der „TITANIC Survey Expedition“ verschiebt OceanGate auf Ende Juni, um Zeit zu gewinnen. Ab dem 8. Mai 2018 findet eine Reihe von Flachwassertests auf offener See statt. Am 11. Mai 2018 bei Tauchgang #20 steuert Stockton Rush das Tauchboot allein auf 35 Meter. Der erste Tiefseetauchgang aber lässt weiter auf sich warten.[422, 423, 424]

Renata Rojas fliegt auf die Bahamas, um das Gefährt kennenzulernen, das sie zur TITANIC bringen soll. Sie weiß von den aktuellen technischen Problemen der TITAN. Am 12. Mai 2018 twittert sie ein Foto von sich neben dem Tauchboot und schreibt dazu: „Mein neuer bester Freund!“ Tags darauf postet sie unter der Überschrift „Das ist Liebe!" ein kurzes Video, in dem sie den mit einer blauen Schutzhülle abgedeckten Frontdom sehnsüchtig umarmt und fragt: „Darf ich es mit nach Hause nehmen?"[425, 426, 427]

Bis zur geplanten TITANIC-Expedition bleiben schließlich nur noch 45 Tage, und noch immer hat kein Tiefseetauchgang stattgefunden. Der eng gesteckte Zeitplan ist nicht mehr einzuhalten. Und so verschiebt OceanGate die Expedition ein weiteres Mal, diesmal aufs folgende Jahr. Die erste von sechs Teilexpeditionen soll nun im Juni 2019 beginnen. In einem Statement vom 15. Mai 2018 klingt das so: „Auch wenn wir enttäuscht sind, dass wir die Expedition verschieben müssen, sind wir nicht gewillt, Abkürzungen zu nehmen bei den Tests. [...] Wir sind zu 100 Prozent der Sicherheit verschrieben und wollen die Kapsel voll testen und alle Operations- und Notfallverfahren überprüfen, ehe wir uns auf eine Expedition begeben."[428, 429]

## UNBEMANNT IN DIE TIEFE

Die OceanGate-Crew bleibt bis auf Weiteres auf den Bahamas und arbeitet dort weiter am Tauchboot. Im Juni 2018 ist es dann so weit: Die Tiefseetests können beginnen. Das Tauchboot wird dabei unbemannt an einer sogenannten Monofilament-Leine, die aus einem einzigen durchgehenden Kunststoffstrang hergestellt ist, auf eine vorher festgelegte Tiefe abgesenkt und anschließend wieder hochgezogen. Dabei ist die TITAN mit so viel Ballast versehen, dass sie im Wasser mit rund 90 Kilo Gewicht (200 Pfund) an der Leine zieht. Über mehrere Tauchgänge tastet man sich allmählich an die Zieltauchtiefe heran. Am 21. Juni 2018 erreicht das Tauchboot 1.200 Meter Tiefe (Tauchgang #24); zwei Tage später (Tauchgang #25) sind es 2.500 Meter.[430, 431, 432]

→ **Bild 27: Die TITAN bei den ersten Tiefseetests im Mai 2018 (Seite 116)**

Am 26. Juni 2018 soll es bei Tauchgang #26 erstmals in 4.000 Meter Meerestiefe gehen. Ursprünglich wollte Stockton Rush dabei selbst an Bord sein und die Messdaten überwachen. Doch dann scheint er sich auf das zu besinnen, was sein ehemaliger Mitarbeiter David Lochridge ihm während ihres letzten Meetings gesagt hat: dass es ein unnötiges Risiko wäre, den Test bemannt durchzuführen.[433, 434, 435]

Während des neuneinhalb Stunden dauernden Tauchgangs werden stattdessen erneut nur unbemannt Messdaten der Sensoren des Real Time Monitoring Systems (RTM) aufgezeichnet und anschließend ausgewertet. Dazu kommen Sensoren, die überwachen sollen, ob sich das Acrylbullauge während des Tauchgangs über Gebühr verformt. Diese Messstreifen sind nur vorübergehend angebracht; sie sollen nach den Tests wieder entfernt werden. Eine kleine Auswahl der Daten wird über den Teledyne-Transponder direkt während des Tauchgangs nach oben übertragen. Der Hauptdatenspeicher befindet sich an Bord der TITAN und kann erst nach dem Tauchgang ausgelesen werden. OceanGate spricht von „vielen Gigabyte Daten", die anfallen.[436, 437]

Das „Smithsonian Magazine" will einen Artikel über OceanGates TITANIC-Pläne veröffentlichen und lässt dafür die preisgekrönte Kamerafrau (fünf Emmys) und Unterwasserfotografin Becky Kagan Schott auf die Bahamas einfliegen. Sie fotografiert das Tauchboot auf der Plattform LARS, im Wasser nahe der Oberfläche und auf dem Meeresboden in wenigen Metern Tiefe. Renata Rojas, die selbst eine erfahrene Gerätetaucherin ist, assistiert ihr dabei unter Wasser. Unter Kagan Schotts Fotos ist auch ein Porträtschuss von Stockton Rush, den sie von außen durch das Bullauge der im Wasser schwimmenden TITAN fotografiert. Die Geschichte im „Smithsonian Magazine" erscheint ein Jahr später in der Juni-Ausgabe 2019. Schotts Bilder der TITAN im Wasser verwendet OceanGate künftig aber auch als Pressebilder.[438, 439, 440, 441]

→ **Bild 28: Die TITAN hebt von der Schwimmplattform LARS ab. (Seite 116)**

# MISSION SPECIALISTS

Die Marketingmaßnahmen für die 2019er-Expedition laufen unterdessen auf Hochtouren. OceanGate konkretisiert die Ankündigung von 2017, das komplette Wrack und das Trümmerfeld vermessen zu wollen – mithilfe eines Unterwasser-Laserscanners. Die Typenbezeichnung des Geräts lautet ULS-500 Pro, der Hersteller ist 2G Robotics. Aus den Daten soll ein millimetergenaues 3-D-Modell im Computer entstehen. Dazu kommen Kameras, die Videobilder mit einer Auflösung von 4K (3.840 × 2.160 Pixel und somit in etwa die vierfache Anzahl von Bildpunkten im Vergleich zu Full HD) machen sollen. 36.000 Lumen bringen die an der TITAN montierten LED-Scheinwerfer mit. Sie sollen dafür sorgen, dass das Wrack in den Videoaufnahmen in leuchtenden Farben erstrahlt. Mittels des Abgleichs mit dem bisherigen Video- und Bildmaterial des Wracks soll auch untersucht werden, wie der Zerfall voranschreitet. Dass für diese Art der Untersuchung keinerlei Proben genommen werden müssen, macht Rush besonders stolz. „Wir erkennen an, dass die Wrackstelle auch ein Denkmal für die Verstorbenen ist und werden unsere Expedition mit großem Respekt für die Opfer des Untergangs durchführen." Man werde sich akribisch an die Vorgaben der UNESCO (das Wrack der TITANIC zählt seit April 2012 zum Unterwasser-Kulturerbe) und der für die Meeresforschung zuständigen amerikanischen Behörde NOAA (National Oceanic and Atmospheric Administration) halten.

Sechs einwöchige Teilexpeditionen, „Missionen" genannt, hat OceanGate für 2019 angesetzt; die erste soll am 26. Juni 2019 beginnen. Pro Woche sollen neun zahlende Taucher das Wrack besuchen. Bei einer Gebühr von 105.129 US-Dollar pro Kopf und maximal 54 Teilnehmern käme ein Umsatz von bis zu 5,6 Millionen US-Dollar zusammen – wenn die Fließbandabfertigung auf offener See wie geplant gelingt, was auf dem wilden Nordatlantik nicht selbstverständlich ist.

→ **Bild 29: Schematische Darstellung vom Inneren der TITAN (Seite 117)**
→ **Bild 30: Der Pilot und die Passagiere sitzen direkt auf dem Boden der TITAN. (Seite 117)**

Die zahlenden Taucher werden nun bevorzugt „Mission Specialists" genannt anstatt wie bisher „Citizen Scientists" (wie bereits erwähnt etwa „Normalbürger-Wissenschaftler"). OceanGate ist auffallend bemüht klarzustellen, dass diese aktiv am Expeditionsbetrieb teilnehmen und als Crewmitglieder an Bord der TITAN gehen, nicht als Passagiere. Die Pressebeauftragte bei OceanGate verschickt E-Mails an Journalisten, in denen sie ausdrücklich darum bittet, bei der Berichterstattung nicht von „Touristen", „Passagieren" oder „Kunden" zu sprechen. Allerdings geht man bei OceanGate selbst nicht ganz konsequent mit den Begrifflichkeiten um. In mindestens einer E-Mail spricht die gleiche Pressebeauftragte später wieder von „zahlenden Klienten (bekannt als Mission Specialists)".[442, 443]

26

27

28

**26** David Lochridge bemängelt, dass für die trapezförmigen Vertiefungen der Dichtungsringe ein zylindrisches Eintauchloch ins Titan gebohrt wurde – eine mögliche Schwachstelle im Druckkörper. (Marine Board of Investigation/David Lochridge)

**27** Die TITAN bei den ersten Tiefseetests im Mai 2018 in der Nähe von Great Abaco, Bahamas. Der erste Tiefseetest findet unbemannt und ohne die weiße Verschalung der TITAN statt. (Becky Kagan Schott)

**28** Die TITAN hebt mithilfe der Schubdüsen von der Schwimmplattform LARS ab. (Becky Kagan Schott)

**29** Schematische Darstellung, wie fünf Personen im Inneren der Titan Platz finden sollen (OceanGate)

**30** Im Inneren der TITAN. Der Pilot und die Passagiere sitzen direkt auf dem Boden. Im Tauchboot sind drei Monitore verbaut, über die alle Sensoren überwacht und die Steuerungssoftware bedient werden können. (OceanGate)

**31** Mai 2018: Auf der Plattform LARS wird das Tauchboot zunächst 20 bis 30 Meter abgesenkt, ehe es seine „Garage“ verlässt. (Becky Kagan Schott)

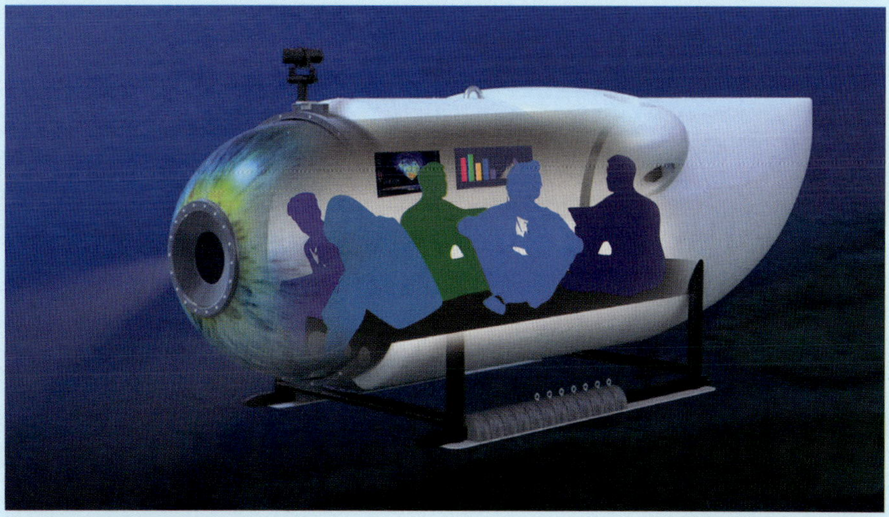
29

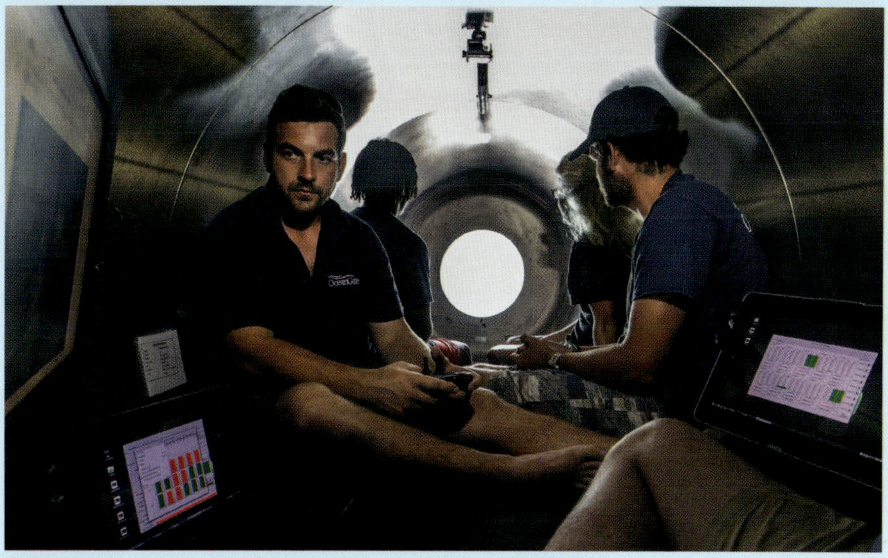
30

31

# OCEANGATE VERKLAGT LOCHRIDGE

Weitgehend unbemerkt von der Öffentlichkeit reicht OceanGate am 25. Juni 2018 Klage gegen seinen ehemaligen Mitarbeiter David Lochridge ein. Dieser habe mit der Weitergabe des Sicherheitsberichts und sonstiger Interna an Rob McCallum, Patrick Lahey und die amerikanische Arbeitsschutzbehörde OSHA gegen seine Verschwiegenheitsvereinbarung verstoßen. Die darin enthaltenen Behauptungen seien zudem unbegründet und falsch. OceanGate fordert bezüglich der geäußerten Kritik an der TITAN Unterlassung. Lochridge wird Betrug, ungerechtfertigte Bereicherung und Untreue vorgeworfen. Sein ehemaliger Arbeitgeber fordert die Rückzahlung von Kosten in Höhe von mindestens 23.767 US-Dollar, die bezahlt wurden, damit Lochridge für die Firma tätig werden konnte (darunter die Umzugskosten von Schottland in die USA sowie sämtliche Ausgaben für die Visa und Aufenthaltsbewilligungen der Familie). Diese Zahlungen seien erschlichen worden. OceanGate habe sie übernommen im Vertrauen auf eine unbefristete Zusammenarbeit, die Lochridge aber offensichtlich gar nicht gewollt habe. Wenige Wochen nach Erteilung der unbefristeten Aufenthaltsgenehmigung für die USA habe dieser seinen Rauswurf mit falschen Vorwürfen und der Eskalation eines Streits vorsätzlich herbeigeführt, um gehen zu können und sofort Anspruch auf Arbeitslosengeld zu haben. Somit sei er auch kein schutzbedürftiger Whistleblower.

Seitens der Arbeitsschutzbehörde OSHA versichert man Lochridge hingegen, dass ihm Schutz zustehe, doch darüber hinaus passiert wenig – der Sachbearbeiter bei OSHA ist überlastet und kann sich (noch) nicht kümmern, schreibt er am 10. Juli 2018 in einer E-Mail. Er rate Lochridge, sein weiteres Vorgehen mit einem Anwalt abzustimmen, weil die Behörde keine Rechtsberatung leisten könne. Eigentlich gibt es in Washington State ein Gesetz, das Einschüchterungsklagen verbietet und es den Gerichten erlaubt, diese strafbewehrt abzuweisen. Doch das dortige Verfassungsgericht hat das Gesetz 2015 kassiert, und ein neues ist 2019 noch nicht verabschiedet. Lochridge reagiert am 15. August 2018 mit einer Gegenklage wegen unrechtmäßiger Kündigung. In den Gerichtsdokumenten trägt er erneut all seine Kritikpunkte an der TITAN vor. Er behauptet außerdem, dass die Vertraulichkeitserklärung unter Druck zustande gekommen und somit wegen Nötigung ungültig sei. Diese sei ihm als Zusatz zu seinem Arbeitsvertrag kurz nach der Expedition zur ANDREA DORIA vorgelegt worden mit dem Hinweis, dass OceanGate die Kosten für die permanente Aufenthalts- und Arbeitsgenehmigung für seine Frau und seine Tochter ohne die Unterschrift nicht übernehmen werde. Teil der Vereinbarung sei auch eine Klausel gewesen, dass die Kostenübernahme durch den Arbeitgeber hinfällig würde und das Geld zurückgezahlt werden müsse, wenn Lochridge ab Unterschrift nicht weitere zwölf Monate für OceanGate arbeitet.[444, 445, 446]

Monatelang geht es hin und her zwischen den beiden Streitparteien; die Anwaltskosten summieren sich. Lochridge droht das Geld auszugehen, und so springt Patrick Lahey von Triton Submarines mit einigen Tausend US-Dollar in die Bresche, weil er das Design der TITAN unbedingt überprüft sehen will. Am Ende zieht Lochridge seinen Bericht und die Whistleblower-Beschwerde bei der Arbeitsschutzbehörde OSHA zurück, um das für ihn leidige Kapitel endlich zu beenden. Am 28. November 2018 teilen beide Parteien dem Gericht mit, dass man sich außergerichtlich geeinigt habe, und vereinbaren Stillschweigen über die Details. Lochridge verpflichtet sich, keine Informationen aus seiner Zeit bei OceanGate weiterzugeben. OceanGate darf sich im Gegenzug nicht mehr negativ über seinen Ex-Mitarbeiter äußern. Für Verstöße ist eine Konventionalstrafe von 10.000 US-Dollar pro Vorfall verabredet. Am 13. Dezember 2018 erklärt OSHA den Vorgang für beendet.[447, 448, 449, 450, 451]

# TIEFSEETÜCHTIGKEIT

OceanGate arbeitet unterdessen auf den Bahamas weiter an der TITAN mit dem Ziel bemannter Tiefsee-Tauchgänge. Diesmal starten die Tagestrips aufs Meer hinaus in Little Harbour, im äußersten Osten der Bahamainsel Great Abaco. Chefpilot Stockton Rush tastet sich mit dem Tauchboot dabei in mehreren Schritten an die maximale Tiefe heran. Nach jedem Tauchgang werden die Daten der akustischen Sensoren ausgewertet, ehe ein noch tieferes Tauchziel angepeilt wird. Am 10. Oktober 2018 fährt Stockton Rush während Tauchgang #33 allein in eine Tiefe von 504 Metern. Er muss dazu die vertikalen Schubdüsen einsetzen – mit nur einer Person besetzt ist die TITAN offenbar trotz des außen angebrachten Ballasts zu leicht, um von allein in die Tiefe zu sinken. Rush ist mehr als zwölf Stunden im verschlossenen Tauchboot, wobei die TITAN nur zwei Stunden unter Wasser ist. Die übrige Zeit steht das Tauchboot für die Vor- und Nachbereitung im Trockenen auf der Schwimmplattform LARS. Vier Tage später, bei Tauchgang #35, wird eine Tiefe von 720 Metern erreicht – das Tauchboot befindet sich mehr als fünf Stunden unter Wasser. Am 7. Dezember 2018 (Tauchgang #38) geht es für Rush allein runter auf 2.487 Meter Tiefe. Eigentlich wollte er noch tiefer tauchen. Doch das Tauchboot hat offenbar nicht genügend Ballast an Bord, sodass es in dem durch den Druck leicht komprimierten Wasser nun neutral tariert ist, also die gleiche Dichte hat und schwebt, statt weiter zu sinken. Es ist ein Ärgernis, allerdings eines, das leicht behoben werden kann.[452]

→ Bild 31: Die TITAN wird auf LARS 20 bis 30 Meter abgesenkt. (Seite 117)

Dann ist der Moment für einen ersten bemannten Tauchversuch in die maximale Zieltiefe gekommen. Am 10. Dezember 2018 taucht Stockton Rush zwölf Kilometer östlich von Little Harbour allein ab (#39 im Log) – geplant sind 4.200 Meter. In regelmäßigen Intervallen pausiert das Tauchboot dabei in der Wassersäule auf zuvor festgelegten Tiefenplateaus. In den Pausen wertet der Pilot ausgewählte Daten der Überwachungssensoren des Real Time Monitoring Systems (bestehend aus akustischen Sensoren und Dehnungsmessstreifen) aus, um die Integrität der Hülle zu bewerten. Erst nach einem erneuten „Go“ geht es eine Stufe tiefer. Die Karbonfaserröhre knackt immer wieder laut. Rush, der seinen kompletten Tauchgang auf Video aufzeichnet, wirkt angespannt, spricht von „ziemlich vielen Knallgeräuschen, die meine Aufmerksamkeit erregen“. Bei rund 3.000 Metern verharrt die TITAN unerwartet in der Wassersäule. Wie schon beim Tauchgang zuvor wurde nicht genügend Ballast am Tauchboot angebracht, um in die gewünschte Tiefe zu sinken. Rush beschließt, den Antrieb einzusetzen, um weiter abtauchen zu können. Das funktioniert, allerdings stören die Triebwerke offenbar die Frequenzen, auf denen der Sonartransponder des Akustikmodems kommuniziert. Stockton Rush ist nun endgültig auf sich allein gestellt in der TITAN. Um 17.14 Uhr befindet sich das Tauchboot in einer Tiefe von 3.939 Metern. „Nahe genug [an 4.000 Metern dran]“, kommentiert Rush für die Videoaufzeichnung und beschließt aufzutauchen.

Noch immer ist die Kommunikation zum Schiff an der Meeresoberfläche gestört, und so kann er seinen Statusbericht zunächst nicht absetzen. Erst während des Wiederaufstiegs funktioniert der Sonartransponder wieder. Sieben Stunden hat der eigentliche Tauchgang gedauert; die Sensoren des Real Time Monitoring Systems registrieren währenddessen 153 akustische Ereignisse. Insgesamt sitzt Rush mehr als 17 Stunden in seinem Tauchboot – erst als die TITAN auf LARS wieder im Hafen von Marsh Harbor angekommen ist, löst die Crew die Bolzenschrauben und befreit ihn aus der Kapsel. Am Frontdom stehend sinniert er: „Lustig: Das war Tauchgang #39, und ich bin auf 3.939 Meter getaucht. Ich hätte ganz leicht auf 4.000 Meter weitertauchen können, aber wozu?" Noch auf der Plattform LARS macht Rush eine Flasche Champagner auf und gönnt sich einen Schluck. In Anlehnung an Neil Armstrong während der ersten Mondlandung sagt er zu seinem Team: „Es ist ein großer Schritt für OceanGate und ein gigantischer Sprung für die Erforschung der Ozeane."[453, 454, 455, 456]

OceanGate rundet die erzielte Tauchtiefe anschließend großzügig auf 4.000 Meter auf und bezeichnet den Tauchgang als „Manned Validation Dive", also als bemannten Tauchgang, der die Tiefseetüchtigkeit der TITAN bewiesen habe. Stockton Rush verkündet stolz, dass er nun der zweite Mensch sei, der alleine in eine „derartige Tiefe" vorgedrungen ist. Der andere ist „TITANIC"-Regisseur und Tiefseetaucher James Cameron, der am 26. März 2012 auf den Meeresboden des Challengertiefs im Marianengraben in rund 10.900 Meter Tiefe getaucht ist – fast dreimal so tief wie Rush. Cameron hatte sich dafür eigens ein Ein-Mann-Tauchboot (mit einer stählernen Überlebenssphäre, die eine Wandstärke von 64 Millimetern aufweist, und mit einem Innendurchmesser von nur 109 Zentimetern) namens DEEPSEA CHALLENGER bauen lassen.[457, 458, 459, 460, 461]

Dass Rush wirklich erst der zweite Solotaucher in der Tiefsee ist, lässt sich nicht ganz zweifelsfrei überprüfen. Nur elf Tage später taucht der texanische Multimillionär, Geschäftsmann und Abenteurer Victor Vescovo nachweislich alleine zum tiefsten Punkt des Atlantiks in den Puerto-Rico-Graben auf 8.376 Meter. Es ist der Auftakt einer mehrteiligen Expedition mit dem Namen „Five Deeps". Vescovo hat sich vorgenommen, an die jeweils tiefste Stelle der fünf Weltmeere zu tauchen – ähnlich der Mission, die Branson und Welsh von Virgin Oceanic ursprünglich mit der DEEPFLIGHT CHALLENGER angedacht hatten. Vescovo will jede Zielstelle der Expedition sowohl zu zweit als auch allein betauchen. Er setzt dafür sein schon erwähntes, mehr als 35 Millionen US-Dollar teures Zweisitzer-Tauchboot LIMITING FACTOR von Triton Submarines ein. Der Expeditionsleiter ist ein alter Bekannter: Rob McCallum, der es zuvor abgelehnt hat, in gleicher Funktion für OceanGate zu arbeiten. Wahrscheinlich ist, dass Vescovo im Vorfeld des Rekordversuchs mehrere Solotauchfahrten unternommen hat, um den Umgang mit der Kapsel zu üben, vielleicht auch in über 4.000 Meter Tiefe. Dann wäre Stockton Rush nicht der zweite, sondern der dritte Mensch, der es alleine im Tauchboot auf eine Tiefe von circa 4.000 Meter geschafft hat. So oder so: Rush ist nun Mitglied in einem exklusiven Club.[462, 463]

OceanGate-Chefingenieur Tony Nissen schreibt nach dem Tauchgang in einer internen E-Mail an sein Team: „In solche Tiefen zu tauchen ist extrem kompliziert, wenn man nicht an einer Leine hängt, mit der Oberfläche kommunizieren will, die eigene Position mit angemessener Akkuratheit getrackt werden soll und man den Zustand seines Fahrzeugs überwachen möchte. Wir haben all das geliefert. Ihr habt alle jeden Grund zum Angeben." Mit der Performance der Karbonfaserröhre ist er hingegen nicht zufrieden. Nach der Auswertung der Daten der Akustiksensoren sagt er über die vielen Knackgeräusche zu Stockton Rush: „Wir wissen nicht, wie [diese Grafik] aussehen muss, um sagen zu können, dass alles gut ist. Aber ich weiß, dass sie auf keinen Fall so aussehen sollte. [...] Solange das akustische Überwachungssystem solche Ausschläge zeigt, geht immer noch was kaputt. Du willst das nicht hören. Erst wenn nichts mehr bricht, ist die Hülle intakt." Tauchgang #39 ist der letzte der 2018er-Testserie. OceanGate plant fürs Frühjahr 2019 allerdings weitere Probetauchgänge sowie Modifikationen an der TITAN, um die Probleme mit der Sink- und Schwimmfähigkeit in den Griff zu bekommen.[464, 465]

# 2019

Die Hülle der TITAN im Druckkammertest

# VERZICHT AUF ZERTIFIZIERUNG

Am 21. Februar 2019 veröffentlicht OceanGate im Blog auf seiner Website, dass die TITAN entgegen früheren Ankündigungen doch nicht durch eine unabhängige Organisation wie das American Bureau of Shipping (ABS), die DNV/GL (Det Norske Veritas/German Lloyd) oder Lloyd's Register für die Tauchtiefe von 4.000 Metern zertifiziert werden soll und erklärt, warum das nicht schlimm sei.

Die Argumente sind ähnlich wie jene, die Rush im März 2018 schon an Rob McCallum geschickt hat. Eine Klassifikation stelle lediglich sicher, dass Wasserfahrzeuge nach akzeptierten Standards entworfen und gebaut sind, heißt es. Dabei werde völlig außer Acht gelassen, dass man nachlässige Betreiber von Tauchbooten so nicht aussieben könne. „Der Großteil der Unfälle auf See (und in der Luft) beruht auf Anwenderfehlern, nicht auf mechanischem Versagen. Eine hohe Betriebssicherheit zu wahren benötigt ständige, engagierte Anstrengungen und eine zielgerichtete Unternehmenskultur – beides Dinge, die OceanGate sehr ernst nimmt und die nicht überprüft werden während einer Zertifizierung."

Das Design der TITAN mit der Hülle aus gewickelter Karbonfaser und dem Real Time Monitoring System – der Überwachung der Integrität des Druckkörpers in Echtzeit – sei derart innovativ und neu, dass es keine Standards gebe, auf deren Grundlagen man testen könne. Es hätte also Jahre dauern können, bis eine Zertifizierung überhaupt möglich ist, behauptet man weiter. Bei den Weltraumpionieren von SpaceX, Blue Origin and Virgin Galactic würde man auch auf erfahrene Experten aus dem eigenen Haus setzen und nicht auf Externe, die man erst mühsam auf den aktuellen Stand der Innovation bringen müsse, ehe sie überhaupt in der Lage seien, Neuerungen zu beurteilen. Die TITAN sei das einzige Tauchboot mit einer Echtzeitüberwachung des Druckkörpers. Man frage sich, warum zertifizierte Tauchboote nur alle drei Jahre überprüft werden, wo es mit dem RTM-System doch möglich sei, die Integrität der Hülle auf jedem einzelnen Tauchgang durchgehend zu überwachen.[466, 467]

Die Aussage, dass man bei einer Klassifikation die externen Prüfer erst mühsam auf den aktuellen Stand bringen müsse, will Patrick Lahey als Präsident von Triton Submarines allerdings nicht gelten lassen. Beim Bau des Tauchboots LIMITING FACTOR sei Jonathan Struwe von der Zertifizierungsfirma DNV/GL von Anfang an begleitend dabei gewesen, sodass er am Ende fast Mitdesigner gewesen sei – dies sei teuer gewesen, aber sinnvoll. Zudem könne man auch argumentieren, dass „mechanisches Versagen" in der Vergangenheit nur deswegen so selten bei Tauchbooten vorkam, weil diese streng zertifiziert waren beziehungsweise sind und nicht, weil dieser Faktor keine Rolle spiele.

## ZURÜCK AUF DEN BAHAMAS

Ab 8. März 2019 ist die TITAN wieder bei Great Abaco im Wasser. Vor Ort sind unter anderem Stockton und Wendy Rush, der künftige TITANIC-Expeditionsleiter Kyle Bingham (seit 2018 Operations Director von OceanGate) und als zweiter Pilot Scott Griffith. Bingham ist Bergsteiger, Abenteurer, ausgebildeter Feuerwehrwehrmann und Rettungssanitäter (US-Qualifikation: Emergency Medical Technician, kurz EMT). Er lebt auf Camano Island, einer Insel 48 Kilometer nördlich von Everett im Puget Sound. Seit 2015 organisiert er zusammen mit seiner Frau Abenteuerreisen, unter anderem zu aktiven Vulkanen in Guatemala und zum Basislager des Mount Everest.[468, 469, 470, 471, 472, 473]

OceanGate hat zudem einen Teil der Kunden auf die Bahamas eingeladen, die schon auf der Buchungsliste für die TITANIC stehen. Die künftigen Mission Specialists sollen nicht etwa tauchen, sondern sich vor Ort selbst ein Bild machen können von der TITAN und den Abläufen. Auch Renata Rojas fliegt wieder ein und postet Bilder auf Twitter. Nach Abschluss der Testtauchgänge sollen das Tauchboot, die Start- und Landeplattform LARS und alle Begleitgerätschaften auf das 52 Meter lange Versorgungsschiff GO PURSUIT verladen werden. Dann soll es nach Norden zu einem Treffpunkt gehen, wo das von der norwegischen Firma Reach Subsea gecharterte Expeditionsschiff HAVILA HARMONY das Tauchboot und die OceanGate-Expeditionsmannschaft übernimmt. Mit einem letzten Zwischenstopp in St. John's könnte es dann ab dem 27. Juni 2019 zur TITANIC gehen.[474, 475, 476, 477, 478, 479]

Der Zufall will es, dass Patrick Lahey von Triton Submarines im März 2019 auf Great Abaco ist – er verbringt dort seinen Urlaub und hat mit seiner Familie ein kleines Segelboot gemietet. In einer Strandbar wird er auf sein T-Shirt mit dem Triton-Firmenlogo angesprochen. Die Männer, die sich für ihn interessieren, gehören zur Testcrew von OceanGate und laden ihn ein, ihr neues Tauchboot zu besichtigen. Am nächsten Tag nutzt Lahey die Chance, sich die TITAN selbst anzusehen. Ihm fallen gleich mehrere Dinge negativ auf, was er der Crew vor Ort auch ausführlich erläutert. Die Glaskugel mit der Steuerung für den Antrieb sei nicht ausreichend mit Öl befüllt gewesen, was bei steigendem Wasserdruck ein Implosionsrisiko darstellt. (Ein komplett gefüllter Hohlkörper wäre hingegen auch in großer Meerestiefe fast keinem Druck ausgesetzt, weil die Flüssigkeit im Inneren unter Druck kaum komprimiert wird und diesen weitgehend neutralisiert.) Lahey bemerkt, dass es am Metallrahmen und den Verbindungsringen der TITAN keine Ösen gibt, an der Krankabel befestigt werden können. Stattdessen müssen zum Anheben und Verladen des Tauchboots Gurte unter dem Landegestell durchgezogen werden, die verrutschen können. Es irritiert den erfahrenen Tauchbootbauer, dass die Schläuche mit den Leitungen für die Schubdüsen nicht direkt entlang der Hülle geführt werden, sondern abstehen. Dadurch besteht die Gefahr, einzufädeln und hängenzubleiben oder die Kabel ungewollt abzureißen. Rückblickend sagt Lahey: „Ich dachte, ich muss mir keine Sorgen machen, weil dieses Tauchboot sowieso nie in Betrieb gehen würde."[480, 481, 482, 483, 484]

Derweil bereitet man bei OceanGate neue Testtauchgänge vor. Zunächst stehen sechs weitere an, bei denen unter anderem herausgefunden werden soll, wie das Verhältnis zwischen der Ballastzuladung und der Sinkfähigkeit des Tauchboots ist. Am 14. April 2019 geht es bei Tauchgang #46 erstmals voll bemannt in größere Tiefen. Noch vor Sonnenaufgang wird die Plattform LARS von der knapp 20 Meter langen Forschungsyacht R/V ANGARI aufs offene Meer rausgeschleppt. Es wird ein sonniger Tag mit nur wenigen Wolken am Himmel; die Wellen haben nur vereinzelt kleine Schaumkrönchen. Zunächst wird der hintere Teil der Tauchplattform geflutet – mit dem Frontdom voraus taucht die TITAN auf LARS unter. Acht rote Bojen markieren die Stelle, an der die Konstruktion unter der Wasseroberfläche schwimmt. Die TITAN parkt aus und beginnt, mit fünf Mann an Bord zu sinken. Sie erreicht 991 Meter Meerestiefe. Ein entsprechendes Video stellt OceanGate später auf YouTube ein.[485, 486]

## EINE EXTREME GERÄUSCHKULISSE

Am 17. April 2019 soll ein zweiter bemannter Tauchgang stattfinden, diesmal mit einer Zieltiefe von 4.000 Metern (#47 im Tauchlog). Stockton Rush hat dazu den Tauchpiloten Karl Stanley eingeladen. Die beiden Männer verbindet eine lose Freundschaft. Stanley betreibt vor der Karibikinsel Roatán (Honduras) ein aus drei Metallkugeln selbst gebautes, nicht zertifiziertes Dreimann-Tauchboot namens IDABEL. Die maximale Tauchtiefe seines Unterwassergefährts gibt er selbst mit rund 900 Metern an. Mehr als tausend Tauchgänge hat er darin bereits absolviert. Komponenten, die Stanley beim Bau seiner IDABEL verwendet hat, stammen von demselben Tauchboottyp PC-15 des Herstellers Perry Oceanographics, auf dem auch die ANTIPODES basiert. Stanley bezeichnet die beiden Tauchboote deshalb als „Schwestern", obwohl in den beiden Unterwasserfahrzeugen jeweils unterschiedliche Segmente des mehrteiligen Druckkörpers der PC-15 verbaut sind und sie sich nicht annähernd ähnlichsehen. Stanley hat Rush Jahre zuvor unbezahlt beim Bau der LARS-Plattform für die CYCLOPS 1 geholfen. Als Gegengefallen wurde ihm zugesagt, mit OceanGate in die Tiefsee tauchen zu können, falls die Designstudie für ein Karbonfaser-Tauchboot jemals umgesetzt wird. Rush hält Wort und bietet seinem Freund nun an, an einem der ersten bemannten Tiefsee-Tauchgänge der TITAN teilzunehmen. Stanley sagt zu und fliegt für eine Woche auf die Bahamas.[487, 488, 489, 490, 491]

Neben Rush und Stanley gehen noch zwei weitere Männer an Bord: OceanGate-Präsident Joel Perry und der 25-jährige Sonartechniker Petros Mathioudakis. Dieser soll Rush einen Unterwasser-Laserscanner von 2G Robotics vorführen, der für die erste TITANIC-Expedition vorgesehen ist. Eine Unterwasserkamera der Firma Virtual Wonders aus Wisconsin, die Bilder in 4K-Auflösung generieren kann, soll ebenfalls getestet werden. Vor dem Tauchgang versichert sich Rush, dass Mathioudakis klar ist, wie riskant der Tauchgang ist. Er stellt dem jungen Mann zwei Fragen: „Bist du verheiratet?" und „Hast du Kinder?" Mathioudakis verneint beides. „Okay, dann bist du dabei", konstatiert Rush. Der Sonartechniker ist begeistert, dass er tauchen darf. Nur 19 Kilometer von Little Harbour entfernt macht sich die TITAN auf den Weg in die Tiefe.[492, 493]

An Bord der ANGARI beobachtet Nolan Thompson, ein Mitarbeiter von Lloyd's Register, den Tauchgang. Offenbar hatte man die Agentur hinzugezogen, um doch noch eine irgendwie geartete externe Validierung der TITAN hinzubekommen. Allerdings bleibt es bei diesem einen Termin. In einem Pressestatement von Lloyd's heißt es dazu im Juni 2023: „Lloyd's Register hat die Anfrage von OceanGate abgelehnt, eine Klassifikation vorzunehmen, nachdem im Jahr 2019 ein vorbereitender Test der TITAN [...] von uns begutachtet wurde. Lloyd's Register war nicht weiter beteiligt, die Vorrichtung zu klassifizieren." Und so bezeugt Lloyd's Register am Ende lediglich, dass die TITAN an diesem Tag eine Meerestiefe von 3.760 Meter erreicht.[494, 495]

Eine vollumfängliche Zertifizierung der TITAN ist zu diesem Zeitpunkt so gut wie unmöglich. Die Firmen, die Tauchboote klassifizieren, haben strenge Vorschriften, die beim Design und Bau zu beachten sind. Im Regelwerk des American Bureau of Shipping (ABS) heißt es beispielsweise unter Punkt 5: „Alle Luken müssen sowohl von außen als auch von innen bedienbar sein. [...] Der Mechanismus zum Öffnen und Schließen sollte so sein, dass er von einer einzigen Person bedient werden kann." Eine Zertifizierung der TITAN wäre schon allein wegen dieser einen Vorschrift nicht möglich, weil der Zugstieg, der vordere Dom, nur von außen verschlossen und geöffnet werden kann.[496]

Karl Stanley bezeichnet sich und die anderen Insassen bei Tauchgang #47 später als „freiwillige Versuchskaninchen" und berichtet, dass in der Überlebenssphäre immer wieder ein lautes Knacken zu hören war. In einem Interview mit der Zeitschrift „Vanity Fair" wählt er drastische Worte: „Die Hülle hat uns angeschrien." Stockton Rush habe ihm vor dem Tauchgang gesagt, „dass laute Geräusche zu erwarten sind, wie er sie auf seinem ersten Tauchgang gehört hat, und genau so war es dann auch. Er sagte, das klingt wie Feuerwerk – ich fand, eher wie Kleinkaliber-Pistolenschüsse. Aber im Prinzip war es das Gleiche." Stanley behauptet, es habe etwa „alle drei bis vier Minuten" laut geknallt. Mathioudakis erlebt die Situation ähnlich: „Als die Hülle anfing, Geräusche von sich zu geben, war das extrem laut. Es klang wie ein Pistolenschuss.“[497, 498, 499]

Dazu kommen technische Probleme. Kurz vor dem Aufsetzen auf dem Meeresboden fallen draußen die LED-Scheinwerfer aus. Rush behilft sich mit einer Taschenlampe. Er leuchtet durchs Fenster nach unten und sieht kurz vor dem Aufsetzen schließlich den Boden. Eine defekte Batterie sorgt zudem dafür, dass die vertikalen Antriebsdüsen nicht mit vollem Schub laufen. Noch ist die TITAN nicht an ihrer Zieltiefe von 3.800 Metern angekommen. Der Meeresboden verläuft leicht abschüssig, und so fährt Rush das Tauchboot parallel zum Boden weiter bergab, während weiterhin Knallgeräusche zu hören sind. Karl Stanley befürchtet, dass die Hülle jeden Moment nachgeben könnte. „Irgendwann haben wir kollektiv entschieden, dass das reichen muss. Schluss für heute! Ich glaube, wir waren nur noch ein paar Prozentpunkte von einer Implosion entfernt.“ Bei 3.760 Metern brechen sie den Tauchgang ab. Auch auf dem Weg nach oben treten im Tauchboot weiter deutliche Geräusche auf: „Das Knacken war zu hören, bis wir wieder 100 Meter unter der Oberfläche waren“, so Stanley. Er findet es besonders beunruhigend, dass die Geräusche vermehrt an einer bestimmten Stelle der Hülle auftreten und nicht gleichmäßig über die gesamte Röhre verteilt zu hören sind.[500]

Am Tag nach dem Tauchgang schreibt Stanley mehrere E-Mails an Rush. „Die Geräusche, die wir gestern gehört haben, passen nicht richtig zu einem Versagen von Klebeverbindungen, dem Aufbrechen von Lufteinschlüssen oder dem Reißen beliebiger schwacher Fasern. [...] Aus der Intensität der Geräusche, der Tatsache, dass sie in der Tiefe nicht aufhörten, sowie dem Umstand, dass sie noch bis hoch auf etwa 300 Fuß Tiefe (etwa 100 Meter) andauerten, was auf eine Entladung gespeicherter Energie hindeutet, lässt sich schließen, dass ein Bereich des Rumpfes strukturell kaputt geht oder schwammig wird.“ Und weiter: „Eine hilfreiche Denkübung wäre, alle Variablen wegzunehmen – die Investoren, die erwartungsvollen Missionsteilnehmer, dein Team, das nach Erfolg dürstet, die Pressemitteilungen, die für den kommenden Sommer schon Termine veröffentlicht haben. Stell dir vor, das Projekt würde ausschließlich von dir selbst finanziert und nur deinem eigenen Kalender folgen. Würdest du dann immer noch Dutzende Menschen zur TITANIC bringen wollen, ehe du vollständig verstanden hast, was die Ursache für die Geräusche ist?“ Ein paar Wochen später bittet Stanley Rush in einer weiteren E-Mail, das Expeditionsdebüt zu verschieben und zunächst 50 unbemannte Tiefsee-Tauchgänge durchzuführen. Doch Rush lehnt das ab und verweist auf das Real Time Monitoring System. Es brauche nur noch ein paar Tauchgänge, bis man ausreichend Daten habe, um festlegen zu können, welche Geräusche im Laufe eines Tauchgangs „normal" sind.

Chefingenieur Tony Nissen sieht die Sache etwas kritischer, weil die Messwerte der Sensoren insgesamt nicht so ausfallen wie erwartet. Nissen hatte auf den „Kaiser-Effekt" gesetzt. Demnach hätte die Hülle nur beim ersten Vordringen in die Tiefe laute Knackgeräusche von sich geben dürfen und bei Folgetauchgängen weitgehend still bleiben müssen, in der Annahme, dass die Hülle beim ersten Mal noch arbeitet und dann in einem stabilen Endzustand ankommt. Dass es nach dem Solotauchgang von Stockton Rush weiter so viele laute Geräusche gibt und diese auch noch beim Wiederauftauchen auftreten, passt nicht so recht dazu. Nissen stört sich auch an den Werten der Dehnungsmessstreifen, die zeigen, dass die Röhre in der Tiefe stärker komprimiert wird als im Computer berechnet.[501, 502, 503, 504, 505]

Nach außen feiert OceanGate den Vier-Mann-Tauchgang als Erfolg und vermeldet einen neuen Weltrekord: die „tiefste Tauchfahrt eines nichtmilitärischen U-Boots mit mehr als drei Personen an Bord". Die TITAN breche erfolgreich mit dem traditionellen Tauchboot-Design (mit kugelförmigen Druckkörpern aus Metall), an dem sich zuvor 50 Jahre lang nicht viel verändert habe.

Am 18. April 2019 (#48 im Log) findet eine Rettungsübung statt. Die TITAN ist dabei unbemannt und wird auf der LARS-Plattform auf acht Meter Tiefe gebracht. Nach einem fiktiven schweren Notfall versucht die Tauchcrew nun, die Kapsel so schnell wie möglich an die Oberfläche zu bringen und zu öffnen. Im Tauchlog wird das Ganze als „419-Übung" eingetragen. Die 419 hat Stockton Rush als Alarmkennziffer eingeführt, inspiriert vom Disney/Pixar-Zeichentrickfilm „Die Monster AG". Dort besteht der schwere Notfall darin, dass ein „toxischer" menschlicher Gegenstand in Form einer weißen Socke an einem Monster haftet und dieses nun schnellstmöglich dekontaminiert werden muss. Der zugehörige Alarm lautet „23-19" und steht für den 23. und 19. Buchstaben im Alphabet: „w-s" ist die Abkürzung für „white sock" („weiße Socke"). 4-19 steht entsprechend für die Buchstaben „d-s", eine Abkürzung für „disabled sub" – ein manövrierunfähiges Tauchboot. Mit dem 419-Drill endet die Testserie vorerst.[506]

OceanGate-Softwareentwickler Phil Brooks bekommt den Auftrag, die Daten der akustischen Sensoren so aufzubereiten, dass sie mehr Aussagekraft haben. Brooks schreibt ein Programm, das die Rohdaten stark komprimiert. Die Sensoren sind in der Lage, 125.000 Messwerte pro Sekunde zu generieren. Brooks fasst nun jeweils eine Zehntelsekunde an Daten zusammen und lässt nur noch den größten Messwert dieser Zeitspanne weiterverarbeiten. Die gefilterten Daten werden anschließend entlang einer Zeitachse angeordnet und mit der Tauchtiefe verknüpft. Zu jedem Tauchgang soll es künftig eine solche Grafik geben. Dafür müssen die Daten in der TITAN allerdings erst auf einen Speicherstick kopiert und auf Brooks' Rechner geladen werden. Es ist nicht möglich, die Rohdaten direkt im Tauchboot zu verarbeiten.

Die Akustiksensoren messen maximal 32.000 Millivolt. Ein Wert ab 5.000 gilt bei OceanGate als „relevanter Vorfall“ (und als Indiz für einen Faserriss). Stockton Rush hat zuvor lange mit Brooks und Chefingenieur Tony Nissen diskutiert, ob es nicht reichen würde, Ausschläge ab 10.000 Millivolt zu zählen. Die beiden Ingenieure überzeugen ihn aber, den konservativeren Grenzwert zu nehmen.[507, 508, 509]

Auf dem Display in der TITAN kann sich der Pilot nur die Gesamtsumme der relevanten Geräusche anzeigen lassen (oder in einem Untermenü ihre Verteilung auf die einzelnen Sensoren). Ab 30 akustischen Vorfällen pro Tauchgang wechselt die Anzeige die Farbe, von Grün für „unbedenklich“ auf Gelb für „Warnung“. Bei 50 Vorfällen wechselt das Display auf Rot – dann soll der Pilot den Tauchgang abbrechen. Einen Alarmton gibt es auf Wunsch von Stockton Rush nicht – er will seine Mission Specialists nicht unnötig beunruhigen. Es ist zudem vorgesehen, dass der Pilot den Zähler erst einschaltet, wenn das Tauchboot unter Wasser von der Plattform abgehoben hat – davor gibt es zu viele laute Geräusche, die mit der Integrität der Hülle nichts zu tun haben und falschen Alarm auslösen könnten. Vor dem jeweils nächsten Tauchgang wird der Zähler genullt. Mögliche Vorschäden der Hülle finden im akustischen Warnsystem also keine Berücksichtigung.[510, 511, 512, 513]

# TITANIC-EXPEDITION 2019

Im Frühjahr 2019 passt OceanGate die Buchungspreise für die TITANIC-Expedition an: Künftig sind pro Mission Specialist 125.000 Dollar fällig. Das Schiff soll im Wochenrhythmus zwischen dem Hafen im kanadischen St. John's, Neufundland, und der Wrackstelle pendeln und dort dann fünf Tage bleiben. Drei Tauchgänge sind in dieser Zeit vorgesehen. An Bord der TITAN sollen neben den drei zahlenden Tauchern ein Pilot und ein Experte oder Wissenschaftler sein. Vorgesehen ist auch, bei guten Wetterbedingungen einen vierten oder fünften Tauchgang durchführen, der vornehmlich der Wissenschaft dienen soll.

OceanGate prognostiziert, dass es mehrere Jahre dauern wird, um die Wrackstelle mitsamt dem großflächigen Trümmerfeld komplett mit dem Laserscanner zu erfassen und in ein 3-D-Modell zu überführen. Zudem wolle man einzelne Stellen jedes Jahr abfahren, um den voranschreitenden Zerfall des Wracks zu dokumentieren.

Als weitere Marketingmaßnahme wird eine „Designverbesserung" der TITAN angekündigt. Es handelt sich um einen vergleichsweisen banalen Vorhang, der die Mini-Chemietoilette aufwerten soll, die in einer Kiste an der Bodenkante zum Frontdom verbaut ist. Der Sichtschutz soll den Mission Specialists die Peinlichkeit ersparen, ihre Notdurft vor den Augen der Mitreisenden zu verrichten.

Ein paar Wochen vor dem anvisierten Expeditionsbeginn im Juni 2019 sind vier der sechs angesetzten Missionen ausgebucht. Für die beiden letzten gebe es noch Restplätze, heißt es. Auch fürs zweite Expeditionsjahr wird angeblich schon fleißig reserviert – die zweite Mission 2020 sei ebenfalls schon voll gebucht. Im Mai 2019 sind weitere Tests der TITAN ab Marsh Harbor (Great Abaco, Bahamas) geplant. Im Rahmen der Tauchvorbereitungen leuchtet einer der Piloten am 29. Mai 2019 mit einer Taschenlampe in den Spalt zwischen der Karbonfaserröhre und dem Insert. Er sieht an Backbord einen „Riss auf der Innenseite des Druckkörpers" und schlägt sofort Alarm. Der Fund wird im Log der TITAN vermerkt. Die Wartungscrew schneidet einen Teil des Inserts heraus, um die Stelle genauer untersuchen zu können. Zum Vorschein kommt ein mehr als 120 Zentimeter langer Spalt. Er verläuft an Backbord vom vorderen Titanring schräg durch das erste Drittel der Röhre. „Ich war überrascht, als ich den Riss sah, weil wir dazu im [akustischen Warn-]System keinen Hinweis bekommen haben", sagt Director of Operations Scott Griffith. Eigentlich wäre die Erwartung gewesen, dass einem solchen Schaden eine Vielzahl akustischer Ereignisse vorausgeht und dass die Sensoren diese registrieren. Doch das war nicht der Fall.

Eine Woche später soll die TITAN direkt nach Neufundland gebracht werden. Stattdessen transportiert das Versorgungsschiff GO PURSUIT das Tauchboot, die Plattform LARS, drei Seecontainer und ein Beiboot von den Bahamas zurück ans Festland. Von dort geht es per Lkw quer durch die USA zurück nach Everett.

Am 11. Juni 2019 sagt OceanGate die Expedition offiziell ab – die erste Mission hätte 15 Tage später starten sollen. Die Begründung, die den Mission Specialists genannt wird, ist überraschend. Der Riss wird mit keinem Wort erwähnt, stattdessen heißt es, das Expeditionsschiff HAVILA HARMONY könne nicht wie geplant eingesetzt werden. Denn laut dem Coasting Trade Act, einem kanadischen Gesetz aus dem Jahr 1992 zum Schutz der heimischen Schifffahrt, dürfen Schiffe unter ausländischer Flagge nicht zweimal hintereinander im gleichen Hafen anlegen. Die HAVILA HARMONY ist im malaysischen Labuan registriert und wird von der norwegischen Firma Reach Subsea betrieben. Bei der Rückkehr nach St. John's am Ende einer Mission hätte sie von den kanadischen Behörden im Hafen festgesetzt werden können, so OceanGate. Zwar gibt es diverse Ausnahmeregelungen, darunter auch eine für Forschungsmissionen. Doch diese setzt voraus, dass das entsendende Land beim kanadischen Außenminister eine Genehmigung einholt.

OceanGate spricht von einem „unvorhersehbaren Rückzieher" seitens des Schiffseigners. Derart kurzfristig sei kein passendes Ersatzschiff mehr zu organisieren gewesen. Die Firma Reach Subsea bietet OceanGate ein anderes Schiff an, das unter kanadischer Flagge fährt, doch Stockton Rush hält es angeblich für nicht geeignet. Vermutlich ist man bei OceanGate wegen des Risses im Druckkörper mehr als erleichtert, ein Schlupfloch gefunden zu haben, um den Chartervertrag für die HAVILA HARMONY kostenfrei stornieren zu können. Die Reaktion auf alle Vorschläge des Vertragsparters, um die Expedition doch noch durchführen zu können, ist entsprechend sperrig.[514, 515]

Man werde die Tauchgänge vom 25. Juni bis 13. August 2020 nachholen, heißt es nun in einer OceanGate-Pressemitteilung. Die ersten drei Expeditionsabschnitte seien ausgebucht (weitgehend wohl mit Nachholern). Bei den Missionen IV bis VI habe man noch Plätze frei.[516, 517, 518, 519]

Zwischen Hoffen und Bangen postet Renata Rojas am 15. Juni 2019 auf Twitter: „Was lange währt, wird gut ... und die TITANIC wartet auf mich ein weiteres Jahr! Klar bin ich enttäuscht, aber die TITANIC wird immer noch da sein."[520]

Am 18. Juni 2019 wird in Everett die Fläche rund um den Riss im Druckkörper der TITAN abgeschliffen, um zu sehen, wie tief dieser ist: mehr als einen Zentimeter. OceanGate holt für die Schadensanalyse auch die Meinung ihrer Kontaktpersonen bei Boeing und Spencer Composites ein. Chefingenieur Tony Nissen erklärt die Hülle schließlich für irreparabel, auch weil sich im Bereich des Risses die Karbonfaserschichten voneinander gelöst haben (Delaminierung genannt). Auf Druck des OceanGate-Vorstands wird Nissen kurze Zeit später von Rush gefeuert mit der Begründung, Nissen trage die Verantwortung für die „kompromittierte Hülle".[521, 522, 523, 524, 525, 526, 527, 528]

→ Bild 32: Die Stelle mit dem Riss wird teilweise abgeschliffen. (Seite 137)

Sein Nachfolger als Chefingenieur wird Dan Scoville, der schon seit Mai 2019 als Director of Systems Integration and Marine Operations für OceanGate arbeitet. Er ist gelernter Automechaniker, Wrack- und Höhlentaucher und zudem Ingenieur für Elektrotechnik. Aus seiner Zeit bei Oceaneering International, einer Firma, die weltweit Arbeitstauchroboter an Ölplattformen und Pipelines betreibt, bringt er mehrere Jahre Erfahrung mit Unterwassergerätschaften mit. Mit Karbonfaserkomposit kennt er sich hingegen kaum aus. Rush gibt ihm den Auftrag, das Ingenieursteam radikal zu verkleinern. Scoville trennt sich von der Mehrheit der jungen Mitarbeiter, die OceanGate direkt von der Uni geholt hat und die so gut wie keine Tiefsee-Erfahrung haben.[529]

Am 19. Juli 2019 kündigt OceanGate an, die TITAN in der Druckkammer der Deep Ocean Test Facility in Annapolis, Maryland, untersuchen zu lassen. Ziel sei es, mehr über den Zustand des Druckkörpers nach wiederholten Tiefseetauchzyklen zu erfahren, heißt es in einem E-Mail-Newsletter. Intern war bei OceanGate schon länger darüber diskutiert worden, das Tauchboot in der Druckkammer zu testen. Doch der ursprüngliche Zeitplan vor der 2019er-Expedition war schlicht zu knapp für einen Umweg ins Labor.

Die Forschungseinrichtung der Penn State University ist hoch angesehen. Sie arbeitet mit der US Navy und mit der NASA zusammen. Auch der 2022 neu installierte Druckkörper des Tauchboots ALVIN von der Woods

Hole Oceanographic Institution, dem bekannten US-Meeresforschungsinstitut, wurde hier getestet. Die Druckkammer hat innen einen Durchmesser von 3,05 Metern, eine Röhrenlänge von 8,23 Metern und kann mit Salz- oder Süßwasser bis auf einen Druck von 12.000 psi (was einer Meerestiefe von über 8.200 Metern entspricht) gebracht werden.[530, 531, 532]

Man hoffe außerdem, das zusätzliche Jahr bis zur TITANIC-Expedition nutzen zu können, um die TITAN doch noch klassifizieren zu lassen, heißt es bei OceanGate. Dies sei aufgrund der geltenden Standards der Zertifizierungsfirmen bislang nicht möglich gewesen; mit den neuen Daten könne man das vielleicht ändern und arbeite nun mit einer „Premium-Agentur" zusammen. Zudem erwarte man von den Tests in der Druckkammer neue Erkenntnisse, die in die Entwicklung der CYCLOPS 3 einfließen sollen.

Derweil verbietet Stockton Rush seiner Belegschaft, öffentlich über den Riss zu reden. Bis auf Weiteres will er den Anschein wahren, die TITAN sei einsatzfähig. Noch vor dem Drucktest in Annapolis plant Rush angeblich einen Nachttauchgang mit dem Tauchboot zum Wrack des Schleppers OMAR, der in 25 Meter Tiefe am südlichen Zipfel der Shilshole-Bucht vor Seattle liegt. Vordergründig will Rush einen 3-D-Scanner testen. Doch in der Belegschaft wird gemunkelt, dass er die TITAN in dunklen Gewässern filmen möchte, um weitere Tiefsee-Tauchgänge vorzutäuschen. Das Vorhaben wird wieder abgesagt. Bei einem Systemtest am 7. August 2019 kommt es schließlich zu einem gefährlichen Vorfall: Beim Absenken der Plattform rutscht das Insert so weit nach vorne, dass die Leitungen der Pressluftflaschen beinahe reißen. Zudem verschieben sich die Batterien. Danach wird die TITAN bis auf Weiteres stillgelegt.[533, 534]

## FRUSTRIERENDE RÜCKSCHLÄGE

Am 21. August 2019 veröffentlicht die Firma Atlantic Productions eine Videosequenz von etwa einer Minute Länge mit neuen Bildern vom Wrack der TITANIC, in 4K-Auflösung. Zu sehen sind der Bug und ein Teil des Hecks, dicht mit Rusticles überwachsen. Dabei handelt es sich um eiszapfenähnliche Ausscheidungen von eisen- und magnesiumfressenden Bakterien, die das Wrack nach und nach auflösen. Jemand anderes ist demnach vor OceanGate über die Ziellinie gerutscht und hat den ersten bemannten Tauchgang zur TITANIC seit 2005 unternommen. Victor Vescovo hat mit seinem bereits erwähnten, für „unbegrenzte Meerestiefen“ zertifizierten Tauchboot LIMITING FACTOR einen kurzen Zwischenstopp am berühmtesten Wrack der Welt eingelegt. Das Mutterschiff PRESSURE DROP war von 29. Juli bis 4. August 2019 über der TITANIC und fuhr dann weiter nach Norden, um im Arktischen Ozean den letzten von Vescovos „Five Deeps“-Tauchgängen zum jeweils tiefsten Punkt der Weltmeere durchzuführen. Die TITANIC hakt er nebenbei auf seiner Liste der persönlichen Reiseziele ab, einfach weil er es kann. Vescovo gelingt es am 24. August 2019 schließlich auch, die Mission „Five Deeps“ erfolgreich abzuschließen mit einem Tauchgang auf 5.550 Meter ins Molloytief im Arktischen Ozean. Vescovos Tauchgänge zur TITANIC und die Veröffentlichung des Materials sind OceanGate ein Dorn im Auge. Hatte man doch auf ein weltweites Medienecho gehofft, sobald der erste erfolgreiche eigene Tauchgang zur TITANIC Videobilder in 4K hervorbringt. Nun kann OceanGate nur noch gleichziehen mit Vescovos Videoausbeute.[535, 536, 537]

Im Herbst 2019 findet im Labor der Deep Ocean Test Facility in Annapolis, Maryland, der angekündigte Drucktest der Tauchboothülle statt. Das Innenleben mit den elektrischen Gerätschaften hat das OceanGate-Team zuvor weitgehend ausgebaut. Nun wird der Druckkörper zu 93 Prozent mit Wasser gefüllt. Das soll im Falle einer Implosion die Auswirkungen mindern, gleichzeitig aber sicherstellen, dass der äußere Wasserdruck trotz der Befüllung mit voller Kraft auf das Tauchboot wirkt. Die Kabel der Dehnungsmessstreifen und der akustischen Sensoren werden durch druckdichte Auslassstellen bis ganz nach draußen geführt, um sie während der Tests live auslesen zu können. Am 15. Oktober wird der Druck in der Kammer stufenweise bis auf 4.904 psi hochgefahren (entsprechend einer Meerestiefe von 3.364 Metern), am 16. Oktober auf 2.989 psi (2.050 Meter Meerestiefe). Dabei messen die akustischen Sensoren im Tauchboot eine beunruhigende Zunahme an signifikanten Geräuschen. OceanGate lässt den Test daraufhin abbrechen und verzichtet darauf, das Tauchboot dem „TITANIC-Druck“ von über 5.500 psi (knapp 3.800 Meter Meerestiefe) auszusetzen. Im Anschluss stuft Stockton Rush die Zieltauchtiefe der TITAN von 4.000 auf 3.000 Meter herunter. Die Röhre habe „Anzeichen von Materialermüdung“ aufgewiesen,

32

33

32 Nachdem in der Röhre ein Riss entdeckt worden ist, wird die Innenseite teilweise abgeschliffen, um herauszufinden, wie tief dieser ist. Die dunkelgraue Stelle ist unten rechts in der Röhre zu erkennen. (Chief Warrant Officer Melissa Leake, US-Küstenwache)

33 Die Hülle der TITAN wird am 14. Oktober 2019 in der Druckkammer der Deep Ocean Test Facility getestet und danach auf 3.000 Meter Tauchtiefe heruntergestuft. (Marine Board of Investigation/ OceanGate)

heißt es. Die Daten der Sensoren würden nahelegen, dass es „auf Dauer nicht sinnvoll" sei, wiederholt auf 4.000 Meter Tiefe zu tauchen. Es fällt auch der Begriff „cyclic fatigue" – zyklische Ermüdung, also eine Schwächung des Druckkörpers durch den wiederholten Druckwechsel nach mehreren Tauchgängen. Egal ob Herunterstufung oder Totalschaden: OceanGate hat nun kein Tauchboot mehr, mit dem die in 3.800 Meter Meerestiefe liegende TITANIC erreicht werden kann.[538, 539, 540, 541, 542]

→ **Bild 33: Die Hülle der TITAN in der Druckkammer (Seite 137)**

Am 24. Oktober 2019 gibt OceanGate bekannt, dass man die Expedition um ein weiteres Jahr verschieben wird. Die genauen Termine für 2021 stünden noch nicht fest. Nach den Gründen befragt, heißt es bei OceanGate lediglich, dass man mit der TITAN in der aktuellen Konfiguration nicht mehr zur TITANIC tauchen will.

Damit die Pressemitteilung zur „Rückstufung der Zieltiefe" des Druckkörpers auch etwas Positives enthält, kündigt OceanGate den Bau von zwei neuen Tauchbooten an, die in der Lage sein sollen, bis 6.000 Meter zu tauchen. Man habe mit der Planung bereits begonnen, heißt es in einer Pressemitteilung vom 29. Oktober 2019. Auslöser sei die „gewachsene Nachfrage", sowohl für TITANIC-Expeditionen als auch für die sonstige Tiefseeforschung, sodass man seine Kapazitäten erweitern wolle.

Die neuen Kapseln CYCLOPS 3 und 4 sollen ein ähnliches Design haben wie die TITAN (CYCLOPS 2), aber aus Karbonfasern von einem anderen Anbieter bestehen, der „Luft- und Raumfahrtqualität" liefern könne. Auch die Fertigung des Zylinders soll bei einer anderen Firma erfolgen. Die Tauchtiefe von 6.000 Metern könne so bei gleicher Wandstärke erreicht werden.

Die Pressesprecherin von OceanGate, Dana Hall, schreibt in einer E-Mail: „Wir haben weiter Vertrauen in das Design. [...] Trotz des Rückschlags sind wir sehr zufrieden mit den Daten, die die Echtzeitanalyse der Hülle gebracht hat. Wir haben schon mehrere Hersteller von Karbonfasern in Luft- und Raumfahrtqualität zur Hand für die Konstruktion von CYCLOPS 3 und 4."

# 2020

Die zweite Karbonfaserröhre der TITAN

# DIE ZWEITE KARBONFASERRÖHRE

Im Januar 2020 kündigt OceanGate an, sich frisches Geld zu besorgen. 18,1 Millionen US-Dollar wolle man bei nicht weiter benannten Investoren einsammeln und für den Bau der beiden neuen 6.000-Meter-Tauchboote verwenden. Tatsächlich kommen rund 16 Millionen US-Dollar zusammen, mit denen allerdings zunächst ein neuer Druckkörper für die TITAN hergestellt werden muss. Der Bau der beiden 6000er-Tauchboote wird hingegen auf unbestimmte Zeit verschoben.[543, 544, 545, 546]

Nachdem die TITANIC-Expedition nun frühestens 2021 stattfindet, plant Stockton Rush als Chef von Argus Expeditions derweil neue Einsätze für die CYCLOPS 1 (die ANTIPODES ist schon seit 2014 nicht mehr im Einsatz und soll verkauft werden). Wissenschaftler von der Universität der Bahamas wollen mit dem Tauchboot Wale und Haie beobachten. Für August 2020 ist zudem eine Expedition in den Hudson Canyon vor New York geplant.[547, 548, 549]

Um 2021 endlich zur TITANIC zu kommen, muss OceanGate im Laufe des Jahres 2020 eine neue Druckhülle für die TITAN produzieren lassen. Der Chief Operating Officer Bob Shuman (Leiter des operativen Geschäfts) sondiert schon länger, welche Firmen außer Spencer Composites infrage kommen. Nun hat er einen hochkarätigen Kooperationspartner an Land gezogen: die US-Weltraumbehörde NASA. Ein erster Vertrag, unterschrieben Anfang Januar 2021, sieht vor, auf dem Gelände des Marshall Space Flight Centers in Huntsville, Alabama, zunächst einen Druckkörper im Maßstab 1:3 herzustellen und anschließend zu testen. Am 4. Februar 2020 tritt ein größeres Abkommen zwischen der NASA und OceanGate in Kraft, mit dem Ziel einer „Zusammenarbeit zur Entwicklung, Herstellung und Testung eines Karbonfaser-Fahrzeugs". Das Projekt ist auf eine Laufzeit von zwei Jahren ausgelegt. Am Ende soll ein Druckkörper entstehen, der eine Tauchtiefe von 6.000 Meter aushält. „Die Übereinkunft ist ein tolles Beispiel dafür, wie die NASA mit Firmen Partnerschaften eingeht, um Weltraumtechnologien zurück zur Erde zu bringen", wird John Vickers, Leitender Technologe in der Abteilung für hoch entwickelte Fertigungstechnologien bei der NASA, in einer Pressemitteilung zitiert. Die Zusammenarbeit ist eigentlich für die Entwicklung der CYCLOPS 3 und 4 gedacht. Durch den Ausfall des

Druckkörpers der TITAN sollen mögliche Erkenntnisse aber auch in die Konstruktion der Ersatzhülle einfließen.[550, 551, 552]

Das Abkommen mit der NASA fällt unter den National Aeronautics and Space Act, ein Gesetz aus dem Jahr 1958, das der Weltraumbehörde eine Zusammenarbeit mit externen Firmen erlaubt, wenn eigene Projekte, Entwicklungen oder Missionen davon profitieren. Es gewährt OceanGate gegen Bezahlung den Zugriff auf Ressourcen (Personal und Anlagen) der NASA. Es stellt aber auch klar, dass die NASA nicht für die Sicherheit von Produkten haftet, die durch die Zusammenarbeit entstanden sind. Der Vertragspartner verpflichtet sich zudem, nicht den Anschein zu erwecken, dass die NASA gemeinsam entwickelte Produkte autorisiert hat oder empfiehlt, sofern dies nicht ausdrücklich vereinbart wurde. Von OceanGate erhofft sich die NASA Erkenntnisse zum Design und zur Herstellung von Karbonfaser-Werkstücken mit großer Wandstärke.[553, 554]

Für den Modelldruckkörper soll OceanGate zunächst die genauen Maße liefern, die Zeichnungen erstellen und den metallenen Formkern herstellen lassen, auf den die Karbonfasern aufgetragen werden. Die NASA will dann die Pläne und das Herstellungsprozedere überprüfen und bei der Computeranalyse helfen. Anschließend soll in Huntsville eine Röhre gewickelt, ausgehärtet und zugeschnitten werden. Vorgesehen ist auch eine Qualitätskontrolle mit Ultraschall. Die NASA rechnet mit Gesamtkosten von rund 150.000 US-Dollar. OceanGate kauft Ende Januar 2019 für die Herstellung der Modellröhre bei Toray Composites Materials America, Inc. (üblicherweise mit CMA abgekürzt) 136 Kilo Karbonfasermaterial vom Typ P2362W-19L, das direkt nach Huntsville geliefert wird. Die Fasern sind bereits mit Epoxidharz ummantelt. Sie werden auf Rollen angeliefert und zur weiteren Verarbeitung von einer Drittfirma in 13 Millimeter breite Bänder zerschnitten und auf große Spulen aufgerollt. Ein Roboter bringt das Material schließlich vollautomatisch auf den Formkern auf. CMA ist einer der größten Lieferanten von Karbonfasern und versorgt unter anderem Boeing mit Material für den Bau des Flugzeugtyps 787 Dreamliner.[555, 556]

Die NASA schlägt vor, das Karbonfasermaterial in mehreren Teilschritten aufzutragen und in einem vakuumierten Sack im Autoklav (ein Ofen, bei dem die Heizkammer unter Druck gesetzt werden kann) auszuhärten. Auf diese Weise könnten Lufteinschlüsse im Material verringert werden.[557]

Für eine genaue Struktur- und Spannungsanalyse holt OceanGate sich Hilfe bei Collier Aerospace aus Newport News, Virginia. Die Firma hat eine

Software namens HyperSizer entwickelt, die von Flugzeugherstellern wie Bombardier und Lockheed Martin sowie der NASA eingesetzt wird. OceanGate möchte die Software nicht selbst kaufen, weil es niemanden in der Firma gibt, der sie sinnvoll bedienen kann. Stattdessen soll Collier die Berechnungen im Auftrag vornehmen. Der Computer sucht nach Schwachpunkten im Design und versucht dann, die Form und Struktur von Bauteilen zu optimieren. OceanGate lässt mehrere Druckkörpervarianten durchrechnen, sowohl für eine potenzielle CYCLOPS 3 (maximale Tauchtiefe: 6.000 Meter) als auch für die Ersatzröhre der TITAN. Dabei wird unter anderem die Druckbelastung an den Übergängen zwischen der Karbonröhre und den Titanbauteilen sowie dem Acrylfenster simuliert. Für die CYCLOPS 3 sucht HyperSizer auch mögliche Schwachstellen eines Druckkörpers mit Kugelkappen aus Karbonfasern. Zudem möchte Stockton Rush von Collier wissen, wie belastbar die Erkenntnisse aus den Modelltests für die Herstellung des großen Druckkörpers sind. Am Ende kommt das Programm zu dem Ergebnis, dass eine perfekt gewickelte Karbonfaserröhre mit einer Wandstärke von 12,7 Zentimetern erst in einer Meerestiefe von 7.500 Metern nachgeben würde. Dennoch solle die TITAN nicht tiefer als 4.200 Meter tauchen, weil der Druck an der Auflagefläche des Acrylfensters sonst kritisch werden könnte.[558, 559, 560]

# AUSGEBREMST DURCH CORONA

Im März 2020 stuft die Weltgesundheitsorganisation das seit Beginn des Jahres grassierende Coronavirus SARS-CoV-2 als Pandemiefall ein. Um die Infektionsketten zu unterbrechen, wird das öffentliche Leben weltweit massiv gedrosselt. An Expeditionen mit der CYCLOPS 1 ist bis auf Weiteres nicht zu denken. Auch die NASA geht in den Lockdown. Wer nicht zwingend am Arbeitsplatz sein muss, wird ins Homeoffice geschickt oder freigestellt. Monatelang ist der Betrieb in den Entwicklungsabteilungen der Weltraumagentur nahezu lahmgelegt. Das Projekt mit OceanGate stuft die NASA als nachrangig ein, weil es keine Auswirkung auf das laufende Welt-

## KAPITÄN RUSH

Anfang 2020 beantragt Stockton Rush beim amerikanischen National Maritime Center ein Kapitänspatent für Binnengewässer-Fahrzeuge bis 25 BRT („Master of 25 GRT Inland Merchant Mariner Credential"). Um die Voraussetzungen zu erfüllen, macht er seine Zeit als Besatzungsmitglied an Bord der TITAN geltend. Dabei hat das Tauchboot nicht annähernd eine Größe von 25 Bruttoregistertonnen (BRT) oder mehr, die vorgeschrieben ist, damit sich der Antragsteller die geleisteten Dienststunden anrechnen lassen kann. Die TITAN hat etwa vier BRT – Rush macht daraus in den Formularen 26 BRT. Am 16. März 2020 stellt die US-Küstenwache das beantragte Kapitänspatent aus. Es gilt zunächst für fünf Jahre. Rush kann es auch für die geplante TITANIC-Expedition brauchen. Denn bei den meisten Hochsee-Versorgungs- oder Mehrzweckschiffen ist die Anzahl der Passagiere, die transportiert werden dürfen, gedeckelt. Entsprechend ist es von Vorteil, wenn möglichst viele Mitarbeiter von OceanGate zertifizierte Seefahrer sind – dann werden sie auf dem Expeditionsschiff nicht zu den Passagieren gerechnet, und das Schiff kann entsprechend mehr Mission Specialists oder andere Personen mitnehmen, die als Passagiere zählen.[561]

raumprogramm hat. Im Lockdown ist es nur einem sehr eingeschränkten Personenkreis erlaubt, das NASA-Gelände zu betreten – eine Genehmigung für Externe gibt es allenfalls in absoluten Ausnahmefällen. Und so finden lediglich Videocalls und Telefonate statt, bei denen OceanGate von den NASA-Ingenieuren bezüglich der Materialien und der Verarbeitung von Karbonfasern beraten wird, aber es erfolgen keinerlei Tests oder Herstellungsversuche mit NASA-Beteiligung. Am Ende zahlt OceanGate für die Beratung aus der Ferne rund 40.000 US-Dollar.[562, 563, 564, 565, 566, 567]

Stockton Rush erzählt später gegenüber der Technik- und Wirtschaftsnachrichten-Plattform GeekWire, dass das bereits nach Huntsville gelieferte Karbonfasermaterial in einer abenteuerlichen Aktion von einem Team in Ganzkörper-Schutzanzügen abgeholt wurde, nachdem klar war, dass dort auf absehbare Zeit keine Modellröhre hergestellt werden kann. Rush möchte nun so schnell wie möglich bei einem anderen Hersteller ein Modell der neuen TITAN-Röhre herstellen lassen, um die Pläne für die TITANIC-Expedition 2021 nicht zu gefährden. Justin Jackson, der Manager des „Space Act Agreements"-Programms bei der NASA, formuliert es weitaus weniger blumig: Material aus einem Kühllager sei an OceanGate „zurückgegeben worden".[568, 569]

Für die Fertigung der neuen TITAN-Röhre hat OceanGate am 21. Februar 2020 rund 3,5 Tonnen Karbonfasermaterial im Wert von mehr als 330.000 US-Dollar bei Toray CMA bestellt, die im Mai 2020 geliefert werden sollen. In einer OceanGate-Pressemitteilung vom 23. März 2020 wird die Zieltauchtiefe für den zu wickelnden Karbonfaserzylinder nun mit 4.500 Metern angegeben. OceanGate bittet Boeing Research & Technology um ein Angebot, die neue Röhre (sowie zuvor mehrere Modellprototypen) herzustellen. Dabei wird die Zusammenarbeit mit der NASA ausdrücklich erwähnt. Die Anfrage wird bei Boeing intern besprochen. Man entscheidet dann aber, kein Angebot abzugeben. Auch eine Anfrage von OceanGate, einen woanders gewickelten Karbonfaserzylinder in einem Autoklav des Flugzeugherstellers aushärten zu dürfen, wird von Boeing negativ beschieden.[570, 571, 572, 573, 574]

## EIN NEUES ACRYLFENSTER

Ende April 2020 sucht OceanGate auch einen Hersteller für ein neues Acrylfenster für die TITAN – das bisherige ist als Folge der Tests in der großen Druckkammer in Annapolis nicht mehr einsatzbar. Im Log der TITAN heißt es am 16. Oktober 2019 zunächst lediglich „Sichtfenster mit Karbonfaserstaub kontaminiert". Zurück in Everett, soll es gereinigt werden und wird zu diesem Zweck am 13. Dezember 2019 aus seiner Halterung entfernt. Dabei fällt das Acrylbullauge versehentlich herunter, wobei am Rand kleine Acrylstücke absplittern. Zunächst hofft Stockton Rush, dass es reicht, die Stellen abzuschleifen und zu polieren. Doch nach eingehender Prüfung entscheidet er, dass das Sichtfenster getauscht werden muss.

Mit Hydrospace möchte Rush offenbar nicht mehr zusammenarbeiten und sucht daher einen neuen Hersteller. In Deutschland wird er schließlich fündig, bei der Firma Heinz Fritz GmbH aus dem baden-württembergischen Herbrechtingen. Das Unternehmen hat bereits diverse Tauchbootfenster produziert, darunter die Acryl-Kugeldruckkörper mehrerer Triton-Tauchboote, die Bugkuppel des einzigen deutschen bemannten Forschungstauchboots JAGO vom GEOMAR Helmholtz-Zentrum für Ozeanforschung in Kiel (400 Meter Tauchtiefe) sowie die drei Fenster für Victor Vescovos LIMITING FACTOR (11.000 Meter Tauchtiefe). Heinz Fritz erhält am 29. April 2020 von OceanGate die Designzeichnung mit der Nummer 1S-040-MEC-000461 für das alte Bullauge in Hybridform von Hydrospace (außen gekrümmt, innen plan). Stockton Rush fragt dann aber den Preis für ein kuppelförmiges Fenster an (der Begriff ist „spherical sector“, auf Deutsch Kugelabschnitt) – die Form, die Hydrospace ihm 2017 vergeblich empfohlen hatte. Das Fenster soll außen und innen gleichermaßen gewölbt sein und eine Wandstärke von 14,08 Zentimetern aufweisen. Es könnte bei Bedarf von Heinz Fritz mit einer Zertifizierung für eine Tauchtiefe bis 4.300 Meter geliefert werden. Doch OceanGate verzichtet – aus Kostengründen und weil Stockton Rush befürchtet, dass der Vorgang zu lange dauert. Denn im Rahmen der Zertifizierung müsste das fertige Fenster zunächst in einer Druckkammer getestet werden.[575, 576, 577, 578]

Am 4. Mai 2020 schickt die Firma Heinz Fritz ein Preisangebot für das Fenster über 9.200 Euro (inklusive Versand in die USA, exklusive Einfuhrzoll). Fünf Tage später ist die Ordernummer 143499 unter Dach und Fach. Auf der Bestellbestätigung ist als Materialangabe „GS 0Z00 220, Plexiglas® GS“ vermerkt. Das Sichtfenster wird gefräst, geschliffen und poliert; es wiegt nun 36,79 Kilogramm. Nach der Fertigstellung wird es von der Spedition Interfracht ab Stuttgart nach Seattle geflogen und am 17. Juli 2020 an OceanGate ausgeliefert. Das beschädigte Hybridfenster von Hydrospace landet in einem der OceanGate-Materialcontainer für die TITAN, in dem Ersatzteile gelagert werden.[579, 580, 581, 582, 583]

# ELECTROIMPACT

Der Auftrag, die neue Druckröhre für die TITAN herzustellen, geht schließlich an die Firma Electroimpact aus Mukilteo (Bundesstaat Washington) nördlich von Seattle. Die Firma ist hauptsächlich im Flugzeugbau tätig. Das Herstellungsverfahren ist etwas anders als beim ersten TITAN-Druckkörper: So wurden die entlang der Krümmung verlaufenden Kohlefasern bei Spencer Composites „nass" gewickelt, also erst vor dem Auftragen mit Epoxidharz getränkt. Die fertig gewickelte Röhre wurde anschließend einmalig erhitzt und ausgehärtet. Bei Electroimpact soll die neue Hülle hingegen komplett „trocken" aus den bereits erwähnten beschichteten Faserbändern gewickelt werden. Da die Menge des Epoxidharzes in der Faserummantelung vom Hersteller präzise dosiert werden kann, ist diese dünner als beim „nassen" Verfahren. Bei gleicher Röhrenwandstärke soll die TITAN am Ende 667 Schichten statt zuvor 480 aufgetragen bekommen. Zusätzlich möchte Electroimpact die Röhre in fünf Schritten wickeln und nach jedem Schritt im Autoklav aushärten lassen.[584, 585, 586, 587, 588, 589, 590, 591, 592]

Stockton Rush ist nicht davon überzeugt, dass die Unterteilung in fünf Etappen wirklich erforderlich ist. Daher gibt er bei Electroimpact zunächst ein Modell im Größenverhältnis 1:3 in Auftrag, bei dem die Fasern in einem Rutsch aufgetragen und nur einmal verbacken werden. Im Mai 2020 wird die Herstellung einer ersten, 77 cm langen Miniaturröhre nach nur 40 Schichten abgebrochen, weil sich das Material an einer Stelle längs zur Achse sichtbar wellt. OceanGate und Electroimpact beschließen, noch einmal von vorne anzufangen. Beim zweiten Versuch liegen 202 Faserschichten nach dem Wickeln weitgehend plan auf. Dann die Ernüchterung: Beim Aushärten bilden sich an der Oberfläche der kleinen Röhre drei deutliche Falten. Rush möchte das Modell dennoch so schnell wie möglich in der Druckkammer der University of Washington testen. Doch er muss sich gedulden. Coronabedingt wird das Labor mit deutlich verringerter Kapazität betrieben. Der frühestmögliche Termin, den OceanGate buchen kann, ist Ende Juli 2020. Stockton Rush nutzt die Zeit und lässt ein weiteres Röhrenmodell herstellen. Das hat nach dem Aushärten zwar ebenfalls Falten, scheint aber insgesamt qualitativ besser gelungen zu sein. Am 26. Juli 2020 geht es damit in die Druckkammer der University of Washington. Das Modell hält im Labor zunächst vier Stunden lang einem Druck entsprechend 4.000 Meter Meerestiefe stand. Als man den Test am Nachmittag wiederholen will, bekommt der Zylinder bei einem Druck entsprechend 2.800 Meter Meerestiefe einen Riss und implodiert mit einem ohrenbetäubenden Knall. Die Auswertung der mit der Röhre verklebten Sensoren ergibt, dass die Dehnungsmessstreifen zuvor eine deutliche Verformung registriert haben; gleichzeitig zeichnen die Akustiksensoren ein Feuerwerk von Knallgeräuschen auf. Als die Tester die Röhre aus der Druckkammer ziehen, ist ein 25 Zentimeter langer Riss zu sehen, der parallel zur Achse des Zylinders verläuft und dann im 90-Grad-Winkel entlang der ringförmig aufgebrachten Fasern weitergeht. Nach dem Test versucht Collier Aerospace, das Computermodell an die reale Struktur der Miniaturröhre mitsamt den Falten anzupassen, bis eine Drucksimulation zu ähnlichen Ergebnissen wie der Realtest kommt.[593, 594]

OceanGate lässt nun ein weiteres Modell anfertigen. Diesmal wird das Werkstück alle paar Schichten einem Vakuum ausgesetzt, um das Material zu verdichten und Lufteinschlüsse oder Feuchtigkeit zu entfernen. Anschließend wird die Röhre im Ganzen ausgehärtet. Wieder bilden sich Falten in der Oberfläche. Collier Aerospace versucht, die Abweichungen von einer ideal glatten Oberfläche in seine Modellanalysen mit einzubeziehen und zu berechnen, wie sich die Röhre unter Druck verhalten wird. Am 20. August 2020 findet der zugehörige Realtest in der Druckkammer der Universität of Washington statt. Noch ehe die anvisierte Zieltiefe erreicht ist, gibt es eine Vielzahl akustischer Ereignisse, und Stockton Rush, der dem Test per Videostream beiwohnt, befiehlt, den Druck zu senken. Das Modell wird am Ende nicht zerstört, aber auch nicht auf 4.000 Meter Tauchtiefe getestet. Für Rush ist das Ergebnis eine Bestätigung, dass das Real Time Monitoring über Akustiksensoren funktioniert. Bei beiden Tests hat sich das Versagen des Druckkörpers durch einen starken Anstieg der Geräusche angekündigt. Beim zweiten Test konnte eine Implosion verhindert werden, indem der Druck kontrolliert reduziert wurde.

Electroimpact versucht derweil, OceanGate von einer mehrstufigen Aushärtung der Röhre zu überzeugen, um das Problem mit den Falten in den Griff zu bekommen. Dafür wickelt das Unternehmen im Herbst 2020, ohne es in Rechnung zu stellen, auf den Originalformkern der TITAN einen rund 60 Zentimeter breiten und 2,54 Zentimeter dicken Karbonfaserring, härtet diesen im Autoklav aus und wiederholt anschließend die Vorgehensweise, sodass der Ring eine Wandstärke von 5,08 Zentimetern aufweist. Die Oberfläche ist danach tatsächlich glatter als bei den in einem Vorgang ausgehärteten 1:3-Modellen. Ein Drucktest mit dem Ring ist nicht vorgesehen, weil er für das Labor der Universität von Washington zu groß ist. Zusätzlich produziert Electroimpact einen schmalen, 12,7 Zentimeter dicken Ring und lässt ihn anschließend einmalig aushärten, wobei sich erneut eine große Falte bildet. Electroimpact informiert OceanGate daraufhin, dass man nur bereit sei, die große Hülle herzustellen, wenn diese in mehreren Schritten gewickelt und ausgehärtet wird.[595]

Collier Aerospace empfiehlt unterdessen, im Computer eine zusätzliche Modellanalyse durchzuführen, die die fortschreitende Schädigung des Materials durch wiederholte Belastungen abbildet. Doch OceanGate folgt dem nicht.

Im August 2020 veröffentlicht Argus Expeditions unter dem Namen OceanGate Expeditions auf seiner Website unter der Überschrift „Lerne die TITAN kennen“ eine ausführliche Beschreibung des Tauchboots und dazu als Firmenbeschreibung: „Wir sind Branchenführer beim sicheren Betrieb bemannter Tauchboote in flachen Gewässern und der Tiefsee. OceanGate hat signifikante Mittel in die Recherche, Entwicklung und Herstellung einer neuen Generation bemannter Tauchboote investiert für kommerzielle, wissenschaftliche und Militärprojekte. Der Einsatz der TITAN bei der TITANIC Survey Expedition ist ein monumentaler Meilenstein in unseren Bemühungen, mit dem Status quo zu brechen, die Meere zugänglich zu machen und durch Technologie, Innovation und Abenteuer mehr Verständnis für das Unbekannte auf der Welt zu wecken.“[596]

Am Ende des ersten Pandemiesommers wagt OceanGate die Rückkehr zum Expeditionsbetrieb. Mit der CYCLOPS 1 geht es im September 2020 unter strengen Hygieneregeln in den Hudson Canyon. Dafür wird die ganze Mannschaft vor der Abfahrt des Expeditionsschiffes (und an Bord täglich noch einmal) auf Corona getestet. Es handelt sich eher um eine Art Ausflug ab New York als um eine echte Expedition. Der Trip kostet 35.000 US-Dollar pro Person und dauert drei Tage. (Tag 1: 185 Kilometer Anreise an Bord der RANA MILLER ab Staten Island, New York, bis kurz vor die Kante des Kontinentalschelfs, mit der CYCLOPS 1 im Schlepp. Tag 2: ein drei- bis fünfstündiger Tauchgang. Tag 3: Heimreise nach New York)[597, 598, 599, 600]

Stockton Rush und Kenny Hauge sind als Piloten vorgesehen. Hauge ist seit vielen Jahren für OceanGate im Einsatz, anfangs als Gerätetaucher zur Unterstützung der ANTIPODES. Dann arbeitet er sich hoch zum U-Boot-Techniker. Sein erster Tauchgang als Pilot fand 2012 bei der Erforschung des Rotfeuerfisch-Befalls vor Florida statt. Inzwischen ist er Chefpilot der CYCLOPS 1.

Als Mission Specialists sind Mike und Denise Reiss sowie Renata Rojas dabei. Alle drei wohnen im Großraum New York und können trotz der allgemeinen Coronabeschränkungen „anreisen". Mike Reiss ist ein erfolgreicher Drehbuchautor und Fernsehproduzent. Er und seine Frau sind passionierte Abenteurer, beide waren auch bereits in der Antarktis. Der Tauchgang mit den drei Kunden am 16. oder 17. September 2020 geht in eine Tiefe von 308 Metern – alle drei schwärmen danach in einem OceanGate-Werbevideo von dem Trip. Für Renata Rojas soll die Expedition die lange Wartezeit überbrücken, die durch das mehrmalige Verschieben der TITANIC Survey Expedition entstanden ist – sie will unter den Ersten sein, die mit der TITAN zur TITANIC tauchen. Auf dem Meeresboden sehen die drei Mission Specialists Krabben, Seesterne, Hummer, Kettenkatzenhaie und Kalmare.[601, 602, 603, 604, 605]

Das Ehepaar Reiss nimmt Ende Oktober 2020 direkt an einem zweiten Trip mit der CYCLOPS 1 teil. Im Rahmen der dreitägigen „Wrecks of the Northeast Deep-Sea Expedition" soll das Wrack des deutschen U-Boots U 869 aus dem Zweiten Weltkrieg erkundet werden, das etwa 70 Kilometer vor der Küste New Jerseys liegt. Das U-Boot wurde im Februar 1945 höchstwahrscheinlich von dem US-Geleitzerstörer HOWARD D. CROW mit Wasserbomben angegriffen und versenkt. Mike und Denise Reiss sehen das Wrack nur einen kurzen Moment am Boden liegen – dann muss der Tauchgang wegen technischer Probleme abgebrochen werden. Für beide soll es nicht das letzte Tauchboot-Abenteuer sein – auch sie stehen auf der Buchungsliste für die TITANIC Survey Expedition.[606, 607, 608]

Stockton Rush ist unterdessen froh, dass trotz Corona überhaupt wieder Tauchfahrten möglich sind. Zu einem Journalisten von GeekWire.com sagt er zwischen den beiden Expeditionen, es gehe bei den Tauchgängen primär darum, sich „endlich wieder nass machen zu dürfen". Im Anschluss an die zweite Expedition wird die CYCLOPS 1 bei der University of Rhode Island zur Überwinterung eingelagert. Rush möchte sich die Kosten für den Rücktransport nach Everett und eine zweite Verlegung an die Ostküste sparen. Eine digitale OceanGate-Broschüre wirbt bereits für neue Tauchgänge in den Hudson Canyon, die im Herbst 2021 stattfinden sollen. Im Begleittext bleibt offen, ob dabei erneut die CYCLOPS 1 zum Einsatz kommen soll oder das neue Tauchboot. Die beigefügten Fotos zeigen jedenfalls die TITAN. Der Canyon ist am Rand des Kontinentalschelfs bereits etwa 2.000 Meter tief und läuft am Meeresboden weiter bis in fast 4.000 Meter Tiefe. Ein Tauchbootwechsel wäre also unter Umständen sinnvoll, um Bereiche jenseits von 500 Metern erkunden zu können.[609, 610, 611]

Im Herbst 2020 gibt Stockton Rush bei Electroimpact die finale Karbonfaserröhre mit einer Aushärtung in mehreren Schritten in Auftrag. OceanGate bestellt dafür bei Toray CMA rund 360 Kilo Karbonfasermaterial nach, vermutlich weil bei Electroimpact durch die Herstellung der zusätzlichen Modelle mehr Material verbraucht wurde als geplant. Der Zylinder der neuen Röhre soll die gleiche Wandstärke haben wie die erste Hülle. Die bestehenden Titanhalbkugeln sowie die Verbindungsringe des ersten TITAN-Druckkörpers möchte Rush wiederverwenden. Dazu wird die alte Hülle kurz vor den Verbindungsringen abgesägt. Danach wird das restliche Karbonfasermaterial aus der Nut gefräst.[612, 613, 614]

Als Tony Nissen, der ehemalige Chefingenieur von OceanGate, vom Recycling der Titanringe hört, ist er empört. Die Klebeverbindung zur Karbonfaserröhre sei auf Dauer nur stabil, wenn der Ring so berechnet ist, dass er sich unter Druck weitgehend wie die Karbonfaserröhre verformt. In der Werkstofftechnik nennt man den proportionalen Zusammenhang zwischen Druck und Verformung Elastizitätskoeffizient oder Elastizitätsmodul (auf Englisch „modulus“). Verformen sich der Ring und der Röhrenrand unter Druck unterschiedlich stark, kann es zu Scherkräften im Bereich der Verklebung kommen. OceanGate hätte das Elastizitätsmodul der zweiten Röhre neu berechnen und die Ringe anpassen müssen, sodass sie kompatibel seien, so Nissen. Doch eine solche Überarbeitung der Ringe findet nicht statt.[615]

Im November 2020 beginnt Electroimpact damit, die finale Druckkörperröhre der TITAN zu wickeln. Die Vorgaben für die Wandstärke (12,7 Zentimeter), den Außendurchmesser (167,6 Zentimeter) und die Röhrenlänge (2.540 Zentimeter) sind im Vergleich zur ersten Röhre unverändert. Sie soll in fünf Schritten hergestellt werden. Dabei werden jeweils 133 Faserschichten aufgetragen, die insgesamt eine errechnete Wandstärke von 2,5337 Zentimetern ergeben sollen. Die Röhre wird anschließend mit einer Zusatzschicht Harz überzogen und mit einer Schutzfolie ummantelt. Dann wird sie an Janicki Industries nach Sedro-Woolley (ebenfalls im Bundesstaat Washington) überstellt. Dort wird sie zunächst in einen luftdichten Sack gepackt. In diesem wird ein Vakuum hergestellt, um Lufteinschlüsse zwischen den Faserschichten zu entfernen und die Epoxidharzschichten zu verdichten. Anschließend wird der Zylinder im Autoklav ausgehärtet, wo gegebenenfalls noch vorhandene Lufteinschlüsse durch den Druck weiter reduziert werden sollen. Zurück bei Electroimpact, wird die Schutzfolie abgezogen und eine hauchdünne, grüne Klebeschicht aufgetragen, ehe weitere Faserschichten aufgebracht werden. Das Prozedere wiederholt sich: 133 Faserschichten – Zusatzharzschicht – Folienversiegelung – Überstellen zum Aushärten – Vakuumsack – Autoklav – Rücktransport – Folienentfernung – Klebeschicht aufbringen. (Beim fünften Ring fällt der letzte Schritt mit der Klebeschicht weg.)[616, 617, 618, 619, 620, 621, 622]

→ Bild 34: Die fertig ausgehärtete Röhre bei Electroimpact (Seite 152)

Der Softwareprogrammierer Phil Brooks erzählt später, dass die Röhre schon beim ersten der fünf übereinanderliegenden Ringe nicht so glatt wie erhofft aus dem Ofen kommt. An der Oberfläche ist, ähnlich wie bei den Modelltests, eine Welle erkennbar. OceanGate-Chefingenieur Dan Scoville will unbedingt vermeiden, dass sich diese beim Weiterwickeln auf Ring zwei überträgt und größer wird, nachdem die Unebenheiten bei den Modelltests offenbar die Schwachstellen im Druckköper waren. Scoville hat die entscheidende Idee zur Lösung des Problems: Nach dem Aushärten von Ring eins bis vier wird die Oberfläche nun jeweils abgeschliffen, damit die folgenden Karbonfaserschichten auf glattem Untergrund ansetzen. Dabei werden jeweils mehrere Schichten Karbonfasern durchtrennt – an einer Stelle sind es zwölf von 133 Schichten, was eine Schwächung des Materials bedeutet. Nachdem der letzte Ring ausgehärtet ist, wird die Röhre bei Janicki Industries schließlich mit einer Diamantkreissäge auf die Ziellänge zugeschnitten.[623, 624, 625]

→ Bild 35: Vergrößerung aus der Schnittkante (Seite 152)

An der Schnittkante kann nun die tatsächliche Wandstärke der Röhre gemessen werden. Das Ergebnis ist überraschend: Die einzelnen Ringe sind zwischen 2,6035 und 2,6213 Zentimeter dick, obwohl sie eigentlich mit 2,5337 Zentimetern berechnet waren. Dies hat zur Folge, dass der fertige Zylinder vier Millimeter zu dick ist, um in die Verbindungsringe zu passen. Bei der Berechnung war man davon ausgegangen, dass das Material nach der Aushärtung Hohlräume in einem Umfang von 0,4 bis 0,5 Prozent des Gesamtvolumens enthält. Tatsächlich hat die fertige Hülle aber einen

34

35

36

**34** Die fertig ausgehärtete Röhre bei Electroimpact. Der Formkern wurde bereits rechts aus der Röhre gezogen. Die Stelle, an der die Röhre abgeschnitten werden soll, ist in Rot eingezeichnet. (National Transportation Safety Board)

**35** Vergrößerung aus der Schnittkante der zweiten Röhre, wo sich beim Aushärten eines Rings eine Falte gebildet hat. Elf Faserschichten wurden durchtrennt, als die Falte abgeschliffen wurde. (National Transportation Safety Board)

**36** Die Titan mit der neuen Karbonfaserröhre wird im April 2021 über die neuen Ösen an den Verbindungsringen im Hafen von Everett für erste Tests ins Wasser gesetzt. (Marine Board of Investigation)

Hohlraumanteil von geschätzt 2,2 bis 2,7 Prozent. Damit die Röhre in die Aussparung der wiederverwendeten Titanringe passt, muss an den Enden außen Material abgetragen werden.

Ehe die Titanringe mit der Röhre verbunden werden, werden an ihnen auf Wunsch von Dan Scoville (dem von Stockton Rush zwischenzeitlich auch die Leitung der Abteilung für den operativen Betrieb der Tauchboote übertragen wurde) oben jeweils zwei Metallösen angeschweißt. Das soll es später leichter machen, das Tauchboot zu verladen. Die TITAN musste bisher mit Schlingen angehoben werden, die unter den Ringen oder den Kufen des Landegestells durchgefädelt wurden. Künftig sollen Seile oder Ketten direkt am Tauchboot befestigt werden, damit sie nicht mehr verrutschen können. Die Ösen sind umstritten. So hat der ehemalige Director of Marine Operations David Lochridge beispielsweise davor gewarnt, dass der Schwerpunkt der TITAN durch die vielen Gerätschaften im Heck nicht in der Mitte zwischen den Verbindungsringen liegt, sondern weiter hinten. Wird sie wiederholt über die Ösen angehoben, könnte die ungleichmäßige Gewichtsverteilung dazu führen, dass Scherkräfte auf die Verklebung mit den Ringen wirken. Auf Dauer könne dies zu einer Ablösung führen.[626, 627]

Der Karbonfaserzylinder wird im Februar 2021 bei Electroimpact zuerst mit dem Heck- und dann mit dem Frontring verbunden. Dabei kommt erneut der Zweikomponenten-Pastenklebstoff Loctite EA 9394 AERO von Henkel zum Einsatz. Chefingenieur Dan Scoville erinnert sich: „Wir haben extra viel Kleber aufgetragen. Man hat ja nur einen Versuch, und wenn da nicht genügend Klebstoff ist, bist du erledigt." Die Röhre taucht in die Aussparung im Titanring ein, dann kommen schwere Gewichte drauf, damit sich alles gut setzen kann. Abstandshalter sorgen wieder dafür, dass die Klebeverbindung die richtige Dicke hat. Die überschüssige Paste quillt an den Kanten der Nut heraus und wird entfernt.[628, 629, 630, 631, 632, 633, 634]

→ Bild 36: Die TITAN hängt an den neuen Ösen. (Seite 152)

# JURISTISCHE WINKELZÜGE

Im Oktober 2020 gibt OceanGate Expeditions (juristisch immer noch Argus Expeditions) eine weitere Pressemitteilung heraus, in der noch einmal unterstrichen wird, dass OceanGate, Ltd. und OceanGate Expeditions zwei verschiedene Firmen sind (obwohl Stockton Rush CEO von beiden ist). Das Unternehmen OceanGate, Ltd. habe zugestimmt, das in seinem Besitz befindliche Tauchboot TITAN an OceanGate Expedition zu verchartern, um damit „TITANIC-Expeditionsexperten zusammen mit Normalbürger-Wissenschaftlern, die als Mission Specialists ausgebildet wurden", zum Wrack zu transportieren, heißt es darin etwas sperrig. Dies ist relevant, weil die TITAN nicht zertifiziert ist – als US-amerikanische Firma dürfte OceanGate entsprechend keine zahlenden Passagiere in dem Tauchboot befördern. Mit dem Firmensitz von Argus Expeditions/OceanGate Expeditions auf den Bahamas gelten die US-Vorschriften nicht, solange die TITAN in internationalen Gewässern operiert (wie schon bei der CYCLOPS 1 beschrieben).

OceanGate sichert sich doppelt ab. Noch immer möchte man seine Kunden alias „Mission Specialists" auf keinen Fall als zahlende Mitfahrer oder Touristen verstanden wissen, sondern als Crewmitglieder. So sollen die strengen amerikanischen Vorschriften für den Transport von Passagieren selbst dann nicht greifen, wenn sich die TITAN im Hoheitsgebiet der USA befindet. Dies wäre zum Beispiel bei Tauchgängen im Puget Sound vor Seattle oder im Hudson Canyon vor New York der Fall.[635, 636]

# 2021

Die TITAN auf der Plattform LARS

# EXPEDITIONS-VORBEREITUNG

Zum 1. Januar 2021 greift bei OceanGate eine weitere Preiserhöhung für die geplante TITANIC Survey Expedition: Wer sich anmeldet, zahlt (statt zuvor 125.000 US-Dollar) nun 150.000 US-Dollar für das Training als Mission Specialist und als Teilnahmegebühr an der Expedition. Die Rahmendaten für 2021 sind nahezu identisch mit denen der verschobenen 2020er-Expedition: sechs Missionen mit jeweils neun Mission Specialists, der Einsatz von 4K-Kameras, einem Sonar und einem Laserscanner, dazu TITANIC-Experten und Wissenschaftler. Die Expedition soll von Ende Mai bis Mitte Juli 2021 dauern. Der Expeditionsveranstalter Argus Expeditions wird nun endgültig in OceanGate Expeditions umbenannt, nachdem der neue Name in E-Mails und Briefen schon länger verwendet wurde.[637, 638]

Am 19. Januar 2021 verkündet OceanGate stolz, den irischen TITANIC-Experten Rory Golden für die Expedition verpflichtet zu haben, der 2000 und 2005 bereits zweimal mit den russischen MIR-Tauchkapseln zum Wrack der TITANIC getaucht ist.[639] Später kommen weitere interessante Teilnehmer dazu, auch einige, die thematisch nichts mit der TITANIC zu tun haben. NASA-Astronaut Dr. Scott Parazynski (fünf Spaceshuttle-Missionen, sieben Weltraumspaziergänge), der zuvor schon an der Expedition zur ANDREA DORIA teilgenommen hat, wird im März 2021 von OceanGate als Expeditionsexperte und als Tauchboot-Co-Pilot verpflichtet. „Herausfordernde Umwelten sind ein unglaublicher Katalysator für Innovation", wird er in einer Pressemitteilung zitiert, und weiter: „Teil des allerersten Expeditionsteams der TITANIC Survey Expedition zu sein, mit meinem Freund und Kollegen Stockton Rush, ist eine große Chance für mich. Zum Meeresboden vorzudringen, stellt uns vor viele Herausforderungen, die sich auch bei der Erforschung des Weltraums ergeben."

Auf der FAQ-Frageseite bei oceangateexpeditions.com sind ab März 2021 Teile der Vertragsbedingungen für Mission Specialists nachzulesen.[640] So wird das Risiko für schlechtes Wetter zur Hälfte auf die Expeditionsteilnehmer abgewälzt. Fällt ein Tauchgang aus, weil vor Ort anhaltend schlechte Bedingungen sind, erhält der Kunde 50 Prozent des Reisepreises als Gutschrift für eine weitere Expedition. Nur wenn der Tauchgang wegen technischer Probleme nicht zustande kommt, gibt es eine Gutschrift von 100 Prozent. Wohlgemerkt eine Gutschrift, keine Rückerstattung. Tritt ein auf dem Expeditionsschiff befindlicher Mission Specialist seinen Tauchgang nicht an, obwohl ihm einer angeboten wird, hat er keinen Anspruch auf eine Gutschrift.

Die neue Hülle der TITAN wird vom 25. Februar bis zum 4. März 2021 in der großen Druckkammer der Deep Ocean Test Facility in Annapolis, Maryland, getestet. Todd Rudberg von Electroimpact hat auf LinkedIn zuvor ein Foto mit seinem Team vor dem fertig montierten Druckkörper der TITAN gepostet, dazu den Text: „Normalerweise bauen wir Hochleistungs-Verbundstrukturen für Flugzeuge, aber OceanGate hat uns diese originelle Herausforderung angeboten, und wir haben ‚na klar' gesagt! Auf dem Foto ist ein Unterseeboot aus Karbonfasern zu sehen. Als Nächstes geht es in die Prüfanlage. Hoffen wir, dass es das aushält. Es wird ein Test mit mehr als 6.000 psi." Das entspricht einer Meerestiefe von 4.116 Metern. OceanGate-Chefingenieur Dan Scoville kommentiert den Beitrag kurze Zeit später mit den Worten: „Sind jetzt in Annapolis in der Deep Water Test Facility und prüfen die Hülle."[641, 642, 643, 644, 645]

Davor werden die akustischen Sensoren im Inneren der Hülle zunächst auf ihre Funktionstüchtigkeit getestet. Hierfür wird direkt neben jedem Sensor ein Bleistift zerbrochen. Das Geräusch ist ähnlich dem von reißenden Karbonfasern; verzeichnet der Sensor einen Ausschlag, ist er funktionstüchtig. Dieser Test kann später im Regelbetrieb der TITAN nicht mehr angewendet werden, weil das Insert und die technischen Einbauten die Sensoren verdecken und somit unzugänglich machen. Stattdessen soll mit einem Pinger vor jedem Tauchgang standardisiert auf die Titanringe geschlagen werden, um zu überprüfen, dass die Sensoren anschlagen. Dabei kommt ein Federdruckkörner zum Einsatz, der einen immergleichen Schlag auslöst. Das Werkzeug wird normalerweise verwendet, um eine kleine Vertiefung auf einer Fläche zu erzeugen, meist als Führungshilfe für Bohrer. Im Titan der Ringe hinterlässt es keine Delle – dazu ist das Material zu hart. Der Test mit dem Pinger ist nicht für alle Sensoren gleich gut geeignet. Am schlechtesten funktioniert er bei denen, die den größten Abstand zu den Ringen haben. Ein Schlag direkt auf die Röhre ist tabu, weil dabei die obersten Faserschichten beschädigt werden könnten.[646, 647]

An vier Tagen wird der Druckkörper nun getestet: Am ersten Tag wird er einmal 30 Minuten und einmal 40 Minuten lang einem Druck von 5.858 psi (entsprechend einer Meerestiefe von rund 4.000 Metern) ausgesetzt. Der Druckkörper hält, gibt aber immer wieder deutliche Geräusche von sich. Am zweiten Tag muss er 20 Minuten lang einen Druck von 6.154 psi (rund 4.200 Meter Meerestiefe) aushalten. Dies entspricht einer Reserve von 9,4 Prozent, was weit unter dem Industriestandard für Tauchboote (mit Metalldruckkörper) von 25 Prozent liegt. Am dritten Tag wird der Druckkörper 240 Minuten lang 5.627psi ausgesetzt (entsprechend der maximalen Zieltiefe am Wrack der TITANIC). Dieser Test wird am vierten Tag wiederholt. Die Daten der Akustiksensoren bei den beiden letzten Tests sind vielversprechend. Chefingenieur Dan Scoville sagt, dass nach einigen Knallgeräuschen während des ersten Tests kaum noch Geräusche zu hören waren. Der Druckkörper „war leiser als alles, was wir davor getestet haben. Wir haben einander fragend angesehen: Funktionieren die Sensoren überhaupt?“ Softwareingenieur Phil Brooks ist ebenfalls mehr als zufrieden, hat er doch für künftige Tauchgänge nun einen Satz Vergleichsdaten. Sehen die Grafiken von den Akustiksensoren und den Dehnungsmessstreifen später annähernd so aus wie beim letzten Test, sollte mit der Hülle alles in Ordnung sein. Aus den Drucktests mit den kleinen Modellen wiederum glaubt er ableiten zu können, dass die Akustiksensoren binnen kürzester Zeit Tausende Ausschläge registrieren, wenn ein Versagen der Hülle droht – und das mit einer ausreichenden zeitlichen Reserve, um den Tauchgang unbeschadet abzubrechen.[648]

Im Anschluss an die Tests in Annapolis wird im März 2021 der Vertrag für das Expeditionsschiff unterzeichnet, das für die TITANIC-Expedition eingesetzt werden soll. Die 93,6 Meter lange HORIZON ARCTIC der kanadischen Firma Horizon Maritime ist ein modernes Multifunktionsschiff mit Platz für bis zu 60 Personen und einem großen offenen Deck. Das Schiff fährt unter kanadischer Flagge und ist deshalb auch nicht von den Einschränkungen aus dem „Coasting Trade Act“ von 1992 betroffen, laut dem Schiffe unter ausländischer Flagge nicht zweimal hintereinander in kanadischen Häfen anlegen dürfen.

Anders als bisher soll die Startplattform LARS mit dem Tauchboot nicht im Schlepp hinter dem Schiff hergezogen werden. Stattdessen wird die HORIZON ARCTIC die komplette Konstruktion huckepack nehmen. Stockton Rush hatte gehofft, ein Schiff mit Kran chartern zu können, doch das klappt nicht. Daher muss nun eine Rollrampe ans offene Deck am Heck angebaut werden, damit der Launch funktioniert.

## HORIZON ARCTIC

**Klassifizierung:** Versorgungsschiff & Schlepper
93,6 Meter lang
24 Meter breit
7 Meter Tiefgang
**Baujahr:** 2016
**Bruttoraumzahl:** 8.143

Sobald sich das Tauchboot wieder in Everett befindet, beginnt das Ingenieursteam damit, alle Technikkomponenten in und am Druckkörper zu verbauen und miteinander zu verbinden. Nach einem ersten Schwimmfähigkeitstest am 26. April 2021 justieren die Ingenieure bei der Gewichtsverteilung nach. Das Tauchboot liegt hecklastig im Wasser. Entsprechend ordnen sie das Auftriebsmaterial (den „syntaktischen Schaum") hinter dem Druckkörper neu an. OceanGate führt das Tauchlog der TITAN mit der neuen Karbonröhre nahtlos weiter. Der erste Tauchgang am 29. April 2021 hat entsprechend die Nummer #50. Im flachen Wasser des Hafens von Everett finden in einer Tiefe von 2,80 Meter Systemtests statt. Die TITAN bleibt dabei auf der Tauchplattform LARS fixiert. Sie ist nun mit einem Doppler Velocity Logger ausgestattet, einem Unterwasser-Navigationsgerät, das über Schallwellen die Geschwindigkeit des Tauchboots relativ zum Meeresboden oder zur Wassersäule messen kann. Zudem wurde ein Großteil der Software für die elektrischen Systeme überarbeitet. Am 6. Mai 2021 hebt das „neue" Tauchboot mit Stockton Rush als Pilot und zwei weiteren Personen an Bord erstmals von seiner Schwimmplattform zu einem Tauchgang ab. Er führt in eine Tiefe von 79 Metern (#52 im Tauchlog) und dauert viereinhalb Stunden.[649, 650, 651, 652]

Am 18. Mai 2021 schickt OceanGate-Anwalt David Concannon über seine Firma Explorer Consulting einen Brief an Richterin Rebecca B. Smith vom United States District Court für den Eastern District of Virginia und reicht die konkreten Expeditionspläne ein. Das Gericht ist seit einer Klage aus dem Jahr 1992, bei der es um das Bergerecht am Wrack ging, für die TITANIC zuständig. Im Jahr 1994 hat sich die Firma RMS Titanic, Inc. (RMST) die ausschließlichen Bergerechte erstritten. Bis heute wurden mehr als 5.500 Artefakte vom Meeresboden geholt. Die Gegenstände wurden teils aufwendig restauriert und konserviert; sie sind weltweit in mehreren Wanderausstellungen zu sehen. Concannon beteuert in seinem Brief ans Gericht, dass OceanGate nicht vorhabe, das Wrack zu beeinträchtigen oder die Rechte von RMST als „salvor-in-possession" (Inhaber der Bergerechte) zu verletzen. Gleichzeitig erkennt er die Zuständigkeit des Gerichts für sämtliche Aktivitäten am Wrack an.[653]

In dem Brief heißt es weiter, OceanGate besitze „drei Fünf-Personen-Tauchboote, die alle betrieben und gewartet werden nach Standards, die denen der großen Klassifizierungsagenturen entsprechen oder diese übertreffen". Die TITAN habe mehr als 50 Testtauchgänge absolviert, mehrere davon in „TITANIC-äquivalente" Tiefen und sei zusätzlich in einer Druckkammer entsprechendem Druck ausgesetzt worden.

In dem beim Gericht eingereichten Schreiben werden auch Details zur Durchführung der Tauchgänge genannt. So wolle man versuchen, die TITAN jeweils nördlich der Wrackstelle auf dem Meeresboden aufzusetzen, um sich der TITANIC im „Gegenwind" der am Wrack vorherrschenden Süd-Nord-Strömung zu nähern. Ziel ist es, dadurch präziser navigieren zu können und nicht aus Versehen gegen das Wrack gedrückt zu werden. In einem letzten Satz lädt Concannon die Richterin ein, als Gast an Bord zu kommen und an der Expedition teilzunehmen.[654, 655]

Das Gericht lässt von der National Oceanic and Atmospheric Administration (NOAA) prüfen, ob eine Genehmigung für die Tauchgänge nach Sektion 113 des Consolidated Appropriations Act von 2017 nötig ist. Das Gesetz basiert auf einem Abkommen zur TITANIC zwischen den USA und Großbritannien aus dem Jahr 2003, das nach langwieriger Ratifizierung seit November 2019 in Kraft ist. Sektion 113 würde greifen, wenn das Wrack der TITANIC bei Tauchgängen „physikalisch verändert werden soll", was zum Beispiel der Fall wäre, wenn Gegenstände geborgen werden. Weil die TITAN keine Greifarme hat und das Wrack nur optisch untersucht werden soll, ist am Ende aber keine solche Genehmigung erforderlich. Allerdings sind während der Tauchgänge einige Bedingungen zu erfüllen: So ist es OceanGate beispielsweise nicht gestattet, Gedenktafeln am Wrack abzulegen, mit Tauchrobotern oder dem Tauchboot selbst ins Innere des Wracks vorzudringen und Ballast direkt am Wrack abzuwerfen. Letzteres ist nur in vier Zonen am Rande des Trümmerfelds erlaubt, die zur Schonung und Erhaltung der Wrackstelle ausgewiesen wurden. Dabei handelt es sich um kreisförmige Flächen mit einem Durchmesser von 200 Metern, die jeweils mindestens 300 Meter von den beiden Hauptsektionen des Wracks entfernt liegen. (In lebensbedrohlichen Notfällen dürfen Gewichte auch an anderen Stellen abgeworfen werden.)[656, 657, 658, 659, 660, 661]

Derweil schickt das kanadische Ministerium für Fischerei und Ozeane Stockton Rush ein Schreiben mit einer Absichtserklärung, OceanGate künftig fördern zu wollen. Das Land betreibt keine eigenen Tauchboote. Dass man nun potenziell Zugriff auf solche habe, bezeichnet das Ministerium als „einzigartige Gelegenheit für kanadische Wissenschaftler". Man wolle den Verlauf der 2021er-Expedition noch abwarten und dann über eine Zusammenarbeit sprechen.[662]

Bis zum 25. Mai 2021 finden mit der TITAN im Hafen von Everett und im Possession Sound (maximale Tiefe: 283 Meter), den Gewässern direkt vor Everett, weitere Testtauchgänge statt. An einem davon nehmen der Fernsehmoderator Josh Gates und sein Kameramann Brian Weed teil. Sie wollen für die Sendereihe „Expedition Unknown", die auf dem Discovery Channel läuft, eine Reportage über die TITAN drehen. Das Budget ist bereits genehmigt – der dreitägige Besuch in Everett markiert den Beginn der Dreharbeiten, während denen auch ein Testtauchgang stattfinden soll. Gates ist beeindruckt vom Innovationswillen bei OceanGate, findet allerdings auch, dass Stockton Rushs Anpreisungen wie ein Verkaufsgespräch beim Autohändler klingen. Die Formulierungen hätten auf ihn einstudiert gewirkt, sagt Gates. Das Design der TITAN beschreibt er später flapsig als Klopapierrolle mit Abschlusskappen. Das Tauchboot steht auf der Schwimmplattform LARS am Pier im Hafen von Everett. Die Männer steigen ein. Ganz wohl fühlt sich Josh Gates im Tauchboot nicht. Ihn stört insbesondere, dass sich dieses nicht von innen öffnen lässt. Das Ingenieursteam von OceanGate wollte eigentlich eine Mechanik für den Dom konstruieren, die genau das möglich gemacht hätte. Doch Stockton Rush fand dieses Vorhaben zu aufwendig und zu teuer. Und so fängt Brian Weeds Kamera folgenden Wortwechsel ein. Gates: „Die Luke ist zu, was passiert jetzt?" Rush: „Sie bringen die Bolzenschrauben an." Gates: „Wie viele gibt es?" Rush: „Vier." [...] Gates: „Wir sind jetzt drinnen, wir sind eingeschlossen." Rush: „Du bist ein Gefangener. Mein Gefangener." Eigentlich ist vorgesehen, den Frontdom der TITAN mit 18 Bolzenschrauben zu sichern, die alle von Hand festgezogen werden müssen. Das dauert etwas mehr als eine halbe Stunde – zu lange, findet Stockton Rush. Und so haben sie es sich angewöhnt, weniger Bolzen zu verwenden. Ihr Zweck ist hauptsächlich, den Dom über Wasser in Position zu halten. Sobald die TITAN untertaucht, sorgt der Wasserdruck dafür, dass alles versiegelt wird und in Position bleibt.

Die TITAN wird auf der Plattform aus dem Hafen geschleppt. Geplant ist, sie zu einem nahen Bootswrack zu transportieren, das im flachen Wasser liegt. Beim Versuch, von der Plattform abzuheben, kommt es zu Verzögerungen. Gleichzeitig gibt es Probleme, mit den Tauchern und dem Boot an der Oberfläche zu kommunizieren, die bei der Fehlerbehebung helfen sollen. Als das Tauchboot endlich frei ist und losfahren kann, fällt an Backbord der horizontale Antrieb aus. Dann stürzt der Computer an Bord ab und muss neu gestartet werden. Nach mehr als zwei Stunden im Wasser und weniger als 30 Meter Tauchtiefe bricht Rush schließlich ab. Auf dem Rückweg zum Hafen fragt Gates, welche Geräusche die Kapsel bei einem tieferen Tauchgang macht. Rush spielt ihm daraufhin eine Aufzeichnung seines ersten Tiefseetauchgangs vor, auf der man beinahe im Sekundentakt schnalzende Geräusche hört. „Beim zweiten Tauchgang habe ich Ohrenstöpsel reingetan, das war viel besser", so Rush zu Gates.

Die beiden Filmemacher sind nach dem Tauchversuch ernüchtert. „Das war kein Warnsignal – es war eine Leuchtrakete", sagt Josh Gates. In diesem Tauchboot möchten die Fernsehleute nicht zur TITANIC tauchen und teilen das nach reiflicher Überlegung dem Präsidenten des Discovery Networks mit. Dieser holt schließlich die Zweitmeinung eines Experten von der US Navy ein, der allgemein Bedenken bezüglich des Materials der Röhre hat. Und so wird das Filmvorhaben einen Monat nach dem Tauchversuch aufgegeben.[663, 664, 665, 666, 667]

Ein weiterer potenzieller Mission Specialist hat mehr Glück bei seinem Probetauchgang. Joseph „Joe" Wortman, Inhaber einer Firma aus Warren, Michigan, die Heizstrahler produziert, bringt seinen Freund Josh Clark mit, einen erfahrenen Pressluftflaschen-Taucher. Gemeinsam tauchen sie mit der TITAN ohne Probleme bis auf etwa 150 Meter und erkunden dort das Wrack eines Fischerboots. Wortman darf das Tauchboot mit dem Gamecontroller vorübergehend selbst lenken. Noch hat der potenzielle Kunde nicht für die TITANIC-Expedition unterschrieben. Er löchert Stockton Rush mit Fragen bezüglich der Sicherheit. Schließlich bucht er einen Platz auf der vierten Mission 2021, weil er sich für diese Zeit die größten Chancen auf gutes Wetter ausrechnet, und hofft, dass etwaige Startschwierigkeiten bis dahin beseitigt sind. OceanGate scheint trotz langer Buchungslisten Probleme zu haben, alle Missionen im ersten Tauchjahr zu füllen. Wortman zahlt eigenen Angaben zufolge nicht die offiziell geforderten 150.000 US-Dollar, sondern nur einen „Bruchteil", um dabei sein zu können.[668]

Dem letzten Testtauchgang vor der TITANIC-Expedition wird im Log die Nummer #60 zugeordnet. Die neue Hülle hat am 25. Mai 2021 nun insgesamt zehn Testtauchgänge absolviert – die Tests in der Druckkammer nicht eingerechnet – und ist dabei maximal in eine Tiefe von 170 Metern vorgedrungen.

Anfang Juni 2021 lässt OceanGate, Inc. die TITAN nach St John's, Neufundland (Kanada), bringen. Drei Aufleger-Trucks sind nötig, um das Benötigte auf die Straße zu bringen, darunter zwei Tieflader. Auf einem davon sind die entlang der Längsachse in zwei Teile zerlegte LARS-Plattform und zwei der vier Drucklufttanks aufgeladen. Auf dem zweiten Lkw die restlichen Drucklufttanks und die mit einer Schutzfolie bespannte TITAN sowie einer von drei Frachtcontainern, in denen das übrige Equipment verstaut ist. Zwei weitere Container werden dann auf dem dritten Lkw auf dem Landweg einmal quer durch die USA und durch Kanada transportiert. Es dauert – abhängig von den Wartezeiten und der Abwicklung der Fracht an der Grenze – fünf bis sieben Tage, bis alle Lkw in St. John's angekommen sind.[669, 670, 671]

Die HORIZON ARCTIC ist ab dem 24. Juni 2021 gechartert. Ein erster Teil der 25-köpfigen Expeditionscrew von OceanGate geht an Bord und bereitet das Verladen der Plattform LARS und der TITAN vor. Einen Tag später folgt das Expedition Secondary Deployment Team und beginnt mit der Integration der Kommunikationssysteme. Hinter der Brücke entsteht ein Rechen- und Kontrollzentrum sowie ein Multimediaraum, in dem das Videomaterial der Tauchbootkameras ausgewertet werden soll. Die Gerätschaften und das Material aus den Frachtcontainern, die aufs offene Deck verladen wurden, werden nach und nach ausgepackt; auch die zum Betrieb des Tauchboots nötigen technischen Komponenten werden aufgebaut und eingerichtet.[672, 673]

Statt der ursprünglich angekündigten sechs Teilexpeditionen sind nun fünf konkretisiert, und zwar wie folgt:

Mission I: 27. Juni bis 6. Juli 2021
Mission II: 5. Juli bis 14. Juli 2021
Mission III: 13. Juli bis 22. Juli 2021
Mission IV: 21. Juli bis 30. Juli 2021
Mission V: 29. Juli bis 7. August 2021

Die Teilexpeditionen sollen jeweils einen Tag vor dem Auslaufen des Schiffes beginnen – die Mission Specialists verbringen die erste Nacht im Hotel. Dann geht es für sieben Nächte aufs Schiff. Geplant ist ein fliegender Wechsel. Die Teilnehmer einer gerade beendeten Mission gehen in St. John's an Land, die neuen steigen so schnell wie möglich zu, dann legt die HORIZON ARCTIC wieder ab. So ist es zumindest gedacht.

Stockton Rush weiß, dass er stark hinter dem Zeitplan zurückliegt, auch weil Corona vieles ausgebremst hat. Die TITAN mit der neuen Karbon-Druckröhre konnte er nicht so oft testen, wie er sich das vorgestellt hatte. Doch nun gibt es kein Zurück mehr. Die HORIZON ARCTIC ließ sich nicht mehr stornieren, das Geld war ausgegeben. Und so stellt er die zahlenden Kunden von Mission I vor die Wahl: Sie können mit zur Untergangsstelle kommen – in dem Wissen, dass bei den ersten Testtauchgängen vor Ort wohl noch einige Hürden zu überwinden sind und es ungewiss ist, ob sie es bis zur TITANIC schaffen. Oder sie verzichten und buchen direkt auf eine spätere Mission um.

Renata Rojas, die sich Jahre zuvor als Allererste bei OceanGate auf die Warteliste hat setzen lassen und von Stockton Rush deshalb „Mission Specialist Zero" genannt wird, will teilnehmen, ebenso Chelsea Kellogg, die Inhaberin eines Catering-Services, sowie der Bauunternehmer Alfred „Fred" Hagen. Seine Firma hat sich auf den Bau von Krankenhäusern, Museen und Mietshäusern spezialisiert. Auf seinem Instagram-Profil beschreibt er sich selbst als „Abenteurer, Forscher, Lebemann, Hanfzüchter und Sportreiter". Chelsea Kellogg verfügt, genau wie Rojas, nicht über das Budget der Superreichen. Sie hat sich 2017 bei OceanGate angemeldet und für die Chance auf einen TITANIC-Tauchgang 100.000 US-Dollar gezahlt. Dafür setzt sie ihre kompletten Ersparnisse sowie das Geld aus einem Erbe ein.[674, 675]

Zum Expeditionsteam zählt – ganz überraschend – auch Paul-Henri „P. H." Nargeolet, einer der erfahrensten TITANIC-Taucher überhaupt. Sein erster

Tauchgang zum Wrack liegt zu diesem Zeitpunkt rund 34 Jahre zurück. Nargeolet war 1987, 1993, 1994, 1996, 1998 und 2010 TITANIC-Expeditionsleiter. Unter seiner Führung wurden mehr als 5.500 TITANIC-Artefakte aus dem Trümmerfeld an die Oberfläche geholt. Kaum jemand dürfte sich so gut am Wrack auskennen wie er. Der 75-jährige Tauchveteran war bereits rund 30-mal am Wrack der TITANIC; nun hat ihn Stockton Rush eingeladen, zu helfen. Nargeolet weiß, dass das Tiefsee-Tauchboot aus Karbonfasern in der Branche umstritten ist. Er ist deshalb eigens nach Seattle geflogen, um sich die TITAN anzusehen. „Mein Eindruck war, dass es sicher ist, mit dieser Kapsel zu tauchen. Die Kohlefasern sind heute beim Tiefseetauchen im gleichen Maße umstritten wie vor 30 Jahren die ersten Segelbootmasten aus Karbon. Da hieß es auch, das sei verrückt. Heute haben alle Segelboote Masten aus Karbonfasern.“[676]

Nargeolet ist als TITANIC-Experte eigentlich bei RMS Titanic, Inc. unter Vertrag, der bereits erwähnten Firma, die die Bergerechte an der TITANIC hält und den Großteil der bisherigen Expeditionen zum Wrack unternommen hat. Bretton Hunchak, bis Mai 2021 CEO von RMS Titanic, Inc., war von Stockton Rush eingeladen worden mitzukommen, um sich selbst ein Bild zu machen, wenn das Tauchboot im Einsatz ist. Er hat seinerseits den Vorschlag gemacht, Nargeolet mitzunehmen. Erst drei Tage vor Expeditionsbeginn bekommt Nargeolet einen Anruf. „Stockton lud mich ein, mit auf die Expedition zu kommen. Ich sagte: Warum nicht? Tags darauf rief er noch mal an und fragte, ob ich die ersten zwei Wochen mitkommen könnte. Die erste Woche, um die Kapsel zu testen, und die zweite, um vor Ort an der Wrackstelle zu helfen.“ Nargeolet packt daraufhin schleunigst die Koffer und fliegt am nächsten Tag nach Kanada. An Bord der HORIZON ARCTIC trifft er einen weiteren guten Bekannten: Anwalt David Concannon war 2019/2020 offizieller Rechtsvertreter von RMST vor dem für die TITANIC zuständigen Gericht in Norfolk, Virginia – nun berät er OceanGate. Über ihn lief auch die Buchung von Fred Hagen – die beiden sind schon länger befreundet. Fred Hagen ist Gerätetaucher und war bereits an mehreren archäologischen Expeditionen beteiligt, bei denen in flacheren Gewässern Flugzeugwracks aus dem Zweiten Weltkrieg gesucht wurden. Die beiden hatten sich 2013 kennengelernt: Concannon war als Anwalt an einer Expedition beteiligt, bei der Hagen versucht hat, zwei englische Flugzeuge im Sebago Lake, einem See in Maine, zu bergen.[677, 678, 679, 680]

# TESTS IM HAFENBECKEN VON ST. JOHN'S

Am 26. Juni 2021 testet Stockton Rush einen neuen knallroten Zodiac (ein motorisiertes Gummiboot), den er als Zubringer zwischen dem Schiff und der Plattform LARS einsetzen will. Renata Rojas, Fred Hagen und P. H. Nargeolet beteiligen sich ebenfalls an einer Spritztour aus der schmalen Hafenzufahrt heraus und ein kurzes Stück weiter Richtung Süden – Nargeolet übernimmt das Ruder. Bei sonnigem Wetter und weitgehend ruhiger See fährt sich das Boot mehr als zufriedenstellend.[681]

Eigentlich ist geplant, am 27. Juni 2021 raus aufs Meer zu starten, doch das verzögert sich, und die HORIZON ARCTIC bleibt bis zum 29. Juni am Pier. Dort finden mehrere Tests mit der eigens am Heck des Schiffes angebauten roten Rampe statt. Über diese soll die TITAN, auf ihrer Schwimmplattform LARS verzurrt, ins Wasser gelassen werden.[682]

Die Rampe hat eine Neigung von rund 30 Grad und ist auf ganzer Breite mit Rollen versehen. LARS wird an einem Seil an eine der riesigen Trommelwinden angehängt, die an der Stirnseite des offenen Decks der HORIZON ARCTIC verbaut sind. Zwei separate Drahtseile ziehen die Plattform übers Deck zur Heckkante und weiter bis zum Kipppunkt. Die Schwimmplattform senkt sich aus der Horizontalen auf die Rampe und rollt dann nach unten. Zugleich sorgt ein weiteres Seil dafür, dass die Konstruktion langsam und kontrolliert über die Schräge ins Wasser gleitet. Sobald die Plattform aufschwimmt, zieht ein Beiboot LARS von der HORIZON ARCTIC weg, um eine Kollision mit der Rampe oder dem Schiff zu verhindern.[683]

Der Vorgang ist für die Insassen der TITAN sportlich: Diese sitzen wie beim Bobfahren hintereinander in der Kapsel. Der Vorderste kann sich, während das Gespann über die Rampe rumpelt, mit den Füßen im Dom abstützen. Die anderen spreizen sich, so gut es geht, seitlich in die Röhre, weil es keine Sitze oder Gurte gibt, lediglich zwei lange Griffe an der Kabinendecke. Besonders unangenehm ist der Moment, in dem die TITAN aus der Horizontalen kippt und auf die Rampe fällt. Dabei bekommen die Insassen einen kräftigen Schlag ab.

→ Bild 37: Das Tauchboot wird ins Wasser gelassen. (Seite 173)

Auch das Abheben der TITAN von LARS wird im Hafen von St. John's erneut getestet. Die Mission Specialists können daran teilnehmen – Renata Rojas sagt zu und findet das Prozedere als Vorbereitung auf einen TITANIC-Tauchgang spannend. Nach zwei kurzen Testtauchgängen zieht die HORIZON ARCTIC die TITAN auf LARS wieder an Bord.[684]

# MISSION I (2021)

Die Bordzeit der HORIZON ARCTIC ist über die komplette Expedition identisch mit der Sommerzeit von Neufundland (NDT – Newfoundland Daylight Time). Alle Angaben sind deshalb in neufundländischer Zeit. Die meisten Zeitzonen auf der Erde weichen um ganze Stunden von der Weltzeit ab. Neufundland jedoch hat eine Ortszeit mit einer zusätzlichen Verschiebung um eine halbe Stunde. Die NDT berechnet sich aus der Koordinierten Weltzeit („Universal Time Coordinated", kurz UTC) minus zweieinhalb Stunden. Für eine Umrechnung in Mitteleuropäische Sommerzeit müssen zur NDT vier Stunden und 30 Minuten dazugerechnet werden. Zwar liegt die TITANIC-Wrackstelle eigentlich eine Zeitzone weiter östlich (UTC minus zwei Stunden). Eine Umstellung der Uhren an Bord der HORIZON ARCTIC findet jedoch nicht statt, weil die Missionen alle in Neufundland beginnen und enden.

Am 28. Juni 2021 sind die Teilnehmer des ersten Expeditionsabschnitts an Bord. Crew und Mission Specialists unterschreiben auf einer eigens angefertigten Flagge, die anschließend auf dem Deck über der Brücke gehisst wird. Dieses Ritual wird künftig zu Beginn aller TITANIC-Missionen wiederholt.

Mit dabei ist auch die Meeresarchäologin Dr. Bridget Buxton, eine Neuseeländerin, die Antike Geschichte und Mittelmeer-Archäologie an der University of Rhode Island unterrichtet und nun als Chefarchäologin fungiert. Buxton ist mit OceanGate bereits seit Längerem in Kontakt. Unterstützt von der hauseigenen Stiftung, erforschte sie im Juni 2013 in Israel den antiken Hafen von Akko am Nordrand der Bucht von Haifa, wo unter ihrer Leitung Grabungen unter Wasser vorgenommen wurden. Hinsichtlich der dabei zutage geförderten Artefakte nimmt man an, dass sie teilweise aus der Bronzezeit stammen und etwa 5.000 Jahre alt sind. Die Wissenschaftlerin möchte mit ihren Erfahrungen und Kenntnissen auch die TITANIC-Expedition bereichern.[685] Noch im Hafen postet Buxton gegen 22.45 Uhr auf Facebook: „Viel Glück OceanGate TITANIC Mission I. Jeder hat heute Abend in unmissverständlichen Worten von den Risiken gehört, die damit einhergehen, aber auch wie viel die TITANIC so vielen Menschen bedeutet. [...] Wünscht uns eine ruhige See und eine sichere Rückkehr!"[686]

Kurz vor Mitternacht legt die HORIZON ARCTIC vom Pier ab mit Ziel TITANIC. Etwa 700 Kilometer sind es bis zur Wrackstelle – mehr als 32 Stunden werden sie nun unterwegs sein. Das Schiff kommt am 30. Juni 2021 gegen 08.25 Uhr über der TITANIC-Wrackstelle an. Dort findet an Deck zunächst eine Gedenkzeremonie statt, bei der für die vielen Opfer des Untergangs ein Kranz aus gelb-weißen Blumen ins Meer geworfen wird, mit einem Band, auf dem in Gold „RMS TITANIC" steht. Eine vergleichbare Zeremonie ist auf allen Missionen vorgesehen.

Rushs Ehefrau Wendy leitet das Kommunikations- und Navigationsteam von OceanGate. Sie ist seit den ersten Tests auf den Bahamas nahezu immer dabei, wenn die TITAN ins Wasser abtaucht. Am Nachmittag nach der Gedenkfeier soll es einen ersten Tauchgang geben (#61 im Log). Die Besatzung, darunter Stockton Rush, Renata Rojas und Fred Hagen, steigt in die Röhre und macht sich bereit. Der Frontdom wird erneut lediglich mit vier von 18 Bolzenschrauben fixiert.[687, 688]

→ **Bild 38: Der geöffnete Frontdom (Seite 174)**

Mit fünf Personen an Bord rollt das Tauchboot auf LARS über die Rampe und gleitet ins Wasser. Die Plattform wird so schnell wie möglich vom Schiff weggeschleppt. Nach weiteren Checks wird sie plangemäß geflutet und sinkt auf etwa sieben Meter ab. Dort checkt Rush die verschiedenen Systeme. Dabei gibt es Probleme mit dem Sonar – der Tauchgang wird abgebrochen. Die Deck-Crew der HORIZON ARCTIC hat keine Erfahrung, wie LARS bei Wellengang auf der Rampe reagiert. Die Kabelwinde zieht die Plattform zu schnell über den Kipppunkt, sodass das Gefährt ungebremst auf dem Deck aufschlägt. Der Frontdom wiegt rund eineinhalb Tonnen. Durch den Aufprall werden die vier Bolzenschrauben abgesprengt, mit denen die schwere Halbkugel am Tauchboot befestigt ist. Nun lastet das komplette Gewicht auf dem Scharnier. Normalerweise wird der Dom mit einem mobilen Pfeiler abgestützt, ehe die Crew die Bolzen abschraubt –

bei OceanGate wird diese Konstruktion „Dom-Dolly“ genannt. Der Pfeiler fehlt nun, sodass durch die übergroße Last auch der Drehbolzen des Scharniers bricht. Der Dom fällt unkontrolliert herunter, rutscht ein Stück Richtung Rampe und bleibt gerade noch auf der Plattform liegen. Dabei werden auch der Innenboden und die Toilettenkonstruktion der TITAN beschädigt. Es ist ein maximaler Schreckmoment.

→ Bild 39: Der abgesprengte Frontdom (Seite 174)

Als Sofortmaßnahme ordnet Stockton Rush an, bei künftigen Tauchgängen wieder mehr Bolzenschrauben zu verwenden. Zudem versucht er, sämtliche Fotos und Videos einzukassieren, die den Vorfall zeigen. Fred Hagen bezeichnet das Vorgehen später als „engagierte Bemühungen, das zu vertuschen“. Unabhängig davon hat das Team nun einiges zu tun, um die TITAN wieder tauchbereit zu bekommen. Fred Hagen kommentiert den Tauchgang auf Facebook wie folgt: „Es sei darauf hingewiesen, dass dies eine experimentelle Mission ist, mit einem experimentellen Fahrzeug. Wenn es leicht wäre, wäre die Mission nicht so unwiderstehlich ...“[689, 690, 691, 692, 693]

Der Tauchgang zur TITANIC ist nun für den 2. Juli 2021 angesetzt. Die „Versuchskaninchen“ sind Stockton Rush als Pilot, P. H. Nargeolet, Mission Specialist Fred Hagen, der unbedingt als erster Kunde von OceanGate zur TITANIC will, sowie als zweiter Pilot Scott Griffith. Nach dem Vorfall am Vortag wollte Rush eigentlich keinen Mission Specialist mitnehmen, doch Hagen ist fest entschlossen, dabei zu sein und überredet ihn, mitkommen zu dürfen. Kim Frank, die Ehefrau von OceanGate-Rechtsanwalt David Concannon, die ebenfalls an Bord ist, postet am Morgen auf Instagram: „Sonnenaufgang über der TITANIC, ein wunderschöner Morgen für einen ersten Tauchgang.“ Doch dann trübt sich das Wetter ein. In einem weiteren Post einen Tag später schreibt sie: „Starker Wind und die raue See haben dazu geführt, dass der gestrige Versuch abgesagt werden musste.“[694, 695]

Am 3. Juli 2021 ist die See ruhiger – die Bedingungen sind ausreichend, um einen Tauchgang zum Wrack anzusetzen. Diesmal werden alle 18 Bolzenschrauben gesetzt und festgezogen. Ehe die TITAN abtauchen darf, sind mehrere Checklisten abzuarbeiten – ähnlich wie bei einem Raketenstart. Dabei wird unterschieden zwischen großen und kleineren Abweichungen oder Problemen. 15 Anomalien ergeben einen Strike (ein Begriff aus dem Baseball, wo Spieler nach drei fehlerhaften Würfen ausscheiden); bei drei Strikes wird der Tauchgang gestrichen. Zu den Anomalien zählen

Verzögerungen im Ablaufplan, etwa wenn jemand zum Briefing zu spät kommt oder sein Werkzeug verlegt hat. Teil des Systems ist auch eine Risikoberechnung. Dafür sind vor jedem Tauchgang 24 Fragen zu beantworten: Ist der letzte Tauchgang 14 Tage oder länger her? Soll auf hoher See oder bei Nacht getaucht werden? Hat der Pilot ein Schlafdefizit? Sind die Klienten unerfahren? Sollen VIP-Gäste oder Medienvertreter mittauchen? Jedes Ja ist mit einer gewissen Anzahl von Punkten hinterlegt. Kommen dabei 48 Punkte oder mehr zusammen, löst auch das einen Strike aus. Zudem gibt es technische Vorgaben, die zwingend erfüllt sein müssen: Die Hauptbatterien im Heckgestell der TITAN müssen einen Ladestand von 80 Prozent haben. Die Sauerstoffflasche für den Tauchgang soll einen Druck von 2.200 psi aufweisen. Der im Heck verbaute Hochdruckbehälter muss bei Tauchgängen bis 1.000 Meter mit mindestens 5.000 psi befüllt sein, bei größeren Tauchtiefen mit den maximal zulässigen 10.000 psi – er speist eine Schwimmblase, die zum Ballastsystem der TITAN gehört. Zudem müssen zwei der vier LED-Scheinwerfer funktionieren.[696, 697, 698, 699, 700]

Stockton Rush hat sich beim Sicherheitsprotokoll von einem seiner Lieblingsbücher inspirieren lassen, „The Checklist Manifesto" von Atul Gawande. Der Chirurg beschreibt mit Beispielen und Statistiken den Zugewinn an Sicherheit durch Checklisten aller Art. Zunächst in der Luftfahrt (eingeführt in den 1930er-Jahren durch Boeing für die Piloten von Militärflugzeugen), später dann auch in der Medizin (wo es teilweise Checklisten in Operationssälen gibt) und – vermutlich am bekanntesten – in der Raumfahrt. Gawandes Ansatz ist zweigeteilt. Zum einen fordert er eine transparente Kommunikation, bei der es möglichst wenig Hoheitswissen geben soll, sondern alle Beteiligten umfassend informiert werden. Dabei hat jeder das Recht oder sogar die Pflicht, Bedenken zu äußern. Zum anderen empfiehlt der Buchautor, bei planbaren komplexen Aufgaben an vorher festgelegten Stellen Pausen im Ablauf einzubauen und mithilfe einer Zwischencheckliste zu überprüfen, ob alle Vorgaben und Sicherheitsstandards erfüllt sind. Erst danach beginnt die heiße Phase eines Einsatzes. So soll sichergestellt sein, dass nichts vergessen oder verschlampt wird, wobei Fehler unabhängig von der Hierarchie von allen im Team angesprochen werden dürfen.[701]

An Bord der HORIZON ARCTIC gibt es täglich um 7 und um 19 Uhr ein Briefing, an dem alle Expeditionsmitglieder teilnehmen müssen, sowie Aufgabenlisten, auf denen jeder erkennen kann, wer was zu tun hat und was schon erledigt ist.[702]

Das Morgenbriefing und die diversen Checks laufen gut am 3. Juli 2021. Schließlich sitzt die vierköpfige Crew in der verschlossenen Tauchkapsel. An Bord sind wie geplant Stockton Rush, P. H. Nargeolet, Scott Griffith und Fred Hagen (Tauchgang #62 im Log). Ehe es ins Wasser geht, legen alle beteiligten Crewmitglieder eine fünfminütige Pause ein, die von Stockton Rush „Stopski" genannt wird. In dieser Zeit überprüft jeder Bereich noch einmal, dass wirklich alles bereit ist. Erst nach einer letzten Abfrage und Freigabe wird die TITAN auf die Rampe gezogen. Weitere Checks folgen, ehe das Tauchboot von der Schwimmplattform abhebt – es ist diesmal, so steht es später im Tauchlog, ein „holpriges Abhebemanöver".

→ Bild 40: LARS wird beim Abtauchen einseitig geflutet. (Seite 175)

Die Kommunikation zwischen Tauchboot und Expeditionsschiff ist ebenso simpel wie mühsam. Via Sonar können Textbotschaften ausgetauscht werden. Dazu ist ein Akustikmodem der Firma Sonardyne mit der Typenbezeichnung AvTrak 6 in der TITAN verbaut, das mit einem Sonardyne Ranger 2 USBL an der Oberfläche kommuniziert. Wegen der langen Übertragungszeiten soll der zu verschickende Text möglichst kurz sein. Um den Vorgang zumindest ein bisschen zu beschleunigen, gibt es Abkürzungen. So können manche Informationen, Befehle oder Abfragen mit nur einem, maximal drei Buchstaben benannt werden. Mission Control schickt ein „D" für „depth" als Aufforderung, die aktuelle Tauchtiefe durchzugeben. Das Wort Antrieb wird mit „T" für „thrusters" abgekürzt. „R" bedeutet „Ballastabwurf". SN für „all systems nominal" ist die Standardantwort, wenn im Tauchboot alle Geräte funktionieren und die Messwerte der Sensoren im grünen Bereich sind. H für „hull acoustic monitoring" ist das Kürzel für das akustische Echtzeit-Warnsystem des Druckkörpers. Ein Plus- oder Minuszeichen zeigt an, ob die davor benannte technische Komponente funktioniert oder nicht. W+ bedeutet hingegen, dass das Wetter an der Oberfläche sich verbessert hat oder verbessern wird, W– beschreibt eine Verschlechterung. Y und N stehen für „yes" und „no", also ja und nein. Dazu kommen zwei Notfallcodes: XXX bedeutet, dass Mission Control einen sofortigen Abbruch des Tauchgangs anordnet oder das Tauchboot selbigen von sich aus eingeleitet hat. Schickt die TITAN die Buchstaben SOS, bedeutet das „Schickt Hilfe!". Eine eingeschweißte Tabelle mit allen Kürzeln ist sowohl in Mission Control als auch in der TITAN hinterlegt.[703, 704, 705, 706, 707, 708, 709]

37

37 Das Tauchboot wird auf LARS über die Rampe am Heck der HORIZON ARCTIC ins Wasser gelassen. (David Concannon)

38

39

**38** Der geöffnete Frontdom liegt unten auf einer temporären Stütze auf – das Scharnier könnte das Gewicht alleine nicht tragen. Die Stütze wird entfernt, sobald der Dom verschraubt ist. (David Concannon)

**39** Am Ende von Testtauchgang #61 knallt die Plattform LARS am Kipppunkt der Heckrampe hart aufs Deck der HORIZON ARCTIC. Dabei wird der Frontdom abgesprengt, der auf der Plattform zum Liegen kommt. (Marine Board of Investigation)

40

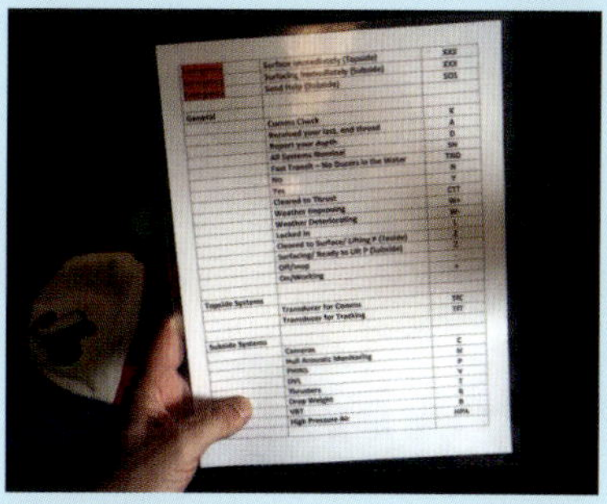

41

42

**40** Die Plattform LARS wird beim Abtauchen zunächst einseitig geflutet. Die Taucher sitzen für dieses Manöver wie beim Bobsport hintereinander, der Vorderste kann sich mit den Füßen im Frontdom abstützen. (David Concannon)

**41** Liste mit Abkürzungen für die Kommunikation via Akustikmodem zwischen der TITAN und Mission Control (Marine Board of Investigation/OceanGate)

**42** Die TITAN am 3. Juli 2021 auf LARS. Unten sind die beiden Seile zu sehen, mit der sie von der HORIZON ARCTIC geschleppt wird. (Sammlung Concannon, Drohnenpilot Francis Craven)

→ Bild 41: Liste mit Abkürzungen für die Kommunikation (Seite 175)

Das Tauchboot sinkt nun von der Meeresoberfläche in die Tiefe. Geplant war, das Gefährt mit Gewichten so zu trimmen, dass der Frontdom sich leicht nach unten neigt, sodass das Tauchboot beim Abtauchen möglichst stromlinienförmig im Wasser liegt und entlang einer fiktiven Geraden Richtung Meeresboden sinkt. Stattdessen entpuppt sich die TITAN als hecklastig und taucht, leicht nach hinten geneigt, in einer großen Spirale in die Tiefe. Mission Control informiert die TITAN, dass sie bereits deutlich vom berechneten Kurs abgekommen ist und sich immer weiter von der Zielkoordinate am Meeresboden entfernt. Bei etwa 1.700 Metern will Stockton Rush außerplanmäßig den Antrieb einschalten, um zu korrigieren. Doch die Antriebsdüsen auf Steuerbord funktionieren nicht – die Stromversorgung ist unterbrochen. Und so bricht Stockton Rush das TITANIC-Abenteuer ab. Während des Tauchgangs gibt es weitere Anomalien. Das Dopplersonar (der Geschwindigkeitsmesser der TITAN) hat mehrfach Aussetzer. Die Unterwasserscheinwerfer flackern. Viel beunruhigender aber: Die Sensoren 1 und 3 der akustischen Hüllenüberwachung schlagen mehrere Tausend Mal mit einer Amplitude zwischen 5.000 und 6.000 an (zur Erinnerung: bei Werten ab 5.000 geht man bei OceanGate davon aus, dass das Geräusch ein Hinweis auf reißende Karbonfasern ist), während alle anderen Sensoren keine signifikanten Geräusche vermelden. Rush folgert daraus, dass es sich um eine Fehlfunktion handeln muss. Er beschließt, die beiden Sensoren zu ignorieren.[710, 711]

Auch das Auftauchen klappt nicht wie gewünscht. Um der TITAN Auftrieb zu verleihen, muss Ballast abgeworfen werden. Unter dem Bauch des Tauchboots lagern dafür sechs rund 60 Zentimeter lange Stahlrohre, jedes etwa 16 Kilogramm schwer. Sie liegen in einer Halterung, die der Krümmung des Druckkörpers folgt und die pro Seite drei Rohre enthält. In der Mitte, an der tiefsten Stelle, befindet sich ein Schlitz. Ein elektrischer Stellmotor soll nun jeweils ein Rohr über die Öffnung schieben, sodass es herausfallen kann. Die gesamte Konstruktion wird bei OceanGate „tray" (englisch für Ablage oder Fach) genannt. Der Abwurf von vier Rohren – zwei pro Seite – soll reichen, um die TITAN standardmäßig aufsteigen zu lassen. Doch die Rohre lassen sich über den Stellmotor nicht abwerfen. Rush beschließt zu improvisieren: Die Besatzung rutscht im Inneren der TITAN rhythmisch von einer Seite zur anderen, um das Tauchboot aufzuschaukeln und so weit zu kippen, dass der Ballast von allein aus dem Tray fällt. So gelingt es tatsächlich, drei Rohre auf der Backbordseite abzuwerfen. Die TITAN beginnt aufzusteigen, wenn auch deutlich langsamer als geplant, weil immer noch ein Rohr zu viel im Tray liegt. Stockton Rush versucht, den Vorgang mithilfe der Schubdüsen zu beschleunigen. Langsam nimmt das Tauchboot Fahrt auf. Es dauert beinahe dreieinhalb Stunden, bis es die Meeresoberfläche erreicht. Stockton Rush hat Bedenken, dass die TITAN durch das zusätzliche Gewicht am Ende der Rampe noch härter aufschlagen könnte als beim ersten Mal. Daher entscheidet er, die Schwimmplattform vorerst nicht an Bord zu holen. Die Besatzung muss infolgedessen auf offener See aus der TITAN befreit und mit dem Zodiac zum Mutterschiff gebracht werden.

→ Bild 42: Die TITAN am 3. Juli 2021 auf LARS (Seite 175)

Ursprünglich hatte Rush geplant, am darauffolgenden Tag einen weiteren Tauchversuch zu unternehmen. Doch die Wetterprognose für den 4. Juli 2021 ist schlecht: Die See droht, an der Wrackstelle stürmisch zu werden. Daher verlässt die ARCTIC HORIZON noch am 3. Juli gegen 15.30 Uhr die Gewässer über der TITANIC, die Plattform LARS mit der darauf befindlichen TITAN im Schlepp. Mit einer reduzierten Geschwindigkeit von maximal acht Knoten (14,8 km/h) geht es zurück Richtung Neufundland.[712]

Am 5. Juli 2021 gegen 16.30 Uhr macht das Schiff einen kurzen Zwischenstopp im äußeren südöstlichen Bereich der Bay Bulls, einer etwa 31 Kilometer südlich von St. John's gelegenen Bucht. Nach weniger als einer Stunde fährt das Schiff weiter Richtung St. John's. Möglicherweise soll die Stelle als potenzieller Ort für Ersatztauchgänge in flachen, geschützten Gewässern sondiert werden, die Stockton Rush seinen zahlenden Expeditionsteilnehmern anbieten will, wenn Tauchgänge zur TITANIC nicht möglich sind.[713]

Am 5. Juli 2021 um 20.10 Uhr fährt die HORIZON ARCTIC in den Hafen von St. John's ein und macht gegen 20.30 Uhr am Liegeplatz 23 auf der Hafensüdseite fest. Am nächsten Morgen, dem 6. Juli 2021, endet die Mission I. Das Schiff wird aufgetankt, mit neuem Proviant ausgestattet und für den nächsten Expeditionsabschnitt vorbereitet.

Es ist viel zu tun bis zum Auslaufen – die Plattform LARS und die TITAN wurden zwischenzeitlich wieder an Bord geholt. Die Führungsschienen im Tray werden geglättet; außerdem sollen die Rohre künftig an den Enden abgerundet und eingefettet werden, sodass sie nicht so leicht verkanten. Das Wartungsteam stellt zudem fest, dass die Halterung für die Unterwasserkamera am Heck des Tauchboots gebrochen und eine Platte am Scharnier des Frontdoms verbogen ist. Auch die Ursache für den ausgefallenen Antrieb auf Steuerbord wird eruiert: Seewasser ist in die Kabelage eingedrungen, sodass eine der Unterwasserbatterien nicht mehr ansteuerbar war.[714, 715, 716]

P. H. Nargeolet findet diese Art Vorkommnisse ganz normal. Er hat schon an der Entwicklung von mehreren Tauchkapseln mitgewirkt, zuletzt an der LIMITING FACTOR, mit der der Milliardär Victor Vescovo in den Marianengraben und 2019 auch zum Wrack der TITANIC getaucht ist. Nach Nargeolets Erfahrung dauert es mindestens 40 Tauchgänge, bis die „Kinderkrankheiten" alle zum Vorschein gekommen und (weitgehend) abgestellt sind. Im Herbst 2021 sagt er dazu: „Sie hatten das Tauchboot in flachen Gewässern getestet. Es gab vorher nur einen oder zwei Tauchgänge auf 4.000 Meter. Ich sagte: Das reicht nicht! Und natürlich gab es Probleme. Erst nach mehreren Tauchgängen merkst du wirklich, was die Ursachen von gewissen Problemen sind."[717]

Im Expeditionsblog auf der Website von OceanGate heißt es anschließend lapidar, die TITAN habe vier Personen in eine Tiefe von 1.700 Metern gebracht. Man habe dabei biolumineszierende Organismen durch das Bullauge beobachten können. Dass es sich um den ersten bemannten Tiefseetest der TITAN mit dem neuen Druckköper handelt, wird nicht erwähnt.[718]

## MISSION II (2021)

Für den zweiten Expeditionsabschnitt gehen weitere Personen an Bord, darunter der freie Fernsehkameramann Jaden Pan, der seit 2018 auf der Warteliste für die TITANIC steht, und Cathy Jutilla-Lamet, die schon seit 20 Jahren rund ums Thema TITANIC recherchiert. Sie wohnt nur eine Autostunde vom OceanGate-Firmengelände in Everett entfernt. Cathy Jutilla-Lamet hat 2019 mit der CYCLOPS 1 an einem Tauchgang zur Erforschung von Haien teilgenommen. Anschließend hatte sie ehrenamtlich für OceanGate gearbeitet und nun die Einladung bekommen, von Mission II und III für die internationale TITANIC-Community zu berichten.[719, 720]

Ein weiterer Mission Specialist ist Alan Estrada, ein mexikanischer Videoblogger und Influencer, der für seinen YouTube-Kanal „Alan Por El Mundo" eine Art Tagebuch über die Expedition dreht. Wie die anderen Expeditionsteilnehmer muss er sich in einem Hotel in St. John's in Quarantäne begeben und auf Corona testen lassen, ehe er an Bord darf.[721]

Wegen der Probleme mit den Batterien während Mission I ist zunächst unklar, wann die HORIZON ARCTIC wieder auslaufen wird – sie bleibt einen Tag länger als geplant im Hafen. Estrada nutzt die Zeit, seine Follower durch das noch immer am Pier liegende Schiff zu führen, Deck für Deck. Die Essenszeiten seien gewöhnungsbedürftig, berichtet er: Frühstück morgens um sechs, Mittagessen um Punkt 12 Uhr und Abendessen schon um 17 Uhr. In seiner Kabine angekommen, dokumentiert Estrada, welche Geschenke auf die Mission Specialists warten: eine Fleecejacke, bestickt mit dem eigenen Namen und der Fahne des Herkunftslandes sowie ein Windbreaker, der ebenfalls mit dem Namen und einem Expeditionslogo bestickt ist. Estradas Kabine befindet sich direkt neben der von Renata Rojas – die New Yorker Bankerin stammt ursprünglich ebenfalls aus Mexiko.[722]

Alle Mission Specialists, die einen Tauchgang mit der TITAN wagen wollen, müssen zunächst einen umfassenden dreiseitigen Haftungsausschluss unterschreiben. Dieser beschreibt gleich fünf Szenarien, die zum Tod führen können. OceanGate weist in dem Dokument darauf hin, dass es sich bei der TITAN um ein experimentelles Tauchboot handelt, das in keinster Weise von irgendeiner Organisation oder Behörde zugelassen oder zertifiziert und mit Materialien konstruiert wurde, die nicht gebräuchlich sind. Die Taucher müssen bestätigen, Kenntnis davon zu haben, dass durch den großen Druck in der Tiefsee ein Versagen des Gefährts zum Tod der Insassen führen kann. Sie versichern, dass sie freiwillig an allen Aktivitäten teilnehmen, und unterschreiben auch, dass ihre Angehörigen weder gegen OceanGate noch gegen sonstige Akteure der Expedition Ansprüche geltend machen können, selbst dann nicht, wenn Fahrlässigkeit der Grund für einen Schaden oder einen Unfall ist. Insgesamt steht das Wort „Tod" neunmal in dem Dokument und dazu einmal die Formulierung „falls ich sterbe".[723, 724]

Das offene Deck am Heck, wo die TITAN auf ihrer Schwimmplattform steht, darf nur mit Schutzbrille, Helm, Gummistiefeln und Rettungsweste betreten werden. Dort führt der Blogger Estrada ein Interview mit Stockton Rush. Dieser beschreibt das Ballastsystem: die Rohre im Tray und eine flach auf dem Druckkörper aufliegende Auftriebsblase („buoyancy bag"), die durch einen 40 Liter großen Pressluftbehälter befüllt werden kann. Dieser hält einen Innendruck von 10.000 psi aus (700 bar – zum Vergleich: an der TITANIC herrschen etwa 280 bar). Das „variable Ballastsystem" mit der Blase ist hauptsächlich dafür gedacht, in einem Bereich bis etwa 700 Meter Tauchtiefe die Schwimmfähigkeit des Tauchboots zu steuern. Im Notfall reiche der Inhalt der Pressluftflasche allerdings auch, um die Blase in 3.800 Meter Tiefe zu etwa zwei Drittel zu füllen, so Rush, angeblich genug, um vom Boden abzuheben. Erst weiter oben in der Wassersäule, wenn der Druck wieder abnimmt, könne das Gas die Schwimmblase ganz füllen, und die Steiggeschwindigkeit nimmt zu.[725, 726, 727]

Während die HORIZON ARCTIC im Hafen liegt, wird auch die Rampe am Heck modifiziert. Die Metallrollen im Mittelteil der Rampe sind nun ebenfalls mit Gummi überzogen, damit der Start weniger ruppig ausfällt. Bei einem Test im Hafenbecken gleitet LARS sanft und stabil ins Wasser.

Am 7. Juli 2021 gegen 19.15 Uhr läuft das Expeditionsschiff endlich aus St. John's aus. Mit mehr als zehn Knoten (18,5 km/h) Durchschnittsgeschwindigkeit fährt es zur TITANIC-Wrackstelle, wo es am 9. Juli 2021 gegen 08.00 Uhr ankommt.

# ERSTER TAUCHGANG ZUM TRÜMMERFELD DER TITANIC

Zurück an der Wrackstelle, ist direkt ein Tauchversuch angedacht (Tauchgang #63 im Log), diesmal allerdings ohne zahlende Kunden. An Bord der TITAN sind Stockton Rush, Scott Griffith und P.H. Nargeolet. Das Meer ist ruhig. Am 9. Juli 2021 um 9 Uhr findet ein letztes Briefing mit den Tauchern statt, um 10.30 Uhr soll es losgehen. Beim Abarbeiten der Checkliste tauchen Probleme auf, die kleinere Reparaturen direkt vor Ort erfordern. Erst um 12 Uhr rollt LARS mit dem Tauchboot darauf vom Schiff ins Wasser.[728, 729]

→ Bild 43: Die Besatzung von Tauchgang #63 (Seite 200)

Die Ortung der Kapsel unter Wasser und damit die Positionsbestimmung wird, wie bereits beschrieben, von der HORIZON ARCTIC aus via Sonar bewerkstelligt. Die Information, wie tief das Tauchboot in der Wassersäule steht und in welchem Planquadrat über dem Meeresboden es sich befindet, wird jeweils als Textbotschaft zur TITAN übertragen. Die Abtauchgeschwindigkeit ist bei diesem Tauchgang langsamer als berechnet; offenbar wurde nicht ausreichend Ballast mitgenommen. Und so setzt die TITAN erst um 15.45 Uhr in einer Tiefe von 3.740 Metern auf dem Meeresboden auf – drei Stunden war das Tauchboot in der Wassersäule unterwegs. Nun müsste die HORIZON ARCTIC die TITAN eigentlich in Richtung des TITANIC-Bugs lotsen. Doch das Sonardyne-Sonar hat immer wieder Aussetzer – das Tauchboot kann keine sinnvollen Instruktionen vom Expeditionsschiff empfangen und infolgedessen auch nicht zielgerichtet navigieren. Gleichzeitig fällt das Blueview Sonar aus, mit dem die TITAN die eigene Umgebung abscannen kann. Es bleibt Rush nichts anderes übrig, als das TITANIC-Wrack auf gut Glück zu suchen. Dabei fängt die Rayfin 4K-Unterwasser-Kamera immerhin Bilder vom Trümmerfeld der TITANIC ein, darunter die rot-weißen Linoleum-Bodenfliesen aus dem Bereich der zweiten und dritten Klasse auf der TITANIC sowie ein Bruchstück eines Bleiglasfensters aus dem Speisesaal der ersten Klasse. Allerdings flackern auch diesmal die Scheinwerfer der TITAN und lassen sich nicht wie vorgesehen dimmen; zudem ist auf den Videobildern ein störender, kreisförmiger Lichteffekt zu sehen.[730, 731]

Rush beschließt, den Tauchgang abzubrechen. Wieder gibt es Probleme mit den elektrischen Stellmotoren für die Ballastrohre – die TITAN kann kein einziges abwerfen. Rush versucht, das Tauchboot mithilfe der vertikalen Schubdüsen steigen zu lassen. Das funktioniert, aber vergleichsweise langsam – mit dieser Methode käme die TITAN erst gegen 1 Uhr morgens an der Oberfläche an. Am Ende aktiviert Rush den Notfallplan. Mittels einer hydraulischen Pumpe wirft Rush die Ballasthalterung mitsamt den Rohren darin ab. Es ist ein teures Manöver: Das Ersatz-Tray kostet etwa 20.000 US-Dollar. Das Tauchboot steigt, um sechs Rohre und die Halterung erleichtert, zügig Richtung Meeresoberfläche. Gegen 8 Uhr kommt es an der Oberfläche an. Doch nun hat die TITAN zu viel Auftrieb und schafft es deshalb nicht, auf der im Wasser versenkten Schwimmplattform LARS aufzusetzen. Mission Control schickt Gerätetaucher, die wieder Gewichte an der Kapsel anbringen sollen. Sie haben Glück im Unglück: Das Wasser ist mit 20 Grad Celsius vergleichsweise warm für die Jahreszeit. So können die Männer lange im Wasser bleiben, ohne auszukühlen. Es dauert vier Stunden, bis die TITAN endlich auf LARS festgemacht ist. Beim Anblasen gibt es weitere Unregelmäßigkeiten: Auf einer Seite geht die Pressluft aus, die die mit Wasser gefüllte Schwimmplattform leeren und an die Wasseroberfläche bringen soll, sodass LARS und das Tauchboot nun 45 Grad Schlagseite haben. Erneut müssen die Gerätetaucher helfen; sie bringen Schwimmkissen an LARS an und füllen diese mit Pressluft. Erst jetzt gelingt es, die Plattform mit dem Tauchboot soweit aufzurichten, dass sie auf das Mutterschiff gezogen werden kann. Es ist 04.07 Uhr am folgenden Morgen, den 10. Juli 2021, als die Taucher die Kapsel endlich verlassen können – sie waren mehr als 16 Stunden an Bord.[732, 733, 734, 735]

P. H. Nargeolet reagiert trotz aller Strapazen unerschütterlich. „Ich bin jetzt zweimal mit dem TITAN-Tauchboot in die Tiefe getaucht, beim ersten Mal auf 1.700 Meter und dann zur TITANIC auf 3.840 Meter", sagt er kurz nach dem Tauchgang. „Ich habe enormes Vertrauen in dieses Tauchboot und in die Professionalität der OceanGate-Expeditionscrew."[736]

## TITAN

**Baujahr:** 2018/2020
**Kapazität:** 5 Personen
**Geschwindigkeit:** 3 Knoten (5,6 km/h)
**Antrieb:** 4 elektrisch angetriebene „Innerspace® 1002" Propellerdüsen mit je 12 PS Leistung
**Lebenserhaltungssysteme:** 96 Stunden bei 5 Personen
**Maximale Tauchrate:** 50 Meter/Minute
**Tauchtiefe:** 4.000 Meter unter Meeresspiegel (unzertifiziert)
**Länge:** 670 cm, Breite: 280 cm, Höhe: 250 cm
**Gewicht:** 10,432 Tonnen
**Maximale Zuladung:** 685 kg
**Wandstärke der Karbonfaserröhre:** 12,7 cm
**Bullauge:** 53 Zentimeter Außendurchmesser
**Zustieg:** über die schwenkbare Frontkuppel

Expeditionsleiter Kyle Bingham und Stockton Rush entscheiden, im Rahmen der Mission II keinen weiteren TITANIC-Tauchgang wagen zu wollen. Die HORIZON ARCTIC dreht stattdessen gegen 07.30 Uhr morgens nach Norden ein und fährt Richtung Küste. Unterwegs wird das Ersatz-Tray am Rumpf angebracht. Die Stellen in der Halterung, die mutmaßlich für die Blockade verantwortlich waren, werden abgeschliffen, ebenso die Kanten der Rohre, mit denen es neu beladen wird. Als neuer Plan B hängen nun acht bis zwölf mit Stahlschrot gefüllte Säcke (mit einem Gewicht von jeweils zehn bis 15 Kilogramm) an Schnüren unter dem Rumpf. Sie sind über „Opferanoden" befestigt, eine galvanische Verbindung, die im Salzwasser korrodiert und dann bricht. Sie sind so konstruiert, dass die Ballastsäcke nach etwa 24 Stunden im Wasser ohne weiteres Zutun abreißen, und die TITAN dann von alleine an die Oberfläche steigt.[737, 738, 739, 740]

Die HORIZON ARCTIC nimmt Kurs auf Neufundland. Am 13. Juli 2021 gegen 7 Uhr früh kommt sie knapp einen Kilometer südöstlich von Red Cove beziehungsweise etwa zwei Kilometer nordöstlich von Gull Island an, nicht weit entfernt von der schon erwähnten Bucht Bay Bulls. Dort vor der Küste findet ein Trostpflaster-Tauchgang für die Mission Specialists Alan Estrada, Chelsea Kellogg, Jaden Pan und Renata Rojas statt. Sie nehmen Teil an einem „Systemtest-Tauchgang" (Tauchgang #64 im Log) und können im lichtdurchfluteten Wasser sowie am Boden des Nordatlantiks auf bis zu 89 Meter Tiefe Krabben, Korallen und Quallen beobachten. Alle dürfen die TITAN vorübergehend selbst steuern – mit dem Gamecontroller geht das weitgehend intuitiv.[741]

Am Ende des Tauchgangs ergeben sich erneut Ballastprobleme – auf der Backbordseite funktioniert der Motor nicht, der die Ballastrohre in den Auswurfschacht schieben soll. Später stellt sich heraus, dass der Motor falsch verdrahtet war und die Rohre in die falsche Richtung schob. Phil Brooks, der elektrische Ingenieur bei OceanGate, hatte beim Bau des Trays vor den Stellmotoren Marke Eigenbau gewarnt und stattdessen vorgeschlagen, diese Komponente extern zuzukaufen. Doch die etwa 10.000 US-Dollar pro Motor waren Stockton Rush damals zu teuer. Stockton Rush verspricht den Mission Specialists, den Tauchgang zum Wrack der TITANIC im kommenden Jahr nachzuholen. Alan Estrada kündigt in seinem Videotagebuch sofort an, 2022 einen neuen Versuch unternehmen zu wollen, und auch Rojas und Kellogg setzen auf eine zweite Chance.[742, 743]

Am 14. Juli 2021 gegen 14 Uhr verlässt das Schiff die Gewässer vor Red Cove, nimmt Kurs auf St. John's und kommt um 16.30 Uhr an Pier 12 auf der

Stadtseite des Hafens an. Estrada, Kellogg und Rojas gehen dort von Bord – Kameramann Jaden bleibt noch für eine weitere Mission.

Trotz aller Widrigkeiten wertet Stockton Rush den Tauchgang ins TITANIC-Trümmerfeld als großen Erfolg; hat er damit doch bewiesen, dass es grundsätzlich möglich ist, mit der TITAN zur TITANIC zu gelangen. Nun will er dorthin Tauchversuche mit den Mission Specialists wagen.[744]

## MISSION III (2021)

Die Mission III steht zunächst unter keinem guten Stern. Die Mission Specialists, die für diesen Expeditionsteil gebucht haben, müssen ihre Anreise teilweise nur mit wenigen Tagen Vorlauf absagen oder verschieben. Die kanadischen Behörden stellen sich quer und verweigern den ausländischen Mission Specialists wegen Corona die Einreise und den Transit vom Flughafen aufs Schiff. Insbesondere bestehen Zweifel an den von OceanGate und Horizon Maritime ausgestellten Papieren, die die zahlenden Taucher als Crewmitglieder ausweisen und den Transit eigentlich trotz Corona-Auflagen ermöglichen sollten. Ron Toigo, ein Geschäftsmann aus Vancouver, dem die Eishockeymannschaft Vancouver Giants Junior Hockey Team gehört, hat als Kanadier hingegen keine Probleme, zum Schiff zu kommen.[745] TITANIC-Experte P. H. Nargeolet ist auf Bitte von OceanGate und entgegen den ursprünglichen Plänen weiterhin an Bord – letztendlich wird er bis zum Ende der Expedition dabei sein.[746]

Am 16. Juli 2021 kurz nach 11 Uhr fährt die HORIZON ARCTIC erneut hinaus auf den Nordatlantik und kommt am 18. Juli gegen 14.30 Uhr an der Wrackstelle an. Es findet eine weitere Blumenzeremonie zum Gedenken der beim Untergang der TITANIC Verstorbenen statt. Stockton Rush, Cathy Jutilla-Lamet und Rory Golden werfen dabei rote Rosen ins Meer.[747]

→ Bild 44: Die TITAN tauchbereit auf LARS (Seite 201)

Während Mission III findet nur ein einziger Tauchgang statt (#65 im Tauchlog), am 19. Juli 2021. An Bord der TITAN sind Stockton Rush und Kenny Hauge als Piloten sowie Jaden Pan und Ron Toigo als zahlende Taucher. Die Archäologin Bridget Buxton ist als Expertin dabei. Zunächst läuft beim

Start der TITAN alles nach Plan. Das Tauchboot ist zwei Stunden und 15 Minuten in der Wassersäule unterwegs und schon fast unten angekommen. „Zwei Fußballfelder vom Meeresboden entfernt", so Jaden Pan (im Tauchlog steht später 3.300 Meter), gibt es plötzlich Probleme mit der Stromversorgung. Eine der Batterien ist leer – Stockton Rush will den Tauchgang daher abbrechen. Er versucht, Ballastrohre abzuwerfen, doch die Stellmotoren streiken erneut, und so sinkt die TITAN zunächst weiter. Rush versucht, mithilfe der Vertikalschubdüsen aufzusteigen. Die TITAN schafft auf diese Weise neun Meter pro Minute und steigt bis auf etwa 2.100 Meter. Als Rush erkennt, dass die Batterien nicht reichen werden, um bis zur Oberfläche zu kommen, stellt er die Schubdüsen ab. Das Tauchboot sinkt nun wieder Richtung Meeresboden. Dan Scoville ist an diesem Tag der Mission Director auf der HORIZON ARCTIC. Er weist Rush in einer Textnachricht an, den Notfallplan zu aktivieren und über die Hydraulikpumpe die Halterung mit den Rohren abzuwerfen. Doch Rush will diese nicht opfern, weil es an Bord des Mutterschiffes kein weiteres Reserve-Tray gibt. Ein Abwurf würde die Expedition vorzeitig beenden, was, so behauptet Rush zumindest, das finanzielle Aus für OceanGate bedeuten würde. Rush erklärt seinen Mitstreitern, dass seine bevorzugte Lösung wäre, die Nacht auf dem Meeresboden zu verbringen und darauf zu warten, dass die Opferanoden nach etwa 24 Stunden im Wasser brechen und die Notballastsäcke lösen. Die Sauerstoffvorräte und Kohlendioxidfilter an Bord reichen mehrere Tage. 30 Stunden im Tauchboot sind also ohne Weiteres möglich. Und so drängt Rush seine Mittaucher, das Tray zu retten und die 24 Stunden auszusitzen. Co-Pilot Kenny Hauge findet die Situation absurd; Rush solle auf seinen Mission Director hören und das Tray abwerfen. Über das Akustikmodem schickt er verärgert mehrere Textbotschaften an die HORIZON ARCTIC: „Sagt meiner Frau, was hier gerade passiert" und „Bucht mir schon mal meinen Heimflug".[748, 749]

Am Ende gibt Stockton Rush nach und beginnt, die manuelle Hydraulikpumpe zu betätigen, die die Stifte herausschieben soll, mit der das Tray auf beiden Seiten am Rahmen befestigt ist. Allerdings möchte er noch einen Versuch unternehmen, das kostbare Bauteil zu retten: Rush pumpt ganz langsam, in der Hoffnung, dass sich die Rohre lösen, ehe der letzte Stift aus den vier Halterungen geschoben ist. Er hat Glück: Auf etwa 3.000 Meter Tiefe löst sich das Tray auf einer Seite. Es schwingt wie an einem Scharnier zur Seite, und die Rohre fallen heraus. Die TITAN bekommt Auftrieb. Dreieinhalb Stunden sind seit dem ersten Versuch, Ballast abzuwerfen, vergangen. Mission Specialist Ron Toigo fühlt sich an Bord der TITAN trotz aller Probleme durchgehend sicher. Später sagt er: „Ich hatte wirklich eine gute Zeit auf dieser Schiffsreise, obwohl wir da unten festsaßen." Ehe das Tauchboot auf LARS einparkt, sichern Taucher das herunterhängende Tray mit Gurten – man will das kostbare Bauteil auf den letzten Metern nicht doch noch verlieren. Stockton Rush ist erleichtert, als die TITAN mitsamt dem Tray wieder an Deck steht und er und die anderen Taucher aussteigen können.[750, 751, 752, 753, 754, 755, 756, 757]

Gegen 20.30 Uhr bricht die HORIZON ARCTIC Richtung Neufundland auf, während erneut am Ballastsystem der TITAN gearbeitet wird. Künftig soll es möglich sein, mit der Hydraulikpumpe auch Standardgewichte abzuwerfen und nicht nur das Tray und das Landegestell. Auf dem Rückweg macht das Schiff einen Umweg und nimmt zunächst mit sieben bis neun Knoten (13,0 bis 16,7 km/h) Geschwindigkeit Kurs auf Renews-Cappahayden am südöstlichen Ausläufer der Halbinsel Avalon (etwa eine Autostunde von Cape Race entfernt). 13 Kilometer vor der Küste, ungefähr auf Höhe des Chance Cove Provincial Parks, stoppt die HORIZON ARCTIC am 21. Juli um 12.38 Uhr auf der Position 46,725 N, 52,820 W und lässt sich bis etwa 16.30 Uhr treiben. Möglicherweise sollte hier ein weiterer „Trostpflaster-Tauchgang" in flachen Gewässern stattfinden. Im Log ist allerdings nichts dazu vermerkt, sodass anzunehmen ist, dass es wohl doch keinen Tauchversuch gab. Danach fährt das Schiff an der Küste entlang mit drei bis vier Knoten (5,6 bis 7,4 km/h) Geschwindigkeit zurück nach St. John's. Am 22. Juli 2021 kurz nach 7 Uhr morgens legt die HORIZON ARCTIC am Liegeplatz 24 auf der Südseite des Hafens an. Dort gehen weitere der bisherigen Mission Specialists von Bord, darunter Jaden Pan.

# MISSION IV (2021)

Nur ein paar Stunden später – gegen 11 Uhr – setzt das Schiff über zu Liegeplatz 12 auf der Stadtseite und bricht dann gegen 21 Uhr zur vierten Teilexpedition der TITANIC Mission Survey 2021 auf – mit neuen Mission Specialists, darunter Derek Chan, der Abenteurer Bill Price aus Cayucos, Kalifornien, Joe Wortman und der Risikoanalyst Darrell Parsons mit seiner Frau Kelly aus Georgetown, Ontario.

Bill Price hat seine Teilnahme an der Expedition erst im Mai 2021 gebucht. Er ist Mitglied im Adventurers' Club of Los Angeles. Dort im Vereinsheim sieht er zwei Miniatur-Styroporbecher, die der Fotograf Ralph White Jahre zuvor während eines Tauchgangs zur TITANIC außen am Tauchboot angebracht hatte, und ist fasziniert. Die Becher sind ein beliebtes Expeditionssouvenir. Styropor besteht aus einem Kunststoff, der durch ein Gas aufgeschäumt wurde. Der Wasserdruck in der Tiefsee presst die Gaseinschlüsse nun aus dem Kunststoff und drückt das Material zusammen. Ein Styropor-Kaffeebecher wird dadurch auf Schnapsglasgröße verkleinert. Als Price, der sich selbst als TITANIC-Fan bezeichnet, Anfang 2021 von den OceanGate-Plänen für eine TITANIC-Expedition erfährt, ruft er in Everett an, um zu sondieren, ob er sich einen Tauchgang leisten kann. Er ist wohlhabend, aber kein Multimillionär. Und so macht er mit Stockton Rush einen Deal: Er berät OceanGate in Marketingfragen; im Gegenzug bekommt er einen Rabatt für seine Teilnahme an der TITANIC-Expedition. Mit dem Erlös aus einem Grundstücksverkauf kann er die Reise gerade so finanzieren. Price fragt vor der Buchung nach, warum die TITAN nicht zertifiziert ist. Er hat jahrelang für die Firma seines Onkels gearbeitet, der in den 1980er-Jahren eines der ersten kommerziellen Flugzeuge mit Karbonfaserstruktur besaß. Eine Flugzulassung der amerikanischen Bundesluftfahrtbehörde FAA zu erhalten sei damals extrem schwierig gewesen. Daher findet Price die Erklärung plausibel, dass die TITAN angeblich „zu innovativ" für eine Zertifizierung ist. Seiner Frau und den Töchtern sagt Price nicht, was für eine Art Reise er gebucht hat – sie erfahren erst nach seiner Rückkehr davon.[758, 759, 760]

Im Vorfeld des vierten Expeditionsabschnitts hatte Stockton Rush das Gespräch mit den zugehörigen Mission Specialists gesucht und ihnen klar gemacht, dass sie angesichts der bisherigen Bilanz nicht allzu viel erwarten dürfen. Es sei unwahrscheinlich, dass die geplanten drei Tauchgänge klappen. Joseph Wortman erinnert sich: „Er sagte: ‚Komm nicht in der Erwartung, dass du tauchen wirst. Komm in der Erwartung, etwas zu lernen.'" Und so bringt sich Wortman voller Elan in die Aufgaben ein, die Mission Specialists an Bord der HORIZON ARCTIC und im Tauchboot übernehmen können: Er lernt, wie die Kommunikation zwischen der TITAN und dem Mutterschiff funktioniert und welche Kürzel zu verwenden sind. Als das Ballastsystem erneut überarbeitet werden soll, hilft er dabei, sechs Stahlrohre zu einem einzigen großen Gewicht zusammenzuschweißen. Die neuen Supergewichte kommen allerdings erst ab Mission V zum Einsatz.[761]

# TAUCHGANG ZUM TRÜMMERFELD UND ZUM HECK DER TITANIC

Die HORIZON ARCTIC erreicht am 24. Juli 2021 gegen 7 Uhr morgens die Wrackstelle. Noch am selben Tag findet ein Tauchversuch (Tauchgang #66) statt. Die Besatzung: Stockton Rush als Pilot, der Astronaut Scott Parazynski als Co-Pilot, seine Ehefrau Meenakshi Wadhwa (Professorin am Institut für Erd- und Weltraumforschung an der Arizona State University) sowie als Mission Specialists Darrell Parsons und Joe Wortman. Erneut ergeben sich Unregelmäßigkeiten. Die TITAN sinkt schneller zum Meeresboden als vorgesehen. Ursache ist ein Fehler bei der Berechnung der Zuladung oder eine Unachtsamkeit. Joe Wortman hat morgens zum Wiegen nicht sein komplettes „Reisegepäck" mitgebracht und ist ohne einen Beutel mit Medaillen auf die Waage gestiegen, die er später mitnimmt, um Souvenirs „von der TITANIC" zu haben. Auf den Medaillen ist ein koloriertes Relief des TITAN-Expeditionslogos eingeprägt, die kanadische und die US-Flagge sowie mehrere Schriftzüge: Unter dem Tauchboot steht „a new era of exploration" (eine neue Ära der Erforschung), am oberen Rand „respect – honor – remember" (respektiere – ehre – gedenke), am unteren Rand „inaugural dive coin" (Münze zum Einführungstauchgang). Auf der Rückseite ist das Expeditionslogo zu sehen, daneben zwei Flügel mit den Worten „Mission Specialist" sowie die Jahreszahlen 1912 und 2021. Die Medaillen sind sicher nicht der alleinige Grund, dass zu viel Ballast am Tauchboot angebracht wurde. So oder so bleibt es dabei, dass die TITAN schwerer ist als vorgesehen.[762, 763, 764]

Durch die erhöhte Sinkgeschwindigkeit stimmen die Berechnungen nicht mehr, die dafür sorgen sollen, dass das Tauchboot unter Einbeziehung der aktuellen Strömungen möglichst in der Nähe des TITANIC-Bugs aufsetzt. Stattdessen kommt die TITAN 300 Meter von der Hecksektion des Wracks an. Die Taucher erkunden das dortige Trümmerfeld und sehen Keramikfliesen von Villeroy & Boch und Weinflaschen im Sediment liegen sowie einen der Kessel. Die Sicht am Meeresboden ist an diesem Tauchtag nur mäßig. Joseph Wortman: „Es war beinahe so, als würde es schneien."

Ehe Rush den Aufstieg einleitet, sehen die Taucher einen der Propeller am Heck der TITANIC, wie Wortman später erzählt.[765, 766]

Wieder gibt es Ärger mit dem Ballastsystem. Auf beiden Seiten versagen die elektrischen Motoren, die die schweren Rohre aus dem Tray abwerfen sollen. Wie schon bei Tauchgang #62 versucht Rush, das Tauchboot durch Gewichtsverlagerung seitlich so weit zu kippen, dass mehrere Ballastrohre aus dem Tray herausrollen. Das Manöver ist erfolgreich. Allerdings steigt die Kapsel nun mit deutlich verringerter Geschwindigkeit auf, weil nur ein Teil der Rohre abgeworfen wurde. Statt etwa zwei Stunden dauert es dreieinhalb Stunden, bis das Tauchboot an der Meeresoberfläche ankommt. Insgesamt war die TITAN mehr als elf Stunden unterwegs.[767, 768, 769]

In einem Interview mit „Detroit News" beschreibt Wortman später, dass die Insassen des Tauchboots auf dem verlängerten Rückweg die Behelfstoilette an Bord benutzt haben. Um die nötige Privatsphäre sicherzustellen, halten zwei Taucher einen Sichtschutz hoch, während der Dritte dahinter seine Notdurft verrichtet. Angeblich haben sich alle an Bord im Laufe des Tauchgangs einmal so erleichtert.[770, 771]

# ERSTER TAUCHGANG ZUM TITANIC-BUG

Am 27. Juli 2021 findet ein weiterer Tauchversuch statt (#67 im Log). An Bord befinden sich Stockton Rush als Pilot, P. H. Nargeolet als TITANIC-Experte sowie Bill Price, Matt Storch und Derek Chan als Mission Specialists.[772, 773]

Bill Price übernimmt dabei die Aufgabe, die vom Mutterschiff durchgegebenen Positionsdaten der TITAN auf einem Blatt Papier in eine Art Landkarte einzutragen. Darauf sind die Umrisse des TITANIC-Bugs und des -Hecks eingezeichnet. Die Fläche ist ähnlich einem Schachbrett in viele kleine Quadrate unterteilt, die durchnummeriert sind. Die Position des Tauchboots wird nun vom Mutterschiff ermittelt und das zugehörige Quadrat an das Tauchboot durchgegeben, wo Price die aktuelle Position einzeichnet.

→ Bild 45: Das Koordinatenblatt der TITAN bei Tauchgang #67 (Seite 201)

Beim Start scheint zunächst alles gut zu gehen. Doch nach etwa einer Stunde reißt die Kommunikation mit der HORIZON ARCTIC ab. Die letzte Koordinate, die Rush über das Akustikmodem bekommt, weist darauf hin, dass sie in der Strömung zu weit vom TITANIC-Bug abdriften. Nun möchte er eine Kurskorrektur vornehmen. Doch die Steuerdüse auf der Backbordseite funktioniert nicht – die Verbindung zur Batterie scheint gestört. Zudem fällt einer der Monitore aus – wegen eines Kabelproblems, das sich relativ leicht beheben ließe. Angesichts der Summe von Fehlern und Anomalien fällt Stockton Rush die Entscheidung, den Tauchgang abzubrechen – sie sind zu diesem Zeitpunkt schon mehr als 2.000 Meter in die Tiefe getaucht. Auch dieses Mal lässt sich der Ballast nicht elektrisch abwerfen, weil die Verbindung des Motors zur Batterie gestört ist. Und so sinkt die TITAN weiter bis zum Meeresboden. Rush schlägt vor, die Tauchkapsel wie beim Tauchgang zuvor zur Seite zu kippen, damit sich die Rohre von allein aus der Halterung lösen. Und so schaukeln die Taucher ihr Vehikel durch Gewichtsverlagerung so lange auf, bis alle Rohre herausgefallen sind. Nach 30 Minuten unerwartetem Hochleistungssport fängt die TITAN endlich an aufzusteigen. Weiter oben in der Wassersäule funktioniert schließlich auch die Kommunikation mit der HORIZON ARCTIC wieder, sodass das Einholen der Kapsel an Deck gut vorbereitet und glatt abläuft.[774, 775, 776, 777]

→ **Bild 46: Die TITAN schwimmt auf LARS im Wasser. (Seite 202)**

Nach dem Tauchgang wird die Verkabelung der Schubdüsen umgebaut. Wenn eine der Außenbatterien im Heckgestell ausfällt, soll es künftig über eine Kreuzverbindung möglich sein, Strom von der anderen Seite abzugreifen. Das Wartungsteam setzt den Plan sofort um, sodass die neue Redundanz bereits am kommenden Tag zur Verfügung steht.[778]

Auch das Ballastsystem wird nochmals umgebaut. Es soll leichter werden, Gewichte durch ein Kippmanöver abzuwerfen. Dafür bauen die Ingenieure auf beiden Seiten des Trays Halterungen für jeweils ein zusätzliches Rohr. Künftig reicht es, die TITAN mithilfe der Vertikalschubdüsen entlang der Zylinderachse zu drehen, um ein Rohr herunterkullern zu lassen. Dazu muss der Pilot auf einer Seite maximalen Schub nach oben geben und auf der anderen Seite nach unten. Da Stockton Rush die Konstruktion vorgeschlagen hat, nennt die Crew die Rohre nun Stockton-Gewichte. Künftig sollen die Elektromotoren in der Lage sein, Säcke mit Stahlschrot abzuwerfen, die an unterschiedlich langen Schnüren auf zwei Stangen gewickelt werden.

Die Elektromotoren drehen die Stangen so lange um die eigene Achse, bis die jeweils kürzeste Schnur abgespult ist und sich der Sack löst. Um am Ende eines Tauchgangs zurück zur Oberfläche zu kommen, sollen nun standardmäßig die Stockton-Gewichte und die Schrotsäcke abgeworfen werden.

→ Bild 47: Das neue Ballastsystem (Seite 203)

Auch die Hydraulikpumpe bekommt eine zusätzliche Verwendung. Mit ihr soll der Pilot nun statt des teuren Notballasts (Tray und Landegestell) zunächst ein Paket mit sechs miteinander verschweißten Rohren lösen können, das seitlich am Tauchboot befestigt ist. Betätigt der Pilot die Pumpe, drückt diese an vier Stellen Stifte aus Verbindungen. Diese geben zuerst die miteinander verschweißten Rohre, dann das Tray und ganz zum Schluss das Landegestell frei. Die schon erwähnten Opferanoden (die nach 24 Stunden im Wasser brechen und den angehängten Ballast freigeben) kommen doppelt zum Einsatz: an den Schnüren der Ballastsäcke und an der Aufhängung der großen Stahlrohrpakete. Die störanfälligen Elektromotoren Marke Eigenbau möchte Stockton Rush zudem bis zur nächsten Expedition durch zugekaufte Unterwassermotoren ersetzen.[779, 780, 781, 782, 783, 784, 785]

Stockton Rush bietet den Mission Specialists von Tauchgang #67 an, am folgenden Tag direkt einen zweiten Versuch zu unternehmen. Alle wollen es am 28. Juli 2021 (Tauchgang #68) noch einmal probieren. Bill Price erzählt später, die kreativen Problemlösungsvorschläge von Rush und Nargeolet hätten sein Vertrauen in OceanGate und die TITAN sogar noch verstärkt. Diesmal ist das Schicksal den Abenteurern gnädig. Zwar verliert die TITAN etwa eine Stunde nach dem Abtauchen vorübergehend den Kontakt zur Oberfläche. Doch nach einer Weile gelingt es wieder, Textbotschaften mit dem Mutterschiff auszutauschen, und der Tauchgang kann fortgesetzt werden.[786, 787, 788, 789]

Das Tauchboot landet ein Stück vom Bug der TITANIC entfernt auf dem Meeresboden und kann mithilfe der Sonarpeilung von Mission Control in die richtige Richtung dirigiert werden. Die TITAN kommt seitlich der Bugspitze am Wrack an. Die Insassen starren zunächst auf eine gigantische, steile Wand, die vor dem Bullauge in die Höhe ragt. Bill Price erläutert später: „Als wir am Bugsegment ankamen, haben wir einen Moment innegehalten, um darüber nachzudenken und zu beten für die Menschen, die dort ihr Leben verloren haben.“ Price und P. H. Nargeolet sitzen vorne im Dom – dort ist es am kältesten. Hinten in der Röhre lässt die Abwärme der elektrischen

Gerätschaften die Lufttemperatur deutlich ansteigen. „Ich komme aus Michigan, mir macht Kälte nicht so viel aus", sagt Price später dazu. Auch deshalb haben er und Nargeolet nun den besten Blick auf das Wrack.

→ Bild 48: Die TITAN erreicht erstmals den Bug der TITANIC. (Seite 204)

Stockton Rush navigiert ohne direkte Sicht allein über die Außenkameras, durch die er via Monitore blicken kann. Er manövriert die TITAN bis zur Bugspitze, fährt an dieser vorbei, wendet und steuert für die Videokameras geradewegs auf den Bug zu. Dann drückt Rush Nargeolet den Gaming-Controller in die Hand und übergibt ihm die weitere Navigation: „P. H. hatte vorher keinerlei Erfahrung mit der Steuerung der TITAN. Ich gab ihm den Controller, und er brachte uns 15 Zentimeter über dem Deck zum Schweben [...] Ich hatte Bedenken, dass wir dem Wrack zu nahekommen – P. H. hingegen fand, dass wir immer noch nicht nahe genug dran sind. Er manövrierte da mit 20 bis 30 Zentimetern Abstand zum Deck und hat Bridget Buxton damit fast wahnsinnig gemacht."

Dass Nargeolet derart auf Tuchfühlung mit dem Wrack geht, hat zwei Gründe. Zum einen findet er, dass die sechs LED-Leuchten der TITAN im Vergleich zu früheren Expeditionen eine deutlich geringere Helligkeit haben und mit nur etwa zehn bis 15 Metern nicht weit genug strahlen. Um das auszugleichen, fährt er näher heran ans Wrack. Zum anderen ist das Tauchboot nahe der TITANIC an diesem Tag wider Erwarten keinerlei Strömung ausgesetzt, was es ermöglicht, beinahe auf der Stelle zu schweben. Und so traut Nargeolet sich näher heran, ohne anzustoßen. „Wir konnten das Wrack aus ungewöhnlicher Perspektive erforschen. Wir konnten entlang der kompletten Längsachse der Bugsektion schweben, ohne abzudriften, und die Bruchkante auf der Rückseite der Bugsektion untersuchen. Die Metallplatten, die zuvor besonders stark korrodiert waren, sind nun verschwunden, ebenso einige der Bullaugen, sodass man unerwartete Blicke ins Wrackinnere erhaschen konnte", schreibt Nargeolet später in seinem Buch „The Secrets of the TITANIC".[790, 791]

→ Bild 49: Auf der Brücke der TITANIC steht noch der Telemotor. (Seite 204)

Dass Stockton Rush nach all den Jahren endlich am Ziel ist, realisiert er in diesem Moment noch nicht wirklich. Später erinnert er sich: „Ich war voll beschäftigt mit den Displays, habe immer geschaut, wo wir hinfahren. Gleichzeitig bist du in ständiger Kommunikation mit deinen Mittauchern, die ihren Kopf in den Dom stecken. Ich hatte gar keine Zeit innezuhalten und auf mich wirken zu lassen, wie fantastisch das alles ist. [...] Erst als wir wieder an der Meeresoberfläche waren, aus der Kapsel stiegen und uns alle zujubelten, wurde mir klar: Es ist tatsächlich gelungen! Nach mehr als sechs Jahren Planung. Das war der Moment, in dem mir bewusst wurde: Du warst an der TITANIC!"[792, 793, 794]

P. H. Nargeolet bemerkt während des Tauchgangs diverse Veränderungen am Wrack im Vergleich zu seinen früheren Expeditionen. So ist beispielsweise die Wanne im Bad der Kapitänskabine inzwischen mit Rost und Trümmern „vollgelaufen" beziehungsweise verschüttet, während sie in früheren Jahren weitgehend leer und gut zu sehen war. Ihm fällt ebenfalls auf, dass die kleine fedrige Polypenformation verschwunden ist, die jahrelang direkt auf der obersten Stange der Bugreling angehaftet war (eine Korallenkolonie der Spezies Chrysogorgia agassizii). Dies war allerdings auch schon auf den Aufnahmen zu erkennen, die Victor Vescovo im August 2019 vom TITANIC-Wrack gemacht hatte.[795, 796]

Der Expeditionsblog auf der OceanGate-Website erwähnt den Tauchgang mit keiner Silbe. Vielleicht weil man die Posts zu den vorherigen Tauchgängen ins Trümmerfeld ganz bewusst vage formuliert hatte, um den Anschein zu erwecken, man sei bereits „an der TITANIC" gewesen. Ein Blogeintrag über die erste Ankunft am Hauptwrack vier Tage später hätte die kleine Schummelei aufgedeckt. Nach dem erfolgreichen Trip zum Bug der TITANIC bricht die HORIZON ARCTIC gegen 18.30 Uhr Richtung St. John's auf, wo sie am 30. Juli 2021 gegen 07.30 Uhr morgens wieder an Pier 12 anlegt.[797]

## MISSION V (2021)

Zur letzten Mission der 2021er-Expedition gibt es von OceanGate nahezu keine Informationen, wohl aber Berichte der Mission Specialists an Bord. Mit dabei ist der 58-jährige Arthur Loibl, ein ehemaliger Unternehmer und nun Privatier aus dem bayerischen Straubing, der sein Vermögen mit einer Firma für Förderanlagen gemacht hat. Loibl liebt das Abenteuer; er hat zuvor schon an Expeditionen zum Nord- und Südpol teilgenommen und steht auf der Warteliste von Richard Bransons Firma Virgin Galactic für einen Weltraumflug. Die OceanGate-Expedition ist für ihn mehr als eine beliebige Extremreise. Die TITANIC fasziniert ihn, seit sein Vater ihm als Kind von dem Film „Der Untergang der TITANIC“ (Kinostart im Jahr 1953) vorgeschwärmt hatte. Die Reise zum Wrack hat er schon 2017 bei OceanGate gebucht.[798, 799]

Eigentlich war Loibl für Mission III vorgesehen, wurde aber wegen der coronabedingten Reisebeschränkungen kurzfristig auf Mission V umgebucht, um seine Einreise nach Kanada zu ermöglichen. Für Touristen besteht zu diesem Zeitpunkt ein striktes Einreiseverbot. Für Seeleute gelten jedoch Ausnahmeregelungen – sie dürfen einreisen, wenn sie auf dem Weg zu ihrem Schiff sind. OceanGate schickt Loibl ein Schreiben, das bestätigt, dass er für die Dauer seiner Mission Crewmitglied der HORIZON ARCTIC ist. Trotz aller Bemühungen erwarten Loibl am Flughafen von Toronto Probleme. Die Beamten akzeptieren die von OceanGate ausgestellten Papiere nicht und wollen ihn nicht nach St. John’s weiterfliegen lassen. Sie monieren, dass er keinen Heuervertrag für das Schiff hat und auch kein Seefahrtbuch. Mit mehreren Stunden Verzögerung darf Loibl schließlich doch weiterreisen und begibt sich in St. John’s direkt ins Hotel, wo er in Transitquarantäne (ohne Zimmerservice und ohne Kontakt nach Außen) übernachtet. Am nächsten Morgen geht er zusammen mit den anderen Mission Specialists an Bord der HORIZON ARCTIC.

Diese legt am Freitag, den 30. Juli 2021, gegen 11.30 Uhr in St. John’s ab und kehrt an die Wrackstelle zurück, wo das Schiff am 1. August morgens um halb sechs ankommt. Arthur Loibl berichtet später, dass es am 2. oder 3. August einen ersten Tauchversuch gegeben habe, der auf 1.600 Meter Tiefe wegen elektrischer Probleme abgebrochen werden musste. Er wird jedoch nicht ins Logbuch eingetragen.

Am 4. August 2021 findet dann ein erfolgreicher Tauchgang statt (#69): Die TITAN macht sich auf den Weg in die Tiefe. An Bord sind als Mission Specialists Aaron Newman (ein Investor von OceanGate), David Waud aus Lake Forest und Doug Jackson sowie Stockton Rush als Pilot und Bridget Buxton als Expertin. Am Meeresboden angekommen, ist David Waud überwältigt: „Mir wurde klar, dass ich mich in einer komplett anderen Welt befinde. Es ist fast unmöglich, das Erlebnis zu beschreiben, den Meeresboden entlangzufahren, hypnotisiert von den Trümmern und der zerstörten Hecksektion des zerfallenden Schiffes. Wir haben Teller und Tassen und Weinflaschen gesehen und die riesigen Maschinen.“[800, 801, 802]

Wie schon bei Tauchgang #62 gibt es Probleme mit den akustischen Warnsensoren. Diesmal produziert Sensor Nummer 5 mehrere Tausend falsche „signifikante" Ausschläge. Stockton Rush beschließt, auch diesen Sensor zu ignorieren. Somit sind nun drei von acht Sensoren der akustischen Hüllenüberwachung unbrauchbar.[803]

→ Bild 50: Die Anordnung der akustischen Sensoren in der TITAN (Seite 204)

Davon abgesehen verläuft der Tauchgang weitgehend problemlos: zweieinhalb Stunden Abtauchen, fünf Stunden Fahrt durchs Trümmerfeld und zur Erkundung der Hecksektion der TITANIC, zweieinhalb Stunden, um zurück zur Oberfläche zu kommen. Mission Specialist Doug Jackson kommentiert den Tauchgang später so: „Das Tauchboot war bequemer als erwartet. Wir waren elf Stunden da drin. Es hat sich nicht annähernd so lange angefühlt, wir hatten viel Platz." Vielleicht hat ihn auch der Blick aus dem Bullauge auf das Heck und die Maschinen der TITANIC abgelenkt. „Das gigantische Ausmaß der Zerstörung war überwältigend. Der Stahl ist drei Zoll [7,62 Zentimeter] dick und verdreht, als handle es sich um ein Spielzeug."[804, 805]

Mittaucher David Waud sorgt am Ende des Tauchgangs für Verwirrung an Deck: Als die Crew den Dom öffnet, schwallt ihr zusammen mit dem in der Kapsel gesammelten Kondenswasser auch eine Handvoll Mandeln entgegen. Waud hatte die Tüte mit dem Knabberzeug während des Tauchgangs im Dom versehentlich fallen lassen. Dabei rutschten einige offensichtlich unter den Zwischenboden der TITAN, sodass er sie nicht wieder aufsammeln konnte.[806]

→ Bild 51: Die TITAN steht zur Wartung an Deck. (Seite 205)

Arthur Loibl berichtet später, dass Stockton Rush fieberhaft überlegt habe, wie er in der knappen Zeit bis zum Ende der Expedition drei weitere Tauchgänge hinbekommen könnte. Rush wollte unbedingt alle noch an Bord befindlichen Mission Specialists zur TITANIC bringen. Eine Anfrage, ob OceanGate Expeditions die HORIZON ARCTIC zwei Tage länger chartern könne, wurde negativ beschieden. Alternativ überlegte Rush dann, drei Tauchgänge binnen 48 Stunden durchzuziehen. Dabei blieben zwischen den Tauchgängen jeweils nur fünf Stunden – nicht viel Zeit, um die Batterien zu laden und die Kapsel wieder startklar zu machen. Am Ende gab das Wetter aber keine drei Tauchversuche her.

Am 5. August 2021 findet ein letzter Tauchgang statt (#70 im Tauchlog). Die Crew besteht aus Arthur Loibl und zwei weiteren Mission Specialists, von denen nur bekannt ist, dass es sich um zwei Brüder aus England handelt, sowie P. H. Nargeolet als Experte und Stockton Rush als Pilot.

→ Bild 52: Titanic-Experte P. H. Nargeolet und Arthur Loibl (Seite 205)

Zunächst muss der Start jedoch um mehrere Stunden verschoben werden, weil die Batterien der Titan über Nacht nicht ausreichend geladen wurden. Als die Schwimmplattform über die Rampe am Heck der Horizon Arctic rollt, löst sich am Tauchboot eines der Bündel mit den zusammengeschweißten Rohren. Helfer setzen auf die im Wasser schwimmende Plattform über und versuchen, die Rohre wieder anzubringen – vergeblich. Das Tauchboot muss auf LARS zurück auf die Horizon Arctic gezogen werden. Die Taucher bleiben währenddessen in der geschlossenen Kapsel und schwitzen – in der prallen Sonne erhitzt sich ihr Gefährt schnell. Mithilfe von Kabelbindern werden die Rohre schließlich wieder am Tauchboot befestigt. Nach 90 Minuten erfolgt ein zweiter Startversuch. Diesmal klappt alles.

Nach etwas mehr als zwei Stunden setzt die Kapsel in der Verlängerung der Titanic-Bugspitze am Meeresboden auf. Es dauert weitere 20 bis 25 Minuten, bis das Wrack erreicht ist. „Freude und Staunen kannten keine Grenzen“, sagt Loibl später. Und: „Der erstaunlichste Moment war, als wir an der Titanic entlanggefahren sind und die Lichter des Tauchboots vom Wrack reflektiert wurden. Es war, als ob mir das Schiff zuwinkt.“[807, 808, 809, 810, 811]

Der Tauchgang dauert insgesamt zehneinhalb Stunden. Die Sicht ist ungewöhnlich klar, und es gibt fast keine Strömung, die bei der Navigation stört. Den Mission Specialists gelingen gestochen scharfe Bilder: vom Bug, vom Vordeck, von dem Mast, dem Loch, wo einst der erste Schornstein stand, den Heizkesseln an der Bruchstelle, dem Dach über dem sogenannten Marconi-Raum, in dem sich die Funkanlage der Titanic befindet, und vielen Stellen mehr. P. H. Nargeolet staunt über den zunehmenden Zerfall im Vergleich zu früheren Expeditionen: An vielen Stellen haben sich neue Löcher im Deck aufgetan. Der Mast, der zuvor am Stück auf dem Vordeck und der Brücke auflag, ist nun in mindestens drei Teile zerbrochen. Am Backbordanker ist gut zu erkennen, dass die Rostzapfen am Wrack insgesamt zahlreicher und üppiger geworden sind.

→ Bild 53: Pilot Stockton Rush und P. H. Nargeolet (Seite 205)

Nargeolet nach der Expedition: „Mein letzter Tauchgang zum Bug der TITANIC war einer der besten, die ich je erlebt habe. Die Bedingungen waren ideal, und ich konnte Teile des Wracks sehen, die ich nie zuvor gesehen habe. [...] Wir konnten die Kessel an der Bruchkante (der Bugsektion) genauer untersuchen – das war wegen der Strömung bisher oft zu gefährlich. Wir konnten einen Überflug Richtung Bug machen. [...] Bisher sind wir immer quer [über das Deck] von einer Seite zur anderen gefahren, weil es gefährlich ist, wenn die Strömung einen von hinten schiebt. Der Nachteil ist, dass man sehr behutsam sein muss, wenn man auf dem Meeresboden aufsetzt oder drüber schleift. Dann wirbelt man Sediment auf und sieht nichts mehr. Das ist schlecht für Fotos. Die Strömung würde diese Art Wolke sonst schnell wegtreiben. Diesmal dauerte es eine gefühlte Ewigkeit, bis das Wasser wieder klar war.“[812]

Im Anschluss an den Tauchgang macht sich die HORIZON ARCTIC gegen 19 Uhr auf den Rückweg Richtung Neufundland. Am 7. August kurz nach sechs fährt das Schiff ein letztes Mal in den Hafen von St. John's ein. Dort endet die Mission. Das Tauchboot und das sonstige Equipment werden an Land verladen und für den langen Rückweg Richtung Seattle auf drei Lkw aufgeladen.

Arthur Loibl äußert trotz seines erfolgreichen Tauchgangs nach der Expedition viel Kritik und blickt mit gemischten Gefühlen auf sein Abenteuer zurück: Die TITAN sei technisch „primitiv“, „improvisiert“ und „nicht ausgereift“, die Reise teilweise dilettantisch organisiert gewesen. Auch das Geschäftsgebaren von OceanGate findet er fragwürdig. Loibl hatte im Vorfeld der für 2019 angekündigten Expedition 100.000 US-Dollar für seine Teilnahme bezahlt und nach deren Absage erwartet, sein Geld zurückzubekommen. Stattdessen behielt OceanGate die komplette Summe mit dem Hinweis, die Expedition sei nur verschoben und die Buchung weiterhin verbindlich gültig.[813, 814, 815, 816]

Stockton Rush spricht am Ende der TITANIC Survey Expedition 2021 von sechs „erfolgreichen Tauchgängen“. Gemeint ist offenbar, dass das Tauchboot die TITANIC-Tiefe von 3.800 Metern erreicht hat. Das Hauptwrack mit Bug- oder Hecksektion erkundet die TITAN tatsächlich nur dreimal; zweimal sehen die Insassen ausschließlich das TITANIC-Trümmerfeld. Der sechste „erfolgreiche“ Tauchgang soll vermutlich #67 sein. Dabei setzte das Tauchboot auf dem Meeresboden auf, nachdem der Tauchgang eigentlich abgebrochen werden sollte, und die Insassen mussten die Ballastrohre aus der

Halterung schaukeln. Dem gegenüber stehen 70 dokumentierte Ausfälle von Gerätschaften oder Komponenten der TITAN, darunter die bereits erwähnten Probleme mit den elektrischen Motoren, den Batterien und dem abgesprengten TITAN-Dom.[817, 818]

→ Bild 54: Stockton Rush posiert an Bord der TITAN. (Seite 205)

OceanGate selbst wertet die Expedition 2021 trotz aller Probleme als Erfolg und startet sofort das Marketing fürs folgende Jahr. Sich zu beeilen lohnt sich: Wer bis zum 31. August 2021 seine Teilnahme an der 2022er-Expedition bucht, bekommt noch den alten Preis von 150.000 US-Dollar. Danach müssen Tauchwillige eine „Missionsunterstützungsgebühr" in Höhe von 250.000 US-Dollar pro Person aufbringen. Das verteuert ganz nebenbei auch die Teilnahme für mitreisende Angehörige. Wer an Bord des Expeditionsschiffes kommen möchte, ohne selbst zu tauchen, bezahlt laut Liste 50 Prozent der Summe seines oder ihres Mission Specialists. Fürs begleitende Nichttauchen ist mit 125.000 US-Dollar künftig mehr Geld fällig, als die ersten Kunden für ihren TITANIC-Tauchgang an OceanGate überwiesen haben. Allerdings gibt es auch Aussagen von Expeditionsteilnehmern, dass sie durch geschicktes Verhandeln oder bei Last-Minute-Buchungen deutlich weniger bezahlt haben als den offiziellen Preis.[819]

Eine Preiserhöhung war wohl unausweichlich: Die Expedition 2021 hat gezeigt, dass es normal ist und nicht die Ausnahme, wenn nicht alle drei Tauchgänge einer Mission von Erfolg gekrönt sind. Dazu kommt, dass diejenigen, die 2021 wegen „höherer Gewalt" (schlechtem Wetter, hohem Wellengang) nicht zum Zuge kamen, „nur" 52.000 US-Dollar für eine zweite Chance auf einen Tauchgang im nächsten Jahr zahlen müssen – bei technischem Versagen muss OceanGate laut Vertrag gratis einen zweiten Versuch anbieten. Neubucher müssen künftig auch deshalb mehr zahlen, um auszugleichen, dass Nachholer nichts oder vergleichsweise wenig zu den tatsächlich anfallenden Kosten einer Expedition beisteuern.[820, 821]

Derweil macht sich P. H. Nargeolet Gedanken über mögliche Hausaufgaben, die vor einer weiteren Expedition zur TITANIC zu erledigen sind. „Da sind noch zwei, drei Sachen zu ändern, damit es ein wirklich sehr gutes Tauchboot wird. [...] Wir sollten viel mehr Licht anbringen. Auch mit der 4K-Kamera waren die Bilder nicht gut, wenn wir weiter weg waren. Wir haben tolle Bilder mitgebracht, weil wir so nahe ran sind. Aber was fehlt, sind Weitwinkelbilder. Das macht es für die Taucher auch schwierig, sich am Wrack zu orientieren." Nargeolet hat seine Tauchgänge zudem für ein aktuelles Lagebild genutzt, das er als Berater von RMS Titanic, Inc. (der Inhaberin der Bergerechte am Wrack) nutzen kann. Die Firma prüft zu dieser Zeit schon länger, ob es technisch möglich und juristisch zulässig ist, mit einem Tauchroboter in den Raum mit der Funkanlage einzudringen und diese zu bergen. Ohne ausdrückliche Genehmigung der für die TITANIC zuständigen Richterin dürfen keine Gegenstände aus dem Hauptwrack entfernt oder dieses beschädigt werden. Der Marconi-Raum befindet sich im Bugsegment auf dem obersten Deck. Nargeolet hat die TITAN gezielt dorthin gesteuert und den Zustand der Decke und des darin eingelassenen Oberlichts erkundet: „Die Löcher in der Decke sind größer geworden, allerdings nicht direkt am Marconi-Raum, sondern weiter drüben, wo das Getriebe der Aufzüge ist, und auch über dem Korridor zwischen dem Marconi-Raum und dem Aufzugsbereich. Da ist das Dach fast weg, wobei die Träger drunter bislang noch halten. Durch das Oberlicht über dem Marconi-Raum habe ich [...] einen der Kästen der Funkanlage gesehen. Ich bin mir nicht sicher, ob das der Kasten ist, in dem die Widerstände drin sind, aber er hängt noch an der gleichen Stelle." Nargeolet kann RMST nun also rückmelden, dass die Funkanlage relativ gut zugänglich ist.[822]

→ Bild 55: Das Oberlicht über dem TITANIC-Funkraum (Seite 205)

Stockton Rush analysiert nach der Expedition, was aus seiner Sicht gut oder schlecht gelaufen ist. Positiv wertet er, dass die Temperatur in der TITAN während der Tauchgänge nie unter zehn Grad gefallen ist. „Hinten in der Kapsel, wo die ganzen Gerätschaften verbaut sind, war es nie kälter als 24 Grad. Ich war meistens in der Mitte. Am kältesten ist es vorne im Dom, weil das Wasser draußen ja fast null Grad hat. Da hat es drinnen aber immer noch zehn, zwölf Grad. Bei mir in der Mitte waren es 15 Grad."[823]

Er plant diverse Verbesserungen für die nächste Expedition: Eine der Außenkameras soll eine Auflösung von 8K (7.680 × 4.320 Pixel) statt 4K (3.840 × 2.160 Pixel) haben. Rush denkt auch über ein anderes Expeditionsschiff nach, vielleicht doch eins mit einem Kran, nachdem LARS bei der Rumpelfahrt über die Heckrampe einige Dellen abbekommen hat. Zumindest aber will Rush seitlich an der Rampe Stoßfänger wie zum Beispiel Autoreifen anbringen, die mehr abfedern sollen als die Hülsen aus aufgeschäumtem Kunststoff.[824]

43

**43** Die Besatzung von Tauchgang #63: TITANIC-Experte P. H. Nargeolet (links) und die beiden Titan-Piloten Scott Griffith (Mitte) und Stockton Rush (rechts) (OceanGate Expeditions)

**44** Die TITAN schwimmt auf LARS, nachdem die Schwimmplattform über die Rampe ins Wasser gelassen wurde. (David Concannon)

**45** Tauchgang #67: Die TITAN bekommt ihre Koordinaten vom Mutterschiff. Diese werden händisch auf einer Karte verzeichnet. In Rot zu erkennen ist oben die Bugsektion der TITANIC, weiter unten die Hecksektion. (Bill Price)

44

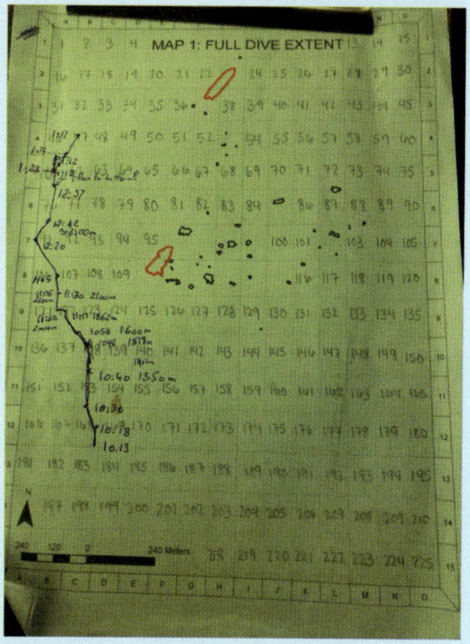


45

46

46 Die TITAN schwimmt auf LARS im Wasser, im Hintergrund das Expeditionsschiff HORIZON ARCTIC (David Concannon)

47 Zum neuen Ballastsystem gehört auf jeder Seite ein „Stockton-Gewicht“ (oben), das durch Kippen aus der Halterung fällt. Darunter hängt ein Rohrpaket, das hydraulisch oder über Opferanoden gelöst werden kann. (Marine Board of Investigation/OceanGate)

47

48

49

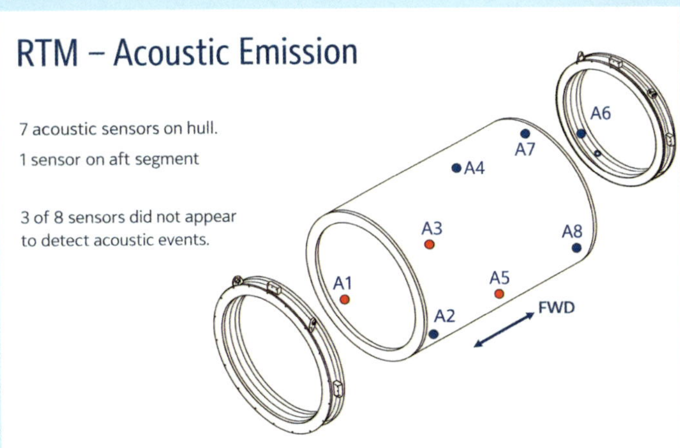


50

48 Die TITAN erreicht am 28. Juli 2021 während Tauchgang #68 erstmals den Bug der TITANIC. (OceanGate Expeditions)

49 Auf der Brücke der TITANIC steht noch der Telemotor, an dem einst das Steuerrad aufgehängt war. Fotografiert während Tauchgang #68 am 28. Juli 2021 (OceanGate Expeditions)

50 Die Anordnung der akustischen Sensoren in der TITAN – sieben auf der Röhre, einer auf dem hinteren Verbindungsring. Die drei Sensoren, die Ausfälle haben, sind rot markiert. (Marine Board of Investigation)

51 Die TITAN steht zur Wartung am Heck der HORIZON ARCTIC. Die Abdeckung wurde auf Backbord entfernt, sodass der orangefarbene syntaktische Schaum zu erkennen ist. (Arthur Loibl)

52 TITANIC-Experte P.H. Nargeolet und Arthur Loibl tauchen am 5. August 2021 gemeinsam zum Wrack – es ist der letzte Tauchgang der Expedition 2021. (Sammlung Loibl)

53 Pilot Stockton Rush (Mitte) und P.H. Nargeolet in der TITAN während Tauchgang #70 am 5. August 2021 (OceanGate Expeditions)

54 Stockton Rush posiert an Bord der TITAN, die sich auf dem Heck der HORIZON ARCTIC befindet, was unten links auf dem Monitor zu erkennen ist. (OceanGate)

55 Das Oberlicht über dem TITANIC-Funkraum mit der Marconi-Anlage während der Expedition 2021 (Arthur Loibl)

51

52

53

54

55

Ende September kündigt Stockton Rush seinem Chefingenieur Dan Scoville. Der hatte nach der Expedition mehr Geld für seine Arbeit und kostspielige Veränderungen bei den Abläufen gefordert: Scoville will auf Expedition einen Zweischichtbetrieb für sein Team einführen, damit es nicht mehr ständig zu Schichten mit zwölf bis 14 Stunden kommt. Rush vertröstet ihn – es sei schlicht kein Geld vorhanden für eine Gehaltserhöhung oder zusätzliches Personal auf Expedition. In einem Jahr könne man aber noch mal reden. Scoville lässt daraufhin durchblicken, dass er unter diesen Umständen nicht ewig bei OceanGate bleiben will. Einen Tag später feuert Rush ihn. Als Kündigungsgrund nennt er überraschenderweise, dass sich Scoville nicht gegen Corona impfen lassen will und es für OceanGate nicht zumutbar ist, wenn der Chefingenieur auf Dauer im Homeoffice arbeitet. Gleichzeitig bietet Rush ihm an, als freier Mitarbeiter auf künftige Expeditionen mitzukommen. Das wäre für Scoville ein fauler Kompromiss, und so verlässt er die Firma endgültig.[825]

Phil Brooks, der schon seit Februar 2019 als Softwareentwickler bei OceanGate arbeitet, rückt im Oktober 2021 als Chefingenieur nach. Brooks hat keinerlei Werkstoff- oder Maschinenbaukompetenz und somit gewisse Wissenslücken bezüglich der Karbonfaserkomponenten und der Gerätschaften, die außen am Tauchboot verbaut sind. Hierfür ist Stockton Rush nun der alleinige Experte bei OceanGate.[826]

Derweil läuft die Marketingkampagne fürs kommende Jahr an. Auf Vermittlung von Bridget Buxton steht die TITAN von 14. bis 16. Oktober 2021 auf dem Kingston Campus „ihrer" Universität, der University of Rhode Island. Drei Tage lang kann das Tauchboot dort besichtigt werden, sofern man sich zuvor angemeldet hat und – wegen Corona – bereit ist, eine Maske zu tragen.[827]

Danach geht die TITAN auf Tour. Stockton Rush gibt Vorträge und private Führungen, die nur auf Einladung zu bekommen sind, bei denen man in die TITAN klettern und ausprobieren darf, wie sich ein Tauchgang anfühlt. Dafür wird das teure Acrylfenster vorübergehend gegen eine Kunststoffscheibe für 360 US-Dollar getauscht und außen am Dom ein hochauflösender Computermonitor montiert, sodass durch die Öffnung die gleichen Bilder vom Wrack zu sehen sind wie während eines Tauchgangs. Die TITAN wird in Groton und in Greenwich (beides Connecticut) vorgeführt und zieht im Anschluss nach Detroit um. Im November steht das Tauchboot drei Tage in Lake Forrest (beides Illinois). Über Weihnachten geht es zurück nach

Everett, wo die TITAN von 26. November bis 27. Dezember 2021 im Rahmen des „Holiday on the Bay“-Festivals ausgestellt wird.[828, 829, 830, 831, 832, 833]

Am 23. November 2021 veröffentlicht OceanGate die Termine der TITANIC-Expedition 2022 und spricht dabei selbstbewusst von einer „alljährlichen Expedition“. OceanGate Expeditions werde die „Kohlefaser- und Titantauchkapsel der CYCLOPS-Klasse“ erneut von OceanGate, Inc. chartern. In einem Bericht der Technik-Nachrichtenseite GeekWire, der am gleichen Tag erscheint, steht, dass es diesmal schon im Mai losgehen soll – zehn bis zwölf Plätze seien noch frei. Zusätzlich soll die TITAN im folgenden Jahr nun tatsächlich statt der CYCLOPS 1 die Tiefen des Hudson Canyon erkunden, für 45.000 US-Dollar pro Person. Zudem arbeite OceanGate an einem weiteren Tauchboot, das in der Lage sein soll, 5.500 Meter tief zu tauchen.

Stockton Rush und Expeditionsleiter Kyle Bingham berichten am 8. Dezember 2021 in einer online gestreamten Infoveranstaltung von der Tauchsaison 2021. Stockton Rush erzählt, dass er bei allen zehn Tauchversuchen als Pilot an Bord war und dass es sechsmal erfolgreich zur TITANIC oder zum Trümmerfeld ging. Rush spricht auch diverse Probleme an: dass die LARS-Plattform beschädigt wurde, dass es wiederholt Batterieausfälle gab, die überraschend gewesen seien, weil man die gleichen teuren Batterien eingesetzt habe wie Victor Vescovo in seinem für unbegrenzte Meerestiefen zertifizierten Tauchboot LIMITING FACTOR. Man habe deshalb mehr Zuverlässigkeit erwartet. Rush erzählt von einem Gegenstand im Trümmerfeld der TITANIC, der ihn sehr fasziniert hat: ein goldfarbenes Objekt, weder angelaufen noch verrostet – vermutlich ein Topf. „Ich hatte gehofft, dass wir Gold gefunden haben, doch dem war nicht so“, sagt Rush.

Stolz erklärt er, dass das Bullauge seines Tauchboots „doppelt so groß ist“ wie das des amerikanischen Forschungstauchboots ALVIN und des japanischen SHINKAI. So könne man innen eine Kamera mitlaufen lassen, ohne die Sicht nennenswert einzuschränken. Er hoffe zudem, das Tauchboot an der TITANIC künftig im Tandem mit einem ferngesteuerten Tauchroboter (Remotely Operated Vehicle, kurz ROV) zu verwenden, um Licht zu setzen und weiteres Bildmaterial zu generieren. Rush kündigt auch an, 2022 eine Stelle im Meer erforschen zu wollen, die P. H. Nargeolet bei einer früheren Expedition aufgefallen ist – vorausgesetzt, man habe am Ende einer Mission Zeit für einen Zusatztauchgang übrig. Das „mysteriöse Objekt“ liegt rund 45 km ostsüdöstlich der TITANIC in rund 2.900 Meter Tiefe:

Nargeolet hatte es 1996 auf dem Sonar ausgemacht und sich seither immer wieder gefragt, ob sich dort ein weiteres Schiffswrack befindet.[834, 835, 836, 837]

Zudem könne man Korallenriffe, den Kontinentalschelf und vielleicht sogar die Transatlantikkabel zwischen Amerika und Europa mit der TITAN erkunden, wenn die Zeit für zusätzliche Tauchgänge reicht. Insgesamt 30 Mission Specialists wolle man zwischen dem 30. Mai und dem 10. Juli 2022 in sechs Missionen zur TITANIC bringen – Mission III bis VI seien noch buchbar.[838]

Auf der Website von OceanGate Expeditions prangt ab Ende Dezember 2021 nun die selbstbewusste Botschaft: „99 Prozent des Habitatraums auf der Erde ist im Meer. Das meiste davon ist unerforscht. Wir ändern das."[839, 840]

Im Januar und Februar geht die Marketingtour für die Expedition 2022 weiter. Stockton Rush hält Vorträge in Atlanta (Georgia), Fort Lauderdale (Florida), Houston (Texas), Palm Springs, San Francisco (Kalifornien) und Seattle (Washington) – diesmal bleibt die TITAN aber in Everett.[841]

# 2022

Stockton Rush an Bord der TITAN

# WISSENSCHAFTSPLÄNE

Am 18. Januar 2022 gibt OceanGate bekannt, auf der kommenden Expedition endlich auch Forschung betreiben zu wollen. Dazu soll als leitender Wissenschaftler der Meeresbiologe Dr. Steve W. Ross von der University of North Carolina in Wilmington an Bord kommen und das Ökosystem an der Wrackstelle untersuchen. „Wir wollen eine Liste aller lebenden Kreaturen zusammenstellen [...], die die TITANIC bewohnen, um herauszufinden, wie dieses einzigartige Tiefsee-Ökosystem funktioniert. Das hat noch niemand versucht." Weitere Wissenschaftler aus Kanada und Schottland sollen dazukommen.[842, 843]

Am 9. März 2022 veröffentlicht OceanGate eine Pressemitteilung, in der unter anderem die Zusammenarbeit mit der NASA angepriesen wird. Stockton Rush wird darin wie folgt zitiert: „Die Expertise der NASA beim Design und bei dem automatisierten Aufbringen von Fasern für Kompositihüllen war extrem wertvoll bei diesem Projekt." Mit der Formulierung testet OceanGate die Grenzen des National Aeronautics and Space Act aus, der eigentlich verbietet, den Anschein zu erwecken, dass die NASA gemeinsam entwickelte Produkte autorisiert hat oder empfiehlt. Rush weiter: „Weil es möglich war, die Druckhülle der TITAN mit Karbonfasern und Produktionsmethoden wie in der Raumfahrt zu konstruieren, hat das Tauchboot nur noch einen Bruchteil des Gewichts herkömmlicher bemannter Tiefsee-Tauchboote. Diese Gewichtsreduktion erlaubt uns eine signifikant größere Zuladung, die wir dafür verwenden, fünf Crewmitglieder mitzunehmen: einen Piloten, Forscher und Mission Specialists." In der Pressemitteilung wird auf eine NASA-Veröffentlichung verwiesen, in der es heißt: „Um die Astronauten und Roboter auf die komplexen Herausforderungen vorzubereiten, die damit einhergehen, außerhalb des Erdorbits zu leben, unternimmt die NASA analog Forschungsmissionen in vergleichbar extreme Umwelten auf der Erde und im All. [...] Derzeit sind das die Wüste, Vulkane, die Arktis, Seen, der Ozean und der untere Erdorbit." Um die Verbindung zwischen OceanGate und der Weltraumbehörde noch enger wirken zu lassen, werden Ex-NASA-Astronaut Scott Parazynski (Tauchgang als Mission Specialist zur TITANIC am 23. Juli 2021) und NASA-Mitarbeiter Dr. Alan Stern (der für einen Tauchgang im Juni 2022 vorgesehen ist) zitiert – Letzterer mit den Worten: „OceanGate leistet bei der Erforschung der Tiefsee das, was Firmen wie SpaceX, Blue Origin, World

View und Virgin Galactic zur Erforschung des Alls und zu neuen Entdeckungen beitragen."[844, 845, 846]

Stern hatte bei OceanGate angefragt, als zahlender Mission Specialist zur TITANIC tauchen zu können, obwohl ihm die 250.000 US-Dollar Teilnehmergebühr eigentlich zu viel sind. Von Scott Parazynski erfährt er, dass dieser zusammen mit seiner Frau kostenlos tauchen durfte und als Gegenleistung lediglich ein paar Vorträge an Bord halten musste. Stern fühlt daraufhin vor, ob es für ihn ein ähnliches Arrangement geben könnte. Stockton Rush bietet ihm an, umsonst mitzukommen und sich zum Co-Pilot für die TITAN ausbilden zu lassen – so sehr beeindruckt ihn Sterns Biografie. Der ist ausgebildeter Jetpilot und leitet für die NASA die Raumsonden-Mission New Horizons zur Erforschung des Zwergplaneten Pluto und des Kuipergürtels. Stern nimmt die Einladung gerne an.[847]

## KOSTENLOS ZUR TITANIC?

In einer Pressemitteilung kündigt OceanGate Expeditions am 14. April 2022 an, dass man auch 2022 wieder die HORIZON ARCTIC als Expeditionsschiff verwenden will. Ebenfalls Mitte April 2022 läuft eine Spendenaktion für die Make-A-Wish-Stiftung in Kanada an. Diese hat es sich zum Ziel gesetzt, schwerkranken Kindern Wünsche zu erfüllen. OceanGate verknüpft den Spendenaufruf mit einer Verlosung – wer mitmacht, bekommt die Chance, auf die 2022er-TITANIC-Expedition mitzukommen. Für eine Spende von 20 kanadischen Dollar gibt es 20 Lose, bei 50 Dollar sind es 75, und bei 110 Dollar landen 220 Lose im Topf. Mitmachen kann nur, wer in Kanada lebt (mit Ausnahme der Provinz Québec, wo OceanGate für diese Art Spendenaktion eine Lotterielizenz beantragen müsste). Der Wert des Hauptpreises wird mit 314.000 kanadischen Dollar angegeben – das entspricht etwa den 250.000 US-Dollar, die für einen TITANIC-Tauchgang fällig sind. Allerdings wird dem Gewinner nur die Teilnahme an der Expedition versprochen – kein Tauchgang.[848]

Teilnahmeschluss ist der 19. Mai 2022. Am 15. Juni wird der Gewinner vorgestellt: Mark MacLennan aus South Stormont, Ontario. Er hat selbst zwei Töchter mit massiven Gesundheitsproblemen – die elfjährige Kassy leidet an systemischer Sklerose, einer unheilbaren chronischen Krankheit, und die 15-jährige Katy erholt sich zu dem Zeitpunkt gerade von einem bösartigen Knochentumor, der entfernt werden musste. Die beiden haben selbst schon Wünsche über die Stiftung erfüllt bekommen; ihr Vater spendet deshalb regelmäßig. Er ist auch ein großer TITANIC-Fan. Nun soll er bei Mission IV mit an Bord gehen.[849, 850, 851, 852, 853]

Joseph Hoyt, der Koordinator des National Maritime Heritage Program bei der amerikanischen Seefahrtsbehörde NOAA, schickt am 20. Mai 2022 einen Brief an Stockton Rush mit dem Hinweis, man habe von der geplanten Expedition erfahren und wolle nun (wie schon 2021) klären, ob diese unter die Sektion 113 des Consolidated Appropriations Act von 2017 falle. Diese besagt, dass das Wrack der TITANIC nicht ohne Genehmigung „physisch verändert oder beeinträchtigt" werden darf. Noch am selben Tag schickt OceanGate-Anwalt David Concannon einen Brief mit den Plänen für die Expedition an das zuständige Gericht in Norfolk, Virginia. Die NOAA leitet der Richterin nach Prüfung des Vorhabens seine Einschätzung weiter, dass es keiner Genehmigung bedürfe, weil die TITAN nichts berühren, bergen oder die Wrackstelle verändern will. Das Gericht schließt sich der Empfehlung an.[854, 855]

Auf Einladung von OceanGate findet am 6. Juni 2022 eine Online-Pressekonferenz statt, bei der die wissenschaftlichen Pläne für die Expedition vorgestellt werden. Die Forscher müssen nicht für ihre Teilnahme zahlen – ganz im Gegenteil: Die OceanGate Foundation übernimmt zusätzlich den Großteil ihrer Reisekosten. Die drei Wissenschaftler Dr. Steve Ross, Beverly McClenaghan und Dr. Anna Gebruk sind zur Pressekonferenz zugeschaltet – Stockton Rush moderiert das Event.

Ross ist promovierter Zoologe und seit mehr als 40 Jahren Meeresforscher – zuletzt war er Professor an der University of North Carolina. Sein Fachgebiet sind Küsten- und Mündungsgewässer sowie die Tiefsee. OceanGate bezeichnet ihn als „Chefwissenschaftler". Der Posten ist ein unbezahltes Ehrenamt; Ross hat das Wissenschaftsprogramm der Expedition zusammengestellt, bei dem das Meereshabitat rund um das TITANIC-Wrack erforscht werden soll.[856]

Beverly McClenaghan arbeitet am Centre for Environmental Genomics Applications (CEGA) in St. John's. Sie will während der Tauchgänge Wasserproben nehmen lassen und diese anschließend auf DNS-Spuren von im Wasser lebenden Organismen untersuchen. Das Prinzip heißt „environmental DNA analysis", kurz eDNA. Mit dieser Methode sollen zum Beispiel auch Spezies nachgewiesen werden, die durch direkte Beobachtung nicht dokumentiert werden können, etwa weil sie zu klein sind oder den Forschern aus dem Weg gehen. Ein Tauchboot ist im Betrieb ein greller, lauter und ein Magnetfeld erzeugender Störenfried, den einige Tiefseekreaturen lieber meiden. Sie hinterlassen allerdings Ausscheidungen im Wasser und somit ihre DNS, über die sie nachgewiesen werden können. Zwei Nansenflaschen sollen zum Einsatz kommen, die geöffnet außen am Tauchboot angebracht und dann in der gewünschten Tiefe ferngesteuert geschlossen werden können. An Steuerbord und Backbord des Tauchboots ist je eine Flasche mit fünf Liter Volumen verbaut, an den hinteren Füßen des Landegestells. Zusätzlich sollen Messgeräte außen an der TITAN befestigt werden, mit denen die Leitfähigkeit, der Salzgehalt und die Temperatur des Wassers in der jeweiligen Tiefe bestimmt werden können. Das Gerät heißt Valeport MIDAS SVX2 6000, ist oben am Heck der TITAN auf Backbord angebracht und führt in regelmäßigen Abständen seine Messungen durch. Die Daten sollen autonom während des Tauchgangs aufgezeichnet und nach Ende eines jeden Tauchgangs ausgelesen werden.[857]

Die Wissenschaftler haben auch zwei Nortek Aquadopp-Messgeräte im Gepäck, die während Mission II oder III am Wrack ausgesetzt und am Ende der Expedition wieder eingesammelt werden sollen. Mit ihrer Hilfe soll ein mehrwöchiges Datenprofil der Tiefsee am Wrack der TITANIC erstellt und dabei die Strömungsrichtung und -stärke sowie der Salzgehalt des Wassers erfasst werden.[858]

Die Tiefseeforscherin Dr. Anna Gebruk gehört zur Changing Oceans Research Group der University of Edinburgh. Sie möchte mit ihrem Team das neue Foto- und Videomaterial vom Wrack der TITANIC mit den Ergebnissen früherer Expeditionen vergleichen und den voranschreitenden Zerfall der Schiffsteile untersuchen. Zusätzlich will sie Erkenntnisse zum Wachstum und zur Verbreitung von Korallen am Wrack gewinnen.[859, 860, 861, 862]

Stockton Rush ist zuversichtlich, dass die Expedition 2022 erfolgreicher verläuft als die im vorherigen Jahr. Er rechnet mit zehn bis 25 Tauchgängen, je nach Wetter. Die erste Expedition zur TITANIC sei eher eine Art Funktionstest gewesen mit Anlaufschwierigkeiten und technischen Herausforderungen, die nun überwunden seien. 2022 möchte Rush die TITAN in den Routinebetrieb überführen.

Im Dezember 2021 hatte OceanGate in einem Webinar noch sechs Missionen ab Mai 2022 angekündigt. Stattdessen sind nun fünf Teilexpeditionen geplant, die ab Juni 2022 stattfinden sollen:

Mission I: 15. Juni bis 23. Juli 2022
Mission II: 23. Juli bis 1. Juli 2022
Mission III: 1. Juli bis 09. Juli 2022
Mission IV: 9. Juli bis 17. Juli 2022
Mission V: 17. Juli bis 25. Juli 2022

Von den Mission Specialists aus dem Vorjahr, die nicht zum Zuge kamen, wollen sieben 2022 noch einmal einen Versuch starten: Renata Rojas, Jaden Pan, Chelsea Kellogg, Fred Hagen, Ron Toigo und Alan Estrada (der siebte Name ist nicht bekannt).

# PROBLEME BEI DEN MISSIONEN I UND II (2022)

Per Lkw geht es für die TITAN ab dem 25. Mai 2022 von Everett aus nach Neufundland. Die HORIZON ARCTIC macht am 12. Juni 2022 an Pier 12 im Hafen von St. John's fest und nimmt die TITAN und das zugehörige Equipment an Bord. Die Einsatzzentrale für die Tauchgänge wird wieder direkt hinter der Brücke eingerichtet. Die Bordzeit während der Expedition ist wie schon im Jahr zuvor die Neufundländische Sommerzeit (NDT, berechnet aus der Weltzeit UTC minus zweieinhalb Stunden).

Am 15. Juni beginnt die TITANIC-Expedition 2022. Gegen 10.30 Uhr verlässt das Schiff den Hafen. Es ist nicht bekannt, welche Mission Specialists für die Mission I an Bord sind. Um die Privatsphäre der zahlenden Taucher besser zu schützen, sind die Jacken der Expeditionsteilnehmer nun nicht mehr mit dem vollen Namen bestickt. Stattdessen kann ein Klettverschluss-Aufnäher mit dem Vornamen des Mission Specialist angebracht werden. So können die Teilnehmer selbst entscheiden, ob sie diesen zum Beispiel auf Fotos preisgeben wollen oder nicht.[863]

Wendy Rush, seit Januar 2022 offiziell „Communications Director“ bei OceanGate, leitet das Team in Mission Control an der Wasseroberfläche.[864, 865] Als TITANIC-Experten sind erneut P. H. Nargeolet und Rory Golden an Bord. Letzterer hat in diesem Jahr eine zusätzliche Aufgabe übernommen: Rory, der selbst langjähriger Gerätetaucher ist und in Dublin ein Tauchsportgeschäft betreibt, betreut nun das Team der Taucher, das beim Ein- und Ausparken der TITAN auf der versenkbaren Plattform LARS assistiert. Noch immer ist Corona ein großes Thema. PCR-getestet kommen die Mission Specialists diesmal aber weitgehend unbehelligt ins Land; zusätzlich gibt es für alle Teilnehmer regelmäßig Schnelltests an Bord.

Wie schon im Vorjahr sind täglich zwei Meetings angesetzt, bei denen alle Expeditionsteilnehmer anwesend sein müssen – eines morgens um 7 Uhr, das andere abends um 19 Uhr. (An Tauchtagen gibt es zusätzlich ein Briefing um 05.30 Uhr.) Am Heck der HORIZON ARCTIC ist wieder die knallrote Rampe montiert, um die TITAN auf der Startplattform LARS ins Wasser zu bringen. Die zusätzliche Polsterung an den Seiten wurde nicht umgesetzt. Ganz im Gegenteil – nun sind auch die dicken Schaumstoffummantelungen entfernt worden. Dafür ist das im Wasser wartende Beiboot nicht mehr nur an einer Stelle mit LARS verbunden, sondern über ein geteiltes Seil an zwei Ecken der Plattform. Das soll für mehr Stabilität auf der Rampe sorgen.[866, 867]

Das Schiff fährt zunächst mit durchschnittlich neun Knoten (16,7 km/h) Richtung TITANIC-Stelle. Ab etwa 18.30 Uhr verlangsamt es auf drei bis vier Knoten (5,6 bis 7,4 km/h). Etwa nach einem Drittel der Strecke (und damit noch auf dem Kontinentalschelf) legt die HORIZON ARCTIC am nächsten Tag (den 16. Juni 2022) bei Position 45,462 N, 51.590 W ab 13 Uhr einen Stopp ein. Dort findet ein dreieinhalbstündiger „Systemtest“ der TITAN statt (#71 im Tauchlog). An Bord sind Stockton Rush, P. H. Nargeolet und drei weitere Taucher. Von der Plattform LARS aus geht es testweise in eine Tiefe von nur sieben Metern. Dabei werden mehrere kleine Probleme ausgemacht: Im Schlauch eines der Kabel, die zu den Backbord-Schubdüsen führen, sind Lufteinschlüsse im Öl zu sehen. Die Unterwasserkamera, die an der Unterseite des Tauchboots angebracht ist, hat immer wieder Aussetzer – dort scheint Wasser ins Gehäuse eingedrungen zu sein. Die Software des Sonardyne-Sonargeräts braucht ein Update. Zudem sind die laminierten Checklisten veraltet, die auf der HORIZON ARCTIC und in der TITAN für das Ausbringen und Wiedereinholen des Tauchboots bereitliegen. Außerdem stellt sich heraus, dass die TITAN geschätzt 50 bis 100 Kilogramm schwerer ist als berechnet; sie muss deshalb mit zusätzlichem syntaktischen Schaum versehen werden, um mehr Auftrieb zu bekommen und schwimmfähig zu werden. Mission Control erstellt eine umfangreiche Hausaufgabenliste, die bis zur Wrackstelle abzuarbeiten ist. Gegen 17.20 Uhr nimmt die HORIZON ARCTIC erneut Kurs Richtung TITANIC.[868, 869]

Das Schiff kommt am 18. Juni 2022 gegen 07.35 Uhr an der Wrackstelle an. Dort findet, wie bereits im Jahr zuvor, eine Zeremonie für die Opfer der TITANIC statt. Dabei werden ebenfalls wieder Blumen ins Wasser geworfen – die kleine Gedenkfeier soll es bei allen Missionen geben.

Am 18. Juni 2022 erfolgt über der Wrackstelle ein erster Tauchversuch (#72), den Pilot Stockton Rush in einer Tiefe von 1.380 Metern aufgrund von Problemen mit den Batterien abbricht. Immerhin gelingt es zuvor, mit einer Nansenflasche auf 1.236 Meter Tiefe eine Wasserprobe zu nehmen. Die eDNA-Spezialistin Beverly McClenaghan ist während Mission I an Bord, um die Proben für eine eDNA-Sequenzierung und -analyse aufzubereiten.[870, 871]

Am 20. Juni 2022 schafft es die TITAN, das Wrack der TITANIC zu erreichen (Tauchgang #73). Stockton Rush und Scott Griffith sind als Piloten an Bord (sowie drei weitere Personen, deren Namen nicht bekannt sind). Dabei setzt das Tauchboot gegen 11.42 Uhr Ortszeit fast zwei Kilometer südöstlich vom Bug auf dem Meeresboden auf. Es dauert einige Zeit, bis das Hauptwrack erreicht ist. Dort angekommen, geht die Route an der Bruchkante der Bugsektion mit der Heizkesselreihe vorbei ins nördliche Trümmerfeld. Am Ende sehen die Taucher sogar noch Teile der Hecksektion des Wracks. Nach knapp vier Stunden am Meeresboden geht es zurück an die Oberfläche. Als Scott Griffith auf der LARS-Plattform einparken will, muss er feststellen, dass die Batterien für die Schubdüsen leer sind. Nun sollen die Gerätetaucher das Tauchboot manuell einfangen und befestigen. Doch der Seegang ist zu stark; die Taucher können nichts ausrichten. Um 21.03 Uhr geht die Sonne unter. Mission Control spricht mit den Piloten ab, das Tauchboot über Nacht im Wasser zu lassen – die Wetterprognose verspricht ab dem Morgen eine ruhigere See. Die fünf Insassen richten sich auf eine unbequeme Nacht ein. Die TITAN schaukelt mit jeder Welle. Zudem ist zu wenig Platz im Druckkörper, als dass fünf Taucher gleichzeitig liegen und schlafen könnten. Nach Sonnenaufgang gehen die Taucher erneut ins Wasser und versuchen, das Tauchboot auf LARS zu bugsieren. Gegen 9 Uhr gelingt es endlich, die TITAN einzufangen und zu verzurren. Der Tauchgang wird mit einer Länge von 27 Stunden ins Logbuch eingetragen. Er bleibt nicht ohne Folgen: Eine der Antennen oben auf dem Tauchboot ist verbogen, und die beiden Nansenflaschen sind kaputt. Die weiße Glasfaser-Heckverschalung der TITAN hat sich losgerissen, und ein Block des syntaktischen Schaums fehlt.[872, 873, 874]

Stockton Rush sagt dazu später: „Wir hatten nach den Erfahrungen vom vergangenen Jahr am System noch mal Veränderungen vorgenommen. Anfangs lief es trotzdem nicht rund. Möglicherweise auch, weil die TITAN zu diesem Zeitpunkt seit knapp einem Jahr nicht mehr benutzt worden war. Das haben wir unterschätzt. Wir hatten teils neue Crewmitglieder dabei, die ihre Aufgaben bisher nur im Trockenen simulieren konnten. Auf dem Wasser und darin fühlt sich alles ganz anders an. Mit jedem weiteren Tauchgang lief es dann besser."

Während Mission I finden keine weiteren Tauchversuche statt. Am 21. Juni 2022 kurz vor Mittag verlässt das Expeditionsschiff die Wrackstelle und nimmt Kurs Richtung St. John's, während mit den Reparaturen am Tauchboot begonnen wird. Den Rest der Expedition 2022 muss die TITAN ohne die Heckabdeckung tauchen. Das hat zur Folge, dass der Auftrieb des Tauchboots neu berechnet werden muss, auch der syntaktische Schaum muss angepasst werden. Zusätzlich ordnet Stockton Rush an, die orangefarbenen Blöcke mit weißer Farbe zu bemalen – aus ästhetischen Gründen. Die HORIZON ARCTIC macht am 23. Juni 2022 gegen 17.30 Uhr an der Westseite des 2018 neu gebauten Fingerpiers 17 im Hafen von St. John's fest.

Schon auf dem Rückweg von der Wrackstelle hat sich eine Krise angebahnt: Immer mehr Menschen an Bord der HORIZON ARCTIC testen coronapositiv. Im laufenden Expeditionsbetrieb ist es so gut wie unmöglich, eine Weitergabe des Virus zu verhindern. Während der Tauchgänge sitzt rund ein Dutzend Besatzungsmitglieder eng zusammen – etwa auf der Brücke oder im daneben angrenzenden Areal von Mission Control. Schweren Herzens entscheidet Stockton Rush, die Mission II ganz zu streichen und abzuwarten, bis das Coronavirus wieder vom Schiff verschwunden ist. Die nächsten fünf Tage liegt die HORIZON ARCTIC im Hafen. Die OceanGate-Crew will die Zeit nutzen, um an den Komponenten zu arbeiten, die nicht einwandfrei funktioniert haben, und die richtige Tarierung des Tauchboots hinzubekommen. Die Wissenschaftlerin Dr. Anna Gebruk ist für ihre ursprünglich geplante Teilnahme an der Mission II bereits nach Neufundland gereist und geht nun an Bord, auch wenn es erst im Rahmen der Mission III erneut zur TITANIC-Wrackstelle gehen soll. Die für den zweiten Expeditionsabschnitt vorgesehenen Mission Specialists werden fast alle auf eine spätere Mission umgebucht. Einer der Teilnehmer kann seinen Urlaub nicht mehr verschieben und muss auf die 2023er-Expedition umsatteln.[875, 876]

Am 28. Juni 2022 setzt das Expeditionsschiff von Pier 17 auf die gegenüberliegende Seite des Hafenbeckens über und macht kurz nach 19 Uhr an Pier 24 fest, um weiteres Material an Bord zu nehmen. Etwa drei Stunden später legt es von dort ab und verlässt den Hafen von St. John's. Die HORIZON ARCTIC fährt im Laufe des 29. Juni 2022 zunächst an der Küste Neufundlands entlang nach Süden, an der Bucht Bay Bulls vorbei bis vor Tors Cove. Dort wendet sie und macht sich auf den Weg zurück bis auf die Höhe von Gull Island, einer Insel vor Witless Bay. Am 1. Juli 2022 findet knapp vier Kilometer südöstlich der Insel ein Testtauchgang (#74 im Log) statt. Im Materialverzeichnis der Wissenschaftler ist eine entsprechende Wasserprobe der Steuerbord-Nansenflasche verzeichnet – mit dem Hinweis, dass sie um 09.55 Uhr in einer Tiefe von 24 Metern genommen wurde. Das Meer ist an dieser Stelle etwa 150 Meter tief; der Tauchgang endet jedoch schon bei 25 Metern. Danach nimmt die HORIZON ARCTIC Kurs nach Nordwesten in die nahe gelegene Bucht Bay Bulls.[877]

# MISSION III (2022)

Die Mission Specialists für den nächsten Expeditionsabschnitt gehen ausnahmsweise nicht in St. John's an Bord. Stattdessen sind sie von dort zum Städtchen Bay Bulls am Ende der gleichnamigen Bucht transferiert worden. Das knallrote Beiboot der HORIZON ARCTIC holt die neuen Mitreisenden samt Gepäck zum Expeditionsschiff. Von den Kunden, die 2021 nicht zum Zuge kamen, sind nun Ron Toigo, Chelsea Kellogg und Alan Estrada an Bord. Gegen 12.30 Uhr verlässt die HORIZON ARCTIC die Bucht und nimmt Fahrt auf mit Kurs auf die Wrackstelle der TITANIC.[878, 879]

„Mission Specialist Zero“ Renata Rojas war eigentlich ebenfalls auf Mission III gebucht. Doch bei der Anreise verpasst sie am Flughafen von Toronto ihren Anschlussflug, sodass sie nicht rechtzeitig in St. John's landet.

Rush bietet Rojas an, stattdessen zur Mission IV an Bord zu gehen, und plant sie für einen Tauchgang auf Mission V ein. Bis zur Rückkehr der HORIZON ARCTIC wohnt sie in einem Hotel direkt am Hafen von St. John's.

Zur Betreuung der wissenschaftlichen Experimente sind bei Mission III Beverly McClenaghan und Dr. Anna Gebruk an Bord – Letztere will vor allem den Zerfall des Wracks dokumentieren, über einen Bilder- und Videovergleich. Dazu kommt als Chefarchäologin Dr. Bridget Buxton.

Während Mission III gelingen zwei Tauchgänge zur TITANIC – einer am 3. Juli (#75) und einer am 6. Juli 2022 (#76). Beim ersten Tauchgang ist wahrscheinlich Dr. Anna Gebruk dabei, Scott Griffith als Pilot und der Fernsehproduzent Mike Reiss als einer der Mission Specialists. Auf einem Foto der TITAN-Crew sind zwei weitere Männer zu sehen, deren Namen nicht bekannt sind.[880]

Eigentlich wollte Mike Reiss zusammen mit seiner Frau zur TITANIC tauchen – die Reise war ursprünglich ein Geburtstagsgeschenk an sie. Doch Denise Reiss wird direkt vor dem Tauchgang positiv auf Corona getestet, und so muss sie von oben zusehen, wie ihr Mann in der Tiefe verschwindet. Das ist umso bemerkenswerter, als er eigentlich nur ihr zuliebe tauchen wollte. Nun ist er ohne sie unterwegs zur TITANIC.[881, 882]

Reiss ist Drehbuchautor der Fernsehserie „Die Simpsons" und bekannt für seinen schwarzen Humor. Und so packt er am 3. Juli 2022 extra Papier ein für den Fall, dass das Tauchboot unrettbar in der Tiefe festsitzt, um als finaler Akt Gags über seine aussichtslose Lage zu Papier bringen zu können. Er erzählt später, das zweieinhalbstündige Abtauchen sei derart entspannend gewesen, dass er eingeschlafen sei und erst beim Aufsetzen des Tauchboots wieder wach wurde. Die TITAN kommt knapp 500 Meter südöstlich der Bugsektion entfernt am Meeresboden an. Dann „spinnt der Kompass" plötzlich, wie Mike Reiss es später formuliert – die Nadel zeigt ohne Kursänderung des Tauchboots immer wieder in eine andere Richtung. Gleichzeitig fällt der Sonarscanner aus, und so haben die Insassen der TITAN keine Chance, die Richtungsangaben von Mission Control umzusetzen. Eineinhalb Stunden irrt der Pilot umher, verpasst die Bruchkante des Bugsegments um etwa 100 Meter, fährt weiter Richtung Nordwesten, wendet in spitzem Winkel und kommt schließlich mehr oder weniger zufällig an der hinteren Backbordseite des Bugsegments an. Die Taucher haben weniger als eine halbe Stunde Zeit, das Wrack zu erkunden und zu bewundern. Dann muss die TITAN wieder auftauchen, weil an der Oberfläche ein

Sturm aufzieht, aber auch weil es bei einer der Batterien zu einem Spannungsabfall kommt. Reiss ist trotzdem beeindruckt und beschreibt den kurzen Besuch am berühmtesten Schiffswrack der Welt später so: „Ich kam mir so vor, als würde ich eine Berühmtheit treffen. Ich dachte mir: Wow, sie sieht genauso aus wie auf den Fotos.“[883, 884, 885, 886, 887]

Als das Mutterschiff die Plattform LARS mit der darauf befindlichen TITAN an Bord ziehen will, stellt sich das Gefährt vorübergehend so steil, dass die fünf Insassen und alle losen Gerätschaften nach vorne in den Dom purzeln. Mike Reiss ist mehr als erleichtert, als sein Abenteuer nach acht Stunden unter Wasser endet und er seine Frau wieder in die Arme schließen kann.[888, 889]

Zur Crew für den zweiten Tauchgang am 6. Juli 2022 (#76) gehören Scott Griffith als Pilot und P. H. Nargeolet als TITANIC-Experte. Die Mission Specialists sind die drei Nachholer Ron Toigo, Chelsea Kellogg und Alan Estrada, der für sein Videotagebuch alles filmt. Ehe sich die TITAN von LARS löst, checken Froschmänner von außen noch einmal, ob alles okay ist. Im Anschluss sinkt das Tauchboot mit 30 Metern pro Minute in die Tiefe. Um die Wartezeit zu verkürzen, sehen sich die Taucher zunächst James Camerons Film „TITANIC“ an. Dann, auf etwa 1.000 Metern Tiefe, reißt die Kommunikation mit Mission Control ab. Scott Griffith versucht, Abhilfe zu schaffen; derweil sinkt das Tauchboot auf 2.000 Meter. Ab einer Stunde ohne Kontakt gilt die Lage laut Sicherheitsprotokoll als Notfall und der Tauchgang muss abgebrochen werden. „Das ist schade, aber die Sicherheit geht vor“, kommentiert Estrada das in seinem Videotagebuch. Griffith wirft auf der Backbordseite ein erstes Rohr ab. Nun passiert – Zitat P. H. Nargeolet – „etwas Seltsames“: Auf 2.161 Meter Tiefe funktioniert die Kommunikation plötzlich wieder. Der Ballast reicht immer noch, um weiter abzutauchen, nur etwas langsamer. Griffith versucht, das auszugleichen, indem er den Antrieb einschaltet und zusätzlich Schub nach unten gibt. Nach dreieinhalb Stunden in der Wassersäule kommen sie fast eineinhalb Kilometer nordöstlich des Bugsegments am Meeresboden an. Der erste TITANIC-Gegenstand, auf den sie im Trümmerfeld stoßen, ist ein Teller. Sie sehen „Haufen von Kohlebrocken“, so Mission Specialist Ron Toigo, sowie eine Lampe und Rattenschwanzfische. Die LED-Lampen draußen flackern immer wieder, leuchten mal heller, dann wieder dunkler. Die TITAN braucht rund eineinhalb Stunden, um die Bugsektion zu erreichen. Schließlich kommen sie auf der Steuerbordseite hinter der Dehnungsfuge in der Nähe der

Offiziersquartiere an der TITANIC an und tasten sich entlang des Bootsdecks Richtung Bugspitze. Sie sehen den vordersten Rettungsboot-Davit (ein schwenkbarer Ausleger) neben dem Treppenabgang zum A-Deck, die Brücke, den Bugankerkran und die Bugspitze, den Mast mit der Öffnung zum Krähennest, den vorderen Backbordkran sowie den Schacht, in dem sich einst die große Treppe der Ersten Klasse befand. Estrada schätzt, dass sie am Ende rund eine Stunde an der Bugsektion verbringen, ehe sie wieder auftauchen müssen. Eine der beiden Hauptbatterien hat nur noch 40 Prozent Ladung – der Wert, bei dem laut Sicherheitsprotokoll das Auftauchen einzuleiten ist, damit noch genügend Strom für das Einparken an der Oberfläche übrig ist.[890, 891, 892, 893, 894]

→ Bild 56: Ein Poller auf dem Vordeck der TITANIC (Seite 232)

Nach dem Tauchgang verlässt die HORIZON ARCTIC die Wrackstelle gegen 16 Uhr und nimmt Kurs Richtung Neufundland. Morgens am 8. Juli 2022 macht das Schiff zwei Zwischenstopps – kurz vor sieben in der Bay Bulls und anschließend zwischen Gulls Island und Witless Bay, wo mittags ein Tauchgang (#77) stattfindet. Das Meer ist an dieser Stelle 30 Meter tief. Um 12.52 Uhr nehmen die Wissenschaftler in 27 Meter Tiefe eine Wasserprobe; gegen 15 Uhr verlässt das Expeditionsschiff die Bucht und fährt weiter nach St. John's, wo die HORIZON ARCTIC circa 19.30 Uhr an Pier 24 auf der Südseite des Hafens festmacht. Etwa um 22.30 Uhr setzt sie schließlich zu Pier 17 über. Hier endet die Mission III.

# MISSION IV (2022)

Am 9. Juli 2022 kurz nach 13.30 Uhr verlässt die HORIZON ARCTIC St. John's bereits wieder für die vierte Teilexpedition. Sowohl Renata Rojas auch als Fred Hagen sind nun an Bord. Auch der Gewinner der Verlosung der Make-A-Wish Foundation Canada, Mark MacLennan, ist dabei, der Anwalt und Expeditionsberater David Concannon sowie Dr. Steve Ross, der Chefwissenschaftler von OceanGate.[895, 896]

Erstmals ist zudem eine dreiköpfige Fernsehcrew (Kameramann, Producer, Reporter) mit von der Partie, geleitet von dem Reporter David Pogue, der einen Bericht für die CBS-Morning-Show machen will. Die Einladung, an Bord zu kommen inklusive Tauchversuch für zwei Personen, hat OceanGate vergleichsweise kurzfristig ausgesprochen – am 13. Juni 2022.[897]

Auf dem Weg zur Wrackstelle dreht CBS am 10. Juli ein Interview mit Stockton Rush. Von Pogue zur Bauweise befragt, sagt er unter anderem: „Karbonfasern sind ein tolles Material, besser als Titan. Es ist besser als viele andere Materialien. Aber es kann zu einem katastrophalen Versagen kommen, wenn es Unvollkommenheiten in der Struktur gibt. Also muss man akribisch drauf achten, wie man diese herstellt."

Dann steigen die beiden Männer – ohne Schuhe – ins Tauchboot. Rush erzählt aus dem Nähkästchen: Der Bodenbelag sei aus Gummi, gekauft von einer Firma für Schweißerbedarf. Es gebe nur einen einzigen Druckschalter, der alle Geräte aktiviert. Pogue fragt nach dem Logitech-Controller. Rush antwortet: „In einem unserer vorherigen Tauchboote haben wir die Steuerung selbst entwickelt. Sie hat 10.000 US-Dollar gekostet und war sperrig und groß. Diese hier ist so gebaut, dass sie es aushält, wenn ein 16-Jähriger sie herumschmeißt. Wir haben ein paar davon als Reserve dabei. Das Tolle ist: Sie läuft über Bluetooth, sodass ich sie jedem einfach weiterreichen kann."

Der Journalist erkundigt sich nach den zwei beleuchteten Griffen an der Decke. Rush weist darauf hin, dass er sie in einem Campingbedarf-Laden gekauft hat. Als Pogue erwidert, er habe den Eindruck, MacGyver (ein Fernsehheld, der mit Klebeband und Alltagsgegenständen die brenzligsten Situationen meistert) hätte hier improvisiert, antwortet Rush: „Man muss sicherstellen, dass der Druckkörper nicht kollabiert. Alles andere kann versagen. Der Antrieb kann ausfallen, die Beleuchtung. All das kann versagen, und du wirst immer noch sicher sein."[898]

David Pogue und sein Producer Anthony Laudato sollen direkt am darauffolgenden Tag zur Titanic tauchen, mit Stockton Rush als Piloten, Steve Ross als Wissenschaftler sowie David Concannon als Titanic-Experten. Doch nach dem Abendessen kommt die Absage: Die Wellenprognose liegt bei 1,80 Meter – das ist zu viel, um die Plattform LARS sicher ins Wasser zu bringen. Das schlechte Wetter soll drei Tage anhalten. Der TV-Tauchgang zum berühmtesten Schiffswrack der Welt ist damit endgültig gestrichen.[899, 900]

Stockton Rush bietet den Fernsehleuten am 11. Juli 2022 stattdessen einen „Trostpflaster-Tauchgang" (#78) in flachen Gewässern an, am Rande vom Cameron Canyon, direkt an der Abbruchkante des Kontinentalschelfs und etwa 150 Kilometer von der Titanic-Wrackstelle entfernt. Dort gebe es

Haie zu sehen, reichlich Fische und spektakuläre Unterwasserklippen. (kleines Detail am Rande: Der Canyon ist nicht nach dem Filmemacher James Cameron benannt, sondern nach einem kanadischen Wissenschaftler namens Harky Cameron.)[901, 902]

Am 11. Juli 2022 um 5 Uhr früh beginnen auf Position 43,155 N, 49,700 W die Vorbereitungen für den Ersatztauchgang. David Concannon verzichtet auf seinen Platz; stattdessen soll Nelson White tauchen, einer von zwei indigenen Künstlern an Bord. OceanGate und der Eigner der HORIZON ARCTIC, Miawpukek Horizon Maritime Services (dessen Chef zum neufundländischen Volk der Mi'kmaq gehört), haben die beiden eingeladen, die Expedition zu begleiten.

Nelson White gehört ebenfalls zur Nation der Mi'kmaq. Er ist Maler und bekannt für seine farbenfrohen Momentaufnahmen von Personen in Alltagsszenen. Oft zieren großflächige Blumenmuster den Hintergrund seiner Bilder. Alex Antle ist die zweite indigene Künstlerin an Bord – ihre Spezialität sind Perlenstickereien und -schmuck.[903]

Nach diversen Checks steigen Nelson White und die übrige Tauchboot-Crew ein, und der Dom wird mit 17 Bolzenschrauben verschlossen. Eigentlich gibt es Löcher für 18 Schrauben, doch das eine ganz oben ist schwer zu erreichen, und so bleibt es leer. „Das macht keinen Unterschied", versichert man David Pogue, als er danach fragt. Der Vorgang ist inzwischen fast wie ein Boxenstopp beim Autorennen organisiert, mit Werkzeug für mehrere Personen, die gleichzeitig schrauben. Wenn alles reibungslos läuft, dauert es nur noch elf Minuten, bis die TITAN verschlossen ist.[904, 905, 906]

Schließlich gleitet das Tauchboot auf LARS über die Rollrampe ins Meer. Noch ehe es von LARS abheben kann, wird den Insassen von Mission Control mitgeteilt, dass der Tauchgang abgebrochen werden muss. Bei zwei der Bojen, die über den Drucklufttanks angebracht sind und die Position markieren, wenn LARS unter Wasser ist, haben sich die Schnüre gelöst. Zwar wäre das Problem leicht vor Ort zu beheben – die Schnüre müssten lediglich wieder befestigt werden. Doch gemäß Stockton Rushs strengen Checklistenregeln ist damit die Grenze überschritten, bei der ein Tauchversuch abzubrechen ist. David Pogue und sein Producer schaffen es auf eine Meerestiefe von mageren elf Metern.

Am 13. Juli 2022 gegen 03.30 Uhr früh verlässt die HORIZON ARCTIC schließlich den Bereich an der Kante zum Cameron Canyon und fährt zurück zur TITANIC-Wrackstelle, wo sie knapp 24 Stunden später ankommt. Die Wetterprognose für den kommenden Tag ist nun freundlich genug, um einen

Tauchgang zu wagen – die Wellen sollen sich bis dahin beruhigt haben. Die Mission Specialists vertreiben sich die Zeit unter anderem damit, von OceanGate bereitgestellte und mit dem Firmenlogo bedruckte Styropor-Kaffeebecher zu bemalen. Diese sollen beim nächsten Tauchgang in einem Wäschesack außen am Tauchboot befestigt werden, sodass sie durch den Wasserdruck schrumpfen.[907]

Am 14. Juli 2022 gelingt endlich ein Tauchgang zum Wrack (#79 im Tauchlog). An Bord befinden sich Stockton Rush, der TITANIC-Experte Rory Golden und als Mission Specialists Shrenik Baldota, ein Großunternehmer aus Indien (Bergbau, Windkraft, technische Gase), Ralph D. Crago, ein Software-Ingenieur aus Arizona, und ein deutscher Wissenschaftler: Prof. Alex Waibel, der sowohl am Karlsruher Institut für Technologie (KIT) als auch der Carnegie Mellon University (CMU) forscht. Er ist Experte für Spracherkennung und -verarbeitung und hat eine Methode entwickelt, mit der Audiobotschaften auch bei kleiner Bandbreite übertragen werden können. Nun möchte er diese Technik am Wrack der TITANIC testen. Dabei wird das gesprochene Wort zunächst von künstlicher Intelligenz in Text verwandelt; dieser soll dann per Sonar-Schallimpuls durch die Wassersäule übertragen werden. An der Oberfläche verwandelt ein Rechner den Text wieder in gesprochene Sätze. Ein Avatar trägt sie dann mit der Stimme des Absenders vor, wobei die KI passende Lippenbewegungen berechnet und ins Bild einfügt. „Daten aus vier Kilometer Tiefe durch Salzwasser hindurch verlustfrei zu übertragen ist extrem schwierig“, so Waibel. „Im Video ist dann eine synthetische Stimme zu hören. Zudem wird die Videosynthese so gesteuert, dass die Lippen des Sprechenden sich dabei synchron mit dem Ton bewegen.“[908, 909, 910, 911]

## SCHLEICHFAHRT IM TRÜMMERFELD

Diesmal ist es Ziel des Tauchgangs, vor allem das Heck der TITANIC zu erkunden sowie die auf dem Meeresboden aufliegenden Heizkessel, dazu das umliegende Trümmerfeld. Das Abtauchen klappt zunächst weitgehend reibungslos. Um 10.18 Uhr setzt die TITAN im Trümmerfeld der TITANIC auf dem Meeresboden auf und will weiter in Richtung Bugsegment der TITANIC fahren. Doch Mission Control gelingt es nicht, das Tauchboot dorthin zu lotsen. Es scheint, als würde das Sonar nicht richtig funktionieren und falsche Koordinaten ausgeben.[912]

Antonella Wilby gehört an diesem Tag zum Navigationsteam auf der HORIZON ARCTIC. Sie ist neu im OceanGate-Team, kam erst vor Mission III an Bord. Sie hat Erfahrung als ROV-Pilotin, hat schon mehrmals Tauchroboter ferngesteuert, und kennt sich mit der Unterwassernavigation aus. Die Positionsbestimmung der TITAN findet sie umständlich. Wilby moniert, dass die Daten vom Computer nicht automatisiert erfasst werden, wie sie das von früheren Expeditionen gewohnt ist. An Bord der HORIZON ARCTIC bestimmt Mission Control via Sonarpeilung etwa alle fünf Minuten die aktuellen Koordinaten des Tauchboots. Die Positionsdaten werden händisch in einem Notizbuch festgehalten und anschließend in eine Excel-Tabelle übertragen, die schließlich in ArcGIS (GIS = Geographic Information Systems), einem Programm zur Erstellung digitaler Landkarten, importiert werden muss. Die Datei muss nach jeder hinzugefügten Koordinate neu geladen werden. Deshalb hängt die im Computer angezeigte Position immer um ein paar Minuten hinter der tatsächlichen Position im Wasser hinterher. OceanGate hat zur leichteren Orientierung in ArcGIS eine handgemalte Karte hinterlegt mit den groben Umrissen des Heck- und Bugsegments der TITANIC sowie weiteren großen Trümmerteilen. Diese TITANIC-Karte ist nicht am Koordinatenraster des Programms fixiert. Sie kann mit der Maus versehentlich seitlich verschoben werden. Bei Tauchgang #79 führt das aller Wahrscheinlichkeit nach dazu, dass die angezeigte Ausrichtung des Tauchboots zum Wrack nicht mehr stimmt. In Mission Control ahnt man nichts von der Verschiebung.

Einer der Offiziere auf der Brücke der HORIZON ARCTIC bekommt mit, dass Mission Control Schwierigkeiten mit der Ortung hat, und bietet an, die Position der TITAN, die er auf dem Kongsberg-Schiffssonar ebenfalls sehen kann, mit den OceanGate-Daten abzugleichen. Wendy Rush, die OceanGate-Kommunikationsdirektorin, habe ihn aber weggeschickt, erinnert sich Wilby später. Die TITAN ist derweil weitgehend im Blindflug auf dem Meeresboden unterwegs. Stockton Rush hofft, dass der Bug oder das Heck irgendwann auf dem am Tauchboot verbauten BlueView M450 2-D-Sonarscanner auftaucht, der allerdings nur eine Reichweite von etwa 150 Metern hat.[913, 914, 915]

Erst als vor dem Tauchboot mehrere markante TITANIC-Trümmer auftauchen, darunter ein größeres Stück der Bordwand, kann TITANIC-Experte Rory Golden die ungefähre Position der TITAN abschätzen. Der Sonarscanner liefert ihnen im unübersichtlichen Terrain zusätzlich Informationen über etwaige große Hindernisse. Um nicht Gefahr zu laufen, sich in einem Wrackteil zu verhaken, manövriert Stockton Rush das Tauchboot vergleichsweise langsam über den Boden. Alex Waibel dazu: „Durch das Onboard-Sonar der TITAN konnten wir zwar große Objekte ausmachen, aber nicht, was sie waren oder wie groß und gegebenenfalls gefährlich sie sein konnten. Wir mussten uns also langsam herantasten oder drüberfliegen."

Der Wissenschaftler muss seine Experimente mit dem Akustikmodem verschieben – Rush möchte die Verbindung zur Oberfläche nicht blockieren. Waibel dazu: „Wir durften mit experimenteller Software nicht gerade dann am Sonar herumfummeln, während wir am Boden an riesigen Metallteilen vorbeinavigierten. So konnten wir die Videobotschaften nicht während der Phase am Boden in die Übertragung schalten, um den Kanal für lebenswichtige Kommunikation offenzuhalten."

Gegen 11.30 Uhr verlässt die TITAN den Bereich rund um das Heck der TITANIC – sie wollen nun die Bugsektion erreichen. Alle Versuche, die Position mithilfe von Mission Control zu bestimmen, laufen ins Leere. Mal ergeben die Berechnungen, dass sich das Tauchboot 100 Meter nordwestlich der Bugsektion befindet, dann wieder sollen es 570 Meter sein. Daher navigieren Stockton Rush und Rory Golden weiter mit dem Sonarscanner und auf Sicht. Die starke Strömung schiebt die TITAN Richtung Nordwesten, und so treiben sie am Bug vorbei. Alex Waibel: „Nachdem wir wussten, dass wir zu weit waren, machten wir eine 180-Grad-Drehung, kamen auch ganz nah an den Bug heran – aber dann war die Zeit abgelaufen."[916]

Es gelingt ihnen immerhin, einen Strömungssensor am Boden zu platzieren und weitere Wasserproben für die eDNA-Analyse zu ziehen. Die Steuerbordprobe stammt aus einer Tiefe von 3.775 Metern über dem Trümmerfeld, die Backbordflasche fängt Wasser direkt am Meeresboden auf 3.815 Metern ein.[917]

Nach rund dreieinhalb Stunden auf dem Meeresboden erhalten die Taucher von Wendy Rush den Befehl, an die Oberfläche zurückzukehren. Erst jetzt darf Alex Waibel das Sonar für seine Experimente benutzen. Waibel schafft es tatsächlich, ein paar Botschaften aus der Tiefe an den Rechner seines Mitarbeiters Christian Huber zu übertragen, der mit dem Laptop auf der HORIZON ARCTIC sitzt. Mithilfe ihrer Software ist Waibels Stimme zu hören, während sein Avatar die Lippen bewegt. „Es funktionierte [...] recht gut. Dieser erste Test war für mich ein Proof of Concept [der Beweis, dass das Prinzip der Übertragung funktioniert] und daher in meinen Augen ein Erfolg.“[918, 919, 920]

CBS-Reporter David Pogue behauptet später, dass während der etwa fünf Stunden, in denen Mission Control die Position der TITAN nicht bestimmen konnte, das Satelliten-Internet an Bord abgestellt war – angeblich um für Notfälle alle Kanäle offenzuhalten. Pogue glaubt, dass man so auch verhindern wollte, dass der Journalist über den Vorfall twittert oder ihn auf andere Weise im Netz öffentlich macht.[921]

## TAUCHGANG #80

Tags drauf, am 15. Juli 2022, versucht eine neue Tauchbootcrew, die TITANIC zu erreichen (Tauchgang #80). Sie besteht aus Scott Griffith, P. H. Nargeolet sowie den Mission Specialists Fred Hagen und dem Vater-Sohn-Gespann Colin und Richard Taylor aus Denver. Ehe die beiden einsteigen, führen sie ein kurzes Gespräch. Colin stellt seinem 22-jährigen Sohn frei, auch jetzt noch einen Rückzieher zu machen, falls er Bedenken habe. Hat er aber nicht.

Fred Hagen hat sich Stiefelchen aus Schafsfell (Ugg Boots) als Hausschuhe mitgebracht. Sie sollen gegen die Kälte in der Kapsel und vor dem Kondenswasser schützen. Das kann die Socken der Taucher feucht und klamm machen, sobald sie an der Kante zum Frontdom sitzen und die Füße auf das Metall stellen.[922, 923]

Die TITAN macht sich mit den Fünfen auf den Weg in die Tiefe. Das Tauchboot setzt etwa 200 Meter nordwestlich des Bugsegments auf dem Meeresboden auf. Diesmal brauchen sie weniger als eine Stunde, um zum Wrack zu finden und kommen schließlich beinahe direkt an der Bugspitze an. P. H. Nargeolet übernimmt die Steuerung. Rechts neben ihm sitzt Fred Hagen im Frontdom. Die Taucher sehen einen der Anker der TITANIC, die Steuerradaufhängung auf dem Brückendeck, einen Rettungsboot-Davit an Steuerboard sowie das Oberlicht über den Marconi-Räumen. Zudem erhaschen sie einen Blick in den Schacht der großen Treppe mitsamt den berühmten, noch an den Stromkabeln hängenden Deckenlampen. Zwar flackern die LED-Leuchten der TITAN auch diesmal wieder unschön, doch das ist am Ende nicht viel mehr als eine Fußnote für die Abenteurer.

Hagen drängt Nargeolet, die Bruchkante des Bugsegments mit den Heizkesseln anzusteuern. Es ist eine unübersichtliche Stelle mit Rohren, die ins Wasser ragen, und abgerissenen, verbogenen Platten, an dem zudem meist eine starke Strömung herrscht. Diese drückt das Tauchboot gegen das Schiff, sodass die Kufen hängenbleiben – vermutlich an einem Rohr. Fred Hagen sagt mit erstaunlich ruhigem Tonfall: „Mit scheint, wir sitzen fest." Worauf Nargeolet nur „Ja, tun wir" antwortet. Nach ein paar Minuten gelingt es, die TITAN wieder freizubekommen. Danach erforschen die Taucher das Trümmerfeld südlich und südwestlich des TITANIC-Bugs. Hagen möchte auch zur Hecksektion des Wracks. Doch noch ehe sie dort ankommen, schickt Mission Control ihnen eine Textnachricht, dass es Zeit ist aufzutauchen. Nargeolet gibt die Steuerung zurück an Pilot Scott Griffith. Nach mehr als vier Stunden auf dem Meeresboden will Griffith schließlich von einer Position nordwestlich der Achse zwischen Bug und Heck den Aufstieg einleiten. Dabei ergeben sich erneut Probleme mit dem Ballast. Der Pilot gibt über sein Computerdisplay den Befehl, an Steuerbord und Backbord Ballast abzuwerfen, doch nichts passiert. Griffith muss den Befehl mehrfach wiederholen, ehe die Stellmotoren sich schließlich in Bewegung setzen und nacheinander die gewünschte Anzahl Gewichte abspulen, sodass diese herunterfallen. Die TITAN beginnt aufzusteigen – zweieinhalb Stunden braucht sie nach oben.[924, 925, 926, 927, 928]

Kurz vor der Rückkehr an die Oberfläche, um 15.26 Uhr und 45 Sekunden, ist im Druckkörper völlig unerwartet ein lauter Knall zu hören. Fred Hagen erinnert sich: „Wir waren noch unter Wasser, und da gab es einen lauten Schlag beziehungsweise ein Knacken. Natürlich sind alle akustischen Ereignisse in einem Tauchboot alarmierend, entsprechend waren wir alle besorgt, ob vielleicht ein Riss in der Hülle ist."[929, 930, 931]

Das Tauchboot kann nach dem Schreckmoment ohne Probleme auf LARS einparken und an Bord der HORIZON ARCTIC gezogen werden. Als die Taucher nach der Rückkehr aufs Schiff aus der Kapsel aussteigen, stoßen sie mit alkoholfreiem Apfelsekt auf den für sie erfolgreichen Tauchgang an (die HORIZON ARCTIC ist ein alkoholfreies Schiff.) Beim Nachgespräch am nächsten Morgen wird das Geräusch von einem der TITAN-Taucher als „explosionsartig" beschrieben. Eine Person aus einem der Beiboote gibt zudem an, den Knall an der Oberfläche ebenfalls gehört zu haben. Dann wird eine mögliche Erklärung angeboten: Während des Tauchgangs könnte es eine Verschiebung gegeben haben zwischen dem durch den Wasserdruck gestauchten Druckkörper und dem metallenen Gestell mit den Kufen, auf dem er aufliegt. Beim Wiederauftauchen habe sich der Druckkörper möglicherweise in seiner verschobenen Position im Rahmen verkantet. An der Oberfläche habe sich diese Verkantung nun vielleicht schlagartig gelöst, und die betroffenen Komponenten könnten mit dem Knall in die ursprüngliche Position zurückgeschnalzt sein. Stockton Rush versucht, die Expeditionsteilnehmer zu beruhigen: „Fast jedes Tiefsee-Tauchboot gibt irgendwann Geräusche von sich. Wir haben es mit ungleichen Formen und Materialien zu tun, die sich ausdehnen wegen der thermischen Interaktion und der Druckveränderung, da ist es ziemlich verbreitet, dass es laute Geräusche gibt." Chefwissenschaftler Steve Ross ist ebenso wie Renata Rojas für den ersten Tauchgang während Mission V vorgesehen. Er fragt den OceanGate-Chefingenieur Phil Brooks, was er von dem Knall hält. Brooks versichert ihm, dass man die Daten der akustischen Sensoren analysieren werde auf der Suche nach der genauen Ursache.[932, 933, 934, 935]

Die HORIZON ARCTIC verlässt die Wrackstelle am 15. Juli 2022 gegen 17 Uhr und macht am 17. Juli um etwa 9 Uhr morgens am Pier 10 in St. John's fest. Für den Gewinner der Make-A-Wish-Stiftung in Kanada, der nun von Bord geht, hat es nicht zu einem Tauchgang gereicht, so er denn überhaupt jemals vorgesehen war. Nach der Expedition schreibt die Stiftung auf LinkedIn: „Während der Expedition hat MacLennan so viele Aufgaben wie möglich übernommen. Er selbst ist nicht zum Wrack getaucht, war aber Teil der Crew, die sich um das Tauchboot kümmert, und hat mitgeholfen sicherzustellen, dass alles funktioniert, um die Taucher vor den 6.000 psi Druck zu schützen, dem sie am Boden des Nordatlantiks ausgesetzt sind. MacLennan ist auch ohne Tauchgang zufrieden: ‚Es gab so viel zu tun. Ich bin jeden Tag um vier Uhr früh aufgestanden, hatte um fünf Uhr Frühstück. Ich habe so ziemlich alles gemacht, habe sogar das Schiff gesteuert.'"[936, 937, 938, 939, 940, 941, 942]

Antonella Wilby geht ebenfalls von Bord, eine Mission früher als geplant. Sie behauptet später, man habe ihr nahegelegt, die Expedition vorzeitig zu verlassen – angeblich wegen ihrer anhaltenden Motzereien und weil sie nach dem Knall wiederholt nach der Sicherheit des Tauchboots gefragt habe.[943] Es gibt allerdings auch einen Expeditionsteilnehmer, der behauptet, Wilby sei tagelang nicht aus der Kabine gekommen und habe nur das Nötigste gearbeitet. Die OceanGate-Verwaltungschefin Amber Bay wiederum sagt, Stockton Rush habe darum gebeten, Wilby vorzeitig aus ihrem Vertrag zu entlassen, da sie sich „unberechenbar und unprofessionell" verhalten und „die Crew [in Mission Control] in einer Krisensituation bei der Arbeit gestört" habe.[944]

→ Bild 57: Maximaler Ausschlag des akustischen Sensors 2 (Seite 232)

Die genaue Auswertung der Akustiksensoren und der ebenfalls im Druckkörper verbauten Dehnungsmessstreifen dauert einige Tage – die Daten müssen nach dem Tauchgang von dem in der TITAN befindlichen Rechner auf eine Festplatte übertragen und anschließend aufbereitet werden, ehe sie in einer Grafik darstellbar sind. Erst jetzt wird klar, wie laut der Knall war. Die Grafik zeigt Ausschläge auf einer Skala von null bis 25.000 Millivolt. (Höhere Werte werden offensichtlich abgeschnitten; der maximal messbare Ausschlag liegt, wie schon erwähnt, bei 32.000 Millivolt). Ab 5.000 geht man bei OceanGate von einem „signifikanten akustischen Event" aus – etwa einem Faserriss oder einem Bruch im Epoxidharz. Der Knall am Ende von Tauchgang #80 überschreitet bei drei der Sensoren den maximal darstellbaren Wert, zwei weitere Sensoren zeigen ihn mit einer Amplitude jenseits von 18.000 an. Zudem haben mehrere Sensoren in den zehn Minuten vor dem Knall eine deutliche Häufung von Geräuschen mit einem Messwert über 1.000 Millivolt verzeichnet. Die akustischen Sensoren 1, 3 und 5 registrieren hingegen während des gesamten Tauchgangs nur eine Art niederschwelliges Dauergrundrauschen – sie liefern, wie schon beschrieben, vermutlich bereits seit den Tauchgängen #62 beziehungsweise #69 keine sinnvollen Daten mehr. Defekte Sensoren zu tauschen ist bei der TITAN nicht vorgesehen, da diese beim Bau permanent mit der Hülle verklebt wurden. Auch bei den Dehnungsmessstreifen gibt es einen Totalausfall. Paar 2 hat sich vermutlich von der Oberfläche gelöst, als das Insert in den Karbonfaserzylinder geschoben wurde. Möglicherweise hat es dabei die Sensoren gestreift und abgelöst, sodass diese von Anfang an keine brauchbaren Daten geliefert haben.[945, 946, 947, 948]

Bei vier Dehnungsmessstreifen ist die Datenkurve ab dem großen Knall schlagartig und sichtbar verschoben – am deutlichsten ist dies bei Sensorenpaar 4 erkennbar. Das ist an Backbord neben dem vorderen Titanring auf der Röhre angebracht, ungefähr auf Höhe des Einlegebodens. Der Sensor, der dort entlang der Krümmungsrichtung verläuft, verzeichnet kurz vor dem „Ereignis" eine klar wahrnehmbare Dehnung des Materials. Mit dem Knall verschiebt sich die Messkurve schlagartig zurück in Richtung des Niveaus, das zu Beginn des Tauchgangs an der Wasseroberfläche vorlag. Der zweite Sensor, der parallel zur Achse der Röhre verläuft, verzeichnet nach dem Knall eine dauerhafte Dehnung.

→ Bild 58: Tauchgang #80, Daten von Messstreifenpaar 4 (Seite 232)

Das löst bei Chefingenieur Phil Brooks eine gewisse Besorgnis aus. Denn eine dauerhafte Veränderung passt nicht so recht zu der Theorie, dass sich der unter Druck geschrumpfte Druckkörper im Gestell verkeilt hat und dann in die Ausgangsposition zurückgeschnalzt ist. Brooks würde die Hülle gerne inspizieren, doch das ist schwierig. Außen ist der Karbonfaserzylinder mit einer undurchsichtigen Schicht Polyurethan überzogen. Zwischen dem Insert und der Karbonfaseroberfläche gibt es nur einen schmalen Schlitz, in den man mit einer Taschenlampe hineinleuchten kann. Stockton Rush möchte mit der Hülle weiter tauchen und bei den kommenden Tauchgängen besonders aufmerksam auf das Real Time Monitoring System und die Dehnungsstreifen achten.[949, 950, 951, 952]

# MISSION V (2022)

Die Horizon Arctic legt nur einen kurzen Boxenstopp im Hafen von St. John's sein. Neue Mission Specialists gehen an Bord: der bereits erwähnte NASA-Wissenschaftler Dr. Alan Stern, Dylan Taylor (ein Investor, der sich auf Weltraumfirmen spezialisiert hat) sowie Evan Dick aus Florida, ebenfalls ein Investor. Dazu kommen Randy Brunschwig aus Denver, Colorado, und Oisín Fanning aus Irland. Brunschwig hat sein Vermögen mit einer Firma für Gastronomiebedarf gemacht und ist nun Privatier. Als Manager bei San Leon Energy, einer irischen Öl- und Gasfirma, lebt Fanning abwechselnd in London und Dubai. Ebenfalls an Bord sind die Nachholer Jaden Pan und nach wie vor Renata Rojas, die immer noch auf die Erfüllung ihres Lebenstraums wartet. Nach einem schnellen, letzten Bettenwechsel legt das Expeditionsschiff gegen Mittag wieder ab.

OceanGate
EXPEDITIONS

56

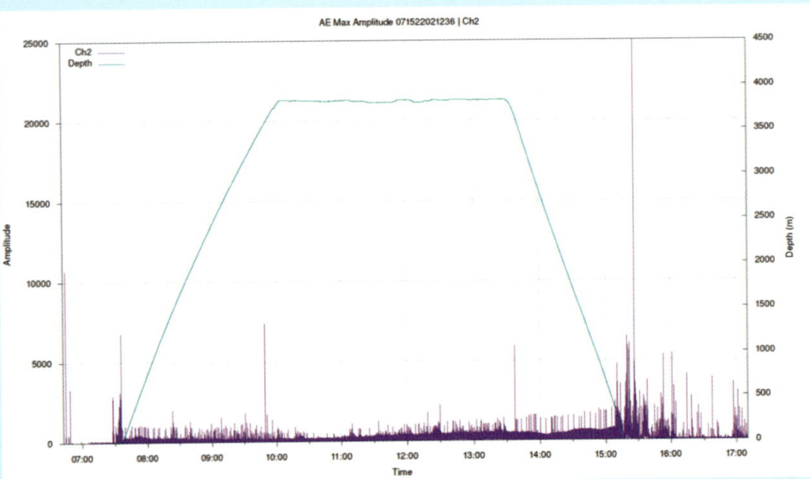
AE Max Amplitude 071522021236 | Ch2
Ch2
Depth
Amplitude
25000
20000
15000
10000
5000
0
Depth (m)
4500
4000
3500
3000
2500
2000
1500
1000
500
0
07:00
08:00
09:00
10:00
11:00
12:00
13:00
14:00
15:00
16:00
17:00
Time

57

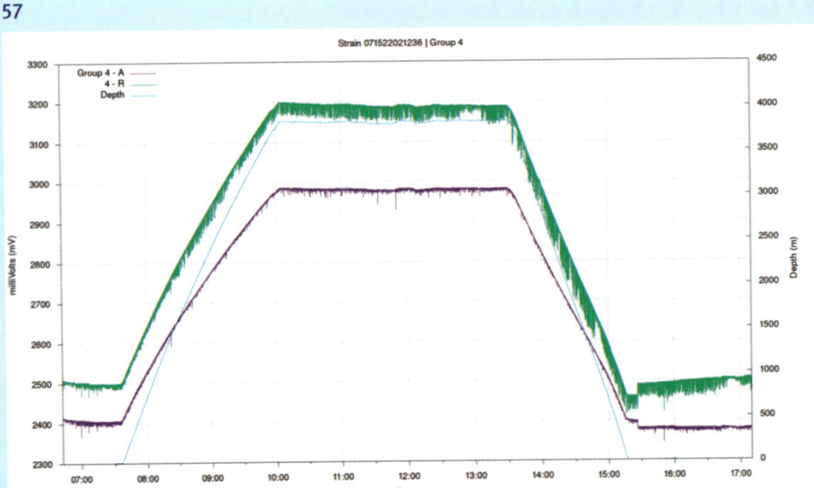
Strain 071522021236 | Group 4
Group 4 - A
4 - R
Depth
milliVolts (mV)
3300
3200
3100
3000
2900
2800
2700
2600
2500
2400
2300
Depth (m)
4500
4000
3500
3000
2500
2000
1500
1000
500
0
07:00
08:00
09:00
10:00
11:00
12:00
13:00
14:00
15:00
16:00
17:00
Time

58

59

60

56 Eine Windentrommel (Gangspill) auf dem Vordeck der TITANIC. Auf dieser wurde 1986 eine Gedenktafel abgelegt. Sie würdigt die amerikanisch-französische Expedition, die das Wrack ein Jahr zuvor entdeckt hat. (OceanGate Expeditions)

57 Der akustische Sensor 2 der TITAN zeigt am Ende von Tauchgang #80 einen maximalen Ausschlag. In der TITAN und auch an der Meeresoberfläche ist zu diesem Zeitpunkt ein lauter Knall zu hören. (National Transportation Safety Board)

58 Tauchgang #80, Messstreifenpaar 4: Der Sensor entlang der Krümmung (grün) verzeichnet vor dem Knall eine Überdehnung, die sich schlagartig löst. Der Sensor parallel zur Achse (lila) misst danach eine dauerhaft höhere Dehnung. (National Transportation Safety Board)

59 Auf der rechten Ankerflunke des TITANIC-Backbordankers ist noch immer der Name des Herstellers erkennbar: Hingley. (OceanGate Expeditions)

60 Die TITANIC als Habitat für Unterwasserflora und -fauna: An der Bruchkante des Bugsegments ist links vorne eine Krabbe zu erkennen und rechts oben eine fedrige Anemone. (OceanGate Expeditions)

Dylan Taylor und Evan Dick sind schon länger befreundet und beide große Abenteurer. Am 11. Dezember 2021 flogen sie mit dem kommerziellen Raumfahrtunternehmen Blue Origin für gerade mal zehn Minuten ins All. Dick war davon derart begeistert, dass er einige Wochen vor der TITANIC-Expedition, am 4. Juni 2022, ein zweites Mal in den Weltraum flog, zusammen mit dem Tiefsee-Abenteurer Victor Vescovo sowie mit Hamish Harding, der beabsichtigt, 2023 mit OceanGate zu tauchen. Taylor kommt direkt von einer anderen Expedition zur HORIZON ARCTIC – er ist am 7. Juli 2022 mit Victor Vescovo in der LIMITING FACTOR auf 10.800 Meter Tiefe in den Marianengraben getaucht. Zu der illustren Runde an Bord gesellt sich auch ein Kamerateam der englischen BBC-Sendereihe „The Travel Show". Es soll eine zweiteilige Dokumentation drehen, die am 7. Oktober 2022 unter dem Titel „Take Me to TITANIC" veröffentlicht werden soll. [953, 954, 955, 956, 957, 958, 959, 960, 961]

Auf dem Weg zur Wrackstelle der TITANIC finden am 18. Juli 2022 Wartungsarbeiten an der TITAN statt. Die Crew reinigt die Antriebspropeller und prüft diese anschließend – alles scheint einwandfrei zu funktionieren. Die Wetter- und Wellenprognose für den kommenden Tag ist sehr gut, und so wird ein Tauchgang angesetzt. Dafür vorgesehen sind Pilot Scott Griffith, der Wissenschaftler Steve Ross und als Mission Specialists Oisín Fanning, Renata Rojas und Jaden Pan. Dessen Tauchgang zum Wrack wurde am 19. Juli 2021 wenige Hundert Meter über dem Meeresboden abgebrochen; auf den Tag genau ein Jahr später soll es nun tatsächlich zur TITANIC gehen.[962]

Die HORIZON ARCTIC kommt gegen 04.30 Uhr morgens an der Wrackstelle an; die Vorbereitungen zum Tauchen (#81 im Log) laufen bereits. Die TITAN wird auf LARS gegen 07.15 Uhr über die Rampe ins Wasser gelassen – kurz vor acht geht es in die Tiefe. Steve Ross ist fasziniert von den Kreaturen, die er durch das Bullauge in der sogenannten mesopelagischen Zone sehen kann. Damit ist die Dämmerzone gemeint, in die nur noch ein kleiner Bruchteil des Sonnenlichts vordringt. „Diese Tiere stellen die größte Migrationsbewegung weltweit dar. Jeden Abend schwimmen sie an die Oberfläche, und jeden Morgen sinken sie wieder auf 500 bis 1.000 Meter. Viele dieser Tiere haben Biolumineszenz, also blitzt es immer wieder mal im Wasser", so Ross.[963]

Das Tauchboot kommt etwa 300 Meter von der TITANIC entfernt im Trümmerfeld am Meeresboden an. Ohne dies vorher abgesprochen zu haben, herrscht einen Moment lang Stille im Tauchboot. Das Erste, was Jaden Pan von der TITANIC sieht, sind Kohlebrocken. „In diesem Moment wurde mir die menschliche Komponente der TITANIC-Geschichte bewusst. Ich stellte mir vor, wie die Männer die Kohle geschaufelt haben, wie die Kohle an Bord gekommen ist und wie sie sich beim Untergang im Meer verteilte."[964, 965]

Doch dann kommen sie erst mal nicht weiter, weil der Antrieb nicht richtig funktioniert. Sobald Scott Griffith den rechten Joystick auf dem Gamecontroller nach vorne schiebt, dreht sich das Tauchboot auf der Stelle, anstatt geradeaus zu fahren. Auf einer Seite schiebt der horizontale Propeller das Wasser ordnungsgemäß nach hinten – auf der anderen Seite geht der Strahl jedoch in die entgegengesetzte Richtung. Renata Rojas ist den Tränen nah. Nach 30 Jahren Sparen und Bangen droht ihr Lebenstraum, die TITANIC mit eigenen Augen zu sehen, direkt an der Ziellinie zu scheitern. Über das Sonar informieren die Taucher Mission Control über ihre Lage. Dort überlegt das Team um Stockton Rush, ob es machbar ist, den Controller neu zu programmieren. Scott Griffith probiert weitere Fahrmanöver aus. Der Befehl für „links" lässt das Tauchboot fälschlicherweise geradeausfahren, „rechts" steuert es rückwärts. Eigentlich müssten sie den Tauchgang jetzt abbrechen.

Am Ende findet Stockton Rush eine verblüffend einfache Lösung: Wenn Griffith den Controller um 90 Grad dreht, kann er wieder „normal" und intuitiv steuern. Endlich kann der Pilot Richtung Wrack fahren. Unterwegs sehen sie rote Bodenfliesen, Schuhe, Teller, Weinflaschen und ein Waschbecken auf dem Meeresboden. Sie kommen an der Bruchkante des Bugsegments vorbei, wo sie eine Reihe mit fünf Heizkesseln erkennen können, und fahren zügig an der Außenwand entlang Richtung Bugspitze. Griffith steuert die TITAN am Bug vorbei, dreht dann nach ein paar Metern um und fährt direkt auf den Bug zu. Mit der Reling des Vordecks im Bullauge kann Renata Rojas das lange erträumte Selfie mit der TITANIC schießen. Die Taucher fotografieren den Steuerbordanker und staunen über den Telemotor auf der Brücke, der im Scheinwerferlicht glänzt, als wäre er frisch geputzt worden. Steve Ross nimmt zudem mehrere Sedimentproben rund um das Wrack. Deren pH-Wert soll später weitere Erkenntnisse über das Habitat der TITANIC beisteuern.[966]

Ehe sie den Meeresboden verlassen, nimmt Steve Ross gegen 13.35 Uhr in einer Tiefe von 3.831 Metern noch zwei Wasserproben. Nach drei Stunden am Wrack geht es zurück an die Oberfläche. Insgesamt ist die TITAN zehn Stunden unterwegs. Als das Tauchboot schließlich auf der Plattform LARS einparken will, streiken die Batterien. Pilot Scott Griffith ruft den Notfall aus –

ohne Strom ist das Tauchboot manövrierunfähig und muss nun von den im Wasser wartenden Gerätetauchern in seine Halterung bugsiert werden.

Schon während des Aufstiegs hatte Renata Rojas immer wieder feuchte Augen. Als sie aus der Tauchkapsel aussteigt und die Crew applaudiert, ist es endgültig um ihre Fassung geschehen. Die Tränen laufen ihr übers Gesicht. „Wir haben es geschafft. Wir haben es endlich geschafft", schluchzt sie. Stockton Rush, P.H. Nargeolet und Rory Golden nehmen sie in den Arm, als sie die kleine Treppe am Ende der Plattform LARS auf das offene Deck der HORIZON ARCTIC herabsteigt. Ein großer Lebenstraum ist endlich in Erfüllung gegangen.[967, 968, 969, 970, 971]

Tags drauf ist das Wetter deutlich schlechter. Wegen des hohen Wellengangs werden zunächst keine weiteren Tauchgänge angesetzt. Das Technikteam ist derweil auf der Suche nach der Ursache für die Probleme mit den Schubdüsen. Diese waren allen Vermutungen zum Trotz korrekt montiert und funktionieren an Deck plötzlich wieder ganz normal. Das Softwareteam versucht, im Computerprogramm einen Fehler zu finden – vergeblich. Und so kann Stockton Rush im Log lediglich vermerken, dass jetzt mit dem Antrieb wieder alles in Ordnung ist. Im Medienraum wird währenddessen das Footage des letzten Tauchgangs gesichtet.

TITANIC-Experte Rory Golden ist fasziniert von den Bildern. Da diese eine Auflösung von 8K aufweisen, können aus den Standbildern kleine Details herausvergrößert werden. Jemand macht ihn darauf aufmerksam, dass in den Bildern vom Backbordanker Buchstaben erkennbar sind. Rory Golden ist bereits zweimal zum Wrack getaucht, dass auf dem Anker etwas steht, war ihm zuvor nicht aufgefallen. Um die Schrift besser lesen zu können, lässt er das Foto in ein Schwarz-Weiß-Bild konvertieren und den Kontrast intensivieren. „Hingley" ist seitlich an der rechten Ankerflunke (eine der beiden Spitzen, mit denen sich der Anker in den Boden gräbt) zu erkennen. Es ist bekannt, dass die Firma Noah Hingley & Sons Ltd aus dem englischen Netherton die drei Anker samt Ketten für die Schiffe der OLYMPIC-Klasse gefertigt hat, zu der die TITANIC gehört. Der Herstellerhinweis ist trotz der dicken Rostzapfen noch immer erkennbar, so die Erkenntnis.[972, 973]

→ **Bilder 59: Der TITANIC-Anker mit Schrift auf der Flunke (Seite 233)**

Am 21. Juli 2022 beruhigt sich das Meer allmählich wieder. Nachmittags errechnet das OceanGate-Team eine 60-prozentige Wahrscheinlichkeit, dass die Bedingungen am nächsten Morgen einen weiteren Tauchversuch zulassen. Mission Specialist Alan Stern schreibt in seinem Blog: „Wenn es morgen schlecht läuft, werdet ihr davon in den Nachrichten lesen." Und weiter: „Sollte es tatsächlich so weit kommen, könnt ihr gewiss sein: Das Risiko war es wert – wie schon für viele vor mir, die weit größere Gefahren auf sich nahmen, um die Erforschung unseres Planeten und des Weltraums voranzubringen."[974, 975]

Am 22. Juli 2022 findet der letzte Tauchgang der Expedition zur TITANIC statt, #82 im Logbuch. Alan Sterns Wecker klingelt um 02.30 Uhr morgens; um 03.30 Uhr treffen sich alle Beteiligten an Deck. Nach umfangreichen Vorbereitungen erfolgt um 05.30 Uhr ein letztes Meeting vor dem Tauchgang. Noch vor dem Morgengrauen steigt Stern zusammen mit Stockton Rush, Dylan Taylor, Randy Brunschwig und Evan Dick in die Tauchkapsel.[976]

Das Abtauchen läuft ohne größere Vorkommnisse ab. Kurz nach 9 Uhr setzt die TITAN auf dem Meeresboden auf, etwa 500 Meter nordöstlich vom Bug der TITANIC. Stern ist für die Kommunikation mit der Oberfläche zuständig. Es irritiert ihn, wie langsam das Akustikmodem im Vergleich zur Funkübertragung ist. Bis der Text durch die Wassersäule an die Meeresoberfläche übertragen ist, dauert es rund eine halbe Minute; bis eine Antwort zurückkommt, vergeht mindestens eine Minute.[977, 978]

Die Taucher brauchen mehr als eine Stunde, um das Hauptwrack zu erreichen. Das Wasser ist trüb und erlaubt gerade mal fünf Meter Sicht vor dem Bullauge. Um 10.10 Uhr werfen sie einen ersten Blick auf die TITANIC. Alan Stern ruft spontan „Tally ho, TITANIC!" (Britische Jäger haben den Ausruf früher oft gebraucht, wenn sie Wild sichten; er wird auch von amerikanischen Kampfpiloten verwendet für ein gegnerisches Ziel.) Drei Stunden haben sie nun Zeit und schaffen es, den Bug und Teile des Trümmerfelds zwischen Bug und Heck zu erkunden. Ein Nachttopf auf dem Meeresboden, den Stern jedoch für eine Tasse hält, fasziniert ihn: „Biologisches Leben scheint daran nicht anhaften zu können. Sie [die vermeintliche Tasse] ist so perfekt weiß, als hätte man sie gestern erst gekauft. Sie ist zu zehn Prozent mit Sand gefüllt. Da habe ich mich gefragt, wessen Tasse das wohl war. Hat er überlebt? Ist er gestorben?" Die TITAN-Crew fotografiert Tiefseekrebse und -krabben, Würmer, Korallen und Rattenschwanzfische. Alan Stern posiert für die Kamera mit einem klobigen Goldring im Gedenken an seinen Vater, der ihm das Schmuckstück ein paar Jahre vor seinem Tod eigenhändig angefertigt hat. Kurz vor dem Aufstieg zieht die TITAN-Crew erneut Wasserproben, darunter eine mit etwas Sediment und TITANIC-Rost. Um

13.15 Uhr wirft das Tauchboot Ballast ab und beginnt mit dem Aufstieg. Das Abenteuer endet gegen 16.45 Uhr – dann steht das Tauchboot wieder an Deck, die Bolzenschrauben sind gelöst, und die Insassen können aussteigen. Die Wartungscrew hat danach alle Hände voll zu tun, weil gegen Ende des Tauchgangs die Horizontalschubdüse an Backbord ausgefallen ist – dort scheint Wasser eingedrungen zu sein, sodass die Düse nun getauscht werden muss.[979, 980, 981, 982]

Der 23. Juli 2022 ist der fünfte Tag während Mission V, an dem sich die HORIZON ARCTIC über der Wrackstelle der TITANIC befindet. Nun ergibt sich eine Situation, die so bei keiner früheren Mission entstanden ist: Obwohl noch ein Tauchtag übrig ist, sind bereits alle an Bord befindlichen Mission Specialists am Wrack gewesen. Daher setzt Stockton Rush einen Sondertauchgang (#83 im Tauchlog) an. Für P. H. Nargeolet ist dies ein unerwartetes Geschenk. Er soll die Chance bekommen, das mysteriöse Objekt in Augenschein zu nehmen, das er 1996 während einer anderen TITANIC-Expedition auf dem Sonar gesehen hat. Die Firma RMS Titanic, Inc. hatte damals ein 18 Tonnen schweres Segment der Bordwand bergen wollen, es aber nicht geschafft, weil der Kran des Expeditionsschiffes zu klein war. Danach wollte man das riesige Artefakt auf den Kontinentalschelf und damit in flachere Gewässer schleppen. Doch auf halber Strecke riss das Seil, und das Segment sank zurück auf den Meeresboden. 1998 wurde das als „big piece" bekannte Stück TITANIC-Wand schließlich doch noch aus dem Wasser gezogen. In der Nähe dieser Stelle hatte Nargeolet auf dem Sonar eine größere Erhebung ausgemacht, für eine Untersuchung blieb jedoch keine Zeit. Oisín Fanning möchte bei der Erkundung mit dabei sein und bezahlt dafür einen Zusatzbetrag in unbekannter Höhe. Neben den beiden gehen Stockton Rush und Scott Griffith als Piloten an Bord; außerdem stößt als einer der Expeditionswissenschaftler Murray Roberts vom Lehrstuhl für angewandte Meeresbiologie und -ökologie von der University of Edinburgh dazu. Er hat sich auf die Erforschung von Tiefsee- und Kaltwasserkorallen spezialisiert und hofft auf ein spannendes Habitat. P. H. Nargeolet würde sich hingegen mehr über ein zweites Schiffswrack freuen.[983, 984, 985]

Am Ende erfüllt sich Murray Roberts Wunsch. Das Objekt in einer Tiefe von bis zu 2.954 Metern entpuppt sich als Basaltfelsenkamm – eine Gesteinsformation vulkanischen Ursprungs. Die Taucher sehen Grenadierfische, schwarze und rot-pinke Korallen sowie Tiefseeschwämme. Die Erstbegutachtung des bislang unerforschten Riffs ist für Murray Roberts „ein seltenes Privileg. [...] Insbesondere ein Feld mit Kieselschwämmen war einfach unglaublich – sie bestehen aus Silikat und sehen aus wie weißes Porzellan. Sie wachsen in Formen ähnlich einer Vase oder wie ein Lutscher. Es war wunderschön, wie sich manche von ihnen in der Strömung wiegten." Und weiter: „Die Tiere dort sind ganz anders als die, die sonst im Abyssal [gemeint ist eine Meerestiefe von etwa 3.000 bis 4.000 Metern] leben."

Die Karbonröhre arbeitet während des Tauchgangs hörbar. Das Real Time Monitoring System registriert rund 40 relevante akustische Ausschläge. Die Besatzung der TITAN zieht um 12.58 Uhr bei 41,598 N, 49,439 W in einer Tiefe von 2.870 Metern zwei Wasserproben für eine eDNA-Analyse der Organismen auf dem Riff. Dann steigt das Tauchboot planmäßig zurück zur Oberfläche. Als Entdecker des Riffs dürfen ihm die Taucher nun einen Namen geben. Sie nennen es „Nargeolet-Fanning-Grat" nach den beiden Männern, die den Fund und die Erkundung möglich gemacht haben.[986, 987, 988, 989, 990, 991]

Gegen 16.30 Uhr verlässt die HORIZON ARCTIC die Gewässer über dem Riff und nimmt Kurs auf St. John's, wo das Expeditionsschiff in den Morgenstunden des 25. Juli 2022 ein letztes Mal in den Hafen einläuft und gegen 08.40 Uhr an Pier 12 festmacht. Damit endet die TITANIC-Expedition 2022 – mit sieben erfolgreichen Tauchgängen zur TITANIC und einem zum Riff.[992]

# ERKENNTNISSE UND NACHWEHEN

Steve Ross fasst die wissenschaftlichen Erkenntnisse der Expedition später in einem Bericht zusammen. Auf sechs Tauchgängen zur TITANIC und dem Zusatztauchgang zum Nargeolet-Fanning-Grat wurden mit den Nansenflaschen insgesamt elf Wasserproben aus der Tiefsee gesichert, aus denen 33 Unterproben für eine eDNA-Analyse gewonnen wurden sowie weitere 20 für Kohlenstoffanalysen.

Auf allen Tauchgängen betrug die Temperatur des Wassers am Meeresboden zwischen zwei und drei Grad Celsius. Der Salzgehalt wurde durchgehend mit 35–36 PSU gemessen (1 PSU entspricht etwa einem Gramm

Salz pro Liter). Die Habitatanalyse ergibt, dass auf dem Wrack der TITANIC – neben den „Rostzapfen" aus mehreren Spezies eisenzersetzender Bakterien – Bambuskorallen (Lepidisis sp.), Gorgonien (Chrysogorgia cf. agassizii), Seeanemonen und Schwämme zu finden sind. Im Wasser haben die Wissenschaftler „mobile Fauna" in Form von Macrouriden (Rattenschwanz- beziehungsweise Grenadierfischen), Galatheoidea-Krebstieren und Stachelhäutern (vor allem Schlangensterne, Seegurken und Seesternarten der Gruppe Brisingida) beobachtet. Im Bereich des Trümmerfelds wurden zusätzlich Springkrebse, Seeanemonen und Seefedern gefunden. Zudem werden an ein Forscherteam der University of Edinburgh 30 Stunden Videomaterial übergeben für eine Zerfallsanalyse des Wracks.[993]

→ Bild 60: Die TITANIC als Habitat für Unterwasserflora (Seite 233)

TITAN-Chefingenieur Phil Brooks konstatiert nach der Expedition, dass die Sensoren des Real Time Monitoring Systems nach dem lauten Knall von Tauchgang #80 auf den drei folgenden Tauchgängen (#81 bis #83) „keine weiteren nennenswerten Ereignisse" verzeichnet hätten. Eine Auswertung der Daten ergibt später allerdings, dass der akustische Sensor 6 während der drei Tauchgänge eine deutliche Zunahme von „mittellauten" Knackgeräuschen mit Ausschlägen im Bereich von 1.000 bis 3.000 Millivolt registriert hat. Diese lagen unterhalb der von OceanGate festgelegten Relevanzschwelle von 5.000, waren aber deutlich lauter als das übliche „Grundrauschen" der Sensoren, das nur bei etwa 300 Millivolt liegt. Phil Brooks drängt im Anschluss an die Expedition auf eine gründliche Inspektion des Zylinders, bekommt aber eine Absage. Denn die TITAN soll aus Kostengründen nicht zurück nach Everett transportiert werden, sondern bis zur Expedition 2023 in Neufundland bleiben. Ab dem 26. Juli 2022 steht das Tauchboot auf einer offenen Lagerfläche der Firma A. Harvey & Company Ltd., die direkt an Pier 12 angrenzt.[994, 995, 996, 997, 998, 999]

Am 28. Juli 2023 erhält OceanGate ein Angebot von einer örtlichen Firma, die TITAN mit einer maßgefertigten Abdeckplane auszustatten. Diese würde 1.750 kanadische Dollar plus Steuer kosten. Da Stockton Rush damit rechnet, das Tauchboot zeitnah aufs Gelände der Marine Institute der Memorial University of Newfoundland verlegen zu können, lehnt er ab. Der OceanGate Ansprechpartner bei A. Harvey weist darauf hin, dass das Tauchboot und die zugehörigen Gerätschaften, die in zwei Frachtcontainern neben der TITAN lagern, nach Kanada importiert werden müssen, sobald sie die dortige Freilagerzone verlassen. Dann muss entweder die in Neufundland geltende Mehrwertsteuer entrichtet werden, oder OceanGate müsste eine Bürgschaft hinterlegen mit einer Zusage, dass die Ware Kanada auf absehbare Zeit wieder verlässt. Im Falle einer Einfuhr könnte OceanGate einen Antrag auf Steuerbefreiung stellen, die für Waren gilt, die Bildungs- oder Werbezwecken dienen. Der Wert der TITAN mit Equipment wird mit 5.627.539 kanadischen Dollar beziffert (was im Juni 2023 etwa 4,03 Millionen US-Dollar entspricht). Demnach wären bei einer Standardeinfuhr 281.382 kanadische Dollar Zoll fällig (etwa 201.000 US-Dollar). Die Verhandlungen mit der Universität ziehen sich. Das liegt unter anderem daran, dass diese OceanGate bisher als rein touristischen Veranstalter eingeschätzt hat. Angesichts des Wissenschaftsprogramms der 2022er-Expedition ändert Uni-Vizepräsident Paul Brett seine Meinung. Am 21. Dezember 2022 unterschreiben er und Stockton Rush zunächst eine Absichtserklärung für eine Zusammenarbeit. Als Folge kann nun auch endlich der Antrag gestellt werden, die TITAN umsatzsteuerbefreit nach Kanada zu importieren.[1000]

Als der Influencer Alan Estrada Ende Juli auf YouTube sein Videotagebuch zur Expedition 2022 postet, beschwert er sich, dass OceanGate sich nicht an die Abmachung gehalten habe, das komplette Videomaterial von seinem Tauchgang nutzen zu dürfen. Man habe ihm das Footage sämtlicher Kameras der TITAN in einer Auflösung von 4K versprochen, er habe aber nur einzelne Clips in HD erhalten und musste sich mit den Handyvideos der anderen Mission Specialists behelfen, um den Film abzuliefern, für den seine Sponsoren 150.000 US-Dollar bezahlt hätten. Seitens OceanGate heißt es später, man hätte ihm nie das komplette Material zugesagt, sondern immer nur einen kurzen Rohschnitt, den Estrada auch erhalten habe. In einer finalen Abrechnung macht sich Letzterer über den Begriff „Mission Specialists" lustig – „In Wahrheit sind wir einfach nur Touristen!" – und rät Interessenten, mit einer Buchung zu warten, bis die TITAN zuverlässiger funktioniert. 250.000 US-Dollar für einen Tauchgang, bei dem man das Wrack der TITANIC am Ende vielleicht weniger als eine Stunde zu Gesicht bekomme, sei es nicht wert, so sein Fazit.[1001, 1002]

Am 30. August 2022 veröffentlicht OceanGate auf YouTube selbst einen kurzen, einminütigen Clip mit gestochen scharfen, hochauflösenden Bildern vom Bug, von einem der Anker, dem Vordeck mit den Ankerketten und der Ladeluke Nummer 1 sowie von einem Heizkessel auf dem Meeresboden. Weitere Videos folgen, darunter ein Porträt über Colin und Richard

Taylor und (im Februar 2023) ein 20-minütiger Film mit einem Best-of an Bildern aus beiden Expeditionen namens „TITAN – Viewport to TITANIC“, vertont von Rory Golden.[1003]

Im November 2022 reicht Anwalt David Concannon bei Gericht einen Expeditionsbericht ein; darin ist die Rede von 28 Personen, die „in der TITAN die Wrackstelle “ besucht haben. Alle 21 Mission Specialists, die teilgenommen haben, hätten die TITANIC mit eigenen Augen gesehen, heißt es auf Nachfrage bei OceanGate.[1004, 1005]

# ANKÜNDIGUNG EINER DRITTEN TITANIC-EXPEDITION

Ebenfalls im August 2022 stellt OceanGate Pläne vor für eine dritte Expedition zur TITANIC, von Mitte Mai bis Ende Juni 2023. Eine TITANIC-Expedition derart früh im Jahr gab es noch nie – die 2021er-Expedition, die erst ebenfalls im Mai starten sollte, wurde letztendlich auf Mitte Juni verschoben. Darauf angesprochen hat Stockton Rush eine verblüffend einfache Antwort parat: Er wolle nicht zum dritten Mal in Folge den kurzen Sommer daheim verpassen, weil er schon wieder mit der TITAN im Atlantik herumschippere. Und weiter: „Bretton Hunchak (zu diesem Zeitpunkt schon ehemaliger CEO von RMS Titanic, Inc.) hat uns darauf hingewiesen, dass Stürme im Mai dort weniger wahrscheinlich sind. Zugegeben: Das Wasser und die Luft sind kälter – das ist für die Menschen nicht ganz so angenehm. Das Risiko, mehrere Tage in einer Schlechtwetterzelle festzusitzen, ist im Mai/Juni aber viel niedriger als im Juli/August/September. Außerdem bringen die meisten Mission Specialists ihre Familien nicht mit an Bord. Für sie ist es leichter, wenn die Kinder während der Expedition noch Schule haben. Im Hochsommer wollen viele lieber mit der ganzen Familie Urlaub machen.“[1006, 1007, 1008, 1009, 1010]

Im September 2022 werden die Expeditionstermine für 2023 veröffentlicht:[1011]

Mission I: 11. Mai bis 19. Mai 2023
Mission II: 20. Mai bis 28. Mai 2023
Mission II: 29. Mai bis 6. Juni 2023
Mission IV: 7. Juni bis 15. Juni 2023
Mission V: 16. Juni bis 24. Juni 2023

Im Dezember ist auf der Website Oceangateexpeditions.com zu lesen, dass die Missionen I und IV ausgebucht sind.[1012]

OceanGate lotet unterdessen neue Einsatzmöglichkeiten für die TITAN aus. In einer Pressemitteilung vom 21. September 2022 wird ein mögliches neues Ziel genannt: Die TITAN soll in der Nähe der Azoren hydrothermale Quellen erforschen. Dabei handelt es sich um Schlote, aus denen 300 bis 400 Grad heißes Wasser strömt, das von einer darunter liegenden Magmakammer erhitzt wurde. Die Website nennt das Frühjahr 2024 als Zeitfenster für eine erste Expedition. Der Trip soll jeweils nur drei Tage dauern und pro Taucher 250.000 US-Dollar kosten. In der Beschreibung heißt es weiter: „Sie werden Lebensformen am Bullauge vorbeihuschen sehen, die wie Aliens aussehen, während Sie tiefer und tiefer in den Ozean sinken. Vielleicht assistieren Sie dem Piloten bei der Kommunikation und der Positionsbestimmung oder schreiben für das Wissenschaftsteam auf, was draußen zu sehen ist.“[1013]

Stockton Rush glaubt, mit dieser Art Angebot neue Kunden gewinnen zu können. „Tauchgänge ins Meer rund um die Azoren könnten ein gutes Geschäftsmodell sein, weil der Ort für die Klienten leichter erreichbar ist. Du kannst deine Familie mitnehmen. Die bleibt an Land und macht Urlaub, und Mama oder Papa sind unterdessen ein paar Tage weg, um zu tauchen. Nichts gegen St. John's, das ist ein nettes Städtchen, aber niemand will da ernsthaft seine Ferien verbringen. Die Azoren sind hingegen touristisch interessant. Wir spielen auch mit der Idee, Tauchgänge vor Kroatien anzubieten. Es wäre toll, im Mittelmeer zu sein. Aber keine Angst: Die TITANIC-Expeditionen werden auf jeden Fall bleiben.“[1014]

Rush hat noch ein weiteres Tauchziel im Sinn. Am 16. Februar 2022 ist die FELICITY AGE im Nordatlantik havariert, ein Autotransporter mit knapp 4.000 fabrikneuen Autos der Volkswagen Group an Bord. Das Schiff befand sich 148 Kilometer südwestlich der Azoren, als im Frachtraum ein Feuer ausbrach. Dabei gerieten die Lithium-Ionen-Batterien mehrerer E-Autos in Brand, die ohne Spezialgerät nicht gelöscht werden konnten. Die 22-köpfige

Crew musste das Schiff aufgeben. Die FELICITY AGE trieb etwa eine Woche im Wasser und ging am 1. März 2022 schließlich unter. Mit ihr versanken mehr als 1.100 Fahrzeuge von Porsche, 85 Lamborghinis, fast 2.000 Audis und mehr als 500 VWs. Das Wrack liegt in einer Tiefe von rund 3.000 Metern und könnte von der TITAN erkundet werden.[1015, 1016, 1017, 1018, 1019]

OceanGate nennt in seinem Web-Blog noch mehr spannende Orte für die TITAN, darunter ein über 4.000 Meter tiefes, von Riffen umgebenes Becken in der Karibik namens Tongue of the Ocean und die Korallensee östlich von Australien mit diversen Schiffs- und Flugzeugwracks mit einer durchschnittlichen Tiefe von 2.400 Metern. Das Karibikabenteuer wäre als Tagesausflug ab Nassau machbar, der Hauptstadt der Bahamas. Es soll 45.000 US-Dollar kosten und im Dezember 2023 stattfinden.[1020, 1021]

Noch bis November 2022 kann man auf der Website von OceanGate in den FAQs folgenden Absatz lesen: „Bemannte Tauchboote gehören zu den sichersten Fahrzeugen der Welt. In den vergangenen 35 Jahren sind mehr als elf Millionen Menschen mit zertifizierten nichtmilitärischen bemannten Tauchbooten getaucht – nie gab es ernsthafte Verletzungen." Danach wird die Seite überarbeitet und mit Informationen rein zu den TITANIC-Expeditionen befüllt.[1022, 1023, 1024, 1025]

OceanGate veröffentlicht Ende November 2022 zudem einen Bildband mit Fotos der 2021er-Expedition sowie als Bonus zehn Zusatzseiten von der 2022er-Expedition. Es handelt sich um eine 150-seitige, auf 324 Exemplare limitierte Sammlerausgabe für 175 US-Dollar, signiert von Stockton Rush und P. H. Nargeolet. Vermutlich ist die Auflagenzahl kein Zufall – auf der TITANIC waren in der Untergangsnacht 324 Passagiere erster Klasse an Bord. (Seit Mai 2023 gibt es von dem Buch auch eine nicht limitierte Variante für 69,50 Dollar – bei dieser Ausgabe fehlen allerdings die zehn Seiten von der 2022er-Expedition.)[1026, 1027, 1028]

## FINANZIELLE SCHWIERIGKEITEN

Ende 2022 wird bei OceanGate, Inc. offenbar das Geld knapp. So knapp, dass möglicherweise nicht alle Gehälter bezahlt werden können. Dabei sind die Personalkosten zuvor bereits signifikant geschrumpft. Das Ingenieursteam, das 2017 noch aus 20 Personen bestand, besteht nun nur noch aus fünf Mitarbeitern. Der CEO unterbreitet seinen Angestellten ein Angebot: Sie erhalten einen kleinen Sonderbonus, wenn sie zustimmen, ihr Gehalt erst im neuen Jahr zu bekommen. Außer Stockton Rush macht nur eine einzige Mitarbeiterin mit – Amber Bay, die Verwaltungsleiterin von OceanGate. Diese gibt später an, dass Rush zuvor schon mehrere Male Geld aus eigener Tasche zugeschossen habe, um seine Mitarbeiter bezahlen zu können. Die Summe sei bei OceanGate jeweils als zusätzliche Investition verbucht worden. Rush sollte das Geld also nicht zurückbekommen, sondern durfte sich lediglich einen höheren Anteil an der Firma zuschreiben lassen. Zwischen Juni 2022 und Mai 2023 schießt er insgesamt 1,85 Millionen US-Dollar zu.[1029, 1030, 1031]

Am 22. Dezember 2022 veröffentlicht OceanGate eine Pressemitteilung mit einem Jahresrückblick. Darin steht unter anderem, man habe ein Forscherteam der Universität von Rhode Island dabei unterstützt, vier historische U-Boote vor der Küste Rhode Islands zu dokumentieren, und dabei im April 2022 ein deutsches U-Boot aus dem Zweiten Weltkrieg erforscht. Das Projekt ist nun auch auf der Website von OceanGate Expeditions zu finden: Demnach hat die CYCLOPS 1 für das Projekts „Four Subs" mehrere Tauchgänge unternommen; weitere seien im Herbst 2023 geplant. Auf dem zugehörigen Missionslogo sind die vier U-Boote benannt: Die USS-L8 (im Rahmen eines Tests 1926 versenkt), die USS Bass (1945 als Testobjekt durch die US Navy versenkt), die USS G-1 (1921 von der Navy durch experimentelle Wasserbomben gesprengt) und das deutsche U-Boot U 853 (1945 am Tag vor der deutschen Kapitulation durch Wasserbomben versenkt). Beigefügt sind drei Fotos des Wracks: eins vom Kommandoturm, das zweite von den Bugrohren sowie eins von der Torpedokammer, auf dem in einer Ladeöffnung noch ein Torpedo zu erkennen ist. Mehr Informationen über die Tauchgänge waren nicht zu finden; eine Anfrage an den an der Universität für das Projekt zuständigen Dr. Rod Mather blieb unbeantwortet.[1032, 1033, 1034]

2023

Die POLAR PRINCE mit der TITAN im Schlepp

# EXPEDITIONS-VORBEREITUNGEN

Am 6. Februar 2023 wuchtet ein mobiler Kran die TITAN auf einen Tieflader-Lkw. Das Tauchboot steht seit Juli 2022 weitgehend ungeschützt auf einer offenen Lagerfläche im Hafen von St. John's. Dort war es in den vergangenen Monaten Temperaturschwankungen von −17 bis +29 Grad Celsius ausgesetzt. Nun wird es ins Fishery and Marine Institute der Memorial University of Newfoundland an der Ridge Road in St. John's verlegt.[1035, 1036, 1037, 1038]

→ Bild 61: Die TITAN ungeschützt am Hafen von St. John's (Seite 273)

Im Rahmen der frisch abgeschlossenen Kooperation darf OceanGate Lager- und Werkstattflächen der Universität für die TITAN nutzen. Im Gegenzug sollen Studenten als Praktikanten bei den Expeditionsvorbereitungen und der Wartung des Tauchboots mithelfen – OceanGate bezeichnet sie in einer Pressemitteilung als „Kadetten". Am 23. März 2023 hält Stockton Rush an der Uni einen Vortrag über die TITAN. Das Tauchboot wird zudem im Rahmen von Führungen über den Campus von mehreren Besuchergruppen besichtigt.[1039, 1040]

Schon länger zeichnet sich ab, dass OceanGate bei der 2023er-Expedition auf die HORIZON ARCTIC verzichten muss, nachdem der Eigner Horizon Maritime seine Preise deutlich erhöht hat. 200.000 US-Dollar pro Woche würde das Chartern nun kosten – während der Covid-19-Pandemie war die Miete mangels Nachfrage deutlich billiger. Stattdessen hat Stockton Rush nun die günstigere POLAR PRINCE im Visier, einen in die Jahre gekommenen Eisbrecher (Baujahr 1959), der bis 2002 als SIR HUMPHREY GILBERT für die kanadische Küstenwache im Einsatz war. Das Schiff wird von Horizon Maritime gemeinsam mit Miawpukek Horizon Maritime Services betrieben – einer Tochtergesellschaft, die Angehörige der indigenen kanadischen Miawpukek First Nation gezielt für Berufe in der Seefahrt fördert und die POLAR PRINCE als Ausbildungsschiff nutzt. Im Vergleich zur HORIZON ARCTIC ist sie eher spartanisch ausgestattet. Die Kabinen haben kein eigenes Bad, sondern lediglich ein kleines Waschbecken. Die Duschen und Toiletten sind zentral auf dem Hauptdeck angeordnet und müssen von allen Expeditionsteilnehmern geteilt werden.[1041, 1042, 1043, 1044, 1045, 1046, 1047]

Der alte Eisbrecher verfügt über kein offenes Deck am Heck. Die Plattform LARS mit der darauf befindlichen TITAN kann also nicht mehr huckepack bis zur Wrackstelle transportiert und dann über eine Rampe ins Wasser gelassen werden. OceanGate bucht die POLAR PRINCE trotzdem und verhandelt mit Horizon Maritime, ob für die Dauer der Expedition ein Kran auf dem Vordeck installiert werden kann, der die TITAN ins Wasser setzt und wieder an Bord holt. Doch daraus wird nichts. Das Schiff muss das Tauchboot diesmal also durchgehend schleppen – von St. John's bis zur Wrackstelle der TITANIC sind es rund 685 Kilometer. Bei fünf Missionen ergibt das eine Strecke, die länger ist als die ursprünglich geplante Überfahrt der TITANIC von Southampton nach New York.[1048, 1049, 1050]

Dass LARS nun durchgängig im Wasser bleiben soll, erschwert die Wartung. Soll auf der Plattform gearbeitet werden, muss das Expeditionsschiff seine Fahrt unterbrechen. Werkzeuge, Gerätschaften und auch das Personal müssen mit Booten rübergeschafft und anschließend aufs Schiff zurückgebracht werden. Wer auf LARS arbeitet, ist jeder einzelnen Welle unmittelbar ausgesetzt. Zudem bleibt rund um das Tauchboot nur wenig Platz. Auch ist es aufwendiger, die vier Tanks mit Pressluft zu befüllen und die Batterien der TITAN zu laden – die Leitungen müssen von der POLAR PRINCE bis zur Plattform gezogen werden.[1051, 1052, 1053]

Chefingenieur Phil Brooks hat Bedenken, dass ihn die neuen Arbeitsbedingungen körperlich überfordern könnten. Dazu kommt, dass er seit der Bitte an die Belegschaft, die Gehaltszahlungen zu stunden, kein Vertrauen mehr in die finanzielle Zuverlässigkeit seines Arbeitsgebers hat. Nach reiflicher Überlegung kündigt Brooks und verlässt OceanGate schließlich Ende Februar 2023.[1054]

## POLAR PRINCE[1055]

**Schiffsklasse:** Leichter Eisbrecher, ARKTIS-Klasse 1+
**Indienststellung:** 1959
**Größe:** 2.153 Bruttoregistertonnen (GRT)
**Länge:** 72,5 m
**Breite:** 14,7 m
**Tiefgang:** 5 m
**Maximale Geschwindigkeit:** 14,5 Knoten (26,9 km/h)
**Maschinen:** 4 x 1.279 PS

Wenige Wochen vor der Expedition 2023 fliegt OceanGate mehrere Mitarbeiter als Vorhut nach St. John's. Sie haben eine lange To-do-Liste im Gepäck, die nun abzuarbeiten ist. Die TITAN bekommt eine hirschgeweihähnliche Halterung am vorderen Verbindungsring verpasst, an der unter anderem vier LED-Strahler angebracht werden. Weil es auf LARS zu viel Platz beanspruchen würde, die Heckverkleidung abzulegen, wird diese über ein Scharnier oben am Tauchboot fixiert. Auf diese Weise kann sie wie eine Motorhaube hochgeklappt werden.[1056]

Das Tauchboot wird mit einem besseren Kommunikationssystem ausgestattet. Dafür hat OceanGate im Frühjahr 2023 für rund 45.000 Euro zwei hydroakustische Telemetrie-Modems (ATMs) vom Typ S2C R 7/17D der Berliner Firma EvoLogics GmbH angeschafft. Dies ermöglicht Übertragungsraten von bis zu 6,9 kbit/s. Neu ist, dass die berechnete Position der TITAN nicht mehr von Mission Control per Textbotschaft verschickt und in der TITAN händisch in eine Schachbrettkarte eingetragen werden muss. Stattdessen übertragen die beiden ATMs die Koordinaten nun automatisiert, zusammen mit den GPS-Daten der POLAR PRINCE. Dem Piloten werden die Etappenpunkte des Tauchboots und die Fahrtroute des Expeditionsschiffes auf einer digitalen 2-D-Karte angezeigt. Künftig wäre es so auch möglich, via GPS zu navigieren – zumindest indirekt. Sucht die TITAN beispielsweise die Bugsektion der TITANIC, fährt das Expeditionsschiff satellitengesteuert über das Ziel und hält dort die Position. Dann muss die TITAN auf der Karte nur noch Richtung POLAR PRINCE fahren, um das Wrack zu finden.

OceanGate hat auch einen weiteren Tiefseetransponder angeschafft. Vorgesehen ist, ihn beim ersten TITANIC-Tauchgang der Saison in der Nähe des Wracks abzulegen. Dann könnte seine Position direkt erfasst und ebenfalls in der digitalen Karte angezeigt werden. Beim letzten Tauchgang der Expedition müsste die TITAN den Transponder wieder einsammeln. Weil sie keinen Greifarm besitzt, würde an ihr eine Lanze mit einem Haken montiert, der in eine am Transponder angebrachte Schlaufe einfädeln müsste.

Außerdem hat das Ingenieursteam in den vergangenen Monaten die Software einiger anderer Komponenten überarbeitet, die nun eingespielt und getestet werden muss.

Auch die Plattform LARS erhält ein Update. Die OceanGate-Ingenieure bringen eine neue Ventilfernsteuerung für die Presslufttanks und die Verankerung der Kufen an, die direkt vom Piloten im Tauchboot bedient werden soll. Das langfristige Ziel ist, ganz ohne Begleittaucher im Wasser auszukommen. Das neue System muss allerdings erst noch getestet werden (und kommt am Ende während der kompletten Expedition nicht zum Einsatz).[1057, 1058, 1059, 1060, 1061, 1062, 1063, 1064]

# KUMMER MIT DEN KUNDEN

Am 15. Februar 2023 verklagen Marc and Sharon Hagle aus Winter Park, Florida, den OceanGate-Expeditions-CEO Stockton Rush wegen Vertragsbruchs und fordern eine Rückzahlung in Höhe von 210.258 US-Dollar. Die beiden machen über ihren Anwalt Ronald D. Edwards Jr. unfaire Geschäftspraktiken und Täuschung geltend. Marc Hagle verdient sein Geld mit Immobiliendeals und als Bauträger. Er und seine Frau sind begeisterte Abenteurer und haben 2016 während einer Reise zum Südpol von der Möglichkeit erfahren, zur TITANIC zu tauchen. Die Hagles hatten sich im November 2016 bei OceanGate auf die Warteliste setzen lassen und zunächst pro Person 10.000 US-Dollar angezahlt. In ihren Verträgen stand, dass eine weitere Zahlung von je 40.000 US-Dollar 15 Tage nach einem ersten erfolgreichen Tauchgang der CYCLOPS 2 (später TITAN) fällig würde und die übrigen 55.129 US-Dollar pro Kopf am 1. Februar 2018. Während eines Besuchs bei den Hagles am 27. September 2017 habe Rush ihnen versichert, dass die CYCLOPS 2 bis zum Sommer 2018 fertiggestellt und tauchbereit sei – andernfalls würden die Hagles ihr Geld zurückbekommen. Zudem würde der Betrag bis zur Expedition auf einem Treuhandkonto geparkt. Rush habe ihnen versprochen, dass sie auch dann eine Rückzahlung fordern könnten, wenn sie Zweifel an der „strukturellen Integrität" des Tauchbootes hätten und vom Vertrag zurücktreten wollten. Anfang Februar 2018 hätten die Hagles einen neuen Vertrag unterschrieben, heißt es weiter in der Klageschrift, und die sofort fällige „Restsumme" in Höhe von 190.258 US-Dollar überwiesen. Man habe ihnen die Teilnahme an einer TITANIC-Mission vom 2. bis 9. Juni 2018 zugesagt. Nachdem die Expedition weder 2018 noch 2019 stattfand, wollten die Hagles im Juni 2019 vom Vertrag zurücktreten. Eine Rückzahlung erhielten sie nicht. Stattdessen habe OceanGate darauf verwiesen, dass das Ehepaar im Juli 2021 an einer Expedition teilnehmen könnte (die Absage der 2020er-Expedition war den Hagles am 24. Oktober 2019 per E-Mail mitgeteilt worden). Eine Rückerstattung oder Gutschrift sei nur vorgesehen, wenn während der Expedition kein Tauchgang zustande kommt. Das Ehepaar taucht weder 2021 noch 2022 und widmet sich stattdessen anderen Abenteuern. Im März 2022 fliegen die Hagles als erstes verheiratetes Paar mit Blue Origin für ein paar Minuten Schwerelosigkeit ins All – zur TITANIC wollen sie nicht mehr. Die Klage der Hagles bekommt vom Bezirksgericht des Neunten Gerichtsbezirks für Orange County, Florida, die Fallnummer 2023-CA-001349-O und wird Richter Brian Sandor zugewiesen. Bis zur Expedition 2023 werden keine weiteren Unterlagen zu den Akten genommen und auch keine Gerichtstermine festgelegt.[1065, 1066, 1067, 1068, 1069, 1070, 1071]

Mitte Februar 2023 fliegen Stockton und Wendy Rush nach Portugal, Großbritannien (unter anderem auch ins nordirische Belfast) und in die Schweiz, um potenzielle Mission Specialists aus Europa zu treffen. Offenbar hat OceanGate Probleme, alle Missionen mit zahlenden Kunden zu füllen. Damit OceanGate bei der anstehenden TITANIC-Expedition nicht draufzahlt, braucht das Unternehmen etwa 30 zahlende Kunden. Unter der Hand bietet Rush auch Rabatte und eine Art Provision an: Wer es schafft, drei zahlende Taucher an OceanGate zu vermitteln, könne selbst gratis mitkommen und tauchen, verspricht er zumindest Günter Bäbler vom TITANIC-Verein Schweiz, den er nach einem Besuch bei potenziellen Kunden am 24. Februar 2023 in Zürich trifft.[1072, 1073, 1074, 1075, 1076]

Am 3. März 2023 ist Stockton Rush in Las Vegas mit dem dort ansässigen Milliardär und Investmentbanker Jay Bloom verabredet, der seit dem Sommer 2022 mehrfach Interesse an einem Tauchgang für sich und seinen Sohn Sean bekundet hat. Bloom junior hätte grundsätzlich Spaß daran, die TITANIC zu sehen, hat aber Bedenken wegen des Tauchboots. Zusammen mit einem Freund hat er die Expeditionen der vergangenen zwei Jahre gegoogelt und findet die TITAN nicht so vertrauenswürdig wie die russischen MIRs, mit denen James Cameron 33-mal für seine Filme zum Wrack getaucht ist. Sean Bloom fürchtet zudem, die TITAN könnte in der Tiefe von einem Pottwal oder gar einer Riesenkrake attackiert und dabei beschädigt werden. Via WhatsApp hat Rush versucht, diese Bedenken zu zerstreuen: „Zwar gibt es ein offensichtliches Risiko, doch [so ein Tauchgang] ist weitaus sicherer als ein Helikopterflug oder klassisches Gerätetauchen. In den vergangenen 35 Jahren hat es in zivilen Tauchbooten nicht einen einzigen Verletzten gegeben.“[1077, 1078]

Jay Bloom und Rush haben schon mehrfach miteinander telefoniert, WhatsApp-Nachrichten ausgetauscht, gemailt und sich auch bereits getroffen. Diesmal sind die beiden in der TITANIC-Artefakte-Ausstellung im Luxor-Hotel verabredet, anschließend gehen sie gemeinsam Essen. Rush drängt Bloom, endlich zu buchen. Dessen Skepsis nimmt eher noch zu, als Stockton Rush ihm erzählt hat, dass er mit seinem selbst gebauten, experimentellen Zweisitzer-Propellerflugzeug nach Las Vegas geflogen ist. Das habe bei ihm keinen vertrauenswürdigen Eindruck hinterlassen, so Bloom später. Die beiden bleiben in Kontakt. Im April 2023 bietet Stockton Rush den Blooms einen ermäßigten Preis von 150.000 US-Dollar pro Person für eine Last-Minute-Buchung an. Er habe noch Plätze frei in Mission I oder II. Jay Bloom lehnt ab – angeblich wegen Terminproblemen – und vertröstet Stockton Rush auf 2024. Später behauptet Jay Bloom, die beiden offenen Plätze seien anschließend an ein anderes Vater-Sohn-Team gegangen – Shahzada und Suleman Dawood, deren Tauchgänge schließlich auf die spätere Mission V/2023 verschoben worden seien. Ob das so stimmt, ist unklar.[1079, 1080, 1081, 1082, 1083]

Mitte März 2023 entfernt OceanGate Expeditions von seiner Website die Info, welche Missionen der anstehenden Expedition bereits ausgebucht sind. Gleichzeitig werden bereits Termine für eine Expedition 2024 veröffentlicht:[1084, 1085]

Mission I: 9. Mai bis 17. Mai 2024
Mission II: 18. Mai bis 26. Mai 2024
Mission III: 27. Mai bis 4. Juni 2024
Mission IV: 5. Juni bis 13. Juni 2024
Mission V: 14. Juni bis 22. Juni 2024

# MISSION I (2023) – AUSFLUG NACH NEBENAN

In Vorbereitung auf die kommende Expedition transportiert ein Tieflader-Lkw die TITAN am 17. April 2023 vom Fisheries and Marine Institute in St. John's zu dem 44 Kilometer entfernten Remote Operations Center der Universität nach Holyrood, einem Küstenstädtchen am südlichen Zipfel der Conception Bay. Das Tauchboot wird dort unter freiem Himmel direkt am Dock abgestellt.[1086]

→ Bild 62: Die TITAN wird zum Remote Operations Center gebracht. (Seite 273)

Am 20. April 2023 schickt Anwalt David Concannon dem für das Wrack der TITANIC zuständigen Gericht in Norfolk, Virginia, eine Expeditionsankündigung. Darin meldet OceanGate Expeditions ein Zeitfenster von Anfang Mai bis Ende Juni 2023 an. Man habe vor, mehrere Missionen mit jeweils sechs Mission Specialists durchzuführen und die wissenschaftliche Arbeit der vergangenen beiden Jahre fortzusetzen, darunter die eDNA-Analyse des Wassers an der Wrackstelle und die Dokumentation des zunehmenden Zerfalls der TITANIC über Videos und Fotos. Erneut verpflichtet sich OceanGate dem Motto: „Nur anschauen, nichts anfassen." In dem Brief heißt es weiter: „Mit einer Konstruktion aus Titan und gewickelten Karbonfasern hat das innovative Fahrzeug bewiesen, dass es ein sicheres und bequemes Gefährt ist, das nachgewiesenermaßen dem enormen Druck der Tiefsee standhält."

Am Ende des Schreibens lädt OceanGate die Richterin Rebecca Smith erneut ein, auf die Expedition mitzukommen. In ihrem Antwortschreiben lehnt sie dankend ab: „Sollte es künftig eine weitere Expedition geben, ist es mir dann vielleicht möglich teilzunehmen. Das würde eine recht aufschlussreiche Gelegenheit darstellen und dem Gericht erstmals einen direkten Blick auf die Wrackstelle ermöglichen." Gleichzeitig bestätigt das Gericht, beraten durch die zuständige Behörde NOAA, dass auch diesmal keine Genehmigung nach Sektion 113 des Consolidated Appropriations Act von 2017 nötig sei, da das Wrack und das Trümmerfeld nicht verändert werden sollen.[1087, 1088]

Am 8. Mai 2023, kurz nach 8 Uhr, legt die POLAR PRINCE in St. John's, Neufundland an. In den kommenden gut drei Tagen wird das Schiff nun für die TITANIC-Expedition 2023 bereit gemacht. Drei Frachtcontainer mit Gerätschaften von OceanGate werden auf das Vordeck verladen und dazu zwei Schlauchboote. Im Kartenraum hinter der Brücke entsteht Mission Control – der Lageraum für die Tauchgänge. Das Angebot an die Memorial University of Newfoundland, Studenten als Praktikanten mit an Bord zu nehmen, nimmt die Uni nicht in Anspruch. Später heißt es dazu, die Expeditionszeiten und der „akademische Kalender" hätten nicht zusammengepasst. Ein Student geht dennoch an Bord, im Rahmen eines bezahlten Sommerjobs bei OceanGate.[1089, 1090]

Der Vertrag, den alle Mission Specialists vor der Reise unterschreiben müssen, wurde für die 2023er-Expedition um einen zusätzlichen Absatz erweitert. Dort heißt es nun: Bei Unterzeichnung dieses Haftungsausschlusses hat das experimentelle Tauchboot weniger als 90 Tauchgänge absolviert, von denen lediglich 13 bis in die Tiefe führten, in der die TITANIC liegt."[1091]

Am 11. Mai 2023 um 22.13 Uhr legt die POLAR PRINCE von Liegeplatz 12 in St. John's zur Mission I ab und verlässt den Hafen. An Bord befinden sich 17 Besatzungsmitglieder und 24 Personen, die zu OceanGate gehören. Die Bordzeit ist wie in den Jahren zuvor die Neufundländische Sommerzeit (NDT, berechnet aus der Weltzeit UTC minus zweieinhalb Stunden). Auf der Website steht nun, die Expedition 2023 „läuft derzeit", aber gleichzeitig „für verfügbare Termine bitte anfragen" – es gibt also auch jetzt noch freie Plätze. Als TITANIC-Spezialisten sind erneut P. H. Nargeolet und Rory Golden mit an Bord.[1092, 1093]

Nargeolet hofft, die TITANIC mithilfe von OceanGate noch viele Jahre untersuchen zu können. Er träumt davon, den im Sediment steckenden Teil der Bugsektion mit einem modernen 3-D-Sonar zu vermessen, um mehr über die fünf bis sechs verborgenen Löcher an der Steuerbordseite zu erfahren, die 1996 erstmals mit einem Sonargerät sichtbar gemacht wurden. Nargeolet möchte herausfinden, ob der Eisberg die Nieten 1912 abgeschert hat, ob sie gebrochen sind, als die Rumpfplatten nach innen gedrückt wurden, oder ob die Nieten gehalten haben und stattdessen der Stahl rund um die Nietenlöcher nachgegeben hat (wie bei einem Blatt Papier, das aus einer Spiralbindung herausgerissen wird). Mit gleichem Gerät könne auch eruiert werden, ob der unter dem Sediment befindliche Mittelpropeller am Heck der TITANIC drei oder vier Flügel hatte. Von diesem Propeller gibt es keine historischen Fotos, und die Experten streiten sich seit Jahren, ob er baugleich war mit dem nachweislich vierblättrigen Mittelpropeller des Schwesterschiffes OLYMPIC oder nicht. Es gibt dazu als Quelle lediglich ein Notizbuch der Schiffsbauer aus dem Archiv der Werft Harland & Wolff, in dem für die TITANIC ein dreiblättriger Mittelpropeller notiert ist. Auf der anstehenden Expedition wird Nargeolet auf all diese Fragen allerdings keine Antworten finden – der Sonarscanner an Bord der TITAN kann den Meeresboden nur oberflächlich abtasten. Für einen Blick in die Tiefe wäre ein Sub-Bottom Profiler (ein Sediment-Durchdringungssonar) erforderlich, den OceanGate nicht im Gepäck hat. Eine Untersuchung des Wracks mit eigenen Augen sei trotzdem immer lohnend, so Nargeolet, und so ist er auch dieses Jahr wieder bereit, so oft mit der TITAN zu tauchen, wie Stockton Rush ihn einteilt. Zudem sind die OceanGate-Missionen für ihn eine gute Gelegenheit, sich auf den aktuellen Stand zu bringen für eine Expedition mit seinem langjährigen Hauptauftraggeber, der Firma RMS Titanic, Inc., sollte diese zum Wrack zurückkehren wollen.[1094, 1095]

Nachdem die POLAR PRINCE den Hafen von St. John's verlassen hat, dreht sie nicht nach Süden in Richtung der TITANIC-Wrackstelle, sondern fährt gen Norden – das Expeditionsschiff muss erst noch die TITAN abholen, die bis zur Expedition auf dem Gelände des Marine Institute der Memorial University of Newfoundland in Holyrood gestanden hat. Die POLAR PRINCE umrandet zunächst die Landzunge des Cape St. Francis nördlich von St. John's und fährt dann südwestlich in die Conception Bay ein. Gegen 06.15 Uhr morgens am 12. Mai 2023 stoppt sie knapp 1,7 Kilometer vor Upper Gullies. Die TITAN wurde bereits zwei Tage vorher im Dock des Marine Institute in Holyrood auf die Plattform LARS gewuchtet. Von einem kleinen Boot des Marineinstituts geschleppt, führt die Fahrt rund 13 Kilometer nach Norden.

Vor Upper Gullies wird das Gefährt mit dem darauf befindlichen Tauchboot schließlich an die POLAR PRINCE übergeben.[1096, 1097, 1098]

→ Bild 63: Die TITAN wird zur Expedition 2023 verladen. (Seite 273)

Zu dieser Zeit sind noch keine Mission Specialists an Bord. Stattdessen verbringt das Schiff zweieinhalb Tage in den Gewässern vor Kelligrews, etwa 2,8 Kilometer östlich der Rendezvousstelle, während die Crew lernt und übt, wie das Tauchboot auf der Plattform schwimmend für einen Tauchgang vorzubereiten ist. Statt der Bestzeit von elf Minuten während der 2022er-Expedition benötigt die Crew rund 25 Minuten, um alle Bolzenschrauben am Frontdom festzuziehen, weil das Werkzeug nicht mehr so leicht angereicht und abgelegt werden kann.[1099]

→ Bild 64: Die POLAR PRINCE mit der TITAN im Schlepp (Seite 273)

Am 15. Mai um 10.35 Uhr fährt die POLAR PRINCE schließlich weiter. Auf ihrem Twitter-Account @OceanGateExped postet OceanGate Expeditions um 13.32 (sowie parallel auf Facebook und Instagram) ein Foto von der ersten „2023 TITANIC Expedition Crew“ am Bug des Expeditionsschiffes und dazu den Text: „Wir können es nicht erwarten, das zu teilen, was wir finden.“

Das Expeditionsschiff fährt in der Conception Bay zunächst nach Nordwest, biegt dann Richtung Südwest in die Spaniard’s Bay ab und ankert vor der gleichnamigen Siedlung am Ende der Bucht, etwa 40 Kilometer westlich von St. John’s. Vermutlich werden hier weitere Tests durchgeführt und Lösungen für auftretende Probleme gesucht. Die POLAR PRINCE bleibt bis circa 21 Uhr am 18. Mai auf der beinahe gleichen Position.

Am 16. Mai 2023 heißt es im OceanGate-Blog, „ehe die Küste aus unserem Blick entschwindet“, wolle man noch die wissenschaftlichen Ziele der Expedition beschreiben, die an die Expedition 2022 anknüpfen: das Wrack als Lebensraum beobachten, Strömung und Temperatur des Wassers messen, Wasserproben für eDNA-Analysen nehmen – erneut unter der Leitung von Beverly McClenaghan vom Centre for Environmental Genomics Applications. Als Chefwissenschaftler ist wieder Dr. Steve Ross an Bord. Das Wrack der TITANIC und das Trümmerfeld sollen zur archäologischen Auswertung fotografiert und gefilmt werden. Wenn die Zeit es zulässt, möchte man noch mal den Nargeolet-Fanning-Rücken oder andere Orte am Meeresboden erkunden und Vergleichsdatensätze zum Wrack erstellen.[1100]

Spät am Abend des 18. Mai 2023 verlässt das Expeditionsschiff mit dem Tauchboot im Schlepp Spaniard's Bay und kehrt tags darauf gegen 12.30 Uhr in den Hafen von St. John's zurück. Dort endet Mission I am 19. Mai 2023. Am gleichen Tag gehen die ersten Mission Specialists 2023 an Bord.

## MISSION II (2023) – DICHTER NEBEL UND HOHE WELLEN

Im Hafen von St. John's wird die Plattform LARS auf den langen Transfer zur TITANIC-Wrackstelle vorbereitet. Damit sie im Schlepp besser durchs Meer gleitet, beschweren nun Gewichte die dem Schiff abgewandte Seite, sodass die andere Seite leicht aus dem Wasser ragt. LARS soll hinter dem fahrenden Expeditionsschiff wie ein Wasserski auf den Wellen aufsitzen, statt durch sie hindurchzupflügen. Dabei steht die TITAN mit der Heckspitze Richtung POLAR PRINCE. So bietet sie dem Fahrtwind weniger Widerstand. Eigentlich sollte das Expeditionsschiff in den frühen Morgenstunden des 20. Mai 2023 direkt wieder auslaufen, doch die Abfahrt verzögert sich, weil die Schwimmplattform nicht ganz dicht ist. Sobald es hell wird, steigt Stockton Rush in seine Tauchausrüstung und macht sich höchstpersönlich an den Ventilen im Boden der Plattform zu schaffen. Gegen 10.15 Uhr legt die POLAR PRINCE schließlich vom Pier ab und fährt aus dem Hafen. Die Mission II hat begonnen.[1101, 1102]

Für diesen Abschnitt der Expedition hat Stockton Rush den Journalisten Arnie Weissmann von der Onlineplattform travelweekly.com eingeladen; dieser ist auch für einen Tauchgang zur TITANIC vorgesehen. Die POLAR PRINCE nimmt Kurs Richtung TITANIC. Im Vergleich zum Vorjahr liegt die maximale Geschwindigkeit mit rund acht Knoten (14,8 km/h) deutlich niedriger, um die kostbare Fracht im Schlepp zu schonen. Je höher der Wellengang, desto langsamer fährt das Schiff.

Weissmann beschreibt in seinem Expeditionstagebuch die allgemeinen Abläufe an Bord – diese haben sich gegenüber dem Vorjahr kaum verändert:

An Nicht-Tauchtagen Wecken um 6.00 Uhr; Treffen mit allen um 07.00 Uhr im „Hangar", einem großen, halbrund überdachten Raum hinter dem Schornstein. Dort werden die Checklisten besprochen, die es im Laufe des Tages abzuarbeiten gilt, und Aufgaben unterschiedlicher Schwierigkeit an die Crew und Mission Specialists vergeben. Er selbst habe nur leichte Aufgaben wie zum Beispiel Botendienste übernommen, erinnert sich der Journalist. Ein anderer Teilnehmer sei als erfahrener U-Boot-Offizier auch für Anspruchsvolleres infrage gekommen.

Auf der Checkliste hätten Punkte gestanden wie: „Die Batterie von STEWIE checken" (eins von zwei Schlauchbooten, das andere heißt MAX) sowie „die scharfen Kanten der LARS-Plattform polstern", so Weissmann. Abends um 19 Uhr findet ein zweites Meeting statt mit einem Resümee, was alles erledigt wurde, und dem Ausblick auf die kommenden Tage.[1103, 1104]

Am Morgen des 22. Mai 2023 gegen 07.34 Uhr sind es noch rund 72 Kilometer bis zur Wrackstelle der TITANIC, als der wachhabende Offizier auf der Brücke die Maschinen stoppt und das Schiff auslaufen lässt. Die OceanGate-Crew bereitet einen 419-Drill vor (Rettungsübung für ein manövrierunfähiges Tauchboot), der gegen 12.30 Uhr stattfinden soll und der als erster Tauchgang der Expedition ins Log eingetragen wird (#84). 2022 ist es dreimal zu echten 419-Einsätzen gekommen (Tauchgänge #75, #80 und #81). Dabei war es dem TITAN-Piloten jeweils nicht möglich, aus eigener Kraft auf LARS einzuparken, sodass Taucher eingreifen mussten. Für die Übung ist die TITAN diesmal unbemannt. LARS wird geflutet und taucht auf acht Meter ab. Eigentlich müsste das Tauchboot nun aus seiner Parkposition gelöst und dann von den Gerätetauchern wieder eingefangen werden. Doch es verlässt die Plattform nicht. Möglicherweise ist es für die Taucher wegen des zunehmenden Wellengangs zu gefährlich, die TITAN abheben zu lassen. Im Log steht der Tauchgang mit einer Länge von einer halben Stunde, obwohl die Übung ursprünglich mit zwei Stunden angesetzt war. Dabei geht zudem die äußerste Spitze der weißen Heckverschalung der TITAN verloren – für die Dauer der weiteren Expedition muss das Tauchboot ohne sie auskommen.[1105, 1106, 1107]

Die Wettervorhersage für den kommenden Tag ist akzeptabel, und so plant Stockton Rush einen ersten Tauchversuch. Dafür eingeteilt sind Rush selbst als Pilot und P.H. Nargeolet als Experte, dazu Arnie Weissmann, der schon erwähnte U-Boot-Offizier, ein Australier namens Steven T. sowie Craig Curran aus Rochester, New York. Dessen Firma DePrez organisiert

Luxus- und Extremreisen. Curran hat 2021 einen Kunden an OceanGate vermittelt und will sich nun selbst ein Bild machen.[1108, 1109]

Am 23. Mai 2023 kurz nach 9 Uhr kommt die POLAR PRINCE im Wrackgebiet an. Das Wetter ist deutlich schlechter als angekündigt, mit nur mäßiger Prognose für die kommenden Tage. Als Folge wird der geplante Tauchgang zunächst verschoben und schließlich ganz gestrichen.

Dann kommt es zu einem kritischen Vorfall: Bei starkem Wellengang und Nebel taucht das vordere Ende der Plattform LARS unkontrolliert ab, sodass sich das Heck des Tauchboots unter Wasser befindet. Stockton Rush und zwei weitere Männer schlüpfen in ihre Tauchanzüge und fahren im Schlauchboot hinüber zu LARS, um zwei mit Luft gefüllte Hebekissen an der Plattform zu befestigen. Zusätzlich schieben sie eine Boje am Schleppseil entlang zur Plattform, in der Hoffnung, dass diese das Seil samt LARS nach oben zieht. Doch das gelingt nicht. Am Ende schaffen es die Taucher, die ungewollt geflutete Kammer abzudichten und mit Pressluft zu füllen, sodass das Tauchboot wieder horizontal und im Trockenen steht. Arnie Weissmann fragt Stockton Rush danach, ob die TITAN ernsthaft in Gefahr war. Dessen flapsige Antwort: „Ein Tauchboot ist unter Wasser. Warum sollte das ein Problem sein?“[1110, 1111]

Am 24. Mai 2023 um 13.47 Uhr erreicht die POLAR PRINCE auf 41,056 N, 50,181 W ihre südlichste Position während Mission II. Dann dreht das Schiff und nimmt – zunächst mit maximal drei Knoten (5,6 km/h) Schleichfahrt – Kurs auf St. John’s. Dabei werden Späher eingeteilt, die überwachen sollen, dass die Plattform im Schlepp an der Oberfläche bleibt. Erst am nächsten Morgen gegen 10.45 Uhr beschleunigt das Schiff auf sieben bis acht Knoten (13,0 bis 14,8 km/h). Am 26. Mai twittert OceanGate: „Es war eine aufregende Woche mit unserer Mission II-Crew!“ und fügt ein Foto der Truppe am Bug des Expeditionsschiffes bei.

Erneut versucht Stockton Rush, seinen Mission Specialists einen Trostpreis anzubieten. Die POLAR PRINCE macht am 27. Mai 2023 einen Abstecher in die Witless Bay hinter Gull Island, wo sie gegen 10.15 Uhr ankommt. Bei 47,272 N, 52,809 W ist am Nachmittag ein Tauchgang auf etwa 91 Meter Tiefe geplant. Doch nach dem Vorfall vom 24. Mai hat das Team eine Wartungs- und Reparaturliste abzuarbeiten, auf der 13 Komponenten stehen. Und so reicht die Zeit am Ende nicht für einen Tauchgang. Gegen 20 Uhr nimmt die POLAR PRINCE Fahrt auf und macht sich auf nach St. John’s, wo sie am nächsten Morgen um etwa 08.15 Uhr am Pier 12 ankommt.[1112]

Arnie Weissmann schreibt einen dreiteiligen Artikel über seine Reise. Er berichtet von einem Gespräch mit Stockton Rush vor dem geöffneten Rolltor des Briefing-Raums am Heck der POLAR PRINCE im Beisein des Kapitäns und des leitenden Maschinisten. Sie rauchen kubanische Zigarren, die Rush in St. John's gekauft hat. Stockton Rush habe ihm verraten, dass er die Karbonfasern für die TITAN mit großem Rabatt von Boeing gekauft habe, weil sie „abgelaufen" waren. Boeing dementiert das später und betont, man sei nicht am Design oder Bau der TITAN beteiligt gewesen. Die Karbonfasern für die zweite Röhre der TITAN kamen nachweislich von Toray Composite Materials America. CMA beliefert allerdings auch Boeing. Denkbar ist also, dass CMA OceanGate einen Preisnachlass gewährt hat, weil Boeing in Coronazeiten weniger Flugzeuge hergestellt hat, die Prepreg-Fasern bis zur Verarbeitung nur begrenzt lagerfähig sind und diese mangels Nachfrage abzulaufen drohten. Somit wäre das Material „wegen Boeing" ein Schnäppchen gewesen, aber nicht „von Boeing" gekauft worden.[1113, 1114]

## MISSION III (2023) – SCHÄDEN DURCH EIN GEISTERNETZ?

Einen Tag später, am 29. Mai 2023, verlässt die POLAR PRINCE gegen 09.30 Uhr Pier 12. Mission III hat begonnen – mit einem Umweg. Das Schiff fährt nach Süden, mit einem Abstand von etwa zwölf Kilometern auch an Cape Race vorbei (wo 1912 eine Funkstation stand, die die Notrufe der TITANIC empfangen hat), und umrundet dann in Küstennähe die beiden südöstlichen Landzungen der neufundländischen Halbinsel Avalon.

Neu an Bord ist Mission Specialist Jake Koehler, ein YouTube-Blogger mit mehr als 13 Millionen Followern aus Columbus, Georgia. Er hatte bei OceanGate angefragt, ob er an der Expedition teilnehmen könne und wurde von Stockton Rush daraufhin eingeladen zu tauchen. Koehler hat seine Freundin Kyndall Johnson mitgebracht und dreht mit ihrer Hilfe nun ein

Videotagebuch von Mission III. Er berichtet, dass der Vorfall mit der halb versenkten Plattform während Mission II laut OceanGate wohl durch ein „Geisternetz" verursacht wurde, ein im Wasser treibendes, verlorenes Fischernetz. Der Kapitän der POLAR PRINCE erzählt später hingegen, dass sich die Plattform LARS auch schon während der Missionen I und II an einer Ecke abgesenkt hatte, woraufhin mehrere Crewmitglieder von OceanGate mit dem Gummiboot zur Plattform übersetzen und die zumindest partiell geflutete Kammer mit der Pressluft wieder leergeblasen haben. Das würde eher auf ein Leck hindeuten als auf ein Geisternetz.

Die Wettervorhersage für die TITANIC-Wrackstelle sei nicht besonders gut mit hohem Wellengang, erzählt Jake Koehler in seinem Videoblog, und so verbringe man die Zeit stattdessen geschützt in Küstennähe, um all das zu reparieren, was beschädigt wurde.[1115, 1116, 1117]

Am 30. Mai 2023 kommt die POLAR PRINCE vor dem 220-Seelen-Dorf Branch, Neufundland, an und macht um kurz vor neun auf der Position 46,896 N, 53,890 W Halt. Im Laufe des Tages soll ein Testtauchgang auf 100 Meter Tiefe stattfinden. Die Vorbereitungen laufen. Gegen 13 Uhr steigen fünf Personen in die TITAN, darunter drei Mission Specialists. Bei einem letzten Check stellt die Crew dann aber fest, dass die Schubdüsen an Steuerbord immer wieder Aussetzer haben. Und so kehrt die Besatzung des Tauchboots schließlich unverrichteter Dinge auf die POLAR PRINCE zurück. Jake Koehler beobachtet das Ganze von der POLAR PRINCE aus und befragt den Expeditionsleiter Kyle Bingham in einem Interview dazu. Dessen Antwort: Einer der beiden Computer in den Glasgehäusen außerhalb des Druckkörpers „hat sich ein wenig danebenbenommen". Man habe ihn herunter- und wieder hochgefahren, doch die Funktionalität sei immer noch nicht wie erhofft.

Weil die TITAN mit der Plattform gar nicht erst abtaucht, wird der Tauchversuch nicht ins Logbuch eingetragen. Die POLAR PRINCE fährt gegen 16 Uhr näher an Branch heran und ankert ab 17.10 Uhr bei 46,873 N, 53,940 W; zur Hafeneinfahrt sind es nun nur noch 1,3 Kilometer. Das Schiff bleibt über Nacht auf dieser Position. Die TITAN wird backbordseitig am Schiff verzurrt, dann macht sich die OceanGate-Crew ans Werk. „Daran werden wir heute Abend arbeiten", sagt Stockton Rush beim Abendbriefing. „Wir wollen die beiden Einheiten [Schubdüsen] miteinander tauschen, um eine Problemdiagnose durchzuführen." So soll getestet werden, ob es sich um ein Verkabelungsproblem handelt oder die Düsen defekt sind.[1118, 1119, 1120]

Am Morgen des 31. Mai 2023 findet etwa 2,8 Kilometer von der Ankerposition entfernt über den Grand Banks ein weiterer Systemtest (Tauchgang #85 im Log) statt. Es geht auf LARS in zehn Meter Tiefe. Stockton Rush ist nicht an Bord, dafür aber Mitarbeiter aus dem Ingenieursteam der TITAN. Neue Probleme treten auf: Eine Unterwasserkamera funktioniert nicht, und die Totmannsteuerung für die Antriebsdüsen ist nicht in Ordnung. Zudem befinden sich Luftblasen in den Schläuchen mit den Kabeln für die Schubdüsen, obwohl sie komplett mit Öl gefüllt sein müssten. Die Tests dauern insgesamt zwei Stunden, wobei das Tauchboot die Plattform LARS nicht verlässt. Und auch danach hat das Wartungspersonal der TITAN noch jede Menge Arbeit.[1121]

Gegen 13.25 Uhr nimmt die POLAR PRINCE schließlich Kurs auf die Wrackstelle der TITANIC, obwohl die Wetterprognose für die kommenden Tage noch immer nicht gut ist. In Koehlers Videotagebuch ist zu sehen, dass der Seegang teilweise so stark ist, dass die Expeditionsteilnehmer an Bord auf ihren Stühlen sitzend quer durch die Messe rutschen.[1122]

OceanGate hat bisher wenig Positives von der Expedition zu berichten. Im Blog auf der Website gibt es zu diesem Zeitpunkt erst zwei Einträge: einen von Mission I mit einem Ausblick auf die Wissenschaftsprojekte sowie einen zu Mission II von der Gedenkzeremonie für die TITANIC-Opfer.

Am 1. Juni 2023 veröffentlicht OceanGate Expeditions auf Twitter nun einen Beitrag über das Satellitennetzwerk Starlink von Elon Musk: „Obwohl wir mitten auf dem Nordatlantik sind, haben wir die Internetverbindung, die nötig ist, um unsere #TITANIC Tauchoperation zum Erfolg zu führen – danke, @Starlink!" Der Tweet wird am 8. Juni von @Starlink aufgegriffen: „Internet aus dem All unterstützt TITANIC Tauchexpedition" steht dort, dahinter die Emojis Satellit und Schiff sowie der Link zum ursprünglichen Post. An den eigentlichen Tauchgängen ist Starlink nicht beteiligt – Satellitenempfang funktioniert unter Wasser nicht.[1123, 1124, 1125]

Am 3. Juni gegen 3 Uhr früh erreicht die POLAR PRINCE bei schwerer See und dichtem Nebel das TITANIC-Wrackgebiet. Jake Koehler holt mit einem Plastikeimer Meerwasser an Bord, das er in kleine Flaschen abfüllt, um sie als Souvenir mit nach Hause zu nehmen. Er und seine Freundin werfen einen Kranz über Bord, den eine Floristin in St. John's für sie angefertigt hat. Er ist mit gelben Blumen, Holzstückchen, Moos, Schneckengehäusen und Seeigelschalen verziert. Ein für den Nachmittag geplanter Tauchgang zur TITANIC wird wetterbedingt wieder abgesagt.[1126]

Nach weniger als einem Tag Aufenthalt im Bereich des Wrackgebiets fährt die POLAR PRINCE am 4. Juni 2023 gegen 18.30 Uhr zurück Richtung St. John's. Als sich der Seegang beruhigt, stoppt die POLAR PRINCE am 5. Juni 2023 gegen 12.30 Uhr über den Grand Banks an der Position 43,255 N, 49,984 W für einen „Trostpflaster-Tauchgang" (#86 im Log). Es soll auf 900 Meter Tiefe gehen. Der YouTube-Blogger Jake Koehler darf mitkommen und wird zuvor (wie die anderen Taucher auch) zur genauen Bestimmung des für den Tauchgang nötigen Ballasts gewogen – mitsamt seiner Kamera, dem Proviant (zwei Sandwiches mit Erdnussbutter und drei großen Keksen) und einem kleinen Kissen. Seine Freundin Kyndall fährt die Taucher mit dem Schlauchboot hinüber zur Plattform. Es ist erneut sehr neblig. LARS taucht zunächst auf zehn Meter ab. Die TITAN verlässt den Ponton dann aber nicht, weil die Kommunikation mit Mission Control gestört ist. Der Tauchgang wird abgebrochen und die Besatzung zurück an Bord des Expeditionsschiffes geholt. Gegen 15 Uhr nimmt die POLAR PRINCE Fahrt auf in Richtung St. John's. Auf dem Weg stoppt sie dreimal vorübergehend, vermutlich wegen erneuter Probleme mit der im Schlepp befindlichen Plattform. Am 6. Juni 2023 um 12.10 Uhr legt das Schiff am Pier im Hafen an.[1127]

# MISSION IV (2023) – CANYON STATT WRACK

Am 7. Juni 2023 um 11.36 Uhr legt das Expeditionsschiff zur vierten Mission ab. An Bord sind nun auch der OceanGate-Chefwissenschaftler Dr. Steve Ross und Renata Rojas – sie ist auf eigene Kosten angereist und unterstützt die OceanGate-Crew ehrenamtlich. Die Reise führt hinaus aufs offene Meer, aber nicht in Richtung TITANIC-Wrackstelle. Die Wetterprognose für die kommenden Tage ist derart schlecht (Nebel und Wellen), dass es keinen Sinn ergibt, dorthin zu fahren. Stockton Rush hat den Mission Specialists schon im Hafen eröffnet, dass er nur eine 50-prozentige Wahrscheinlichkeit sieht, überhaupt zur TITANIC-Wrackstelle zu kommen. Ein Teilnehmer reist daraufhin gleich wieder ab – die anderen bleiben und hoffen auf einen Wetterwechsel. Die POLAR PRINCE nimmt Kurs auf „The Gully“, einen Unterwasser-Canyon 30 Meilen ostsüdöstlich von Sable Island vor der Küste Neuschottlands. Die Insel ist unbewohnt, beherbergt aber etwa 500 Wildpferde. Sie liegt vergleichsweise nahe an den transatlantischen Schifffahrtsrouten. Vor der Erfindung des Radars war sie ein kaum bekanntes, gefährliches Hindernis und ist als Folge von unzähligen Schiffswracks umgeben. OceanGate versucht, von den kanadischen Behörden kurzfristig eine Tauchgenehmigung zu bekommen, jedoch ohne Erfolg.

Am 8. Juni 2023 stoppt die POLAR PRINCE gegen 10.30 Uhr (etwa nach einem Drittel der Wegstrecke) für Wartungsarbeiten an der TITAN. Als das Schiff gegen 13 Uhr weiterfahren will, hat sich das Schleppseil um den Backbord-Propeller der POLAR PRINCE gewickelt. Mehr als sechs Stunden vergehen, bis die Blockade gelöst werden kann. Schließlich durchtrennen Gerätetaucher das Seil mit einem Wellenschliffmesser aus der Kombüse und lösen es vom Propeller. Um 19.18 Uhr kann das Schiff seine Fahrt schließlich fortsetzen.[1128, 1129, 1130]

Am 10. Juni 2023 gegen 04.30 Uhr erreicht die POLAR PRINCE den Rand des Kontinentalschelfs und bleibt dort während des gesamten Tages sowie über Nacht. Vorgesehen ist, hier mindestens einen „Trostpflaster-Tauchgang“ durchzuführen (#87 im Log). Auf der Taucherliste stehen die Eheleute Courtney und Dan Kroymann aus Kirkland im Bundesstaat Washington und ein weiterer Mission Specialist, dazu Steve Ross als Wissenschaftler und Stockton Rush als Pilot. Die Kroymanns haben die Reise zur TITANIC nach der Expedition 2021 gebucht, hatten es aber nicht eilig, an die Reihe zu kommen. 2023 sind sie die Kunden mit der ältesten noch offenen Buchung und dürfen sich aussuchen, an welcher Mission sie teilnehmen wollen. Die Kroymanns haben sich wegen des Wechsels zur POLAR PRINCE ganz bewusst für Mission IV entschieden – sie wollten nicht die Versuchskaninchen für die neue Logistik sein. Courtney Kroymann hat einen Bachelor in Ozeanografie mit Schwerpunkt Tiefsee-Sedimente (arbeitet inzwischen aber als selbstständige Blumenarrangeurin für Hochzeiten) und träumt schon lange davon, einmal zum Meeresboden zu tauchen. Ihr Mann ist ein erfolgreicher Unternehmer und wollte ihr den Wunsch erfüllen. Dass es nun nicht zur TITANIC gehen soll, sondern nur auf den Boden des Kontinentalschelfs, stört Courtney nicht.

Die POLAR PRINCE bewegt sich am 11. Juni 2023 ab 05.45 Uhr mit zwei bis vier Knoten (3,7 bis 7,4 km/h) parallel zur Kante des Kontinentalschelfs.

Die Vorbereitungen für den Tauchgang laufen, doch beim Morgenbriefing eröffnet Stockton Rush den Mission Specialists, dass der Tauchgang um einen Tag verschoben werden muss. Erneut laufen frühmorgens die Vorbereitungen, wieder wird das Abenteuer beim Morgenbriefing abgesagt. Im Laufe des Tages wandert die POLAR PRINCE entlang des Bruchs etwa 130 Meilen in Richtung Ostnordost, fast bis zum Epizentrum des Grand-Banks-Seebebens vom 11. November 1929.

Die Kroymanns sind nun seit drei Tagen de facto auf Diät, weil OceanGate seinen Tauchern empfiehlt, in den 24 Stunden vor dem Tauchgang möglichst wenig zu essen. In der TITAN soll die Nutzung der Campingtoilette für größere Vorgänge möglichst vermieden werden. Die Kroymanns hungern sich vom 9. bis 12. Juni tapfer durch die immer wieder verlängerte Wartezeit. Der 13. Juni ist nun der vierte Tag in Folge, für den ihnen ein Tauchversuch in Aussicht gestellt wird. Diesmal kommt er zustande (#87 im Logbuch). Die POLAR PRINCE macht über der Mündung des Laurentischen Grabens halt (die unterirdische Verlängerung des Sankt-Lorenz-Stroms) – die TITAN soll hier bis auf 2.000 Meter Tiefe tauchen. Um 7 Uhr findet das Morgenbriefing statt; danach warten die zahlenden Taucher noch etwa zwei Stunden auf der POLAR PRINCE, bis das Tauchboot vorbereitet ist. Mit dem Gummiboot setzen sie über auf LARS, klettern in die TITAN und ziehen ihre Rettungswesten, die Helme und die wasserfesten Stiefel aus – all dies nimmt die Crew wieder mit auf die POLAR PRINCE. Dann wird der Frontdom verschlossen. Sobald die Bolzenschrauben gesetzt sind, wird in der Kapsel ein leichter Unterdruck erzeugt (entsprechend dem Luftdruck auf etwa 245 Metern über dem Meeresspiegel) und überprüft, dass der Druckkörper wirklich dicht ist. Stockton Rush witzelt, sie befänden sich nun am sichersten Ort der Welt – selbst eine Atombombe könne ihnen nichts anhaben. Allerdings wäre danach vielleicht auch niemand mehr da, um die TITAN zu öffnen. In diesem Fall würde er die Sauerstoffzufuhr drosseln, bis alle einschlafen. Die Kroymanns finden diese Art Humor nur bedingt lustig.[1131, 1132]

→ **Bild 65: Die TITAN zu Beginn von Tauchgang #87 (Seite 274)**

Schließlich sinkt die Plattform LARS auf zehn Meter Tiefe. Stockton Rush führt letzte Checks durch und stellt fest, dass es Probleme mit dem Ventil der Schwimmblase gibt. Um sich mit den Flaschentauchern zu verständigen, hält er immer wieder Zettel mit Fragen und Anweisungen an das Bullauge. Doch die Taucher können das Problem nicht lösen, und so entscheidet Rush, dass es besser ist, wieder aufzutauchen und sich das Ventil an der Luft anzusehen. Rush weist seine Mittaucher an, sich wie im Viererbob hintereinanderzusetzen und vorne Halt zu suchen – die TITAN soll mit dem Heck zuerst auftauchen. Doch das Anblasen der Ballastkammern von LARS klappt nicht wie vorgesehen. Eine der Abteilungen lässt sich nicht mit Druckluft füllen. Statt mit dem Heck voraus aufzutauchen, bleibt dieser unter Wasser. Derweil füllen sich die Kammern unter dem Frontdom mit Luft, sodass die Plattform nun in einem Winkel von 45 bis 50 Grad im Wasser hängt. Die Insassen der TITAN purzeln Richtung Heck. Die Kroymanns schaffen es, zur vorderen Kante im Dom hochzukrabbeln und sich draufzusetzen. Stockton Rush liegt derweil mit dem Rücken auf der Monitorwand vor dem Heckdom. Steve Ross sitzt in Gegenrichtung und stützt sich mit den Füßen neben Rush ab. Der fünfte Taucher liegt mit dem Kopf nach unten leicht verkeilt unter einem der Wandmonitore. Mit jeder Welle hebt die TITAN vorne ab und schlägt dann hart auf der Plattform auf – die Kufen sind nur hinten auf LARS befestigt. Die Stöße gehen den Tauchern durch Mark und Bein. Es dauert über eine Stunde, bis die TITAN vorne mit eilig herbeigeholten Gurten verzurrt und die Plattform horizontal ausgerichtet ist. Gemeinsam mit Mission Control entscheidet Stockton Rush, den Tauchversuch endgültig zu beenden.[1133, 1134, 1135]

Als LARS-Techniker fungiert während der Expedition 2023 Tym Catterson, der ehemalige ANTIPODES-Pilot und Tauchbootexperte, der im Laufe der Jahre von Stockton Rush immer wieder als Plattform-Operator angeheuert wurde. Catterson erklärt den Vorfall während Tauchgang #87 später wie folgt: 2021 und 2022 wurde das Luftkissen im Dom-Dolly – die Stütze, die das Scharnier des Frontdoms entlastet, solange dieser nicht verschraubt ist – über einen Kompressor an Deck der HORIZON ARCTIC gespeist. Mit dem Wechsel zur POLAR PRINCE musste das Prozedere angepasst werden. Nun ist das Luftkissen an einem der LARS-Presslufttanks angeschlossen. Beim Befüllen hat das zuständige Crewmitglied wohl aus Versehen das Ventil zur Plattform abgeriegelt – die Hebel liegen direkt nebeneinander. Als Catterson beim Wiederauftauchen die vier LARS-Hohlkammern anblasen will, kommt in einer von ihnen keine Luft an. Erst als ein Taucher die falsche Ventilposition bemerkt und korrigiert, kann die letzte Kammer geleert und die Schieflage behoben werden. Stockton Rush ist frustriert, weil es bei Mission IV wieder keinen erfolgreichen Tauchgang gegeben hat.

Beim Abendessen sagt er angeblich zu den Kroymanns: „Ich kriege dieses Jahr noch einen Tauchgang und wenn es mein Leben kostet."

Dan Kroymann möchte von Rush wissen, ob die vielen Schläge die Hülle des Tauchboots beschädigt haben könnten. Rush winkt ab. Im Vergleich zu den Kräften, die in der Tiefsee auf die TITAN wirken, sei sie an der Oberfläche nahezu unzerstörbar. Der OceanGate-Chef bietet dem Ehepaar an, länger an Bord zu bleiben und als Erste während Mission V zur TITANIC zu tauchen. Doch die beiden verzichten. Zu Hause warten ihre Kinder, die beide im Grundschulalter sind und von den Großeltern betreut werden. Eine Verlängerung wollen sie ihrer Familie nicht zumuten.[1136, 1137, 1138, 1139]

Am Abend nimmt die POLAR PRINCE Fahrt auf und fährt zurück nach St. John's, wo sie am 15. Juni 2023 morgens gegen 08.10 Uhr am Pier festmacht. Das OceanGate-Team nutzt die Zeit im Hafen auch dazu, die Website zu überarbeiten. Waren fürs kommende Jahr bisher fünf Missionen ab Mai angekündigt, sind es jetzt nur noch die letzten zwei. Nach den Erfahrungen mit dem schlechten Wetter der vergangenen vier Wochen soll die Expedition 2024 wieder deutlich später beginnen:[1140]

Mission I: 12. Juni bis 20. Juni 2024
Mission II: 21. Juni bis 29. Juni 2024

Auf Twitter (und seinen anderen Social-Media-Accounts) postet OceanGate Fotos der Crew-Mitglieder von Mission III und IV, dazu den Text „Wir waren unglaublich beschäftigt in den letzten zwei Wochen. Danke an alle Taucherteams, die dabei waren ..."

# MISSION V (2023) – ENDLICH EIN TAUCHGANG

Am 16. Juni 2023 um 09.03 Uhr bricht die POLAR PRINCE zum fünften und letzten Abschnitt der Expedition 2023 auf. An Bord sind nun 42 Personen, darunter die 17-köpfige Crew des Schiffes, sieben Angestellte von OceanGate, 13 externe und teils ehrenamtliche Mitarbeiter (darunter die Expeditionsärztin Ann Jarris, P. H. Nargeolet, Rory Golden und Renata Rojas) sowie drei Mission Specialists mit zwei Familienangehörigen, für die keine Tauchgänge vorgesehen sind.[1141, 1142]

Die Wetterprognose ist mittlerweile deutlich besser, daher fährt die POLAR PRINCE mit einer Geschwindigkeit von 7,9 bis 9,7 Knoten (14,6 bis 18,0 km/h) direkt Richtung TITANIC-Wrackstelle. Die Plattform LARS wird dabei in einem Abstand von 250 Metern hinter dem Schiff hergezogen. OceanGate-Anwalt David Concannon sollte eigentlich ebenfalls an Bord sein. Er war 2021 und 2022 an Bord der HORIZON ARCTIC und hatte Stockton Rush danach mitgeteilt, dass er 2023 nur mitkommt, wenn er diesmal zur TITANIC tauchen darf. Rush versprach ihm daraufhin den ersten Tauchgang, der während Mission V stattfindet. Als Concannon nun absagt, weil ein anderer Klient einen Notfall hat, geht sein Platz im Tauchboot an P. H. Nargeolet.[1143, 1144, 1145]

Der 58-jährige britische Milliardär Hamish Harding, Vorsitzender von Action Aviation (einer Firma, die Businessjets verkauft und managt), postet am Samstag, den 17. Juni 2023, um 20.05 Uhr auf Facebook: „Ich bin stolz, endlich bekannt geben zu können, dass ich an der OceanGate-Expedition zur RMS TITANIC teilnehme und als Mission Spezialist an Bord des Tauchboots sein werde, das zur TITANIC fährt.

Aufgrund des schlimmsten Winters in Neufundland seit 40 Jahren wird es 2023 wahrscheinlich die erste und einzige bemannte Mission zur TITANIC sein. Es hat sich gerade ein Wetterfenster aufgetan, und wir werden morgen einen Tauchgang versuchen. Wir sind gestern von St. John's, Neufundland, Kanada, losgefahren und planen, morgen früh gegen 4 Uhr mit dem Tauchgang zu beginnen. Bis dahin haben wir noch viele Vorbereitungen und Briefings abzuarbeiten.

Teil des Tauchboot-Teams sind legendäre Entdecker, die seit den 1980er-Jahren über 30 Tauchgänge zur RMS TITANIC unternommen haben, darunter P. H. Nargeolet.

Weitere Updates zur Expedition folgen, WENN das Wetter hält!“[1146]

Für den Tauchgang #88 am kommenden Tag sind vorgesehen: Stockton Rush als Pilot, P. H. Nargeolet als Experte, Hamish Harding sowie das pakistanisch-britische Vater-Sohn-Gespann Shahzada und Suleman Dawood. Die ganze Familie ist an Bord der POLAR PRINCE: Shahzada und seine deutsche Ehefrau Christine (ursprünglich aus Rosenheim), der 19-jährige Suleman und seine Schwester Alina. Ursprünglich sollten die beiden Eheleute gemeinsam tauchen, doch Christine Dawood verzichtet zugunsten ihres Sohns.[1147, 1148]

## SONNTAG, 18. JUNI 2023

# TAUCHTAG

Das Expeditionsschiff weist am 18. Juni 2023 um 05.13 Uhr, kurz vor Sonnenaufgang, folgende Positionsdaten auf: 41,737 N, 49,950 W. Es befindet sich nun direkt über der TITANIC-Wrackstelle.[1149] Der Seegang wird im Decklogbuch der POLAR PRINCE mit Stufe 3 angegeben, was einer Wellenhöhe von bis zu 1,25 Metern entspricht. Aus Südwesten weht ein Wind mit einer Geschwindigkeit von 13 bis 16 Knoten (25 bis 30 km/h). Am Tauchtag posieren Shahzada und Suleman Dawood mit leuchtend orangeroten Sicherheitsjacken, Rettungswesten und Helmen lächelnd für ein Foto. Der Himmel hinter ihnen ist bedeckt, und die moderaten Wellen im Hintergrund haben so gut wie keine Schaumkronen.[1150, 1151, 1152]

Das Seil zur Plattform LARS wird verkürzt. Um 05.30 Uhr findet im „Hangar" ein viertelstündiges Tauchbriefing statt. Dabei wird auch die für den Tauchgang ermittelte Risikozahl vorgetragen: Sie beträgt 35. Zum Vergleich: Die niedrigste je von OceanGate errechnete Risikozahl (ein Systemtest ohne Abtauchen) lautete 18, die höchste war 54 (unter anderem für #39, den ersten bemannten Tauchgang auf knapp 4.000 Meter Tiefe). Die TITANIC-Tauchfahrten der Expeditionen 2021 und 2022 hatten Risikozahlen zwischen 22 und 48, bei einem durchschnittlichen Wert von 35.[1153, 1154]

Um 05.48 Uhr beginnen die eigentlichen Tauchvorbereitungen. Alle Tauchboot-Insassen werden zur Berechnung des Ballasts gewogen. Shahzada Dawood bringt eine große Nikon-Kamera mit, sein Sohn einen Rubik's Cube Zauberwürfel, den er am Wrack der TITANIC von seinen Mittauchern verdrehen lassen und dann lösen will. Es wäre der tiefste Ort unter Wasser, an dem je ein Rubik's Cube gelöst wurde. 2015 hat ein polnischer Gerätetaucher im Roten Meer einen Rekord in 100 Meter Meerestiefe aufgestellt – eine Minute und 16 Sekunden brauchte der Mann, um den Würfel in die Ausgangsposition zurückzudrehen. Suleman Dawood benötigt normalerweise 15 bis 20 Sekunden, um einen verdrehten Zauberwürfel zu lösen – sein persönlicher Rekord liegt bei neun Sekunden.

Gegen 07.35 Uhr verlässt die Besatzung der TITAN die POLAR PRINCE. Christine Dawood und ihre Tochter Alina umarmen Shahzada und Suleman, ehe die beiden von Bord gehen. Alle, die mit dem Schlauchboot zur

Plattform LARS übersetzen wollen, tragen Gummistiefel mit Stahlkappen. Über eine am Schiff eingehängte Außentreppe steigen sie hinunter auf eine kleine Plattform und springen von dort ins wartende Boot, das den Namen STEWIE trägt. Shahzada Dawood benötigt wegen des klobigen Schuhwerks Unterstützung beim Abstieg über die Treppe, erzählt seine Frau Christine später.[1155, 1156, 1157, 1158, 1159, 1160, 1161, 1162]

Zum Team gehört auch Abby Jackson, eine junge Kamerafrau, die von OceanGate engagiert wurde, um die Expedition filmisch zu begleiten. Für ihren privaten TikTok-Account dreht sie mit dem Handy den Moment, in dem P. H. Nargeolet mit dem Gummiboot zur TITAN gebracht wird – es soll sein 37. Tauchgang zur TITANIC werden. Sie steht an der Reling und ruft nach ihm. Nargeolet erwidert den Gruß mit einem Winken – und Abby kommentiert bewundernd: „Was für eine Legende". Dann stellt sie ihr Stativ neben die kanadische Fahne am Heck des Expeditionsschiffes, um die TITAN beim Abtauchen zu filmen.

Rory Golden steuert das Gummiboot, das die TITAN-Taucher zur Plattform bringt. Unterwassertechniker Tym Catterson assistiert Suleman Dawood beim Einsteigen in die Röhre und wünscht ihm viel Spaß beim Tauchen. Auch Renata Rojas legt mit Hand an: Sie hilft, ein Netz mit bemalten Styroporbechern unter der Heckabdeckung der TITAN zu befestigen, die durch den Wasserdruck in der Tiefe geschrumpft werden sollen. Als die Taucher in die Röhre klettern, nimmt sie ihnen die Schuhe, den Helm und die Rettungsweste ab. „Ich habe fünf Menschen lächeln sehen, in Vorfreude auf ihre Reise", erinnert sie sich später. Jerome Sanders, ein junger Software-Ingenieur bei OceanGate, leitet an diesem Tag das Team zum Verschließen des Doms. Es ist seine dritte TITANIC-Expedition. Rojas assistiert, als der Frontdom gegen 08.30 Uhr verschlossen wird. Mit einem Drehmomentschlüssel überprüft Sanders, dass alle Bolzenschrauben festgezogen sind.[1163, 1164, 1165, 1166]

→ **Bild 66: Die TITAN kurz vor Beginn des Tauchgangs #88 (Seite 274)**

Um 08.57 Uhr findet der fünfminütige „Stopski" statt, bei dem alle Beteiligten noch mal checken sollen, dass die Gerätschaften tauchbereit sind und alles okay ist. Um 09.04 Uhr flutet Tym Catterson die Schwimmplattform, sodass sie mit der TITAN auf zehn Meter Tiefe sinkt. Um 09.14 Uhr hebt das Tauchboot ab. Anders als sonst üblich steigt die TITAN nicht noch mal zur Oberfläche, um dort einen letzten Kommunikationscheck durchzuführen, sondern setzt direkt zum Abtauchen an.

Die automatisierte Positionsbestimmung klappt mit den neuen Akustikmodems von EvoLogics einwandfrei. Auf den Monitoren sind die durch regelmäßige Pings berechneten Positionspunkte des Tauchboots zu sehen und dazu GPS-Daten der POLAR PRINCE. Den Zusatztransponder, mit dem das Bugsegment der TITANIC markiert werden sollte, hat die TITAN nicht dabei. Weil Tauchgang #88 zugleich der erste als auch der letzte der Saison sein wird, ist es wenig sinnvoll, ihn zunächst am Meeresboden abzulegen und am Ende des Trips gleich wieder einzusammeln.[1167, 1168, 1169, 1170]

Wie in den Jahren zuvor tauscht Mission Control regelmäßig Botschaften mit dem Tauchboot aus – die Telemetrie und die Textübertragung laufen beide über das EvoLogics-Akustikmodem. Spätestens einmal pro Viertelstunde soll es Kontakt geben. Um 09.19 Uhr versichert das Mutterschiff, das Tauchboot auf dem Bildschirm zu haben: „Tracking funktioniert". Um 09.20 Uhr meldet die TITAN, 235 Meter Tauchtiefe erreicht zu haben. Zwei Minuten später dann eine Fehlermeldung: Das akustische Telemetriemodem (ATM) der TITAN empfängt keine Positionsdaten. Die POLAR PRINCE schreibt zurück, dass ihr Telemetriemodem läuft, dieses das Tauchboot aber nicht orten kann. Um 09.28 Uhr dann die Entwarnung: Das Schiff gibt durch, die TITAN nun mit einer Sinkgeschwindigkeit von 33 Metern pro Minute „sehen" zu können.[1171]

Um 09.40 Uhr meldet die TITAN, 1.050 Meter Tiefe erreicht zu haben. Daraufhin wird die Plattform LARS zurück an die Meeresoberfläche geholt, und die LARS-Crew kann zurück an Bord der POLAR PRINCE kommen. Für das geplante Wiederauftauchen gilt Vergleichbares: Sobald die TITAN 1.000 Meter Meerestiefe erreicht hat, soll die Plattform-Crew wieder raus aufs Meer fahren, LARS auf zehn Meter Tiefe absenken und das Einparken vorbereiten.

→ Bild 67: Die Plattform LARS kehrt an die Oberfläche zurück. (Seite 274)

Sidonie Nargeolet schickt ihrem Vater aus Frankreich eine Textnachricht und gratuliert ihm – dort ist heute Vatertag. Sie bekommt keine Antwort, wundert sich zunächst aber nicht – wenn ihr Vater auf Expedition ist, muss sie oft viele Stunden auf eine Reaktion warten.[1172, 1173, 1174]

Auf dem Twitter-Account von Hardings Firma Action Aviation wird gepostet: „Das Tauchboot ist erfolgreich gestartet, und Hamish taucht jetzt gerade. Bleibt dran für weitere Updates!" Hinzugefügt sind vier Bilder: Harding früh morgens an der Reling der POLAR PRINCE, die TITAN auf

LARS kurz vor dem Abtauchen, der leere Ponton an der Oberfläche, das Schlauchboot im Wasser mit der dreiköpfigen LARS-Crew – einer davon ist der assistierende Flaschentaucher.[1175]

Um 09.54 Uhr fragt das Mutterschiff nach, ob das Telemetrie-Modem der TITAN nun wieder die Positionsdaten des Expeditionsschiffes anzeigt. „Seht Ihr die POLAR PRINCE auf dem EvoLogics Display?“, lautet die Frage, die zunächst unbeantwortet bleibt. Mission Control wiederholt die Botschaft, zunächst jede Minute, dann in etwas größeren Abständen von zwei bis sechs Minuten. Erst um 10.11 Uhr, nach der zehnten Anfrage und dem Zusatz „Ich brauche bessere Kommunikation von euch“, schickt die TITAN ein „Ja“ zurück. Dann die Erklärung: „Haben System- und Chat-Settings verloren“. Nachdem die POLAR PRINCE die noch immer offene Frage ein elftes Mal stellt, antwortet P.H. Nargeolet um 10.14 Uhr mit den Worten „Alles gut hier“ – die Telemetrie-Übertragung funktioniert offenbar wieder. Die TITAN hat nun eine Tiefe von rund 2.300 Metern erreicht. Um 10.23 Uhr meldet sie, ostsüdöstlich des Bugsegments der TITANIC in der Wassersäule unterwegs zu sein. Die POLAR PRINCE fährt daraufhin direkt über den TITANIC-Bug und meldet um 10.30 Uhr, die Position erreicht zu haben. Sobald die TITAN auf dem Meeresboden angekommen ist, soll sie auf der 2-D-Karte Richtung Mutterschiff navigieren und so auf dem kürzesten Weg das Hauptwrack finden. Mission Control teilt den Tauchern um 10.30 Uhr mit, dass die angezeigte Position des Tauchboots mit jedem Ping springt. Offensichtlich liegt irgendwo ein technischer Fehler vor, denn beim Absinken der TITAN kommt es üblicherweise nicht zu derartigen Zickzackbewegungen.

Die TITAN ist nun jenseits von 2.800 Meter Meerestiefe unterwegs. Um 10.38 Uhr erinnert die POLAR PRINCE die Besatzung der TITAN daran, die Position und Zeit zu notieren, wenn mit einer Nansenflasche eine Wasserprobe gezogen wird. Um 10.41 Uhr erfolgt die Erwiderung, dass für den Tauchgang keine Nansenflasche installiert wurde. Das Tauchboot befindet sich nun in einer Tiefe von 3.150 Metern.

61

62

63

64

**61** Den Großteil des Winters 2022/23 steht die Titan ungeschützt am Hafen von St. John's. Erst im Februar 2023 geht es für sie in eine Halle des Marine Institute der Memorial University of Newfoundland an der Ridge Road. Links der gelbe Verladekran. (Marine Board of Investigation/Bruce Morton)

**62** Die Titan wird im April 2023 zum Remote Operations Center in Holyrood verlagert. (Marine Board of Investigation)

**63** Die Titan wird auf dem Gelände des Remote Operations Center vom Marine Institute der Memorial University of Newfoundland in Holyrood verladen und anschließend zur Polar Prince geschleppt, dem Expeditionsschiff 2023. (OceanGate Expeditions)

**64** Die Polar Prince mit der Titan im Schlepp, aufgenommen am 13. Mail 2023 in der Conception Bay (Marine Board of Investigation/OceanGate)

65

66

67

**65** Die TITAN zu Beginn von Tauchgang #87. Ein Flaschentaucher kommuniziert durch das Bullauge mit der Besatzung des Tauchboots. (Marine Board of Investigation/OceanGate)

**66** Die TITAN schwimmt kurz vor Beginn des Tauchgangs #88 auf LARS an der Meeresoberfläche. (Marine Board of Investigation/OceanGate)

**67** Die Plattform LARS kehrt an die Oberfläche zurück, während die TITAN bei Tauchgang #88 unterwegs zur TITANIC ist. (Marine Board of Investigation/OceanGate)

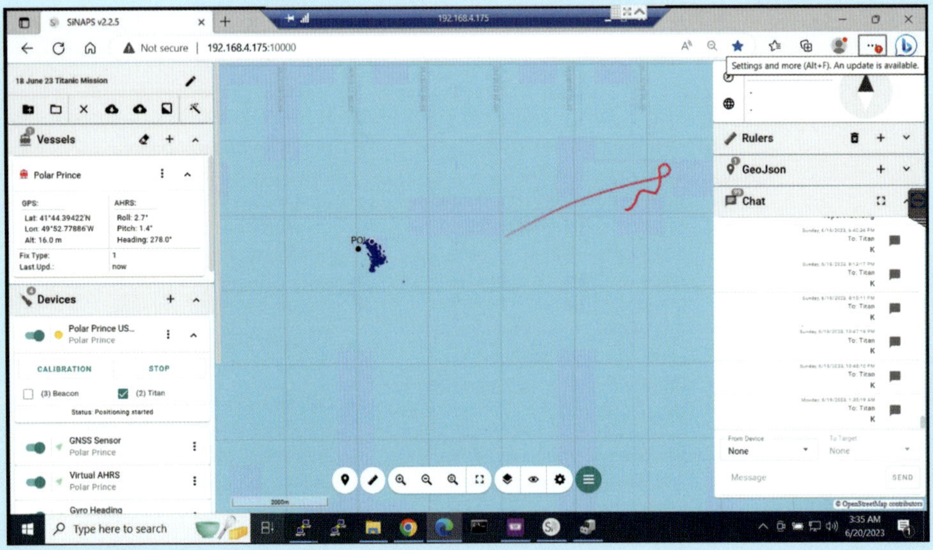


68

69

68 Die blaue Datenwolke zeigt die ungefähren Positionsdaten der TITAN während Tauchgang #88 auf einer 2-D-Karte. In Rot ist der Fahrtweg der POLAR PRINCE eingezeichnet. (Evologics/Marine Board of Investigation)

69 Im Joint Rescue Coordination Centre im kanadischen Halifax geht der erste Notruf von der POLAR PRINCE zur TITAN ein. (Brigitte Saar)

70 Ein Soldat des 106. Rettungsgeschwaders hält am 21. Juni 2021 an Bord einer Hercules HC-130J Combat King II Ausschau nach dem vermissten Tauchboot. (US Air Force National Guard, 1st Lt. Cheran Campbell)

70

# DIE EREIGNISSE ÜBERSCHLAGEN SICH

### 18. Juni 2023 – 10.47 Uhr

Die TITAN ist nun seit etwa eindreiviertel Stunden unterwegs, sie befindet sich auf 3.341 Meter Tiefe. Wendy Rush beobachtet in Mission Control den Monitor mit den Textbotschaften, die nach dem Abschicken mit einer Verzögerung von etwa 15 bis 30 Sekunden angezeigt werden. Plötzlich ist außerhalb des Kartenraums ein Geräusch zu hören, das wie eine zugeschlagene Tür klingt. Wendy Rush dreht sich zu OceanGate-Mitarbeiter Gary Foss um und fragt verwundert: „Was war das denn für ein Schlag?" Zur gleichen Zeit glaubt der Kapitän der POLAR PRINCE, eine „ungewöhnliche Bewegung" seines Schiffes zu bemerken; er denkt sich aber nichts dabei. 15 Sekunden nach dem Geräusch sieht Wendy Rush eine neue Textbotschaft von der TITAN auf dem Laptop vor ihr. Sie wurde um 10.47 Uhr und zwei Sekunden abgeschickt und wird vom Rechner an der Oberfläche mit dem Zeitstempel 10.47 Uhr und 26 Sekunden registriert: „dropped two wts" – „zwei Gewichte abgeworfen". Wendy Rush gibt die Nachricht per Handfunkgerät an den Expeditionsleiter Kyle Bingham durch. Auf dem Weg zur TITANIC wirft die TITAN regulär zweimal Ballast ab, um die Sinkgeschwindigkeit zu verringern: einmal jenseits von 3.000 Meter Tiefe und dann kurz vor dem Aufsetzen auf dem Meeresboden. Sechs Sekunden nach dem Erhalt der Textbotschaft empfängt die POLAR PRINCE ein weiteres Ping von der TITAN, aus dem die Position des Tauchboots berechnet wird: 41,734 N, 49,942 W. Danach bricht der Kontakt ab.[1176, 1177, 1178, 1179, 1180, 1181, 1182, 1183]

→ Bild 68: Die ungefähren Positionsdaten der TITAN (Seite 274)

Erst Tage später wird öffentlich, dass die US Navy mithilfe von mehreren Unterwassersensoren im Atlantik zeitgleich eine akustische Anomalie detektiert, die im Bereich der TITANIC-Wrackstelle verortet werden kann. Vermutlich handelt es sich dabei um Messungen mit Hydrofonen, die zum Integrated Undersea Surveillance System (IUSS) der USA gehören – ein Unterwasser-Lauschsystem, das schon seit den 1950er-Jahren (und bis 1985 unter dem Namen SOSUS – Sound Surveillance System) im Atlantik und Pazifik nach feindlichen U-Booten sucht.[1184]

Es dauert etwa zwei Minuten, bis das Kommunikationsteam von OceanGate bemerkt, dass keine neuen Positionsdaten der TITAN ankommen. Um 10.49 Uhr und 50 Sekunden schickt die POLAR PRINCE an die TITAN die Nachricht „Tracking verloren“ und wiederholt diese in den kommenden Minuten alle 20 bis 30 Sekunden. Es kommt keine Antwort. Mission Control schickt weitere Botschaften in der Annahme, dass das Signal von der TITAN lediglich zu schwach ist, um es zu empfangen: „Erhöht in euren Einstellungen die Leistung“ und „Leistung eures Evo erhöhen“.

Um 11.15 Uhr informiert die OceanGate-Crew den Kapitän der POLAR PRINCE, dass der Kontakt zum Tauchboot abgerissen ist. Ab 11.39 Uhr kommt eine weitere Nachricht von Mission Control dazu, die nun abwechselnd mit den anderen zwei- bis dreimal pro Minute Richtung TITAN verschickt wird: „Suchen nach euch“.[1185]

Der Ausfall der Textkommunikation ist in Mission Control zunächst kein großer Anlass zur Besorgnis, weil das in der Vergangenheit schon öfter vorgekommen ist. Dass die POLAR PRINCE zeitgleich die Peilung des Tauchboots verliert, hingegen schon – ein Stromausfall könnte der Auslöser sein.

Als die Verbindung eine Stunde nach dem Kommunikationsabriss nicht wieder hergestellt ist, erwartet man an der Oberfläche, dass der Pilot den Tauchgang nun abbricht und auftaucht. Mission Control schickt weiter Botschaften in die Tiefe. 11.49 Uhr: „Kein Tracking seit 1 Stunde“. 11.52 Uhr: „Erwarten, dass ihr hochkommt.“ 12.05 Uhr „Wir haben euch verloren.“ 12.26 Uhr: „Nehmen an, dass ihr auf dem Weg nach oben seid.“ 12.38 Uhr: „Suchen euch nördlich eurer letzten bekannten [Position].“[1186]

### 18. Juni 2023 – 15.00 Uhr

Um 15 Uhr müsste die TITAN an der Meeresoberfläche ankommen – vorausgesetzt, sie hat den Tauchgang abgebrochen und genügend Ballast abgeworfen. Dann könnte das Tauchboot per Satellit geortet werden, über seinen Iridium-Positionssender. Dieser verfügt über eine eigene Batterie und müsste auch dann funktionieren, wenn das Tauchboot durch einen Stromausfall lahmgelegt ist. Doch die TITAN bleibt verschwunden. Die Beunruhigung nimmt zu. Mehrere Expeditionsteilnehmer, darunter Christine und Alina Dawood, suchen vom Schiff aus in verschiedene Richtungen das Meer ab in der Hoffnung, dass die Tauchkapsel bereits an der Oberfläche schwimmt und nicht geortet, aber gesehen werden kann. Ab 16 Uhr fährt die POLAR PRINCE die Meeresoberfläche rund um die zu erwartende Auftauchstelle ab.[1187, 1188]

Ein weiteres Szenario ist nicht ganz unwahrscheinlich: Als die TITAN die zwei Gewichte abgeworfen hat, ist sie nicht mehr weit vom Meeresboden entfernt. Es wäre die erste und letzte Chance, das Wrack während der Expedition 2023 zu Gesicht zu bekommen. Vielleicht hat Stockton Rush die eigenen Regeln ignoriert und den Tauchgang fortgesetzt, statt ihn abzubrechen. Dann müsste die TITAN wie ursprünglich geplant gegen 18 Uhr an der Oberfläche auftauchen.[1189] Doch das Tauchboot bleibt verschwunden.[1190]

### 18. Juni 2023 – ohne Zeitangabe

Die US Navy kommt aufgrund der Lautstärke der mit den Hydrofonen detektierten Anomalie sehr schnell zu dem Schluss, dass höchstwahrscheinlich eine Implosion stattgefunden hat, kann diese aber nur ungefähr verorten. Die TITANIC-Wrackstelle liegt nahe an einem Unterwasser-Korridor, den russische U-Boote benutzen, um von Nordeuropa aus an Island und Grönland vorbei in die Gewässer vor der Ostküste der USA zu gelangen. Und so fragt die Navy zunächst unter der Hand bei den Streitkräften befreundeter Nationen nach, ob jemand ein U-Boot verloren hat. Dies ist jedoch nicht der Fall. In einer zweiten Rechercherunde versucht die Navy herauszufinden, ob ein nichtmilitärisches Unterwasserfahrzeug verunfallt sein könnte. Die internationale Gemeinschaft der Tiefseetaucher erfährt davon, als das amerikanische Meeresforschungsinstitut Woods Hole eine Anfrage erhält, ob dessen Tauchboot ALVIN die Quelle eines lauten Geräuschs im Nordatlantik gewesen sein könnte. Woods Hole verneint dies. Auch bei Victor Vescovo und der Firma Inkfish, an die er 2022 sein Tiefsee-Tauchboot LIMITING FACTOR verkauft hat, gehen Anfragen ein. Erst jetzt erlangt die Navy Kenntnis von der OceanGate-Expedition zur TITANIC.[1191]

### 18. Juni 2023 – 18.30 Uhr

Wendy Rush alarmiert von der POLAR PRINCE aus den OceanGate-Berater David Concannon, der sich in seinem Haus in Idaho befindet. Concannon spielt mögliche Szenarien durch, bei der eine Rettung von außen nötig und möglich ist. Eins davon wäre, dass die TITAN am Meeresboden festsitzt und nicht mehr aus eigener Kraft auftauchen kann. Das würde bedeuten, dass man das Tauchboot mit einem ferngesteuerten Tauchroboter finden und mit einem langen Kabel an die Meeresoberfläche ziehen müsste.[1192]

Einer der ersten Anrufe Concannons geht an Bretton Hunchak. Dieser hat aus seiner Zeit bei RMS Titanic, Inc. (RMST) gute Kontakte zu einer Tauchroboterfirma auf der Kanalinsel Guernsey. Magellan besitzt zwei bis 6.000 Meter Seetiefe zertifizierte Tauchroboter (wie schon erwähnt oft ROV genannt für Remotely Operated Vehicle) vom Typ „Argus Worker XL 6000 msw". Mit „Romeo" und „Juliet", wie die beiden ROVs genannt werden, wurde im Sommer 2022 ein hochauflösendes 3-D-Modell vom Wrack der TITANIC samt Trümmerfeld erstellt. (Ein Videoclip von der modellierten Bugsektion ging am 17. Mai 2023 erstmals um die Welt.) Die Mannschaft von Magellan ist also ortskundig am Wrack. Sie war auch involviert in die Vorbereitungen von RMS Titanic, Inc. für eine Expedition, bei der mit den beiden ROVs die Gerätschaften aus dem Funkraum der TITANIC geborgen werden sollten. Concannon kennt einen Teil der Crew persönlich. Er hat 2013 eine Expedition zur Bergung des Raketenantriebs von Apollo 11 geleitet, die mit ROVs von Magellan durchgeführt wurde. Die Guernseyer Firma ist sein Favorit für eine mögliche Rettungsmission.[1193, 1194, 1195]

### 18. Juni 2023 – 18.55 Uhr

Der Kapitän der POLAR PRINCE kontaktiert per Satellitentelefon das Joint Rescue Coordination Centre (JRCC) in Halifax, eine von drei Notrufzentralen der kanadischen Küstenwache und der Canadian Royal Air Force. Dort hat eine mehrköpfige Mannschaft aus ehemaligen Piloten und Navigationsoffizieren Dienst, darunter die Hubschrauberpilotin Dawn Macauley. Die POLAR PRINCE meldet, dass ein Tauchboot mit fünf Personen an Bord seit 15 Uhr überfällig ist und nun vermisst wird. Man habe „keine Ahnung, ob es noch am Meeresboden oder an der Oberfläche" sei. Das JRCC erklärt ihm, dass für den Bereich über der Wrackstelle eigentlich das Rescue Coordination Center (RCC) der US-Küstenwache in Boston zuständig ist. Um 19.10 Uhr ruft der Kapitän der POLAR PRINCE dort an, wiederholt die bereits gemachten Angaben und bittet um Hilfe. Die TITAN sei an der Oberfläche mithilfe des Radars kaum auszumachen, weil sie zum Großteil unter Wasser schwimme. Man hoffe auf Unterstützung aus der Luft. Die Bedingungen vor Ort gibt er mit fünf Meilen Sicht, bedecktem Himmel und Windgeschwindigkeiten von 15 bis 20 Knoten (27,8 bis 37,0 km/h) an. Im Laufe der Nacht erwarte man Nebel und Regenschauer.[1196, 1197, 1198]

→ Bild 69: In Halifax geht der erste Notruf zur TITAN ein. (Seite 275)

Es ist ein ungewöhnlicher Fall für die US-Küstenwache. Für die meisten Notsituationen liegen im Rescue Coordination Center „Quick Response Cards“ vor – Karten mit vorgefertigten Check- und Aufgabenlisten, die der leitende diensthabende Offizier und sein Team einfach nur abarbeiten müssen. Für ein vermisstes Tiefsee-Tauchboot existiert kein ausgearbeitetes Prozedere, nur eins für eine Unterwassersuche direkt an der Meeresoberfläche. Jamie Frederick hat im Rettungshauptquartier die Einsatzleitung – er bringt 30 Jahre Berufserfahrung mit. Ihm ist sofort klar, dass die Küstenwache nicht über die nötigen Gerätschaften für einen adäquaten Rettungseinsatz verfügt. Daher kontaktiert er die US Navy und bittet um Amtshilfe. Viel beisteuern kann die Marine aber nicht – die Unglücksstelle ist weit weg und mit eigenen Rettungsmitteln nicht schnell genug erreichbar. Frederick kontaktiert eine Unterorganisation der NATO mit dem Namen ISMERLO – „International submarine escape and rescue liaison office“, eine Anlaufstelle, die Hilfe vermitteln soll, wenn ein militärisches U-Boot in Seenot gerät. ISMERLO schickt eine Anfrage an verschiedene Schiffe und Reedereien, dass man auf der Suche nach Gerätschaften wie Tauchrobotern sei, die der TITAN zeitnah zur Hilfe kommen können.

Die Küstenwache stellt ein Expertenteam zusammen, das einen Rettungsplan ausarbeiten soll. Das Meeresforschungsinstitut Woods Hole schickt einen Mitarbeiter, der Kenntnisse über Tiefsee-Tauchboote mitbringt und Unterwasserkarten von der Wrackstelle der TITANIC. Die Marine klinkt sich mit verschiedenen Abteilungen ein, darunter die U-Boot-Kommandos der Pazifik- und der Atlantikflotte, die Materialbeschaffungsexperten der Navy (Naval Sea Systems Command, kurz NAVSEA) und das Büro des Aufsehers für Bergungs- und Taucheinsätze (Supervisor of Salvage and Diving, kurz SUPSALV). Bis die nötigen Informationen zusammengestellt und an alle Instanzen weiterverteilt sind, dauert es mehrere Stunden.[1199, 1200]

### 18. Juni 2023 – 19.15 Uhr

Auf der Kontaktliste für Notfälle, die OceanGate vor der Expedition zusammengestellt hat, steht auch eine Firma in den USA, die über einen geeigneten Tauchroboter verfügt: Pelagic Research Services aus South Wellfleet, Massachusetts. Ihr Tauchgerät mit dem Namen Odysseus 6K kann bis 6.000 Meter tief tauchen und wird rund 720 Kilometer weiter östlich in East

Aurora im Bundesstaat New York gelagert. Der ROV ist mit mehreren Kameras, zwei Greifarmen sowie einem Sonargerät ausgestattet und verfügt über ein mobiles Gestell mit einem eigenen Kran, sodass er vergleichsweise leicht von unterschiedlichen Schiffen aus betrieben werden kann. Scott Griffith nimmt von der POLAR PRINCE aus Kontakt auf. Pelagic-Geschäftsführer Edward „Ed" Cassano beginnt umgehend mit der Mobilisierung. In den kommenden Stunden wird ein neunköpfiges Team aktiviert, das zusammen mit „Odysseus 6K" nach St. John's gebracht werden soll. Die benötigten Spezialisten wohnen über das halbe Land verteilt. Ein Teil der Truppe soll direkt nach Neufundland fliegen, andere Spezialisten sollen nach East Aurora kommen, um den ROV reisefertig zu machen.[1201, 1202]

Den Transport kann Pelagic nicht aus eigener Kraft bewerkstelligen – dafür müssen mehr als 30 Tonnen Material bewegt werden. Die US-Küstenwache schiebt die Logistik an und beauftragt das United States Transportation Command, das für Luft, Land und Seetransporte der US-Streitkräfte zuständig ist.[1203, 1204, 1205]

### 18. Juni 2023 – 20.32 Uhr

Das RCC in Boston informiert das JRCC in Halifax, dass man das in St. John's stationierte Flugzeug der Internationalen Eispatrouille (die sonst zur Sicherung des Schiffsverkehrs Eisbergbewegungen im Nordatlantik beobachtet) zur Unglücksstelle schicken will. Das Flugzeug vom Typ Hercules C-130 hat genügend Treibstoff, um vor Ort rund drei Stunden nach einem an der Oberfläche schwimmenden Objekt zu suchen. Um 21.39 Uhr meldet Halifax nach einer Anfrage aus Boston mit der Bitte um Unterstützung, dass sich die kanadische Luftwaffe ebenfalls mit einer Hercules an der Suche beteiligen kann. Das Flugzeug mit dem Rufnamen HERC 343 der 413. Transport- und Rettungsstaffel soll am nächsten Morgen noch bei Dunkelheit von Greenwood, Neuschottland, losfliegen und bei Sonnenaufgang an der Einsatzstelle ankommen. Greenwood liegt rund 110 Kilometer nordwestlich von Halifax; dort befindet sich die größte Luftwaffenbasis der kanadischen Streitkräfte an der Ostküste.[1206]

### 18. Juni 2023 – 21.30 Uhr

Die JOHN CABOT, ein Schiff der kanadischen Küstenwache, bekommt vom JRCC die Order, sich an der Suche zu beteiligen, und nimmt Kurs auf die TITANIC-Wrackstelle. Das Schiff ist am Abend des 14. Juni 2023 von Argentia, Neufundland (auf der Ostseite der Halbinsel Avalon), zu einer anderen Mission aufgebrochen. Zum Zeitpunkt der Kursänderung ist sie etwa fünf Meilen südlich von Cape Pine, dem südlichsten Zipfel von Avalon. Die John Cabot verfügt über ein Seitensichtsonar, das an einem Kabel durchs Wasser gezogen wird und fächerförmig Schallimpulse aussendet, um Objekte zu orten. Das Schiff setzt diese Technik sonst hauptsächlich ein, um Fischschwärme zu finden.[1207]

### 18. Juni 2023 – 20.50 Uhr

Die Horizon Arctic, das OceanGate-Expeditionsschiff von 2021 und 2022, verlässt Pier 12 in St. John's und nimmt Kurs auf die Wrackstelle der Titanic. Eigentlich hat der Ölkonzern Exxon Mobil das Schiff unter Charter, gibt es aber umgehend frei, damit es sich an der Rettungsmission beteiligen kann.[1208]

### 18. Juni 2023 – 22.01 Uhr

In St. John's, Neufundland, hebt die HC-130 Hercules der internationalen Eispatrouille mit dem Rufnamen C2013 zu einem Erkundungsflug ab. Sie kommt gegen 00.50 Uhr an der Unglücksstelle an. Dort fliegt die Maschine in parallelen Bahnen ein zuvor festgelegtes Suchquadrat ab. Die Küstenwache nennt dieses Flugmuster eine „Leitersuche", weil die Bahnen wie Sprossen nebeneinander angeordnet sind. C2013 soll versuchen, die Titan aus der Luft zu orten, für den Fall, dass diese im Laufe der Nacht auftaucht und zu weit weg ist, um von der Polar Prince aus gesehen zu werden. Das Zielsuchgebiet der Hercules ist im Vergleich zur letzten bekannten Position der Titan leicht verschoben. Aus den aktuellen Strömungsverhältnissen und der Windrichtung/-geschwindigkeit wurde dafür in einer Computersimulation errechnet, wie weit die Titan, so sie denn an der Oberfläche schwimmt, abgedriftet sein könnte. Parallel dazu macht die US-Küstenwache Schiffe in der Nähe darauf aufmerksam, dass ein weißes Tauchboot von gut sechs Meter Länge vermisst wird, und bittet alle, sorgfältig Ausschau danach zu halten.[1209, 1210, 1211]

### 18. Juni 2023 – ohne Zeitangabe

Im Laufe der Nacht bekommt die Küstenwache von der US Navy die Information, dass es im Bereich der Titanic-Wrackstelle einen Knall gegeben hat, höchstwahrscheinlich ausgelöst durch eine Implosion. Die Küstenwache nimmt dies zur Kenntnis, lässt die Suchmission aber weiterlaufen. „Zu diesem Zeitpunkt war die Information als geheim eingestuft, sodass wir sie nicht mit der Öffentlichkeit teilen konnten. Und sie war auch nicht eindeutig“, sagt Captain Jamie Frederick später auf Nachfrage. Deshalb habe man die Suche fortgesetzt. Der Hinweis, dass es höchstwahrscheinlich eine Implosion gegeben hat, wird nur in sehr abgeschwächter Form an Kyle Bingham, den Expeditionsleiter an Bord der POLAR PRINCE, weitergegeben. Die Rede ist lediglich von einer „akustischen Signatur“. Deshalb schließen sie auf dem Expeditionsschiff zunächst daraus, dass die TITAN „hörbar“ auf dem Meeresboden aufgeschlagen ist und der Druckkörper noch intakt sein könnte. Das Rescue Coordination Center in Boston gibt seinen Kenntnisstand auch nicht an die Mannschaft vom JRCC in Halifax weiter.[1212, 1213, 1214]

Der amerikanische Explorers Club wird aktiv. Zwei seiner Mitglieder sind an Bord der TITAN – Hamish Harding und P. H. Nargeolet. Der OceanGate-Expeditionsleiter Kyle Bingham, TITANIC-Experte Rory Golden und Renata Rojas gehören ihm ebenfalls an. Stockton Rush gilt seit seinem Vortrag im Hauptquartier in New York zudem als Freund der Organisation, die sich für die Erforschung schwer zugänglicher Orte stark macht. Der Explorers Club schafft es über seine weltweiten Verbindungen, Zugriff auf die Kameras kommerzieller Satelliten zu bekommen, die auf die Unglücksstelle ausgerichtet werden und diese nun von oben überwachen. Sollte die TITAN an der Meeresoberfläche auftauchen, könnte man sie so vielleicht finden.[1215, 1216]

Die Familie von Hamish Harding in England, darunter seine Frau Linda, seine Stiefkinder Lauren und Brian sowie sein Patensohn Robert Evans, erfährt, dass die TITAN vermisst wird. Sie informiert umgehend das britische Außenministerium und die Küstenwache des Vereinigten Königreichs und bittet um Hilfe bei einer möglichen Such- und Rettungsaktion.[1217]

### 18. Juni 2023 – 23.41 Uhr

OceanGate nimmt Kontakt mit dem Hersteller seiner Sonargeräte auf in der Hoffnung, dass dieser aus den Unterwassergeräuschen des Akustikmodems ein Signal des Tauchboots herausfiltern kann. Eine Analyse der Daten bleibt jedoch ergebnislos.[1218]

## MONTAG, 19. JUNI 2023

# DER ERSTE TAG NACH DEM VERSCHWINDEN DER TITAN

### 19. Juni 2023 – circa 02.06 Uhr

Der Abflug der zweiten Hercules C-130 der kanadischen Luftwaffe mit dem Rufnamen HERC 343 muss kurzfristig abgesagt werden. Sie hätte um 03.00 Uhr in Greenwood losfliegen und in der Morgendämmerung (gegen 05.45 Uhr) im Einsatzgebiet angekommen sollen. Das Flugzeug kann wegen technischer Probleme nicht starten. Als Ersatz wird vom Joint Rescue Coordination Centre in Halifax um 02.40 Uhr eine CP-140 Aurora (von Lockheed Martin) der 405. Langstrecken-Patrouillenstaffel mobilisiert. Das Flugzeug soll gegen 09.00 Uhr ab Greenwood, Neuschottland, losfliegen können.[1219]

### 19. Juni 2023 – circa 03.00 Uhr

OceanGate-Berater David Concannon versucht von seinem Zuhause in Idaho aus, eine Rettungsmission zu organisieren. Von Magellan erhält er die Rückmeldung, dass einer der beiden Tauchroboter des Unternehmens transportbereit im Hafen von Saint Helier auf der Kanalinsel Jersey steht (einer britischen Kronbesitzung mit eigener Regierung).

Man könne ihn sofort auf den Weg bringen und in geschätzt 16 Stunden bis St. John's transportieren, sofern die nötigen Genehmigungen vorliegen und ein Frachtflugzeug für den Transport organisiert ist. Eine mobiler Schwerlastkran mit einem 6.000 Meter langen Seil aus Dyneema-Fasern, das mehr als zehn Tonnen Gewicht heben kann, befinde sich in Schottland und könnte vom Militärflughafen in Lossiemouth nach Neufundland mobilisiert werden. Dazu kommt die siebenköpfige Crew für den ROV, die ebenfalls nach St. John's fliegen müsste.[1220, 1221]

Concannon würde lieber den Magellan-ROV Juliet einsetzen, weil er stärkere Greifarme als der Odysseus 6K hat und sein Antrieb mehr Schub produzieren kann. Das könnte ein Vorteil sein, wenn in der starken Strömung am

TITANIC-Wrack ein Seil an der TITAN befestigt werden muss. „Odysseus 6K" sei vor allem ein Beobachtungsroboter, so Concannon, dessen Stärke seine Kameras sind, nicht die Greifarme. Zudem sei „Odysseus 6K" längere Zeit eingelagert gewesen, sodass unklar sei, ob das Gerät auf Anhieb einsatzfähig ist.[1222]

Gegen 03.30 Uhr morgens (Ortszeit auf Jersey 07.00 Uhr) steht Magellans „Juliet" verladebereit auf einem Lkw am Flughafen von Jersey. Die Landebahn dort ist 1.690 Meter lang; das reicht knapp für die Transportmaschinen der US Air Force. Der Flughafen macht sich bereit und sucht nach einer Fläche auf dem Gelände, wo der ROV verladen werden kann, ohne den regulären Flugbetrieb zu stören.[1223]

Die Genehmigung des britischen Verteidigungsministeriums für den Transport in einem Militärflugzeug eines anderen Landes lässt nicht lange auf sich warten. Die Freigabe durch die USA und der Auftrag an das United States Transportation Command der Air Force hingegen schon. Und so bleibt der ROV trotz aller Bemühungen zunächst am Flughafen stehen.

### 19. Juni 2023 - 04.10 Uhr

Die HORIZON ARCTIC kommt auf der Position 46,038 N, 51,855 W zum Stillstand – rund 185 Kilometer südsüdöstlich von St. John's. In den nächsten elf Stunden bewegt sie sich nur etwa elf Kilometer Richtung Nordwesten.

### 19. Juni 2023 - 06.10 Uhr

Das Flugzeug der Internationalen Eispatrouille mit dem Rufnamen C2013 landet nach seinem achteinhalbstündigen Erkundungsflug wieder in St. John's, Neufundland.[1224, 1225, 1226]

### 19. Juni 2023 - 06.30 Uhr

David Concannon erfährt, dass die Navy über Daten verfügt, die auf eine Implosion hindeuten. Er ist wie vor den Kopf gestoßen, beschließt aber, auch weiterhin alles zu tun, was bei der Rettungsmission helfen könnte. „Ich dachte mir: Wir lassen besser nichts unversucht in der verbleibenden Zeit. Ich wollte sichergehen, dass ich nicht am Donnerstagabend in den Spiegel schauen muss in dem Wissen, dass ich vom Gas gegangen bin, während sie im Tauchboot nach fünf Tagen erstickt sind."[1227, 1228]

Die Atemluftreserven in der TITAN wurden von OceanGate mit 96 Stunden (vier Tage) angegeben. Zwei Faktoren müssen dabei zusammenspielen: In der Luft muss genügend Sauerstoff vorhanden sein – gleichzeitig muss das ausgeatmete Kohlendioxid herausgefiltert werden. Die TITAN verfügt über zwei separate Sauerstoffsysteme: Das eine ist für den täglichen Gebrauch gedacht und reicht für einen Standardtauchgang mit fünf Personen. Die zugehörige Sauerstoffflasche ist etwa 60 Zentimeter lang und hat einen Durchmesser von circa 25 Zentimetern. Sie ist im Heck der TITAN untergebracht und muss nach jedem Tauchgang wieder aufgefüllt werden. Dazu kommen vier Sauerstoffflaschen im Zwischenboden, die als Notfallreserve gedacht sind.[1229, 1230, 1231]

Um das überschüssige Kohlendioxid herauszufiltern, wird sogenannter Atemkalk der Marke Sofnolime verwendet, der hauptsächlich aus Kalziumhydroxid und Natriumhydroxid besteht. Die Luft wird mit einem elektrischen Ventilator durch ein Behältnis mit dem Pulver geleitet, das dann das $CO_2$ bindet. Für Notfälle sind zusätzlich luftdicht verpackte Lithiumhydroxiddecken an Bord, die, sobald sie ausgepackt werden, ebenfalls $CO_2$ absorbieren.[1232, 1233]

### 19. Juni 2023 – circa 06.50 Uhr

Die KOPIT HOPSON 1752, ein Eisbrecher der kanadischen Küstenwache, beschleunigt auf volle Fahrt. Das Schiff befand sich etwa auf 48,620 N, 52,749 W, knapp 23 Kilometer nordöstlich vor Catalina, Neufundland, einer Gemeinde auf der Halbinsel Bonavista. Es nimmt Kurs auf die etwa 690 Kilometer entfernte Wrackstelle der TITANIC.

### 19. Juni 2023 – 07.28 Uhr

Eine zweite HC-130 Hercules der US-Küstenwache mit dem Rufnamen C2015 (Registriernummer 155907) startet von der Otis Air National Guard Base auf Cape Cod zu einem Erkundungsflug ins Gebiet über der TITANIC. Die Maschine wird rund zehn Stunden in der Luft sein und um 17.29 Uhr in Elizabeth City, North Carolina, landen.

### 19. Juni 2023 – 09.35 Uhr

Die Aurora CP-140 der Royal Canadian Air Force mit dem Rufnamen AUR 118 hebt in Greenwood, Neuschottland, Richtung Wrackstelle ab. Die Auroras werden von der Canadian Royal Air Force sonst als U-Boot-Aufklärer eingesetzt. An Bord haben sie jeweils drei Dutzend Sonarbojen zur akustischen Überwachung des Meeres. Die „Sonobojen“ sind etwa 90 Zentimeter lang und weisen einen Durchmesser von etwa 13 Zentimetern auf. Sie sind rund sieben Kilogramm schwer und werden im Tiefflug abgeworfen. Ein kleiner Fallschirm bremst die Bojen; sobald sie ins Meer eintauchen, entfalten sie sich automatisch. Dabei bleibt eine Funkeinheit mit Batterie an der Wasseroberfläche und hält den Kontakt zum Flugzeug. Die restliche Boje mit dem Hydrofon (Unterwassermikrofon) sinkt an einem Draht auf eine vorher eingestellte Tiefe und sucht dann nach Schallquellen. Es gibt zwei Arten von Sonobojen: Passive horchen lediglich nach im Wasser vorkommenden Geräuschen. Aktive können selbst Schallsignale ins Wasser abgeben und so Kontakt zu einem im Wasser befindlichen U-Boot aufnehmen. Mithilfe von mehreren Bojen kann eine Geräuschquelle lokalisiert (trianguliert) werden. Die Sonobojen sind Einwegartikel – sie können batteriebetrieben rund acht Stunden Daten abgeben und versinken dann automatisch im Meer. Die AUR 118 trifft um 10.35 Uhr über der Einsatzstelle ein und wirft mehrere Sonobojen ab. Sobald diese im Wasser sind, durchkämmt der Flieger das Suchgebiet zusätzlich auf Sicht.[1234, 1235, 1236, 1237, 1238, 1239]

### 19. Juni 2023 – vormittags

Erst jetzt erfährt Sidonie Nargeolet, dass ihr Vater vermisst wird. Sie wird zu einer WhatsApp-Gruppe hinzugefügt, die Expeditionsleiter Kyle Bingham für die Angehörigen eingerichtet hat. Hier können Fragen gestellt und Informationen geteilt werden.[1240]

Die Nachricht vom Verschwinden der TITAN verbreitet sich in rasanter Geschwindigkeit in der Tauchbootbranche und der TITANIC-Szene. David Concannon bekommt am Montagmorgen mehrere Beileidsbekundungen, behält sie aber zunächst für sich, weil er nicht aufgrund von Hörensagen voreilige Schlüsse ziehen will. Derweil versucht Mission Control an Bord der POLAR PRINCE weiter, das überfällige Tauchboot anzusprechen, zu orten oder an der Oberfläche zu finden. Die TITAN ist nun seit 24 Stunden verschwunden.[1241, 1242]

Die Medien bekommen Wind vom vermissten Tauchboot. Der kanadische Fernsehsender CBC hört von einem Journalisten aus Neufundland Gerüchte und beginnt zu recherchieren.[1243]

### 19. Juni 2023 – 11.49 Uhr

OceanGate-Expeditionsleiter Kyle Bingham schickt von der POLAR PRINCE eine E-Mail an Magellan und beauftragt offiziell die Mobilisierung des ROVs und seiner Crew. „Die Zeit drängt“, schreibt er.

### 19. Juni 2023 – gegen 12.00 Uhr

Ein weiteres Fenster der Hoffnung schließt sich. Die TITAN hätte spätestens jetzt an die Oberfläche kommen müssen, wenn sie tags zuvor auf dem Meeresboden aufgesetzt und nicht in der Lage gewesen wäre, Gewichte abzuwerfen. Dann hätten sich nach etwa 24 Stunden automatisch die Eisenschrotsäcke und die miteinander verschweißten Ballastrohre gelöst, die über Opferanoden an der TITAN befestigt sind.[1244, 1245]

### 19. Juni 2023 – 13.55 Uhr

TITANIC-Regisseur und Tiefseetaucher James Cameron hat, sobald er vom Verschwinden der TITAN gehört hat, die Fühler ausgestreckt und nach Informationen herumgefragt. Er ist gerade in Los Angeles in einem Hotel, als er aus zuverlässiger Quelle von dem Knall erfährt, den die Hydrofone der Navy registriert haben. Auf einen Notizblock kritzelt Cameron die aktuelle Uhrzeit „9.25" Uhr (Pacific Daylight Time, also Los-Angeles-Zeit) und dazu zwei Wörter: „bestätigt" und „Implosion". Für ihn steht fest, dass die TITAN unterhalb ihrer letzten bekannten Position in Trümmern auf dem Meeresboden liegen muss. Doch zitierbar ist das alles nicht, weswegen Cameron seine Erkenntnisse noch nicht öffentlich macht.[1246, 1247]

### 19. Juni 2023 – 14.10 Uhr

Die Nachrichtenagentur Reuters gibt eine Eilmeldung heraus: „Privatfirma OceanGate Expeditions sagt, dass ein TITANIC-Touristentauchboot vermisst wird, die Suche läuft." Weltweit steigen Medien in die Berichterstattung ein. Es beginnt eine Art Wettlauf, wer zuerst die Identität der vermissten Taucher herausfinden kann. Schon bald rücken auch die Sauerstoffreserven der TITAN in den Fokus. Viele Journalisten lassen einen Countdown laufen: Wird das Tauchboot nicht binnen 96 Stunden gefunden, geht die Atemluft zur Neige, und die Welt hätte Gewissheit, dass die Besatzung der TITAN tot ist, so die grausame Logik.

### 19. Juni 2023 – nachmittags

Brian Szasz, der Stiefsohn von Mission Specialist Hamish Harding, schreibt auf Facebook: „Meine Gedanken und Gebete sind bei meiner Mutter und Hamish Harding. [Er] ist in einem U-Boot verschwunden." Für viele Medien ist dies die Bestätigung, dass Harding zu den Vermissten gehört – vom Twitter-Post seiner Firma Action Aviation haben sie zu diesem Zeitpunkt offenbar keine Kenntnis. Kurz danach entfernt Szasz den Text wieder und schreibt stattdessen: „Aus Gründen der Diskretion hat mich meine Mutter gebeten, alle Beiträge in dieser Sache zu löschen – danke für die Unterstützung." Über die Namen der anderen Taucher wird weiter spekuliert. Nachdem Harding in seiner Ankündigung des Tauchgangs auf Facebook P. H. Nargeolet erwähnt hat, wird auch er immer öfter als einer der Vermissten genannt.[1248, 1249]

### 19. Juni 2023 – 13.41 Uhr

Das vermutlich mysteriöseste Kapitel in der Chronologie der Ereignisse beginnt. Die Rettungshubschrauberpilotin Dawn Macauley hat am Montagnachmittag im Joint Rescue Coordination Centre in Halifax Dienst, als die CP-140 Aurora an das JRCC meldet, dass die von ihnen ausgebrachten Difar-Passivbojen um 13.41 Uhr ein Klopfen im Wasser registriert haben. Die Information wird an das Rescue Coordination Center in Boston weitergegeben. Die US-Küstenwache beschließt, die Meldung vorerst nicht öffentlich zu machen.[1250]

Die Geräusche werden auch von den Sonargeräten an Bord der POLAR PRINCE und auf anderen Schiffen vor Ort detektiert. Eine erste Analyse legt nahe, dass sich die Geräuschquelle in signifikanter Tiefe und ungefähr im Bereich der TITANIC-Wrackstelle befinden muss. Im Abstand von jeweils etwa einer halben Stunde ist ein Doppelklopfen zu hören, und nach einer kurzen Pause eine Art Echo, so die Crew der Aurora. Über aktive Sonobojen vom Typ ESUS werden Töne in einem Frequenzbereich ins Wasser gesendet, die das menschliche Ohr hören kann. Kurz darauf empfangen die Bojen weitere Klopfgeräusche. Die Sonarexperten an Bord der Aurora interpretieren das als eine mögliche Antwort auf das Pingen der Bojen.

An Bord der POLAR PRINCE zeichnet Mission Control das Klopfen auf und schickt die Datei zur Analyse an den Hersteller seiner Sonargeräte in Berlin. Dort versucht das Team von EvoLogics, das Geräusch zu isolieren, und kommt zur gleichen Einschätzung wie die Aurora-Crew. Den Menschen an Bord der POLAR PRINCE gibt das neue Hoffnung. Eines der Sicherheitsprotokolle der TITAN sieht vor, im Notfall zweimal die Stunde mit einem Schraubenschlüssel auf das Metall des Frontdoms zu schlagen. Gleichzeitig wird ihnen aber auch die eigene Hilflosigkeit vor Augen geführt, wie wenig sie für die fünf Taucher in der Tiefe des Meeres tun können, während die Reserven der Lebenserhaltungssysteme unaufhaltsam schwinden.[1251, 1252]

### 19. Juni 2023 – 14.38 Uhr

Die SKANDI VINLAND, ein Light Intervention Vessel, das sonst auf Offshore-Baustellen als Unterstützungsschiff eingesetzt wird, verlässt St. John's und nimmt mit rund 13 Knoten (24,1 km/h) Kurs auf die Wrackstelle. Sie verfügt über zwei „Ultra Heavy Duty"-ROVs des Herstellers Schilling Robotics sowie ein ROV-Verbindungskabel mit einer Länge von 3.700 Metern. Die ROVs sind für eine Tauchtiefe von 3.000 Metern zertifiziert – eigentlich zu wenig für TITANIC-Tiefen.[1253, 1254, 1255, 1256]

### 19. Juni 2023 – 15.04 Uhr

Die DEEP ENERGY, ein Rohrlegerschiff unter bahamaischer Flagge, stoppt 250 Meilen westlich der TITANIC-Wrackstelle. Sie ist am 11. Juni 2023 in Randaberg, Norwegen, losgefahren mit der US-Stadt Mobile, Alabama, als Ziel. Das Schiff hat zwei „Schilling Robotics Work Class"-Tauchroboter an Bord, die bis 3.000 Meter Tiefe tauchen können. Die DEEP ENERGY hat über die internationale Anlaufstelle für U-Boote in Seenot ISMERLO vom TITAN-Notfall erfahren und ihre Hilfe angeboten. Nun wird sie von der Küstenwache beauftragt, zur Einsatzstelle zu fahren. Sie soll am nächsten Morgen gegen 04.30 Uhr dort ankommen.[1257, 1258, 1259, 1260]

David Concannon bezeichnet den Einsatz des Schiffes später als „Unsinn". Die Kralle ihres Bergesystems, mit der das Krankabel an der TITAN befestigt werden müsste, ähnele der eines Glücksspiel-Greiferautomaten. Sie sei völlig ungeeignet, den empfindlichen Druckkörper der TITAN zu umfassen – dies wäre hochriskant. Er glaubt auch deshalb, dass man zu diesem Zeitpunkt im Rescue Coordination Center in Boston fest davon ausgeht, dass die Crew der TITAN nicht mehr zu retten ist und es reiche, das Tauchboot – ganz oder in Teilen – zu bergen.[1261]

### 19. Juni 2023 – 15.25 Uhr

Die HORIZON ARCTIC, die seit elf Stunden vor Neufundland treibt und auf Anweisungen gewartet hat, nimmt wieder volle Fahrt auf mit Kurs zurück nach St. John's. Sie braucht rund sechseinhalb Stunden dorthin. OceanGate hat mit dem Schiff vereinbart, den Magellan-ROV und die zugehörigen Rettungsgerätschaften an Bord zu nehmen, sobald diese in Neufundland eintreffen. Doch daraus wird nichts. Das Rescue Coordination Center in Boston ordnet an, dass die HORIZON ARCTIC stattdessen den Pelagic-ROV zur Unglücksstelle bringen soll. OceanGate protestiert; in einer E-Mail an die US Navy fordert Expeditionsleiter Kyle Bingham, den Einsatz von Pelagic abzublasen und stattdessen umgehend den ROV von Magellan zu mobilisieren. Bill Orr, der Direktor der Abteilung „Submarine Survivability, Escape and Rescue“ bei der US Navy fordert daraufhin eine Materialliste mit Abmessungen und Gewichtsangaben bei Magellan an und schlägt vor, den Transport des Schwerlastkrans mit dem 6.000 Meter langen Hebeseil ab Schottland von der britischen Royal Air Force durchführen zu lassen.

### 19. Juni 2023 – 15.26 Uhr

Expeditionsteilnehmer Rory Golden schreibt von der POLAR PRINCE aus auf Facebook: „Mir geht es gut. Wir alle hier an Bord konzentrieren uns auf unsere Freunde. Bitte fragt mich nicht nach ihren Namen, das ist höchst unsensibel. Bitte spekuliert nicht. [...] Ich möchte mich wirklich bei allen bedanken, die versucht haben, mir Nachrichten und WhatsApps zu schicken. Wir haben es hier mit einer Situation zu tun, die jetzt Teil einer groß angelegten Such- und Rettungsaktion ist, die von großen Organisationen durchgeführt wird. Darauf konzentrieren wir uns im Moment.Die Reaktionen und Hilfsangebote aus aller Welt sind bemerkenswert und zeigen den Anstand der Menschen in Zeiten wie diesen. Unsere Online- und Internetfähigkeit ist eingeschränkt, um die Bandbreite für die nun stattfindenden koordinierten Bemühungen freizuhalten.

Weitere Informationen und Aktualisierungen werden nach und nach folgen. [...]

Vielen Dank an alle und denkt positiv. Wir tun es auch.“[1262]

### 19. Juni 2023 – 16.49 Uhr

Von der Francis S. Gabreski Air National Guard Base in Westhampton Beach auf Long Island, New York, wird ein weiteres Hercules-Flugzeug, diesmal vom Typ HC-130J, zur Unglücksstelle geschickt (Ortszeit Long Island 15.19 Uhr). Dieses gehört zur Rettungsstaffel 102 der US Air Force. Die Flugnummer lautet AF5870/RESQ5870, die Registriernummer 17-5870. „RESQ“ steht für das englische Wort „rescue“, auf Deutsch „Rettung“. An Bord sind 13 Personen, darunter die sechsköpfige Flugcrew, zwei Wartungstechniker und fünf Fallschirmspringer. Letztere sollen, falls das Tauchboot intakt an der Meeresoberfläche gefunden wird, abspringen und direkt Hilfe leisten. Dass die TITAN nicht geöffnet werden kann, wenn sie im Wasser schwimmt, weiß die Air Force zu diesem Zeitpunkt nicht. Für die Suche werden das Bordradar und ein Infrarotscanner (Forward Looking InfraRed – FLIR) eingesetzt. Die Mannschaft hält gleichzeitig in verschiedene Richtungen Ausschau nach der TITAN. Die Maschine wird fast elf Stunden unterwegs sein, ehe sie am 20. Juni um 03.34 Uhr (Ortszeit Long Island 02.04 Uhr) wieder in Westhampton Beach landet. Technical Sergeant Roberta Farris (der Rang entspricht in etwa dem einer Stabsunteroffizierin) sagt über den Einsatz: „Es wird einem erst klar, wie riesig der Ozean ist, wenn man aus dem Fenster einer C-130 schaut und zwischen den vielen Schaumkronen der Wellen nach einer weißen Kapsel sucht.“[1263]

### 19. Juni 2023 – 16.55 Uhr

Das RCC in Boston fragt im JRCC in Halifax nach, wie verlässlich der Bericht über die Klopfgeräusche ist. Die Antwort lautet: „Da müsste ich noch mal bei der Crew nachfragen, aber sie sind Experten darin, Objekte unter Wasser zu finden.“ Boston bittet Halifax, so schnell wie möglich eine weitere Aurora ins Suchgebiet zu schaffen. AUR 118 beendet unterdessen ihren Einsatz vor Ort und fliegt um 17.30 Uhr zurück Richtung Greenwood. Die Crew lässt Halifax wissen, dass sie von künstlich erzeugten Klopfgeräuschen ausgeht. Eine genaue Analyse der Daten aller ausgebrachten Sonobojen, inklusive einer Verortung der Geräusche, könne erst nach der Landung erfolgen. AUR 118 landet um 19.29 Uhr in Greenwood. Geplant ist, sie von der inzwischen reparierten Hercules C-130 der Royal Canadian Air Force mit dem Rufnamen HERC 343 ablösen zu lassen, die gegen 20.30 Uhr in Greenwood abheben und gegen 22.30 Uhr an der Unglücksstelle eintreffen könnte. Anders als die Auroras kann die Hercules keine Daten von den Sonobojen im Wasser empfangen; dazu fehlt ihr die technische Ausstattung. Die Crew von AUR 118 berichtet derweil, die Klopfgeräusche hätten jeweils leicht anders geklungen. Zum Vergleich habe man die Crew der POLAR PRINCE gebeten, an die Außenwand ihres Schiffes zu klopfen. Diese Geräusche hätten ähnlich wie die zuvor detektierten geklungen, nur lauter. Man gehe davon aus, dass die Geräusche aus der Tiefe durch ein Klopfen von Metall auf Metall entstanden sind. Die Wahrscheinlichkeit, dass irgendwo in der Tiefe Menschen sind, sei sehr hoch. Eine Triangulierung habe ergeben, dass die Quelle geschätzt entweder 600 Meter tief im Wasser sei oder etwa 3.000 Meter.[1264]

### 19. Juni 2023 – 17.25 Uhr

Die US-Küstenwache twittert über ihren Account @USCG, dass nach einem Fünf-Personen-Tauchboot des kanadischen Forschungsschiffes POLAR

Prince gesucht wird, welches am Sonntagmorgen getaucht ist und vermisst wird, nachdem der Kontakt verloren ging.[1265]

### 19. Juni 2023 – 17.59 Uhr

OceanGate veröffentlicht auf Facebook, Twitter und Instagram folgendes Statement: „Wir prüfen und nutzen alle verfügbaren Optionen, um die Besatzung sicher zurückzubringen.

Unser ganzes Augenmerk gilt den Menschen im Tauchboot und ihren Familien. Wir sind sehr dankbar für die umfangreiche Unterstützung, die wir von diversen Regierungsbehörden und Tiefseeunternehmen erhalten haben, um den Kontakt zum Tauchboot wiederherzustellen.

Wir arbeiten an der sicheren Rückkehr der Crew."[1266]

### 19. Juni 2023 – ganztägig

David Concannon macht schon seit Sonntagnacht über alle ihm verfügbaren Kanäle Druck, eine offizielle Bestätigung für das Implosionsgeräusch zu erhalten, damit er der OceanGate-Crew und den Angehörigen an Bord der Polar Prince die Ungewissheit nehmen kann. Einer seiner Mitstreiter ist der Präsident des Explorers Club, Richard Garriott de Cayeux, der 1998 in einem russischen Mir-Tauchboot selbst zur Titanic getaucht ist (und 2008 auch schon auf der Internationalen Weltraumstation ISS war). Garriott bekommt von einem Kontakt nun den Hinweis, dass die US-Küstenwache bis 18 Uhr ein offizielles Statement dazu abgeben will. Doch nichts dergleichen geschieht.[1267]

### 19. Juni 2023 – 18.00 Uhr

Stattdessen hält die US-Küstenwache in Boston um 18 Uhr eine Pressekonferenz ab (Ortszeit Boston 16.30 Uhr). Zunächst tritt Robert Simpson, Unteroffizier der Küstenwache und stellvertretender Pressesprecher, an die Mikrofone. Dann übergibt er das Wort an den Konteradmiral John Mauger, den Kommandanten des ersten Distrikts der US-Küstenwache, der die Such- und Rettungsmission leitet.

Seine Gedanken seien bei der Crew und den Angehörigen der Vermissten, so Mauger. Die Küstenwache werde alle ihr zur Verfügung stehenden Mittel einsetzen, um bei der Suche nach dem Tauchboot zu helfen. Man greife auch auf kommerzielle Schiffe zurück, die zum Teil schneller und mit besserem Material Hilfe leisten können.

Nach dem knapp fünfminütigen Lagebericht beantwortet Mauger acht Minuten lang Fragen. Man rechne damit, dass die Sauerstoffreserven geschätzt noch etwa 70 bis 96 Stunden reichen könnten. Zur Identität der TITAN-Besatzung sagt er nichts, lediglich die Zahl von fünf vermissten Personen wird bestätigt.

Dann kehrt der Pressesprecher Robert Simpson vor die Mikrofone zurück. Er versichert, dass die Suchflugzeuge die TITAN problemlos aufspüren können, sollte diese an die Oberfläche gelangen. Momentan gebe es vor Ort Nebel und Wellen mit einer Höhe von ein bis zwei Metern.

Die von der Navy detektierte starke „akustische Anomalie" wird ebenso wenig erwähnt wie die Klopfzeichen, die vor Ort zu hören sind. David Concannon vermutet später, dass man der nationalen Sicherheit zuliebe lieber nicht offenbaren wollte, wie gut die Fähigkeiten Amerikas zur akustischen U-Boot-Abwehr im Atlantik sind.[1268, 1269]

### 19. Juni 2023 – 18.12 Uhr

Der Tauchroboter Odysseus 6K von Pelagic wird, auf mehrere Lkw verteilt, zum Buffalo Niagara International Airport im US-Bundesstaat New York gebracht. Die Gerätschaften wiegen rund 32 Tonnen. Zum System gehören zwei sechs Meter lange Seecontainer mit einem Kontrollraum und einer Werkstatt. Für den Transport nach St. John's sind zwei C-17A Globemaster der US Air Force vorgesehen – die erste (Registriernummer 02-1107) landet um 18.12 Uhr (Ortszeit New York 16.42 Uhr), die zweite (Registriernummer 03-3125) um 20.11 Uhr (Ortszeit New York 18.41 Uhr). Dann die ernüchternde Erkenntnis: Am Flughafen gibt es keine passenden Ladepaletten. Diese können so kurzfristig auch nicht beschafft werden. Und so kann der Pelagic-ROV vorerst nicht verladen werden.[1270]

### 19. Juni 2023 – 18.42 Uhr

Das JRCC in Halifax versucht zu klären, ob und wie eine mobile Dekompressionskammer an die Einsatzstelle gebracht werden kann, sollte sich das Klopfen tatsächlich als Lebenszeichen der vermissten Taucher entpuppen. Die Kammer befindet sich in Halifax an Bord des Schiffes HMCS SHAWINIGAN. Eine Möglichkeit wäre, sie per Lkw von Halifax zum Militärflughafen von Greenwood zu transportieren und von einer Hercules C-130 nach St. John's zu fliegen. Dort könnte die Kammer auf die TERRY FOX verladen werden, einen Eisbrecher der kanadischen Küstenwache, und

27 Stunden später an der Einsatzstelle ankommen. Sie diskutieren, ob die in Halifax wartende Hercules dringlicher für einen weiteren Suchflug über der Unglücksstelle oder für den Transport der Dekompressionskammer gebraucht wird. [1271]

### 19. Juni 2023 - 20.23 Uhr

Im JRCC muss Dawn Macauley die Pläne für die Dekompressionskammer noch einmal komplett umwerfen. Diese kann nicht wie gedacht mit der Hercules HC-130 transportiert werden, weil die Rampe des Fliegers zu steil ist. Stattdessen könnte eine C-17 Globemaster zum Einsatz kommen. Im Gespräch ist eine Maschine vom kanadischen Luftwaffenstützpunkt in Trenton, Ontario, die via Greenwood, Neuschottland, nach St. John's fliegen müsste, wo dann die TERRY FOX wartet. Das Flugzeug könnte am 20. Juni gegen 14.30 Uhr in Greenwood landen, die Kammer an Bord nehmen und nach circa drei Stunden Aufenthalt weiterfliegen.[1272]

### 19. Juni 2023 - 21.19 Uhr

Das JRCC in Halifax leitet nach Boston eine Aussage des Kommandanten der Aurora 118 weiter: Er habe sich die akustischen Daten angehört und sei „sehr sicher, dass diese Leute noch am Leben sind."[1273]

### 19. Juni 2023 - 21:34

Boston teilt Halifax mit, dass man den kanadischen Eisbrecher KOPIT HOPSON 1752 doch nicht braucht, weil die Ausstattung, die man sich von ihr erhofft hat, auch von anderen Schiffen gestellt werden kann: Die JOHN CABOT sei mit ihrem Fischereisonar bereits unterwegs, und die TERRY FOX, die von St. John's zur Rettungsmission dazustoßen soll, habe einen leistungsstarken Kran an Deck. Die KOPIT HOPSON kommt in der Region 44,212 N, 50,888 W zum Stillstand, 287 Kilometer nördlich der TITANIC. Dann wendet sie und nimmt mit halber Kraft Kurs in die Region von Fogo Island (einer Insel vor der Nordküste Neufundlands in der Notre Dame Bay), wo sie rund 35 Stunden später ankommen wird.

### 19. Juni 2023 - 22.00 Uhr

Die HORIZON ARCTIC macht erneut am Pier 12 in St. John's fest.

**19. Juni 2023 – 22.45 Uhr**
Die ATLANTIC MERLIN, ein Versorgungsschiff unter kanadischer Flagge der Atlantic Merlin Shipping Limited, verlässt St. John's und macht sich auf den Weg zur Wrackstelle.

## DIENSTAG, 20. JUNI 2023

# DER ZWEITE TAG NACH DEM VERSCHWINDEN DER TITAN

**20. Juni 2023 – 00.13 Uhr**
Die HC-130J Super Hercules der internationalen Eispatrouille mit dem Rufnamen C2013 startet zu einem weiteren Erkundungsflug ab St. John's. Im Vergleich zum Vortag hat sich der Nebel weitgehend gelichtet, die Sicht ist nun deutlich besser. Die Maschine wird sieben Stunden und 20 Minuten in der Luft sein und um 07.35 Uhr wieder in St. John's landen.

**20. Juni 2023 – 00.22 Uhr**
Die Pläne für die Dekompressionskammer müssen noch einmal geändert werden, als sich herausstellt, dass der Transport per Luftfracht nicht sinnvoll ist. Sie müsste dafür im Hafen von Halifax von der HMCS SHAWINIGAN an Land gehoben, per Lkw nach Greenwood transportiert und dort ins Flugzeug geladen werden. In St. John's angekommen, wäre dann ein weiterer Lkw-Transport vom Flughafen zum Pier erforderlich, wo die Kammer aufs Schiff geschafft werden müsste. Vier Umladepunkte und zweimal Landweg fressen den Zeitvorteil auf, den die Luftfracht mit sich gebracht hätte. Stattdessen soll die Kammer nur noch einmal umgeladen und ab Halifax auf dem Seeweg direkt zur Einsatzstelle transportiert werden. Die HMCS GLACE BAY der Royal Canadian Navy mit der Wimpelnummer MM 701 (dem Identifizierungskürzel der Navy) soll dafür 40 Stunden brauchen.[1274]

### 20. Juni 2023 – 04.38 Uhr

Die BBC vermeldet, dass sich an Bord der TITAN der 47-jährige britisch-pakistanische Geschäftsmann Shahzada Dawood und sein 19-jähriger Sohn Suleman befinden. Die britische Rundfunkanstalt beruft sich auf ein Statement der Familie, das besagt: „Wir sind sehr dankbar für die Anteilnahme unserer Kollegen und Freunde und möchten alle darum bitten zu beten, dass sie [die Vermissten] in Sicherheit sind."

### 20. Juni 2023 – 05.12 Uhr

Die DEEP ENERGY, der bereits erwähnte Rohrleger mit zwei bis 3.000 Meter Tauchtiefe zertifizierten ROVs an Bord, trifft als erstes Schiff der Rettungsmission über der TITANIC-Wrackstelle ein. Von der POLAR PRINCE setzen drei Personen über: Unterwassertechniker Tym Catterson, TITAN-Pilot Scott Griffith und die OceanGate-Expeditionsärztin Ann Jarris. Einer der ROVs der DEEP ENERGY wird sofort zu Wasser gelassen. Er ist mit sieben Kameras ausgestattet sowie mit einem Sonarscanner, der eine Reichweite von etwa 100 Metern hat. Die Crew will nichts unversucht lassen und beschließt, den Roboter tiefer als vorgesehen tauchen zu lassen – wenn möglich bis zum Meeresgrund. Dies ist theoretisch möglich: Der ROV ist über eine Halterung mit dem drei Kilometer langen Hauptseil verbunden. Darin befindet sich eine Spule mit weiteren 1.000 Metern dünnen Kabels, mit dem der Roboter sonst weitgehend horizontal von der Halterung wegnavigiert. Das Spulenkabel wird nun stattdessen dazu verwendet, um weiter in die Tiefe vorzudringen. Der ROV schafft es tatsächlich, unterhalb der letzten Position der TITAN auf dem Meeresboden aufzusetzen, in 3.803 Metern Tiefe. Seine sieben Kameras übertragen einige wenige Bilder, doch dann zerstört der Wasserdruck die Telemetrie-Einheit des Geräts, die Kameras und weitere Komponenten. Der tote ROV kann nun auch nicht mehr in seine Haupthalterung zurückmanövriert werden. Damit das Kabel nicht reißt, wird er nun ganz langsam nach oben gezogen. Währenddessen taucht der zweite ROV der DEEP ENERGY auf 2.700 Meter. Er soll den verunfallten Zwilling mit seinen Greifarmen „einfangen" und so weit sichern, dass dieser im Tandem zur Meeresoberfläche und schließlich an Bord gebracht werden kann.

Der zerstörte ROV habe ausgesehen „wie ausgeweidet", sagt Tym Catterson später. Anschließend suchen die ROV-Piloten mit dem Sonarscanner des zweiten Tauchroboters die Wassersäule über der letzten bekannten

Position der TITAN ab – diesmal schicken sie den ROV nicht tiefer als sein Zertifizierungslimit. Sie hoffen, das havarierte Tauchboot finden zu können, falls es irgendwo in der Wassersäule „festsitzt“. Dies wäre denkbar, wenn die TITAN zu wenig Ballast abgeworfen hat, aber gerade noch mit dem Aufstieg beginnen konnte. Das Wasser ist am Meeresboden dichter als an der Oberfläche (abhängig von der Temperatur, dem Salzgehalt und dem vorherrschenden Druck). Kommt das Tauchboot nun in eine Schicht, in der es die gleiche Dichte hat wie das umgebende Wasser, hört es auf zu steigen. Gelingt es nicht, zusätzlichen Ballast abzuwerfen oder mit dem Vertikalantrieb weiterzufahren (zum Beispiel nach einem Stromausfall), bleibt es bei diesem Schwebezustand. Wegen der Opferanoden, die bei der TITAN nach 24 Stunden im Wasser automatisch Ballast freigeben sollen, ist dies kein sonderlich wahrscheinliches Szenario, aber auch nicht ganz ausgeschlossen. Catterson kehrt nach der erfolglosen Suche mit den ROVs schließlich zur POLAR PRINCE zurück.[1275, 1276, 1277, 1278, 1279, 1280]

### 20. Juni 2023 – 05.26 Uhr

Eine dritte US-Air-Force-Maschine vom Typ C-17A Globemaster (Registriernummer 04-4137) landet um 05.26 Uhr am Flughafen von Buffalo (Ortszeit Buffalo 03.56 Uhr) und bringt die sehnlichst erwarteten Ladepaletten mit. Es dauert mehrere Stunden, bis alles umgeladen und an Bord ist. Das zuletzt angekommene Flugzeug hebt als Erstes um 12.15 Uhr (Ortszeit Buffalo 10.45 Uhr) ab. Die beiden anderen Transporter folgen um 13.36 Uhr und 16.23 Uhr. Die Flugzeit nach St. John’s beträgt jeweils etwa zwei Stunden 50 Minuten.[1281, 1282]

### 20. Juni 2023 – vormittags

Frankreich kündigt an, sich an der Suche zu beteiligen. Der französische Präsident Emmanuel Macron ordnet an, das Forschungsschiff L’ATALANTE des Meeresforschungsinstituts IFREMER zu schicken, das sich in sinnvoller Reichweite zur Unglücksstelle befindet. An Bord befindet sich der ROV Victor 6000. Er verfügt ebenfalls über mehrere Kameras, einen Sonarscanner sowie zwei Greifarme und ist bis 6.000 Meter Tiefe zertifiziert. Die L’ATALANTE war in anderer Mission am Abend des 8. Juni 2023 von Horta auf der Azoreninsel Faial in See gestochen – der Einsatz des ROV war auf dieser Reise nicht vorgesehen. Das Personal für den Roboter muss nun von Frankreich nach St. John’s geflogen, von dort mit einem Schiff der kanadischen Küstenwache zur Unglücksstelle und schließlich auf die L'ATALANTE gebracht werden.[1283, 1284, 1285]

**20. Juni 2023 – 08.47 Uhr**

In Greenwood, Neuschottland, startet eine zweite Aurora CP-140 mit dem Rufnamen AUR 115 in Richtung TITANIC-Wrackstelle. Sie soll neue Sonobojen abwerfen und herausfinden, ob aus der Tiefsee noch immer Klopfgeräusche zu vernehmen sind. Das Flugzeug kommt gegen 10.40 Uhr im Einsatzgebiet an.[1286]

**20. Juni 2023 – 10.39 Uhr**

Das kanadische Küstenverteidigungsschiff HMCS GLACE BAY erhält die Freigabe, Halifax zu verlassen, und legt eine halbe Stunde später ab. Das Schiff hat die schon erwähnte Dekompressionskammer an Bord, dazu ein Taucherteam mit sieben Personen und ein dreiköpfiges Medizinteam. Die GLACE BAY hält mit einer Geschwindigkeit von rund 15 Knoten (27,8 km/h) auf die TITANIC-Wrackstelle zu.[1287]

**20. Juni 2023 – 10.47 Uhr**

Die TITAN wird nun seit 48 Stunden vermisst.

**20. Juni 2023 – 12.04 Uhr**

Die britische Zeitung „The Mirror" behauptet, das vermisste Tauchboot habe ein Notsignal abgesetzt, bevor es „verstummt sei" und beruft sich dabei auf eine Aussage von Dr. Simon Boxall, einem Meeresforscher an der Universität von Southampton. Boxall schränkt seine Aussage im Interview allerdings sofort selbst ein: Es handle sich um Informationen „aus zweiter Hand". Das Ganze stellt sich später als Missverständnis heraus. Boxall hat von der Kommunikation über Textbotschaften gehört, und die letzte, die die POLAR PRINCE empfangen hat, fälschlicherweise als Notsignal bezeichnet.

**20. Juni 2023 – 12.09 Uhr**

Das Flugzeug mit dem Funkrufzeichen AUR 115 meldet, dass seine Crew ein weißes Objekt untersucht hat, das elf Kilometer von der POLAR PRINCE entfernt im Wasser schwimmt. Die Rede ist von „zwei unterschiedlich großen bojenähnlichen Objekten, von denen eine möglicherweise eine Antenne hat". Ein Crewmitglied macht davon Fotos; schließlich kommen sie zu der Einschätzung, dass es sich nicht um die TITAN handeln kann. Das Flugzeug wirft neue Sonobojen ab. Ab 15.45 Uhr detektieren diese wieder Klopfgeräusche. Die AURORA bringt deshalb zusätzliche Bojen aus, um die Quelle besser triangulieren zu können. Gegen 16:05 Uhr sind noch einmal Klopfgeräusche zu hören. Die Besatzung des Flugzeugs berechnet daraus die ungefähren Koordinaten 41,756 N, 50,422 W – diese sind nur etwa 2,5 Kilometer vom TITANIC-Bug entfernt.[1288]

### 20. Juni 2023 – 12.36 Uhr

Die englische „Daily Mail" veröffentlicht online einen Artikel über P.H. Nargeolet und zitiert darin dessen Stiefsohn John Paschal, der bestätigt, das Nargeolet zur TITAN-Crew zählt. „Wir hoffen auf ein bestmögliches Ergebnis für alle, die an Bord sind. Wir hoffen, dass sie sicher und gesund zurückkommen, und wir denken an alle und beten für sie."[1289]

### 20. Juni 2023 – 13.14 Uhr

Das RCC in Boston bittet Halifax um Hilfe bei der Einsatzkoordinierung des französischen Forschungsschiffes L'ATALANTE. Konkret geht um die Kommunikation mit der Firma Genavir, einem Tochterunternehmen des Meeresforschungsinstituts IFREMER, das dessen ozeanografische Flotte managt und betreibt. Die Ansprechpartner bei Genavir sprechen ausschließlich Französisch, was die Kommunikation mit Boston sehr erschwere. Das JRCC in Halifax sagt zu, die Abstimmung mit Genavir und der L'ATALANTE zu übernehmen – für die Kanadier ist es kein Problem, dafür zweisprachiges Personal bereitzustellen.[1290]

### 20. Juni 2023 – 14.16 Uhr

In Westhampton Beach auf Long Island, New York, startet eine HC-130J der US Air Force in Richtung der Wrackstelle der TITANIC (Ortszeit Long Island 12.46 Uhr), erneut mit einer 13-köpfigen Besatzung. Die Registriernummer des Fliegers lautet 16-5863, die Flugnummer RESQ5863. Weil die Air Force zwischenzeitlich erfahren hat, dass sich die TITAN im Wasser nicht öffnen lässt, sind diesmal keine Fallschirmspringer dabei. Das Flugzeug wird elf Stunden 50 Minuten in der Luft sein und am 21. Juni um 01.36 Uhr (Ortszeit Long Island 00.06 Uhr) wieder in Westhampton Beach landen.[1291]

→ Bild 70: Ein Soldat hält nach dem Tauchboot Ausschau. (Seite 275)

### 20. Juni 2023 – 14.30 Uhr

Die US-Küstenwache in Boston informiert die Medien bei einer zweiten Pressekonferenz (Ortszeit Boston 13.00 Uhr). Der stellvertretende Pressesprecher Robert Simpson übergibt nach einer kurzen Einführung an Captain Jamie Frederick, den Koordinator der Rettungsaktion. Dieser drückt den Angehörigen sein Mitgefühl aus und versichert, dass alles unternommen würde, um die Mission zum Erfolg zu führen. Rund um die Uhr werde gearbeitet; involviert seien die US-Marine, kanadische Streitkräfte sowie die Küstenwachen beider Länder – die zentrale Einsatzleitung, „Unified Command" genannt, sei in Boston. Die Journalisten wollen wissen, wie lange der Sauerstoff noch reichen kann. Fredericks Antwort: 40 oder 41 Stunden. Unabhängig von den Anstrengungen, das Tauchboot zu lokalisieren, werde nun auch geeignetes Bergegerät an die Einsatzstelle geschafft.

In einem später nachgereichten Pressekommuniqué findet sich eine Liste der involvierten Schiffe, die den enormen Umfang der Rettungsaktion unterstreichen soll (wobei acht von neun Schiffen zum Zeitpunkt der Pressekonferenz zwar mobilisiert, aber noch nicht angekommen sind – lediglich die Deep Energy ist schon vor Ort):

Deep Energy mit zwei ROVs
(Rohrleger des englischen Konzerns TechnipFMC)
John Cabot mit Seitenscansonar
(Hochseefischerei-Forschungsschiff der kanadischen Küstenwache)
Ann Harvey (Rettungseisbrecher der kanadischen Küstenwache)
Terry Fox (schwerer Eisbrecher der kanadischen Küstenwache)
Atlantic Merlin mit ROV
(Ankerziehschlepper der kanadischen Küstenwache)
Horizon Arctic (Ankerziehschlepper von Horizon Maritime Services)
Skandi Vinland mit ROV (Versorgungsschiff von DOF Installer ASA)
L'Atalante mit ROV und Seitenscansonar
(Forschungsschiff von IFREMER)
Glace Bay (kanadisches Küstenverteidigungsschiff mit
Dekompressionskammer und medizinischem Fachpersonal)[1292]

Keine Erwähnung finden der auf eine Implosion hindeutende Knall vom Sonntag, den die Navy registriert hat, und auch nicht das von den Sonobojen der kanadischen Luftwaffe vernommene Klopfen im Wasser.

Richard Garriott de Cayeux vom Explorers Club erfährt über andere Kanäle von den Geräuschen aus der Tiefe und verschickt am Dienstagnachmittag eine Rundmail an seine Mitglieder. Diese sollen ihre Verbindungen und Netzwerke nutzen, um Druck auszuüben, den Tauchroboter der Firma Magellan doch noch zu mobilisieren. Entsprechende E-Mails gehen an Vizeadmiral William Galanis, den Kommandanten des Naval Sea Systems Command, und an Konteradmiral John W. Mauger, den Kommandanten des ersten Distrikts der US-Küstenwache, dem die TITAN-Rettungsmission untersteht. In den E-Mails sind mehrere Kongressabgeordnete in Kopie gesetzt. Zwar ist es nicht sehr wahrscheinlich, dass diese zur Rettungsmission viel beisteuern können. Allerdings ist es in den USA eine Straftat, dem Kongress gegenüber zu lügen. Es könnte also ein Schachzug sein, um sicherzustellen, dass die Küstenwache und die Navy in ihren Antwortmails keine Falschaussagen machen.[1293]

### 20. Juni 2023 – 14.46 Uhr

Die kanadische Royal Air Force schickt den Sonobojenleger mit dem Funkrufzeichen AUR 118 auf einen weiteren Aufklärungsflug – den dritten seiner Art. Das Flugzeug hebt in Greenwood, Neuschottland, um 14.46 Uhr ab und kommt um 16.44 Uhr an der Unglücksstelle an. Derweil hat die AUR 115 ihren Einsatz vor Ort beendet und fliegt zurück nach Greenwood, wo die Maschine um 17.45 Uhr landet. AUR 118 überwacht die zuvor von AUR 115 ausgebrachten Bojen weiter. Bis Sonnenuntergang unternimmt sie zudem mehrere visuelle Überflüge. Danach konzentriert sich der Einsatz auf das Radar und die Sonobojen.[1294]

### 20. Juni 2023 – ohne Zeitangabe

Der mehrfache Mission Specialist Mike Reiss gibt der Nachrichtenagentur Reuters per Videocall ein Interview. Seine Einschätzung: „Man hört immer wieder die Formulierung, dass die Kommunikation verloren gegangen ist und sie möglicherweise nur außer Reichweite sind, dass sie an die Oberfläche zurückgekommen sind und lediglich keinen Funkkontakt haben. Ich halte das für sehr unwahrscheinlich. Ich glaube eher, dass sie auf dem Meeresboden festsitzen. Vielleicht gab es ein Leck und Wasser ist eingeströmt. Ich bin nicht sehr optimistisch, was ihre Rückkehr anbelangt."[1295]

### 20. Juni 2023 – 14.30 Uhr

OceanGate-Anwalt David Concannon und Ex-RMST-CEO Bretton Hunchak versuchen unterdessen, über Interviews in diversen Medien Druck aufzubauen, um den ROV von Magellan doch noch aktivieren zu können. Zwischenzeitlich ist sogar US-Präsident Joe Biden involviert – dieser sagt Concannon vom Lageraum des Weißen Hauses aus angeblich telefonisch zu, den Tauchroboter aus Guernsey anzufordern. Concannon glaubt, dass nun alles klar ist, und macht einen kleinen Spaziergang. Als er zurückkommt, ist die Mobilisierung der Magellan-Gerätschaften jedoch schon wieder abgesagt.[1296, 1297]

Bretton Hunchak behauptet der britischen Zeitung „The Telegraph“ gegenüber, dass die US-Behörden offensichtlich lieber amerikanisches Gerät einsetzen wollen als das von Magellan. In einer E-Mail der US Navy an Magellan heißt es tatsächlich, man brauche ihre Dienste nicht mehr, weil ein anderer ROV, von Pelagic, bereits auf dem Weg sei. Zudem würde „Juliet“ von Jersey nicht mehr vor Ablauf der angenommenen 96-Stunden-Frist für den im Tauchboot verfügbaren Sauerstoff vor Ort ankommen.[1298]

David Concannon ist stinksauer. Zum einen, weil der Magellan-ROV rechtzeitig angekommen wäre, wenn er gleich am Montag Richtung Kanada transportiert worden wäre. Zum anderen, weil er fest davon überzeugt ist, dass die Besatzung der TITAN die Sauerstoffreserven strecken kann. Was kaum jemand weiß: Es gibt an Bord für einen derartigen Notfall einen kleinen Vorrat des Medikaments Ketamin, der beruhigend und einschläfernd wirkt, sodass die Atemfrequenz reduziert wird und man weniger Sauerstoff verbraucht. Concannon geht deshalb eher von 106 Stunden Sauerstoff aus.[1299]

### 20. Juni 2023 – 17.06 Uhr

Die SKANDI VINLAND trifft an der Wrackstelle ein.

### 20. Juni 2023 – 17.16 Uhr

Auf der POLAR PRINCE postet Christine Dawood in die WhatsApp-Gruppe der Familienangehörigen: „Die Flugzeuge haben gestern und heute Schlaggeräusche registriert. An der gleichen Stelle. Sie sind sehr zuversichtlich, wegen des Rhythmus der Geräusche.“ Ein OceanGate-Mitarbeiter fügt später hinzu: „Soweit ich das verstanden habe, suchen wir jetzt in dem Bereich, aus dem die Geräusche kommen.“ Und gegen 22 Uhr dann: „Wir sind jetzt über der Stelle, wo die Klopfgeräusche herkommen. [...] Ich bin im Kontrollraum des ROV, weiß also nicht, was auf der Brücke los ist. Werden drei Stunden brauchen, bis wir da sind, wo die Geräusche herkommen." Ein Angehöriger fragt nach: „Heißt das, sie stecken nicht im Schlamm fest, wo sie ursprünglich ankommen sollten? Ist das weit weg von dort?" Antwort: „So hat man mir das gesagt. Die Geräusche gestern und heute kamen von unterschiedlichen Positionen, sind aber rhythmisch und signifikant genug für große Zuversicht." An Bord der POLAR PRINCE geht man also davon aus, dass das Tauchboot tatsächlich irgendwo in der Wassersäule driftet und gefunden werden kann.[1300]

### 20. Juni 2023 – 18.27 Uhr

Die Aurora CP-140 der kanadischen Royal Air Force empfängt über die im Wasser ausgebrachten passiven Sonobojen vom Typ Difar erneut Klopfgeräusche. Diese hörten sich ähnlich an wie am Vortag, meldet die Crew, zudem träten die Geräusche wieder zur vollen und zur halben Stunde auf. Für eine Triangulierung wirft AUR 118 zusätzliche Bojen ab, die um 18.57 Uhr weitere Geräusche detektieren. Die Quelle wird mit den Koordinaten 41,7461N, 49,930 W verortet, bei einer Positionsunschärfe von rund 500 Metern. Die Koordinaten sind etwa eineinhalb Kilometer von denen des TITANIC-Bugs entfernt. AUR 118 bringt weitere Bojen aus, kann danach jedoch keine klaren Auffälligkeiten mehr ausmachen, weil die DEEP ENERGY und die SKANDI VINLAND zu nahe an den Sonobojen operieren und Störgeräusche produzieren.[1301]

### 20. Juni 2023 – abends

OceanGate bestätigt über seine Social-Media-Kanäle, was längst auf der Hand lag – unter den Vermissten befindet sich auch der OceanGate-CEO. Damit sind alle Namen der vermissten Taucher öffentlich bekannt: Stockton Rush, P. H. Nargeolet, Hamish Harding, Suleman und Shahzada Dawood.

### 20. Juni 2023 – 15.05–19.20 Uhr

Das mobile Tauchrobotersystem Odysseus 6K von Pelagic trifft in St. John's ein. Die erste der drei Frachtmaschinen aus Buffalo, New York, landet gegen 15.05 Uhr, die zweite um 17.56 Uhr, die dritte um 19.20 Uhr. Mit einer Polizeieskorte wird das Material jeweils zum Liegeplatz 12 im Hafen von St. John's gebracht, wo die HORIZON ARCTIC auf die Ausrüstung wartet. Der letzte Lkw trifft gegen 23 Uhr am Pier ein.[1302]

### 20. Juni 2023 – gegen 19 Uhr

Das Onlineportal „The Warzone“ veröffentlicht einen Artikel, in dem angekündigt wird, dass die Navy zur Rettung der TITAN das Flyaway Deep Ocean Salvage System (FADOSS) der Firma Phoenix International einsetzen will. FADOSS ist ein portabler Bergungskran, der je nach Konfiguration Objekte mit einem Gewicht von bis zu 27 Tonnen aus einer Tiefe von maximal 5.800 Meter bergen kann. Die TITAN wiegt mitsamt der Besatzung knapp elf Tonnen. Damit wäre eine Bergung der Tauchkapsel theoretisch möglich. FADOSS steht schon seit dem 19. Juni auf einer Liste der Navy mit Gerätschaften, die mobilisiert werden sollen. Das System besteht aus Generatoren, Schwerlastwinden und einem Hebeseil und kann auf den meisten Versorgungsschiffen installiert werden. Das Krangestell und die Winden müssen dafür allerdings mit dem Schiff verschweißt werden, was geschätzt etwa 24 Stunden dauern würde. CNN meldet, dass FADOSS noch im Laufe der Nacht in St. John's ankommen und vermutlich an Bord des in St. John's registrierten Multifunktionsschiffes ATLANTIC KINGFISHER gebracht werden soll – die Vorbereitungen liefen bereits.[1303, 1304, 1305]

Die Navy will FADOSS auf dem Landweg von Largo, Maryland, nach Neufundland bringen. Für die Überstellung werden doppelt so viele Fahrer wie Lkw benötigt, um die von der Gewerkschaft vorgeschriebenen Ruhezeiten einhalten zu können. Der 19. Juni ist in den USA ein Feiertag, (Juneteenth National Independence Day – erinnert wird an das Ende der Sklaverei), die Dispositionsbüros sind geschlossen. Daher gelingt es nicht, genügend Lkw-Fahrer zu finden. Dass FADOSS nicht eingeflogen werden soll, wertet OceanGates Anwalt David Concannon als Indiz, dass die Einsatzzentrale in Boston ein Überleben der TITAN-Crew zu diesem Zeitpunkt für ausgeschlossen hält. Die Navy spricht intern hingegen von Problemen, die für einen Flug nötigen Genehmigungen zu erhalten und passende Frachtmaschinen zu organisieren.[1306, 1307]

### 20. Juni 2023 – 20.04 Uhr

Das JRCC in Halifax fragt bei der TERRY FOX an, ob sie die zehnköpfige Technikcrew für den ROV der L'ATALANTE und vier Personen des medizinischen Teams der kanadischen Streitkräfte zur Einsatzstelle bringen kann, die in den kommenden Stunden in St. John's landen sollen. Die leitende Offizierin der TERRY FOX antwortet: „Heilige Scheiße! So viele Leute kann ich auf keinen Fall mitnehmen!“ Halifax schlägt vor, die beiden Teams notfalls auf dem Boden oder an Deck schlafen zu lassen. Die Offizierin winkt ab: Das sei aus rechtlichen Gründen nicht möglich. Es sei ihnen nicht erlaubt, jemanden an Bord zu nehmen, für den es kein Bett und keine Überlebensausrüstung gibt. Sie könne deshalb maximal acht Personen mitnehmen, notfalls neun, wenn der Steward stattdessen an Land geht. Das JRCC prüft daraufhin, ob eine Ausnahmegenehmigung für 14 Personen beschafft werden kann. Alternativ müsse ein Teil der Teams zeitversetzt mit dem nächsten Schiff zur Unglücksstelle fahren. Laut Plan wäre das die ANN HARVEY, ein Search-and-Rescue-Eisbrecher der kanadischen Küstenwache mit einem Helikopterlandeplatz am Heck.[1308]

### 20. Juni 2023 – 21.51 Uhr

Das Flugzeug mit dem Funkrufzeichen AUR 118 zieht über der Einsatzstelle seine Bahnen und empfängt von mehreren Difar-Passiv-Sonobojen erneut Klopfgeräusche. Binnen vier Minuten sind vier laute Einzelgeräusche zu hören. AUR 118 fragt bei den Schiffen vor Ort nach, ob jemand von ihnen an die Außenhülle eines Schiffes geschlagen hat oder die Geräusche in anderer Form verursacht hat. Alle verneinen das.[1309]

### 20. Juni 2023 – 22.17 Uhr

Die JOHN CABOT der kanadischen Küstenwache trifft an der Unglücksstelle ein. Sie zieht fortan mit ihrem Seitenscansonar Bahnen im Wrackgebiet.[1310]

### 20. Juni 2023 – später Abend

Die US-Zeitschrift „Rolling Stone" veröffentlicht einen Exklusivbericht über Klopfgeräusche in der Tiefsee und zitiert dabei interne E-Mails aus dem US-Ministerium für Innere Sicherheit (Department of Homeland Security). Das Rescue Coordination Center in Halifax habe ein Flugzeug vom Typ P8 Poseidon vor Ort, das Sonobojen abgeworfen und ein Geräusch nahe der Position des in Not befindlichen Tauchboots aufgezeichnet habe. Die P8 Poseidon ist ein U-Boot-Jäger von Boeing, den die kanadischen Streitkräfte zu diesem Zeitpunkt schon als Nachfolger für die Auroras bestellt haben, der aber noch nicht im Einsatz ist. Vermutlich kannte der Journalist nur die Funktion des Fliegers und hat die Modellbezeichnung falsch recherchiert. In der Nacht verbreitet sich die Geschichte von den Klopfgeräuschen rasant – die Medien berichten weltweit. Journalisten und Experten stellen Vermutungen an, dass die verschollenen Insassen der TITAN versuchen, auf sich aufmerksam zu machen – möglicherweise, so die Spekulation, unter Anweisung von P. H. Nargeolet, der als ehemaliger Marinetaucher für Notsituationen ausgebildet ist.[1311, 1312, 1313]

James Cameron hingegen glaubt nicht, dass die Geräusche von der TITAN stammen, äußert sich aber auch jetzt nicht öffentlich. Erst in einem Interview mit „60 Minutes Australia" im Juni 2024 sagt er rückblickend dazu: „Die wollen gehört haben, wie ein kleiner Schraubenschlüssel oder etwas Vergleichbares an die Hülle [der TITAN] klopft, während elf Schiffe geräuschvoll in direkter Umgebung operieren und dabei schweres Gerät an Deck bewegen. Das ist, als wollte man den Furz eines Spatzen im Lärmwirrwarr eines Flughafens hören."[1314]

Währenddessen beschließt die US-Küstenwache, den ROV von Magellan doch noch zu mobilisieren. Angesichts der Hoffnungseuphorie vieler Medien will man sich offenbar nicht nachsagen lassen, man habe nicht alles versucht. Die US Air Force soll das Equipment, das noch immer auf der Kanalinsel Jersey wartet, nach St. John's transportieren. Die Gerätschaften mit dem Kran, die in Schottland stehen, soll die britische Royal Air Force nach Kanada bringen.[1315]

### 20. Juni 2023 – 23.38 Uhr

Die Aurora CP-140 mit dem Funkrufzeichen AUR 118 hört über die Sonobojen an der Einsatzstelle erneut Klopfgeräusche, ehe sie sich kurz nach Mitternacht auf den Rückweg nach Greenwood macht (wo sie um 01.54 Uhr landet).

### 20. Juni 2023 – nachts

Dawn Macauley im JRCC in Halifax prüft, ob die ANN HARVEY, die in den frühen Morgenstunden und noch vor der TERRY FOX auslaufen soll, zusätzlich einen Hubschrauber mitnehmen kann, um an der Unglücksstelle flexibler zu sein. Am Heck des Schiffes kann eine achtsitzige Bell 429 starten und landen. Nach gründlicher Prüfung entscheidet sich Halifax gegen die Helikopteroption, weil es mehrere Stunden zusätzlich dauern würde, die Bell und die zugehörige Crew zu aktivieren und mit dem Heli auf dem Schiff zu landen. Das ROV-Team der L'ATALANTE auf den Weg zu bringen hat Vorrang. Alternativ wird ein Szenario durchgespielt, bei dem ein kanadischer Seerettungshelikopter vom Typ CH-149 Cormorant das ROV-Team zur Unglücksstelle fliegt. Die Cormorant kann 15 Personen transportieren. Der Flug wäre rein rechnerisch gerade noch möglich, wenn der Heli einen

Zwischenstopp auf der 316 Kilometer ostsüdöstlich vom Flughafen St. John's gelegenen Hiberniaölplattform macht, dort auftankt und dann zum Zielschiff weiterfliegt. Auch diese Option wird schließlich wieder verworfen. Die DEEP ENERGY hat zwar einen Helikopterlandeplatz, doch der ist für die 15 Tonnen schwere Cormorant nicht stabil genug. Macauley arbeitet ein drittes Szenario durch, bei dem ein kleinerer Helikopter, eine Sikorsky S-92, zum Einsatz kommen soll. Damit das Kerosin reicht, muss die DEEP ENERGY dem Heli rund sechs Stunden entgegenfahren. Zudem müsste er bis zum Einsatzende des Schiffes vor Ort bleiben. Aus Sicherheitsgründen darf der Heli nur zurückfliegen, wenn der Treibstoff ohne Zwischenstopp bis aufs Festland reicht. Eine Rückkehr wäre somit erst möglich, wenn das Schiff die Sikorsky weit genug Richtung Küste gefahren hat, sodass ein Nonstop-Flug möglich ist. Am Ende entscheidet das RCC in Boston sich gegen die Hubschrauberoption – man will die DEEP ENERGY nicht zwölf Stunden lang von der Einsatzstelle abziehen.[1316, 1317]

## MITTWOCH, 21. JUNI 2023

# DER DRITTE TAG NACH DEM VERSCHWINDEN DER TITAN

### 21. Juni 2023 – 03.32 Uhr

Die ANN HARVEY, der Search-and-Rescue-Eisbrecher der kanadischen Küstenwache, bricht in St. John's zur TITANIC-Wrackstelle auf. Sie hat die zehnköpfige ROV-Crew der L'ATALANTE und das vierköpfige medizinische Team der kanadischen Royal Air Force an Bord. Die Abfahrt hat sich noch mal leicht verzögert, weil sich vier der französischen ROV-Techniker am Flughafen erst um verloren gegangenes Gepäck kümmern müssen. Wenn die fehlenden Koffer und Taschen wieder auftauchen, sollen sie mit dem nächsten Schiff nachgebracht werden.[1318, 1319]

### 21. Juni 2023 – 04.48 Uhr

Die Küstenwache in Boston bestätigt auf ihrem Twitter-Account @USCGNortheast einen Teil der vom „Rolling Stone" veröffentlichten Informationen: „Das kanadische P-3-Flugzeug hat Unterwassergeräusche im Suchgebiet entdeckt. Daraufhin wurde der Einsatz der ROVs verlegt, um den Ursprung der Geräusche zu erkunden. Die ROV-Suche hat bisher keine Ergebnisse erbracht, wird aber fortgesetzt. Darüber hinaus wurden die Daten des P-3-Flugzeugs zur weiteren Analyse an unsere Experten der US-Marine weitergeleitet, die sie bei künftigen Suchplänen berücksichtigen werden." Wieder wird für den U-Boot-Jäger die falsche Typenbezeichnung verwendet. Die CP-140 Aurora ist eine modifizierte Version des von der US Air Force verwendeten Flugzeugs P-3 Orion. Die beiden Namen werden trotz gewisser Abweichungen bei der technischen Ausstattung oft synonym verwendet – die Küstenwache meint also eine Aurora, wenn sie von einer P-3 spricht.[1320]

### 21. Juni 2023 – 05.10 Uhr

Die ATLANTIC MERLIN erreicht das Wrackgebiet und hilft fortan bei der Suche.

### 21. Juni 2023 – 05.35 Uhr

Die HORIZON ARCTIC läuft aus St. John's aus und macht sich zum zweiten Mal im Rahmen der Rettungsmission auf den Weg zur TITANIC. Die Zeit drängt – das Schiff fährt nun ohne Rücksicht auf den Treibstoffverbrauch mit absoluter Höchstgeschwindigkeit und erreicht dabei zeitweise 17 Knoten (31,5 km/h). An Bord ist der Tiefseetauchroboter Odysseus 6K von Pelagic, der unterwegs schnellstmöglich auf seinen Einsatz vorbereitet wird.[1321]

### 21. Juni 2023 – 06.00 Uhr

Die POLAR PRINCE entfernt sich von ihrer bisherigen Position unmittelbar über der TITANIC-Wrackstelle und fährt etwa 16 Kilometer nach Westen – vermutlich, um die Arbeiten der DEEP ENERGY und der SKANDI VINLAND nicht zu behindern. Den Rest des Tages bleibt das Expeditionsschiff auf Abstand.

### 21. Juni 2023 – 07.00 Uhr

Ein Fischer aus Südaustralien ruft beim JRCC in Halifax an und schlägt vor, die Unglücksstelle von Booten mit Hochseeschleppnetzen abfahren zu lassen, um das vermisste Tauchboot einzufangen. Der ungewöhnliche Tipp wird nicht weiterverfolgt.[1322]

### 21. Juni 2023 - 08.50 Uhr

Mit der TERRY FOX macht sich in St. John's ein weiteres Schiff der kanadischen Küstenwache auf den Weg zur TITANIC. Sie hat zwei Einsatzkräfte aus den USA an Bord, die vor Ort bei der Koordinierung der vielen Schiffe und der Tauchroboter helfen sollen.

### 21. Juni 2023 - 08.50 Uhr

Ein vierte Aurora mit dem Funkrufzeichen AUR 108 kommt an der Unglücksstelle an. Die Maschine ist kurz vor 06.00 Uhr in Greenwood losgeflogen. Das Flugzeug wirft insgesamt 25 Sonobojen ab. Es muss immer wieder neue Bojenreihen ausbringen, auch wenn die alten noch funken, weil die Strömung sie kontinuierlich verschiebt. Der Horchbereich um die Zielstelle – die letzte bekannte Position der TITAN – soll hingegen weitgehend gleich bleiben, und so füllen die Auroras das Suchfeld stets aufs Neue auf. In einem Zwischenbericht um 10.29 Uhr meldet die Crew, dass die Sonobojen durch die zunehmende Anzahl von Schiffen vor Ort inzwischen so viele Nebengeräusche registrieren, dass eine präzise Auswertung kaum mehr möglich ist. Boston meldet zurück, dass AUR 108 die akustische Suche trotzdem fortsetzen soll und diese wichtiger ist als die visuelle Erkundung mit Überflügen.[1323]

### 21. Juni 2023 - 10.19 Uhr

Die HC-130 der internationalen Eispatrouille mit dem Rufzeichen C2013 verlässt St. John's ein weiteres Mal in Richtung Unglücksstelle – es ist ihr dritter Erkundungsflug. Etwa zur gleichen Zeit meldet die Crew von AUR 108 ans JRCC in Halifax, dass bei einem Überflug ein gelbes Objekt gesichtet wurde. Die POLAR PRINCE sei unterwegs zur Abklärung. Man habe an der Stelle eine aktive Sonarboje vom Typ ESUS abgeworfen und Signale ins Wasser gesendet, aber keine Antwort empfangen. Später detektieren die Passivbojen vom Typ Difar an anderer Stelle Geräusche. Um 12.26 Uhr und um 12.33 Uhr ist jeweils ein Klopfen gefolgt von einem Doppelklopfen zu hören, das ungefähr an 41,740 N, 49,902 W verortet wird. Der Abstand der errechneten Position zu den Koordinaten des TITANIC-Bugs beträgt rund 3,8 Kilometer. Um 11.11 Uhr startet in Greenwood die nächste Aurora; erneut ist die Maschine mit dem Rufzeichen AUR 115 im Einsatz. Durch die überlappenden Flüge soll es nun eine durchgehende Sonobojen-Auswertung an der Unglücksstelle geben.[1324]

## 21. Juni 2023 – nachmittags

Die TITAN ist nun seit mehr als drei Tagen verschwunden. Die an der Rettungsmission beteiligten Schiffe halten Abstand zur Wrackstelle der TITANIC. Die DEEP ENERGY verharrt bei gleichbleibender Position vier Kilometer östlich; vermutlich wird dort ein Sonarscanner zu Wasser gelassen. Dann fährt sie langsam in Bahnen von gut drei Kilometer Länge in Richtung Nordosten und zurück.

## 21. Juni 2023 – 13.34 Uhr

Zum dritten Mal startet in Westhampton Beach auf Long Island, New York, eine HC-130J der US Air Force in Richtung der Wrackstelle der TITANIC (Ortszeit Long Island 12.04 Uhr), diesmal mit einer zwölfköpfigen Besatzung. Es handelt sich erneut um die Maschine mit der Registriernummer 16-5863; die Flugnummer lautet wie schon am Vortag RESQ5863. Der Flieger wird mehr als neun Stunden in der Luft sein und um 23.16 Uhr (Ortszeit Long Island 21.46 Uhr) wieder in Westhampton Beach landen.[1325, 1326]

## 21. Juni 2023 – 13.44 Uhr

Das RCC in Boston beauftragt die JOHN CABOT, die Einsatzleitung vor Ort zu übernehmen. Diese lag bislang kommissarisch bei der POLAR PRINCE.

## 21. Juni 2023 – 14.30 Uhr

Die Pressesprecherin Samantha Corcoran eröffnet eine dritte Pressekonferenz der US-Küstenwache in Boston (Ortszeit 13.00 Uhr) und gibt das Wort an Jamie Frederick, den Koordinator der Rettungsaktion. Dieser führt aus, dass die Bemühungen der vergangenen Tage langsam Früchte tragen und in kurzen Abständen weiteres Rettungsgerät an der Unglücksstelle ankommen werde. Die Koordination aller Beteiligten sei äußerst komplex, insbesondere aufgrund der abgelegenen Lage der Einsatzstelle. Carl Hartsfield von der Woods Hole Oceanographic Institution (dem US-amerikanischen Meeresforschungsinstitut) bekommt das Wort. Er beschreibt, wie schwer es ist, Unterwassergeräusche richtig zu interpretieren. Die besten Experten seien hinzugezogen worden, um die Aufnahmen mit den Klopfgeräuschen auszuwerten, die auch von Tieren oder Schiffen stammen könnten. Jamie Frederick übernimmt wieder und mahnt: „Solange der Rettungseinsatz läuft, sollten wir optimistisch und zuversichtlich bleiben." Er könne nicht sagen, wie lange man noch suchen wolle. Irgendwann müsse die Küstenwache möglicherweise die schwere Entscheidung treffen abzubrechen. Noch sei dieser Zeitpunkt aber nicht gekommen. Die Pressekonferenz endet nach 18 Minuten.[1327, 1328]

### 21. Juni 2023 – 15.18 Uhr

Der U-Boot-Aufklärer AUR 108 detektiert erneut auf mehreren Bojen ein Klopfen, gefolgt von einem Doppelklopfen. Um 15.20 Uhr beendet das Flugzeug seinen Einsatz vor Ort und macht sich auf den Rückweg nach Greenwood. Ab 15.23 Uhr übernimmt die soeben eingetroffene AUR 115.[1329]

### 21. Juni 2023 – ohne Zeitangabe

Im Laufe des Mittwochs erhält die US-Küstenwache von der Navy einen Bericht mit einer ersten Auswertung der Klopfgeräusche. Darin heißt es, dass diese, anders als in den Medien behauptet, nicht in regelmäßigen Abständen von 30 Minuten aufgetreten seien und dass man hundert Prozent sicher sei, dass die Geräusche nicht menschlichen Ursprungs sind. Es ist unklar, ob diese Erkenntnisse zur Pressekonferenz bereits vorlagen. Sie werden allerdings auch danach nicht veröffentlicht (und kommen erst im Rahmen des später einberufenen Untersuchungsausschusses ans Licht).[1330]

### 21. Juni 2023 – 15.50 Uhr

Das JRCC in Halifax fragt in Boston nach, ob in absehbarer Zeit ein Transportschiff für den Schwerlastkran FADOSS gechartert wird. Wenn ja, würde man dem Schiff gerne einen autonom fahrenden Sonarschlitten mitgeben, der am 22. Juni morgens mit sieben Personen Technikpersonal in St. John's ankommen soll. Andernfalls würde man stattdessen einen Transport des Geräts mit der TELEOST planen, einem Fischerei-Forschungsschiff der kanadischen Küstenwache. Gegen 18.41 Uhr heißt es aus Boston lapidar, man sei sich nicht sicher, ob das Thema FADOSS noch auf dem Tisch liege; Halifax solle bis auf Weiteres den Transport mit der TELEOST planen.

### 21. Juni 2023 – ohne Zeitangabe

In den britischen Medien erhebt Hamish Hardings Cousine Kathleen Cosnett, die eine Autostunde von London entfernt in Twyford lebt, schwere Vorwürfe gegen OceanGate. Mit Blick auf die limitierten Sauerstoffreserven an Bord der TITAN könne die Familie nicht verstehen, dass der Notruf an die Küstenwache erst acht Stunden nach dem Kommunikationsabriss zum Tauchboot erfolgt ist. Cosnett wörtlich: „Es ist sehr beängstigend. Sie haben viel zu lange gewartet. Der Notruf hätte meiner Meinung nach allerspätestens nach drei Stunden erfolgen müssen."[1331]

### 21. Juni 2023 – 17.02 Uhr

Elisabeth Navratil, die Tochter des TITANIC-Überlebenden Michel Navratil, spricht in einem Post auf Facebook öffentlich aus, was kaum jemand zu diesem Zeitpunkt wahrhaben oder sagen will. Während die Medien und User sich in sozialen Netzwerken in gleichem Masse mit Hoffnungsbekundungen und Gebetsaufrufen solidarisch zeigen, verabschiedet sie sich öffentlich von Paul-Henri „P. H." Nargeolet: „Lebe wohl, lieber Paul-Henri, du bist dort umgekommen, wo deine Leidenschaft war."[1332]

### 21. Juni 2023 – 19.00 Uhr

Die Medienberichte überschlagen sich und sind zunehmend von Kritik an OceanGate und Stockton Rush geprägt. Von zu Hause aus schreibt die OceanGate-Chefarchäologin von 2021 und 2022, Bridget Buxton, eine Art Klarstellung auf Facebook: „Auf der Suche nach Updates in den Medien habe ich so viel Müll gelesen, dass ich hier wettern muss. Ich bin verwirrt, wenn ich lese, dass Person X zur TITAN 2018 Sicherheitsbedenken geäußert hat (Hinweis: Das war ein anderes Tauchboot!!!). Nach jedem einzelnen Tauchgang hat jeder, auch die zahlenden Mission Specialists, an einem langen Abschlusstreffen teilgenommen, wo es zu 90 Prozent darum geht, Sicherheitsthemen auf den Tisch zu bringen, Bedenken resultierend aus dem letzten Tauchgang zu äußern sowie über Lösungen nachzudenken. Nach jedem einzelnen Tauchgang. Weil man das genau so macht bei einem Fahrzeug, das ein experimenteller Prototyp ist – man übt Kritik, man testet es, um die Systeme und Protokolle zu verbessern, wo immer man kann. Die Ingenieure haben den Ballastabwurf und die Batteriesysteme der TITAN während meiner ersten Expedition mehrfach umgebaut. Das OceanGate-Team hat auch Kollegen von anderen Firmen angerufen, mit ihnen Informationen geteilt und über künftige gemeinsame Lösungen diskutiert, die man ausprobieren könnte, um zum Beispiel die Batterieprobleme zu lösen. [...] Dass die Medien jetzt versuchen, die Titan als eine Art selbst gebasteltes Spielzeug darzustellen und OceanGate als gleichgültig bezüglich der Sicherheit, ist unverantwortlich, unehrlich und beleidigend. [...] Und jetzt werde ich wieder alle fünf Minuten die Fenster auf meinem Bildschirm updaten, in der Hoffnung auf gute Nachrichten."[1333]

### 21. Juni 2023 – 19.22 Uhr

In Greenwood hebt zum sechsten Mal eine Aurora CP-140 ab (Rufname AUR 112). Sie kommt um 21.15 Uhr an der Unglücksstelle an und löst AUR 115 ab, die zwei Minuten später ihren Rückflug einleitet und um 23.11 Uhr in Greenwood landet. Die Maschine hat während ihres Einsatzes weitere Sonobojen ausgebracht, darunter sieben aktive vom Typ ESUS, aber keine neuen Klopfgeräusche wahrgenommen. Nur eine der sieben Bojen, die einen Abstand vor rund vier Kilometern zur Einsatzstelle hat, konnte überhaupt sinnvoll ausgewertet werden. Die anderen hören vor allem die Geräusche der Schiffe, die nun über der TITANIC-Wrackstelle herummanövrieren.[1334]

### 21. Juni 2023 – 19.26 Uhr

Die HC-130 der internationalen Eispatrouille mit dem Rufzeichen C2013 landet nach ihrem dritten Erkundungsflug um 19.26 Uhr wieder in St. John's – sie war etwas mehr als neun Stunden in der Luft.

### 21. Juni 2023 – 21.30 Uhr

Die L'ATALANTE des französischen Meeresforschungsinstituts IFREMER erreicht das Suchgebiet. Sie behält jedoch ihren Nordwestkurs bei und fährt zunächst an der Wrackstelle der TITANIC vorbei. Das Schiff soll der ANN HARVEY entgegenfahren, die das zehnköpfige Technikteam für den Tauchroboter Victor 6000 bringt. So kann das Technikteam früher zur L'ATALANTE übersetzen und hat dann bis zur Ankunft an der Unglücksstelle Zeit, den Tauchroboter einsatzfähig zu machen. Das Rendezvous der beiden Schiffe soll morgens am 22. Juni gegen 02.00 Uhr stattfinden.[1335]

### 21. Juni 2023 – 21.52 Uhr

Die zweite der drei Air-Force-Frachtmaschinen (Registriernummer 03-3125), die den ROV von Pelagic nach St. John's geflogen haben, ist im Anschluss umgehend nach Buffalo zurückgekehrt. Am frühen Abend des 21. Juni fliegt sie erneut nach St. John's und landet dort um 21.52 Uhr. Es ist unklar, was das Flugzeug geladen hat. Vielleicht sind zusätzliche Gerätschaften an Bord, die nun mit einem anderen Schiff zur HORIZON ARCTIC gebracht werden müssen – diese ist ja schon seit den frühen Morgenstunden unterwegs zur Unglücksstelle.

# DONNERSTAG, 22. JUNI 2023

# DER VIERTE TAG NACH DEM VERSCHWINDEN DER TITAN

### 22. Juni 2023 – 01.41 Uhr

In Elizabeth City, North Carolina, startet eine weitere Super Hercules HC-130J der amerikanischen Küstenwache. Für den Flieger mit dem Rufzeichen C2015 (Registriernummer 155907) ist es der zweite Einsatz im Rahmen der TITAN-Rettungsmission. Er wird zwölfeinhalb Stunden in der Luft sein und dann um 14.24 Uhr in St. John's landen. Tags drauf fliegt die C2015 um 10.31 Uhr von St. John's zurück nach Elizabeth City, wo das Flugzeug um 14.53 landet (Ortszeit North Carolina 13.23 Uhr).

### 22. Juni 2023 – 01.44 Uhr

Eine Boeing C-17A Globemaster III der US Air Force mit der Registriernummer 03-3122 und der Flugnummer RCH270 landet, von der Ramstein Air Base in Deutschland kommend, um 01.44 Uhr (Ortszeit Jersey 05.14 Uhr) auf der Kanalinsel Jersey. An Bord hat sie Rampen und Gerätschaften, die nötig sind, um den ROV „Juliet" der Firma Magellan mitnehmen zu können. Beim Verladen verschiebt sich ein Teil der Fracht auf den Transportpaletten so sehr, dass alles wieder ausgeladen werden muss. Da nun die maximal zulässige Einsatzzeit der Flugcrew nicht mehr für einen Flug nach Neufundland reicht, hebt das Flugzeug um 13.08 Uhr (16.38 Uhr Jersey-Zeit) unverrichteter Dinge wieder ab. Ein Teil der Besatzung bleibt zurück, um dabei zu helfen, die Paletten neu zu bestücken.[1336, 1337, 1338]

### 22. Juni 2023 – 02.27 Uhr

Rund 43 Meilen nördlich der Wrackstelle (42,420 N, 50,179 W) kommt es zum Rendezvous zwischen der L'ATALANTE und der ANN HARVEY. Das Fachpersonal und ein Teil der Ausrüstung, die IFREMER nach St. John's einfliegen hat lassen, werden übergeben. Danach nehmen beide Schiffe Kurs auf die TITANIC-Wrackstelle. Unterwegs fährt das Team des französischen Tauchroboters auf der L'ATALANTE die Systeme hoch und testet die Gerätschaften.

### 22. Juni 2023 – 02.53 Uhr

In Greenwood, Neuschottland, hebt zum siebten Mal eine Aurora CP-140 ab und macht sich auf den Weg zur Unglücksstelle. AUR 108 kommt um 04.10 Uhr an. Zwischenzeitlich hat AUR 112 bereits ihren Rückflug begonnen, die Maschine landet um 05.23 Uhr in Greenwood.[1339]

### 22. Juni 2023 – 04.15 Uhr

Die HORIZON ARCTIC trifft an der Wrackstelle ein und bezieht Position auf 47,735 N, 49,942 W. Die Crew von Pelagic hat den ROV Odysseus 6K unterwegs so weit wie möglich tauchbereit gemacht. Falls die TITAN noch intakt ist, muss sie geortet, an die Meeresoberfläche gebracht und geöffnet werden, ehe der Sauerstoff an Bord zur Neige geht. Um keine Zeit zu verlieren, soll die DEEP ENERGY in einem Abstand von nur 75 Metern neben der HORIZON ARCTIC warten und ihr Krankabel bereithalten. Sollte Odysseus 6K das Tauchboot finden, soll er sich mit seinen Greifarmen daran festhalten und versuchen, es mithilfe der eigenen Schubdüsen anzuheben. Auf rund 3.000 Meter Tiefe würden zusätzliche ROVs warten und das Ende des Krankabels an der TITAN befestigen. Die weitere Arbeit würde dann die DEEP ENERGY übernehmen und die Kapsel aus dem Wasser direkt an Deck heben. Die Odysseus 6K nimmt einen Transponder mit in die Tiefe, der noch vor einem ersten Rettungsversuch an der TITAN befestigt werden soll. Falls der ROV auf dem Weg durch die Wassersäule mit den Greifarmen abrutscht und die TITAN wieder verliert, könnte diese sofort geortet und ein weiterer Rettungsversuch gestartet werden.[1340, 1341]

Um 05.39 Uhr ist Odysseus 6K im Wasser und beginnt abzutauchen. Normalerweise beträgt seine Sinkgeschwindigkeit 25 Meter pro Minute. Nun geht es mit 35 Metern pro Minute in die Tiefe, weil die TITAN, so sie denn noch intakt ist, nur noch Sauerstoff für wenige Stunden hat. Es dauert rund zwei Stunden, bis der ROV am Meeresboden ankommt.[1342, 1343]

### 22. Juni 2023 – 05.38 Uhr

Die ANN HARVEY erreicht das Suchgebiet.

**22. Juni 2023 – 05.57 Uhr**

Die L'ATALANTE ist nach dem Treffen mit der ANN HARVEY zurück im Einsatzzielgebiet und verlangsamt rund vier Kilometer nordöstlich der TITANIC-Position die Fahrt.

**22. Juni 2023 – 06.14 Uhr**

Die Crew von AUR 108 meldet, erneut Sonobojen abgeworfen zu haben, aber keine relevanten Geräusche im Wasser zu hören.

Um 07.01 Uhr hebt in Greenwood, Neuschottland, die achte Aurora-Maschine der laufenden Rettungsmission ab. Für das Flugzeug mit dem Rufzeichen AUR 118 ist es der dritte Einsatz in vier Tagen. Über der Unglücksstelle findet kurz nach 9 Uhr ein fliegender Wechsel statt: AUR 118 übernimmt die Überwachung, während AUR 108 zurück nach Greenwood fliegt und dort schließlich um 11.07 Uhr landet.[1344]

**22. Juni 2023 – 07.45 Uhr**

Odysseus 6K kommt, von der HORIZON ARCTIC aus ferngesteuert, am Meeresboden an. Dann fallen mehrere Schubdüsen des ROV aus, was eine zielgerichtete Suche unmöglich macht. Die Piloten versuchen, das Problem vor Ort zu lösen – zunächst ohne Erfolg. Pelagic-Chef Ed Cassano befiehlt schweren Herzens, den Tauchroboter zurück Richtung Oberfläche zu ziehen. „Ein paar Hundert Meter über dem Meeresboden" schaltet die Pelagic-Crew ihn ferngesteuert aus und wieder ein. Nun funktioniert der Antrieb plötzlich wieder. Kurze Zeit später setzt Odysseus 6K ein zweites Mal auf dem Meeresboden auf. Der Pilot steuert den ROV nun mit maximaler Geschwindigkeit in Richtung des Punktes unterhalb der letzten bekannten Position der TITAN.[1345, 1346]

**22. Juni 2023 – 08.27 Uhr**

Die Küstenwache meldet auf Twitter, dass die L'ATALANTE ihren ROV Victor 6000 für den Einsatz bereitmacht. Etwa eine halbe Stunde später wird er zu Wasser gelassen.[1347]

**22. Juni 2023 – 08.30 Uhr**

Ausgehend von der Angabe, dass die TITAN am 18. Juni 2023 um 08.30 Uhr verschlossen wurde, wären die auf 96 Stunden bezifferten Sauerstoffvorräte nun rein rechnerisch aufgebraucht. Ist es der Besatzung der TITAN gelungen, den Verbrauch durch möglichst wenig körperliche Anstrengung zu senken, könnte sie die Vorräte um mehrere Stunden strecken – das alles unter der Voraussetzung, dass das Tauchboot noch intakt ist. Die Rettungsmission läuft unterdessen unter Hochdruck weiter. Für Christine Dawood ist der Zeitpunkt gekommen, an dem die Hoffnung in Verzweiflung umschlägt. Auf WhatsApp schreibt sie an die Familienmitglieder auf dem Festland: „Ich bereite mich auf das Schlimmste vor.“[1348, 1349, 1350]

### 22. Juni 2023 - 09.00 Uhr

Der kanadische Eisbrecher TERRY FOX erreicht die Wrackstelle.

### 22. Juni 2023 - 09.48 Uhr

Die GLACE BAY mit der Dekompressionskammer an Bord kommt ebenfalls im Suchgebiet an. Somit sind nun zehn Schiffe vor Ort (POLAR PRINCE, DEEP ENERGY, SKANDI VINLAND, JOHN CABOT, ATLANTIC MERLIN, HORIZON ARCTIC, ANN HARVEY, L'ATALANTE, TERRY FOX, GLACE BAY), die mitten auf dem Atlantik ein hochpräzises, koordiniertes Ballett aufführen. Die Schiffe, die Tauchroboter oder andere Geräte im Wasser haben, müssen insbesondere auf ausreichend Abstand zu den Nachbarschiffen achten.

### 22. Juni 2023 - 10.07 Uhr

Die Küstenwache postet auf Twitter den aktuellen Wetterbericht für das Einsatzgebiet und meldet 1 bis 1,5 Meter Wellengang, Winde um 25 km/h und eine Lufttemperatur von zehn Grad Celsius.

### 22. Juni 2023 - 10.47 Uhr

Genau vier Tage nach dem letzten Sonarsignal der TITAN zeigen die Kameras der Odysseus kleine Trümmerteile – Dinge, „die so nicht auf dem Meeresboden liegen sollten“, wie es der Pelagic-ROV-Manager Jesse Doren ausdrückt. Drei Minuten später haben sie Gewissheit: Auf den Monitoren im Kontrollcontainer erscheint die Glasfaserverschalung des Heckkegels; darunter sind Teile des Rahmens und der Technikkomponenten erkennbar. Das Heck der TITAN steht in einer Tiefe von 3.775 Metern senkrecht auf dem Meeresboden. Unter der Abdeckung hängt das weiße Netz mit den bemalten Styroporbechern.[1351, 1352]

→ Bild 71: Der Heckkegel der TITAN steht auf dem Meeresboden. (Seite 326)

Es gibt nun keinen Zweifel mehr, dass die fünf Insassen der TITAN – Stockton Rush, P. H. Nargeolet, Hamish Harding sowie Shahzada und Suleman Dawood – bei dem Tauchgang zum Wrack der TITANIC umgekommen sind. Aus der Rettungsmission ist eine Bergung geworden.[1353, 1354]

Die zerstörte TITAN liegt ziemlich genau unterhalb der letzten an die POLAR PRINCE übermittelten Ortungsposition. „Die Stelle ist so flach wie der Parkplatz bei IKEA", sagt David Concannon später. „Da liegt nichts außer ein paar Gesteinsbrocken. Sie haben das Tauchboot sofort gefunden."[1355] Der Rest der Welt weiß davon aber noch nichts.

### 22. Juni 2023 – 11.29 Uhr

Auf dem Militärflughafen im schottischen Lossiemouth nimmt eine Boeing C-17A Globemaster der Royal Air Force mit der Registriernummer ZZ174 den mobilen (von Magellan vermittelten) Schwerlastkran samt Hebeseil an Bord und fliegt um 11.29 Uhr ab (Ortszeit Schottland 14.59 Uhr).[1356] Die Maschine wird um 16.05 Uhr in St. John's landen. Das zugehörige Personal soll mit einer Privatmaschine einfliegen, die von Action Aviation, der Firma von Hamish Harding, gestellt wird.[1357] Unter den Flugzeugen, die am 22. Juni 2023 in St. John's landen, ist nur ein einziger Privatjet zu finden, der aus Europa kommt: Flug GKY357 der auf den Kaimaninseln registrierten Gama Aviation. Die Maschine vom Typ Bombardier Global 5000 ist im englischen Farnborough um 06.15 Uhr (09.46 Uhr englischer Zeit) gestartet und um 11.05 Uhr in St. John's gelandet. Es ist unklar, ob es sich dabei um den Flieger mit dem Personal für das Hebeseil handelt.[1358, 1359, 1360]

### 22. Juni 2023 – ab Mittag

Am Nachmittag ziehen sich die Schiffe ATLANTIC MERLIN, JOHN CABOT, ANN HARVEY, TERRY FOX und GLACE BAY zurück und halten nun neun bis 15 Kilometer Abstand zum Geschehen über der Unglücksstelle. Die L'ATALANTE hält Position auf 41,745 N, 49,458 W, rund 220 Meter nordwestlich der Koordinaten der TITANIC-Bugspitze. Die HORIZON ARCTIC verharrt über einer Stelle etwa 270 Meter nordöstlich der Bugspitze. Beide Schiffe haben ihre ROVs im Wasser und koordinieren nun die Bergung der Trümmer.

Die SKANDI VINLAND und die DEEP ENERGY befinden sich nur wenige Hundert Meter entfernt über einer Sektion nordöstlich des Bugs. In diesem Bereich liegen kaum Gegenstände von der TITANIC. Sollten die Sonargeräte hier Objekte orten, stammen sie mit großer Wahrscheinlichkeit von der

Titan. Derweil beobachten die Angehörigen an Bord der Polar Prince das Geschehen.

### 22. Juni 2023 - 12.18 Uhr

Im JRCC in Halifax ist man noch immer bemüht, einen autonom tauchenden Sonarschlitten zur Einsatzstelle zu bringen. Dieser soll gegen 15.30 Uhr in St. John's eintreffen. Halifax fragt in Boston nach, ob der Hebekran FADOSS am Abend mit der Atlantic Kingfisher verschifft wird und diese den Schlitten mitnehmen kann. Sonst werde man die Teleost beauftragen. Etwa eine halbe Stunde später kommt die Antwort: Der Einsatz eines zusätzlichen Schiffes sei unnötig. Die Atlantic Kingfisher könne den Kran und den Sonarschlitten transportieren.[1361]

### 22. Juni 2023 - 13.05 Uhr

Die Terry Fox nimmt Kurs auf St. John's, nachdem das an Bord befindliche Personal der US Navy auf die Horizon Arctic übergesetzt hat. Die übrigen Schiffe verbleiben vorerst vor Ort.

### 22. Juni 2023 - 13.08 Uhr

Die Crew von AUR 118 meldet an das JRCC in Halifax, dass man im Laufe des aktuellen Fluges keine weiteren Klopfgeräusche im Wasser vernommen hat.[1362]

### 22. Juni 2023 - ohne Zeitangabe

Die Angehörigen, die sich nicht an Bord der Polar Prince befinden, wissen noch nichts von dem traurigen Fund am Meeresboden. Sie erhalten vom RCC in Boston per E-Mail eine Einladung für einen Teams-Videocall. Dort teilt man ihnen zunächst lediglich mit, dass der ROV Odysseus Trümmerteile gefunden hat. Man suche aber weiter.

### 22. Juni 2023 - 13.18 Uhr

Die US-Küstenwache (@USCGNortheast) informiert über Twitter nun auch die Weltöffentlichkeit und schreibt: „Ein ROV hat in der Nähe der Titanic ein Trümmerfeld im Suchgebiet entdeckt. Experten der zentralen Einsatzleitung werten die Informationen aus." Für 16.30 Uhr wird eine weitere Pressekonferenz in Boston angesetzt (15.00 Uhr Bostoner Zeit).

### 22. Juni 2023 – 14.58 Uhr

Sky News schreibt in einem Artikel, dass David Mearns, ein Meeresforscher und Wrackexperte, in der WhatsApp-Gruppe des Explorers Club eine Textnachricht gesehen hat, wonach das Landegestell mit den Kufen und die weiße Heckverschalung der TITAN gefunden wurden.[1363, 1364]

### 22. Juni 2023 – 15.00 Uhr

Die Crew des achten Aurora-Suchflugs (AUR 118) beendet ihren Einsatz vor Ort. Das Flugzeug dreht um 15.00 Uhr ab und fliegt zurück Richtung Greenwood, Neuschottland, wo es um 17.01 Uhr ankommt. Alle weiteren Aurora-Suchflüge, die angefragt waren, werden storniert. Boston teilt Halifax zudem mit, dass der autonome Sonarschlitten nicht mehr gebraucht wird. Die TELEOST fährt um 17.19 Uhr schließlich mit neuem Auftrag von St. John's zur Unglücksstelle – sie hat weiteres Equipment für die HORIZON ARCTIC und die L'ATALANTE an Bord (sowie vermutlich das fehlende Gepäck der französischen ROV-Techniker).

### 22. Juni 2023 – 15.04 Uhr

Die POLAR PRINCE fragt über die örtliche Einsatzleitung auf der JOHN CABOT in Boston an, ob sie nach St. John's zurückkehren darf. Man mache sich Sorgen um die mentale Gesundheit der Menschen an Bord; diese bräuchten nach den traumatischen Ereignissen dringend Unterstützung von einem Kriseninterventionsteam. OceanGate-Unterwassertechniker Tym Catterson bleibt auf Wunsch des Pelagic-Chefs Ed Cassano vor Ort; er setzt zur HORIZON ARCTIC über. Catterson soll helfen, die Trümmerteile des Tauchboots auf dem Meeresboden zuzuordnen und den ROV-Piloten insbesondere sagen, ob von einzelnen Objekten (wie zum Beispiel der Hochdruckflasche, mit dem die Schwimmblase befüllt wurde) eine Gefahr ausgeht. Zudem soll er die Pelagic-Crew beraten, welche Teile bevorzugt geborgen werden sollen.[1365, 1366]

### 22. Juni 2023 – ohne Zeitangabe

Der Tauchroboter von Pelagic hat inzwischen die schweren Metallteile des TITAN-Druckkörpers gefunden. Der Heckdom ist nur noch mit zwei Bolzen am Verbindungsring befestigt – die übrigen wurden bei der Implosion weggesprengt. Innen in der Halbkugel finden sich die zerstörten Überreste der in der Kapsel verbauten elektrischen Komponenten. Ein langes Karbonfasersegment ragt in einem 45-Grad-Winkel nach oben. Der Frontdom liegt ein paar Meter weiter auf dem Sediment. Der zugehörige Verbindungsring kam etwa zehn Meter davon entfernt auf dem Meeresboden an. Das gesamte Trümmerfeld ist etwa 330 Meter lang und 100 Meter breit.[1367, 1368, 1369, 1370]

→ Bild 72: Der Pelagic-ROV Odysseus 6K filmt den Heckdom. (Seite 326)
→ Bild 73: Der Frontdom wurde abgesprengt. (Seite 327)
→ Bild 74: Ein Karbonfasersegment auf dem Meeresboden (Seite 327)

**22. Juni 2023 – 15.30 Uhr**

Die Angehörigen, die nicht vor Ort sind, bekommen aus Boston eine Einladung für einen zweiten Videocall. Dort teilt man ihnen mit, dass das Tauchboot zerstört am Meeresboden gefunden wurde und alle Insassen ums Leben gekommen sind.[1371]

**22. Juni 2023 – 16.05 Uhr**

Die POLAR PRINCE nimmt Kurs auf St. John's. Etwa 20 Minuten später folgt ihr die SKANDI VINLAND.[1372]

**22. Juni 2023 – 16.15 Uhr**

Auf dem Flughafen von Jersey landet (19.45 Uhr Jersey-Zeit) der Ersatzflieger für den Transport des Magellan-ROVs „Juliet", eine Boeing C-17A Globemaster der US Air Force mit der Registriernummer 97-0045 und der Flugnummer RCH214. Abermals wird damit begonnen, den Tauchroboter zu verladen. Doch als aus den USA die Meldung kommt, dass Trümmerteile der TITAN gefunden wurden, wird der Einsatz endgültig gestrichen und der ROV wieder ausgeladen. Der Flieger hebt gegen 19 Uhr (22.30 Uhr Jersey-Zeit) leer ab.[1373, 1374, 1375]

**22. Juni 2023 – 16.30 Uhr**

Konteradmiral John Mauger tritt in Boston (Ortszeit 15.00 Uhr) vor die Presse und verliest folgende Erklärung: „Heute Morgen entdeckte ein ROV des Schiffes HORIZON ARCTIC den Heckkegel des TITAN-Tauchboots auf dem Meeresboden, etwa 1.600 Fuß [knapp 500 Meter] vom Bug der TITANIC entfernt. Der ROV fand anschließend weitere Trümmer. Nach Rücksprache mit den Fachleuten der zentralen Einsatzleitung steht nun fest, dass die Trümmer auf den katastrophalen Verlust der Druckkammer zurückzuführen sind. Wir haben die Angehörigen sofort über unsere Erkenntnisse unterrichtet. Im Namen der Küstenwache der Vereinigten Staaten und der Einsatzleitung möchte ich den Familien mein tiefstes Beileid aussprechen. Ich kann nur erahnen, was sie durchgemacht haben, und hoffe, dass der Fund ihnen in dieser schweren Zeit etwas Trost spendet. Darüber hinaus stehen wir in engem Kontakt mit dem britischen und dem französischen Generalkonsul, um sicherzustellen, dass sie umfassend informiert sind und ihre Anliegen berücksichtigt werden. Wir wissen die große Unterstützung, die uns stetig zuteilwurde, sehr zu schätzen. Wir sind dankbar für die schnelle Mobilisierung der Spezialisten einer Search-and-Rescue-Mission unter Wasser. Wir möchten unseren Dank aussprechen an alle beteiligten Behörden und ihre Mitarbeiter für ihre Mitwirkung an diesem Einsatz. Wir sind auch unglaublich dankbar für die vielfältige internationale Hilfe, die uns zuteilwurde. Die ROVs werden vor Ort bleiben und weiterhin Informationen sammeln. Nochmals: Unser tief empfundenes Beileid gilt den Angehörigen der Besatzung."

Danach spricht der Unterwasserexperte Paul Hankin: „Wir haben fünf verschiedene größere Trümmerteile gefunden, aus denen wir schließen konnten, dass es sich um die Überreste der TITAN handelt. Als Erstes sahen wir den Heckkegel. [...] In einem größeren Trümmerfeld fanden wir den Frontdom des Druckkörpers. Das war der erste Hinweis auf ein katastrophales Ereignis. Kurz darauf fanden wir ein zweites, kleineres Trümmerfeld mit dem hinteren Teil des Druckkörpers und dem Heckdom."

In welchem Zustand die Überreste des Karbonfaserzylinders sind, beschreibt Hankin nicht. Offenbar wurde mit allen an der Bergung Beteiligten zunächst Stillschweigen verabredet. Später spricht einer von ihnen mit der Zeitschrift „Vanity Fair" unter der Bedingung, anonym bleiben zu dürfen: „Ich habe kein einziges Stück gesehen, das noch seine ursprüngliche Dicke von fünf Zoll [13,7 cm] gehabt hätte. Nur Splitter und Fetzen. [...] Alles war wie geschreddert."[1376, 1377]

### 22. Juni 2023 – 17.14 Uhr

Die ATLANTIC MERLIN verlässt den Verbund der Schiffe an der Unglücksstelle und nimmt Kurs auf St. John's. Wenige Minuten später beendet auch die GLACE BAY ihren Einsatz und nimmt Fahrt auf in Richtung Halifax, gefolgt von der ANN HARVEY, die um 18.53 Uhr in Richtung St. John's aufbricht. An der Bergungsmission sind weiterhin die L'ATALANTE, die JOHN CABOT, die HORIZON ARCTIC sowie die DEEP ENERGY beteiligt. Als klar wird, dass kein Schwerlastkran mehr erforderlich ist, weil die TITAN nicht als Ganzes, sondern nur in Trümmern geborgen werden kann, verlässt auch die DEEP ENERGY um 20.02 Uhr die Einsatzstelle. Ihr Zielhafen ist Mobile, Alabama (USA).

### 22. Juni 2023 – 18.51 Uhr

OceanGate twittert folgendes Statement (das auch auf Facebook und Instagram veröffentlicht wird):

„Wir müssen nun anerkennen, dass unser CEO Stockton Rush, Shahzada Dawood und sein Sohn Suleman Dawood, Hamish Harding und Paul-Henri Nargeolet traurigerweise verloren sind.

Diese Männer waren wahre Entdecker, die ein ausgeprägter Abenteuergeist verband und eine tiefe Leidenschaft, die Weltmeere zu erforschen und zu schützen. Mit unseren Herzen sind wir in diesen tragischen Zeiten bei den fünf Seelen und ihren Angehörigen. Wir betrauen die Todesopfer und gedenken der Freude, die sie allen, die sie kannten, bereitet haben.

Es ist eine zutiefst traurige Zeit für unsere Mitarbeiter, die alles gegeben haben, erschöpft sind und den Verlust aus ganzem Herzen betrauern. Die gesamte OceanGate-Familie ist all den Männern und Frauen verschiedener Organisationen und aus der internationalen Gemeinschaft sehr dankbar, die in großem Umfang Mittel zur Verfügung gestellt und so hart an dieser [Rettungs-]Mission mitgearbeitet haben. Wir schätzen ihr Engagement bei der Suche nach den fünf Entdeckern und die vielen Tage und Nächte, in denen sie unermüdlich im Einsatz waren und unsere Crew und deren Familien unterstützt haben.“

Es ist eine sehr traurige Zeit für die gesamte Entdecker-Community und für die Angehörigen derer, die nun auf See verloren gegangen sind. Wir bitten inständig, die Privatsphäre der Familien zu respektieren während dieser überaus schmerzlichen Zeit.“

### Freitag, 23. Juni 2023

Das französische Schiff L'ATALANTE verlässt mit dem ROV Victor 6000 an Bord morgens gegen 09.30 Uhr die Unglücksstelle und fährt nach St. John's, Neufundland. Erst dort wird sie die restliche für sie bestimmte Fracht von der TELEOST übernehmen. Zurück bleiben die HORIZON ARCTIC und die JOHN CABOT, die vor Ort noch immer den Einsatz leitet. Das RCC in Boston hat als Ablöse zwischenzeitlich die USCGC Sycamore losgeschickt, einen seegängigen Tonnenleger der US-Küstenwache aus Newport, Rhode Island. Boston möchte den restlichen Bergungseinsatz offenbar lieber von einem eigenen Schiff aus koordinieren – man will nicht länger auf die Amtshilfe der kanadischen Kollegen angewiesen sein. Halifax hat zur Rettungsmission insgesamt sechs Schiffe beigesteuert (JOHN CABOT, KOPIT HOPSON, TERRY FOX, ANN HARVEY, GLACE BAY und TELEOST) und dazu acht Luftaufklärungsflüge. Die JOHN CABOT soll vor Ort bleiben, bis die SYCAMORE angekommen ist.

Gegen 14 Uhr wird der Tauchroboter Odysseus 6K ein zweites Mal in die Tiefe geschickt. Er soll vor der eigentlichen Bergung zunächst das Trümmerfeld der TITAN dokumentieren.

Auf dem Flughafen von Jersey landet um 15.15 Uhr (Ortszeit Jersey 18.45 Uhr) erneut die Boeing C-17A mit der Registriernummer 03-3122 der US Air Force, die tags zuvor unverrichteter Dinge wieder abfliegen musste. Die bei der ersten Ankunft mitgebrachten Laderampen samt Personal werden an Bord genommen. Der Flieger hebt um 18.05 Uhr (Ortszeit Jersey 21.35 Uhr) in Richtung Ramstein ab, wo die Maschine um 19.40 Uhr (Ortszeit Deutschland 00.10 Uhr) ankommt.[1378, 1379, 1380]

# EIN MARINE-UNTERSUCHUNGS-AUSSCHUSS

Am 23. Juni 2023 ordnet Vizeadmiral Peter W. Gautier von der US-Küstenwache an, einen Untersuchungsausschuss einzurichten wegen des „großen Verlusts an Menschenleben auf See“. Gautier verweist dabei auf Titel 46, Abschnitt 6301, im United States Code – ein US-Bundesgesetz, das das Ministerium für Innere Sicherheit und die ihm zugeordnete Küstenwache verpflichtet, Seeunfälle zu untersuchen. Ein Marine-Untersuchungsausschuss (Marine Board of Investigation, kurz MBI) ist die höchste Ermittlungsinstanz der Küstenwache. Dabei können auch andere Organisationen und Länder eingebunden werden. Der erste Schritt ist eine Beweisaufnahme (im konkreten Fall die Bergung der TITAN-Trümmer sowie die Befragung

71

72

71 Der Heckkegel der TITAN steht auf dem Meeresboden. Unter der Verkleidung hängt ein Netz mit bemalten Styroporbechern, die während des Tauchgangs durch den Wasserdruck geschrumpft wurden und als Souvenir von der Expedition gedacht waren. (Pelagic Research Services)

72 Der Pelagic-ROV Odysseus 6K filmt den Heckdom mit dem Verbindungsring und Teilen der Karbonfaserröhre. Die Karbonfasern haben sich entlang der vier Klebeschichten im Material voneinander gelöst. (Pelagic Research Services)

73

74

73 Der Frontdom wurde bei der Implosion abgesprengt. Oben im Bild ist die Halterung erkennbar, die sich unterhalb der Campingtoilette befand. Links sind die Reste des Scharniers zu sehen, über das der Dom am vorderen Verbindungsring befestigt war. (Pelagic Research Services)

74 Ein Karbonfasersegment des TITAN-Druckkörpers auf dem Meeresboden. Vorne liegen Teile der beiden äußersten Faserschichtenringe, dahinter die zugehörigen inneren Ringe eins bis drei. (Pelagic Research Services)

von Betroffenen und Zeugen). Später soll es eine öffentliche Anhörung geben. Der Auftrag lautet, die Ursache für die Implosion zu ermitteln und zu klären, ob diese auf menschliches Fehlverhalten, Unfähigkeit oder Fahrlässigkeit zurückzuführen ist. Dabei ist auch zu prüfen, ob Straftaten begangen wurden. In diesem Fall wären die für die Verfolgung zuständigen Behörden in Kenntnis zu setzen. Am Ende soll der Ausschuss eine Empfehlung abgeben, ob Gesetze oder Verordnungen verschärft, verändert oder abgeschafft werden müssen, damit sich Vergleichbares nicht wiederholen kann.[1381]

Das MBI soll prüfen, wer für den Vorfall verantwortlich ist. Es kann empfehlen, strafrechtliche Schritte einzuleiten. Zwölf Monate werden dem Untersuchungsausschuss zunächst für das Erstellen eines Berichts zugestanden. Eine Verlängerung könne beantragt werden, wenn die Zeit nicht ausreicht. Der Abschlussbericht ist an die Kommandantin der US-Küstenwache, Admiral Linda Fagan, zu überstellen.[1382]

Mit dem gleichen Schreiben beauftragt Vizeadmiral Gautier auch das National Transportation Safety Board (NTSB), die „wahrscheinliche Ursache" des Unglücks zu ermitteln. Das NTSB ist zuständig für die Untersuchung schwerer ziviler Verkehrsunfälle in den USA (in den Bereichen Luftfahrt, Schienen- und Straßenverkehr, Schifffahrt, aber auch bei Pipelines und in der kommerziellen Raumfahrt).

An den Ermittlungen von MBI und NTSB sollen weitere Behörden beteiligt werden: das FBI, das Canadian Transportation Safety Board (da die POLAR PRINCE unter kanadischer Flagge fuhr, die meisten Besatzungsmitglieder Kanadier sind und die Expedition in einem kanadischen Hafen begonnen hat), das französische Bureau d'enquêtes sur les événements de mer (BEAmer) (weil P.H. Nargeolet französischer Staatsbürger war) und die United Kingdom Marine Accident Investigation Branch (die drei anderen Opfer Hamish Harding, Shahzada und Suleman Dawood waren britische Staatsbürger). Das kanadische Transportation Safety Board (TSB) stellt eigene Ermittler ab, die sofort ihre Arbeit aufnehmen.[1383, 1384]

## SAMSTAG, 24. JUNI 2023

# ANKUNFT DER POLAR PRINCE IN ST. JOHN'S

Die USCG SYCAMORE der US-Küstenwache kommt am 24. Juni 2023 gegen zwei Uhr morgens im Einsatzgebiet an und übernimmt die örtliche Einsatzleitung von der JOHN CABOT. Das Schiff der kanadischen Küstenwache bleibt noch bis zum Morgen vor Ort. Es muss das Personal der Navy zur HORIZON ARCTIC transferieren, möchte dies aber nicht bei Dunkelheit tun. Gegen 06.50 Uhr verlässt die JOHN CABOT schließlich die Einsatzstelle und macht sich auf den Rückweg. Die TELEOST ist fast zeitgleich (um 06.22 Uhr) an der Unglücksstelle angekommen, übergibt die mitgebrachte Fracht an die HORIZON ARCTIC und macht sich nach nur drei Stunden und 20 Minuten vor Ort wieder auf den Weg – es geht nach Halifax.[1385]

Gegen 08.30 Uhr kommt die POLAR PRINCE im Hafen von St. John's an, die leere Start- und Zielplattform der TITAN im Schlepp. Das Schiff legt am Liegeplatz 29 des Südpiers direkt neben der Station der Küstenwache an. Mehrere Inspektoren des Transportation Safety Board of Canada gehen an Bord und beginnen umgehend mit ihrer Untersuchung. Sie befragen die Crew sowie die Passagiere und nehmen das OceanGate-Equipment unter die Lupe. Teil ihres Auftrags ist auch, das Audio-Log von der Brücke der POLAR PRINCE (eine Aufzeichnung von allem, was auf der Brücke gesprochen wurde, ähnlich der Blackbox bei Flugzeugen) sowie sonstige technische Daten der Expedition zu sichern.[1386]

Konteradmiral John Mauger fliegt aus Boston ein, um mit den Angehörigen der TITAN-Besatzung zu sprechen und sich ein Bild von der Lage zu machen. Ihn begleiten mehrere Ermittler sowie Captain Wes Hester, der während der Rettungsmission neben Jamie Frederick der Hauptansprechpartner für die Familien war.[1387, 1388]

Auf dem Nordatlantik beginnt Odysseus 6K derweil seinen dritten Tauchgang und startet nun damit, einzelne Trümmer der TITAN zu bergen.

## SONNTAG, 25. JUNI 2023

# ERSTE ERMITTLUNGEN

Die Plattform LARS, die während der Expedition mehr als 5.500 Kilometer hinter der POLAR PRINCE hergezogen wurde, wird an Land gehoben und auf einen Tieflader-Lkw verladen. Ermittler des Canadian Transportation Safety Board untersuchen die verschiedenen Komponenten der Plattform. Auf dieser liegen zu diesem Zeitpunkt eine Leiter, ein kleines Gummiboot, die Fernsteuerung sowie in einem großen Haufen ein grünes Tau. Auf jedem der vier großen weißen Lufttanks ist eine schwarze Boje verzurrt (sie hatten an der Oberfläche jeweils die Position der Tauchplattform markiert, wenn sich Letztere unter Wasser befand).[1389]

Nachmittags gibt die US-Küstenwache eine letzte Pressekonferenz in Boston. Konteradmiral John Mauger spricht den Angehörigen der Opfer sein Mitgefühl aus und kündigt den zwei Tage zuvor angeordneten Untersuchungsausschuss an. Dann fasst er den Umfang und die Komplexität der Rettungs- und Bergemission zusammen: Die zentrale Einsatzleitung habe elf Schiffe, fünf Unterwasserfahrzeuge (ROV) sowie mehrere Flugzeuge koordiniert und dabei 39 Einzeleinsätze betreut. „Leider ist die Mission nicht so ausgegangen wie erhofft. Dennoch bin ich sehr stolz auf das Einsatzteam, das sein Bestes gegeben hat, um das Tauchboot zu finden", so Mauger. Dann tritt der Leiter des Untersuchungsausschusses Captain Jason Neubauer vor die Presse und erklärt, was vom Marine Board of Investigation zu erwarten ist.

Ein Journalist fragt, ob es möglich sein wird, menschliche Überreste zu bergen. Neubauer bleibt in seiner Antwort vage: „Wir sind diesbezüglich mit den Familienangehörigen im Austausch, deshalb werde ich hier keine Angaben zu einer möglichen Bergung machen, aber wir sind dabei, alle nötigen Vorkehrungen zu treffen für den Fall, dass wir auf menschliche Überreste stoßen."

Ein anderer Journalist will die Gesamtkosten der Rettungsmission wissen. Captain Neubauer wiegelt ab: „Gemäß den Gesetzen der USA und der Regeln der Küstenwache stellen wir unsere Leistungen nicht in Rechnung und wollen auch nicht, dass das Retten von Menschenleben mit den Kosten verknüpft wird. Wenn man uns ruft, reagieren wir immer. Der Ozean ist und bleibt ein gnadenloser Ort. Jedes Wochenende nehmen Menschen Risiken in Kauf, wenn sie mit unzureichender Sicherheitsausrüstung aufs Wasser gehen oder ohne ausreichende Ausbildung oder wenn sie Boote unter Alkohol lenken. Und trotzdem rücken wir aus. Wir führen Operationen mit hoher Disziplin und nach einer Abwägung der Risiken durch und setzen unsere Mittel und unser Leben aufs Spiel, um andere zu retten."

Ebenfalls am Sonntag erklärt die Navy gegenüber der Nachrichtenagentur Associated Press, dass man die Bemühungen, das Winden- und Hebesystem FADOSS an der Unglücksstelle zum Einsatz bringen, eingestellt habe. Im Abschlussbericht des National Transportation Safety Board, der US-Behörde zur Untersuchung schwerer Verkehrsunfälle, heißt es, dass ein „mobil einsetzbares Tiefsee-Bergungssystem mit einer wellenkompensierenden Hebeeinheit für Einsätze bis zu 6.000 Meter" an Bord des Versorgungsschiffes ATLANTIC KINGFISHER geladen wurde. Dies würde dafür sprechen, dass FADOSS in St. John's angekommen ist, das Schiff aber nicht mehr in Richtung Unglücksstelle ausgelaufen ist. OceanGate-Anwalt David Concannon behauptet hingegen, dass die Navy zwar Mitarbeiter von Phoenix International nach St. John's geflogen hat, FADOSS selbst aber nie dort angekommen sei.[1390, 1391]

## MONTAG, 26. JUNI 2023

# BERGUNG DES FRONTDOMS

Am Morgen verlässt die POLAR PRINCE das Pier neben der Station der Küstenwache und setzt über zum Liegeplatz 12 auf der anderen Hafenseite (wo sie zuvor bei allen Missionen der Expedition 2023 angelegt hat). Hier wird der Teil des OceanGate-Equipments abgeladen, den die Ermittler nicht beschlagnahmt haben. Die POLAR PRINCE liegt dort vom 26. Juni, 08.34 Uhr bis zum 28. Juni um 08.13 Uhr. Dann setzt sie über auf die Hafensüdseite und macht dort eine Viertelstunde später am Liegeplatz 23 fest.

Derweil dauert die Bergung der TITAN-Trümmerteile im Nordatlantik an. Die Mannschaft von Pelagic an Bord der HORIZON ARCTIC hat seit dem 22. Juni in mehreren Schichten fast rund um die Uhr mit dem ROV

Odysseus 6K gearbeitet. Das Anheben der größeren Trümmerteile ist extrem aufwendig. Um den Frontdom bergen zu können, werden mit den Roboterarmen drei Schraubklemmen am Rand der Halbkugel befestigt, die mit einem Hebeseil verbunden sind. So kann der Dom am 26. Juni 2023 schließlich angehoben werden.[1392]

Tym Catterson begutachtet die geborgenen Gegenstände, sobald sie an Deck gewuchtet werden. Er ist kein Experte für Karbonverbundstoffe, glaubt aber nach dem, was er gesehen hat, dass die Verklebung zwischen der Karbonfaserröhre und dem vorderen Titanring die Schwachstelle im Druckkörper gewesen ist, die zur Implosion geführt hat. Öffentlich wird seine Einschätzung erst ein Jahr später während der Anhörungen des Untersuchungsausschusses.[1393]

Nach dem siebten und letzten Tauchgang von Odysseus 6K verlässt die HORIZON ARCTIC am Montagabend die Wrackstelle und nimmt Kurs auf St. John's. Auch die SYCAMORE, die zuletzt die Koordinierung der Schiffe für die US-Küstenwache übernommen hat, beendet ihren Einsatz und fährt Richtung St. John's.

Die Beinahe-Mission-Specialists Marc und Sharon Hagle beschließen, den Rechtsstreit mit Stockton Rush nicht weiterzuführen. Sie hatten ihm unfaire Geschäftspraktiken, Täuschung und Vertragsbruch vorgeworfen. Rush soll ihnen bei der Buchung für die TITANIC-Expedition 2018 eine Geld-zurück-Garantie gegeben haben. Als die Hagles 2020 vom Vertrag zurücktreten wollten, verweigerte OceanGate Expeditions die Auszahlung. Das Ehepaar Hagle weist seine Anwälte nun an, die Klage zurückzunehmen, aus Rücksicht auf die Angehörigen der Verstorbenen und mit dem Hinweis, dass Geld „nicht so wichtig ist wie Ehre, Respekt und Würde".[1394, 1395]

## MITTWOCH, 28. JUNI 2023

# ÜBERGABE DER TRÜMMER

Die HORIZON ARCTIC kommt gegen 07.30 Uhr im Hafen von St. John's an und macht am Liegeplatz 31 neben der Station der Küstenwache fest. Ein Kamerateam des kanadischen Fernsehens filmt die Ankunft; vor Ort ist auch ein Pressefotograf. An der Kante des offenen Hecks steht der ROV Odysseus 6K in seinem blauen Kran- und Windengestell. An Backbord liegen Gegenstände unter großen weißen Planen – die geborgenen Wrackteile der TITAN.

Als der Frontdom von einem der beiden Schiffskräne verladen wird, führt ein langer roter Gurt durch die Öffnung des Bullauges. Das Acrylfenster fehlt ebenso wie der kleine Ring, mit dem es von außen am Dom fixiert war. Daraus lässt sich bereits zu diesem Zeitpunkt mit an Sicherheit grenzender Wahrscheinlichkeit ableiten, dass das Fenster nicht der Auslöser für die Implosion war. Sonst hätte das einströmende Wasser die zerstörte Acrylkuppel ins Innere des Tauchboots mitgerissen, und der Befestigungsring wäre an Ort und Stelle geblieben. Stattdessen muss eine große Kraft von innen auf das Fenster eingewirkt haben, sodass es nach außen weggesprengt wurde und die Fixierung mitgerissen hat.

Zur Fracht der HORIZON ARCTIC gehören auch große Taschen mit mehreren kleinen Trümmerteilen. Dann wird der Verbindungsring des Frontdoms verladen. An den Kanten einer der Auflageflächen hängen verbogene Metallstreifen. Die Flanken der Nut wurden bei der Implosion weitgehend abgeschert. Auf dem Ring haften keinerlei Überreste der Karbonfasern an, nur etwas Klebstoff. Als Folge wird darüber spekuliert, ob die Klebeverbindung die Schwachstelle gewesen sein könnte, die zur Katastrophe geführt hat.

Der Heckkegel der TITAN mit den Technikkomponenten und dem syntaktischen Schaum wird von einem Ladekran-Lkw an Land gewuchtet und abtransportiert. Gut zu erkennen ist die schwarze Iridium-Antenne, mit der das Tauchboot an der Wasseroberfläche via Satelliten geortet werden konnte. Ein Knäuel aus Kabeln und Schläuchen und die beiden roten Gehäuse mit den Steuerungscomputern sind unter der Abdeckplane zu sehen. Dann werden ein Segment der Verkleidung und Teile des Landegestells verladen. Die eckigen Querschienen des Rahmens scheinen intakt; drei der vier Füße sind noch mit ihm verbunden. Die beiden Kufen, mit denen die TITAN auf der Schwimmplattform oder dem Meeresboden aufsetzen konnte, fehlen.[1396, 1397, 1398, 1399]

Die Ermittler des kanadischen Transportation Safety Board teilen im Anschluss mit, sie hätten alle Trümmerteile inspiziert, dokumentiert und katalogisiert, ehe diese an die US-Küstenwache übergeben wurden. Das amerikanische Marine Board of Investigation kündigt unterdessen an, die Trümmer in die USA bringen zu wollen, um sie genauer zu untersuchen. Erst dort soll auch die Analyse menschlicher Überreste stattfinden, die man „unter größter Sorgfalt geborgen hat“. Die USCGC SYCAMORE bringt schließlich alle geborgenen Gegenstände nach Newport, Rhode Island.[1400, 1401, 1402]

Die Firma Pelagic Research Services zieht in einer Pressemitteilung ein erstes Fazit aus dem Einsatz ihres ROVs Odysseus 6K. Das Team „hat rund um die Uhr zehn Tage am Stück durchgearbeitet. Sie haben den physischen und mentalen Herausforderungen getrotzt und sehnen sich nun danach, wieder zu ihren Familien zurückzukehren.“[1403, 1404]

## DIE SCHIFFE AN DER UNGLÜCKSSTELLE

**POLAR PRINCE**
**Abfahrtszeit und -hafen:** 16.6., 09.03 Uhr, St. John's, Kanada
**Ankunft / Abfahrt Unglücksstelle:** 18.6., 05.13 Uhr / 22.6., 16.05 Uhr
**Ankunftszeit und -hafen:** 24.6., 08.29 Uhr, St. John's, Kanada

**DEEP ENERGY**
**Abfahrtszeit und -hafen:** 11.6., 14.01 Uhr, Randaberg, Norwegen
**Ankunft / Abfahrt Unglücksstelle:** 20.6., 05.12 Uhr / 22.6., 20.02 Uhr
**Ankunftszeit und -hafen:** 29.6., 00.35 Uhr, Mobile, USA

**SKANDI VINLAND**
**Abfahrtszeit und -hafen:** 19.6., 14.38 Uhr, St. John's, Kanada
**Ankunft / Abfahrt Unglücksstelle:** 20.6., 17.06 Uhr / 22.6., 16.26 Uhr
**Ankunftszeit und -hafen:** 23.6., 21.15 Uhr, St. John's, Kanada

**ATLANTIC MERLIN**
**Abfahrtszeit und -hafen:** 19.6., 22.45 Uhr, St. John's, Kanada
**Ankunft / Abfahrt Unglücksstelle:** 21.6., 05.10 Uhr / 22.6., 17.14 Uhr
**Ankunftszeit und -hafen:** 24.6., 10.42 Uhr, St. John's, Kanada

**JOHN CABOT**
**Abfahrtszeit und -hafen:** 14.6., 13.36 Uhr, Argentia, Kanada
**Ankunft / Abfahrt Unglücksstelle:** 22.6., 22.17 Uhr / 24.6., 06.22 Uhr
**Ankunftszeit und -hafen:** 26.6., 10.30 Uhr, St. John's, Kanada

**Horizon Arctic**
**Abfahrtszeit und -hafen:** 21.6., 05.35 Uhr, St. John's, Kanada
**Ankunft / Abfahrt Unglücksstelle:** 22.6., 04.15 Uhr / 26.6., 21.17 Uhr
**Ankunftszeit und -hafen:** 28.6., 07.55 Uhr, St. John's, Kanada

**Ann Harvey**
**Abfahrtszeit und -hafen:** 21.6., 03.32 Uhr, St. John's, Kanada
**Ankunft / Abfahrt Unglücksstelle:** 22.6., 05.38 Uhr / 22.6., 18.53 Uhr
**Ankunftszeit und -hafen:** 23.6., 22.15 Uhr, St. John's, Kanada

**L'Atalante**
**Abfahrtszeit und -hafen:** 08.6., 18.02 Uhr, Horta, Azoren/Portugal
**Ankunft / Abfahrt Unglücksstelle:** 22.6., 05.57 Uhr / 23.6., 09.30 Uhr
**Ankunftszeit und -hafen:** 24.6., 17.22 Uhr, St. John's, Kanada

**Terry Fox**
**Abfahrtszeit und -hafen:** 21.6., 08.50 Uhr, St. John's, Kanada
**Ankunft / Abfahrt Unglücksstelle:** 22.6., 08.55 Uhr / 22.6., 13.50 Uhr
**Ankunftszeit und -hafen:** 23.6., 21.31 Uhr, St. John's, Kanada

**Glace Bay**
**Abfahrtszeit und -hafen:** 20.6., 11.09 Uhr, Halifax, Kanada
**Ankunft / Abfahrt Unglücksstelle:** 22.6., 09.48 Uhr / 22.6., 18.17 Uhr
**Ankunftszeit und -hafen:** 24.6., 18.25 Uhr, Halifax, Kanada

**Sycamore**
**Abfahrtszeit und -hafen:** 13.6., 05.10 Uhr, Nuuk, Grönland
**Ankunft / Abfahrt Unglücksstelle:** 24.6., 02.00 Uhr / 26.6, 21.29 Uhr
**Ankunftszeit und -hafen:** 28.6., 08.58 Uhr, St. John's, Kanada

**Teleost**
**Abfahrtszeit und -hafen:** 22.6., 17.19 Uhr, St. John's, Kanada
**Ankunft / Abfahrt Unglücksstelle:** 24.6., 06.22 Uhr / 24.6., 09.41 Uhr
**Ankunftszeit und -hafen:** 27.6., 00.32 Uhr, Halifax, Kanada

Schiffe in der Reihenfolge ihrer Ankunft (MESZ) über der Titanic-Wrackstelle. Nicht aufgeführt ist die Kopit Hopson, die vor dem Erreichen der Wrackstelle die Fahrt abbrach.

## DIE TIEFSTE RETTUNG ALLER ZEITEN [1405, 1406, 1407, 1408]

Am 1. September 1973 wurden Roger Mallinson und Roger Chapman aus dem havarierten kanadischen Tauchboot PISCES III gerettet, 240 Kilometer südwestlich der irischen Hafenstadt Cork. Die Männer waren mit ihrem Fahrzeug auf dem Meeresboden des Kontinentalschelfs unterwegs, um ein Transatlantik-Telefonkabel zu verlegen. Als die PISCES III nach dem Wiederauftauchen zum Versorgungsschiff VICKERS VOYAGER gezogen wurde, lief die in einem separaten Druckkörper verbaute Techniksektion der Kapsel mit mehr als einer Tonne Wasser voll. Das Schleppkabel hatte die Verriegelung der Zugangsluke zu diesem Segment abgeschert. Das Tauchboot sank zum Meeresboden in 480 Meter Tiefe. Zwei weitere PISCES-Tauchboote und ein ferngesteuerter Tauchroboter aus Kalifornien mit dem Namen CURV III-C wurden umgehend nach Irland geflogen und dann per Schiff an die Unglücksstelle geschafft – der ROV kam 34 Stunden nach dem Sinken der PISCES III dort an. Nach mehreren Fehlversuchen, ein Kabel an dem verunfallten Tauchboot zu befestigen, gelangt es schließlich doch, die PISCES III an die Oberfläche zu holen. Die Sauerstoffreserven waren fast aufgebraucht, als Mallinson und Chapman nach 84,5 Stunden aus dem Tauchboot befreit werden konnten.

# DAS ENDE VON OCEANGATE

Am 4. Juli 2023 erscheint ein knapper Hinweis auf der Website von OceanGate Expeditions, dass die Firma den Betrieb eingestellt hat. Tags darauf geht fast der komplette Web-Auftritt der Hauptfirma OceanGate, Inc. offline. Auf der Homepage selbst steht nur noch das Firmenlogo in Weiß auf schwarzem

Grund und darunter der Text, man habe „alle Forschungs- und Betriebsaktivitäten ausgesetzt“. Die Konten auf Facebook, Twitter und Instagram werden gesperrt oder gelöscht. Am 13. Juli verschwindet schließlich auch der komplette Content von oceangateexpeditions.com. Zurück bleibt ebenfalls eine schwarze Seite mit dem Firmenlogo und dem schon beschriebenen Einzeiler.[1409, 1410]

Am 5. August 2023 erhält OceanGate einen neuen CEO.[1411] Gordon Gardiner ist Harvard-Absolvent und lebt zu diesem Zeitpunkt seit 26 Jahren in Seattle. Er ist Aufsichtsratsvorsitzender der Quantum Holding und Anteilseigner an Swiftsure Capital, beides Firmen mit Sitz in Seattle. Gardiners Aufgabe ist ungewöhnlich und zeitlich begrenzt. Er soll mit den Ermittlungsbehörden zusammenarbeiten und das Firmenkonstrukt dann endgültig abwickeln. Gardiner bekommt dabei Unterstützung von Bob Shuman, dem ehemaligen Chief Operating Officer von OceanGate (April 2019 bis April 2020). Shuman hat spontan seine Hilfe angeboten, als die TITAN vermisst wurde, und arbeitet nun vorübergehend wieder in Everett. Er ist der Hauptansprechpartner für die Ermittler, weil er sich besser mit der Firmengeschichte und den -unterlagen auskennt als Gardiner. Shuman nimmt ihre Anfragen entgegen und versucht, die für die Beantwortung nötigen Dokumente oder Daten zu finden.[1412, 1413]

# MENSCHLICHE ÜBERRESTE

Die US-Küstenwache veröffentlicht am 24. Juli 2023 ein kurzes Pressestatement, in dem bekannt gegeben wird, dass die geborgenen menschlichen Überreste nun einer DNA-Analyse unterzogen werden.[1414] Man habe die Air Force Medical Examiners aus Dover, Delaware beauftragt. Im Labor finden sie DNA-Spuren von fünf Personen. Eine zweite Analyse durch den Rhode Island Medical Examiner bestätigt die Ergebnisse und ordnet die DNA den einzelnen TITAN-Tauchern zu.[1415]

Sidonie Nargeolet, die Tochter des verstorbenen P. H. Nargeolet, erhält am 26. Juli 2023 eine E-Mail der US-Küstenwache. Darin steht, dass zu den

Dingen, die vom Meeresboden geborgen wurden, auch das Netz mit den geschrumpften Styroporbechern gehört. Diese würden nun an OceanGate übergeben, weil sie für die Ermittlung der Unglücksursache keine Bedeutung hätten. Einer der Becher stamme von Sidonies Vater – wenn sie ihn haben möchte, solle sie sich an OceanGate wenden. Sidonie Nargeolet kontaktiert umgehend die OceanGate-Verwaltungschefin Amber Bay. Diese verspricht, sich sofort darum zu kümmern, sobald die Becher bei ihr ankommen. Ein paar Wochen später erhält Sidonie Nargeolet ein Päckchen mit der Post, eine Pappschachtel mit aufgedrucktem TITANIC-Expeditionslogo. Darin liegt auf blauem Seidenpapier ein einzelner, auf die Größe eines Schnapsglases geschrumpfter Becher. Auf der einen Seite ist das Logo von OceanGate aufgedruckt. Darunter hat P. H. Nargeolet die TITAN gemalt. Auf der anderen Seite steht „TITANIC 2023, TITAN Tauchgang, 3.800m" sowie hochkant „Juni 2023", dazu auf dem Boden sein Kürzel „PH". Nargeolet hat seiner Tochter im Laufe seines Lebens von diversen Expeditionen komprimiertes Styropor aus der Tiefsee mitgebracht. Nun wird ihre Sammlung um einen allerletzten Becher erweitert.[1416, 1417, 1418]

Im Herbst 2023 empfängt auch der YouTuber Jake Koehler Post von OceanGate. Am 18. Oktober 2023 postet er auf YouTube ein Video, in dem er den Inhalt des Päckchens präsentiert: zwei geschrumpfte Styroporbecher, die er und seine Freundin Kyndall während Mission III an Bord der POLAR PRINCE bemalt haben. Sie hätten eigentlich bei Koehlers eigenem Tauchgang zur TITANIC außen am Tauchboot hängen sollen. Nachdem vor dem Unglück kein einziger Tiefseetauchgang zustande kam, blieben die Becher an Bord, mit dem Plan, sie bei einer späteren Mission in die Tiefe zu schicken. Koehler erfährt erst jetzt, dass ihre Becher beim Unglückstauchgang dabei gewesen sind.[1419, 1420]

Am 20. September 2023 erhalten die Angehörigen der Opfer eine weitere E-Mail von Jason Neubauer, dem Leiter des amerikanischen Untersuchungsausschusses. Er kündigt eine zweite Bergungsmission an, die wenige Tage später beginnen soll. An der Expedition nehmen Ermittler des US-amerikanischen National Transportation Safety Board (NTSB) und des Transportation Safety Board of Canada teil. Vom 27. bis 29. September 2023 finden mehrere Tauchgänge mit ferngesteuerten Robotern statt. Diesmal kommt tatsächlich das mobile Bergesystem FADOSS von Phoenix International zum Einsatz und dazu der firmeneigene ROV Remora III (zertifiziert bis 6.000 Meter, zwei Greifarme).[1421]

Die US-Küstenwache veröffentlicht ein Foto vom 1. Oktober 2023, auf dem der geborgene Heckdom der TITAN zu sehen ist, der mit zwei gelben Spanngurten an Deck des Expeditionsschiffes GARY CHOUEST fixiert ist.[1422] Später werden weitere Bilder der geborgenen Gegenstände veröffentlicht, darunter eines, auf dem mittelgroße, graue Bruchstücke der Karbonfaserröhre erkennbar sind. Ein zweites Foto zeigt ein Materialgemisch, das nach der Implosion im Heckdom gelegen hat und mit ihm geborgen wurde. Zu sehen sind zwei Haufen mit kleineren Fetzen unterschiedlicher Struktur und Farbe. Ein Pilot des Phoenix-Tauchroboters hat zudem ein Stück Stoff mit Teilen eines Ärmels von Stockton Rushs Overall eingesammelt. Der Stoff sei in einem Klumpen Sand eingebacken gewesen, beschreibt die Ermittlerin Kelly Steele den Fund. In dem Ärmel finden sich ein Stift, vier Expeditionsaufkleber und Visitenkarten von Rush. Auch eine der Unterwasserkameras der TITAN wird geborgen. Die Linse ist zerbrochen, das Druckgehäuse jedoch noch intakt. Es enthält eine Speicherkarte, aus der zwölf Fotos und neun Videoclips ausgelesen werden, die allerdings nicht von Tauchgang #88 stammen. Während der Tauchgänge findet der ROV weitere menschliche Überreste. Am Ende der Expedition fährt die GARY CHOUEST nach Newport, Rhode Island, wo das Geborgene am 4. Oktober 2023 entladen wird.[1423, 1424, 1425, 1426, 1427, 1428, 1429]

→ Bild 75: US-Küstenwache untersucht Bruchstücke. (Seite 340)
→ Bild 76: Der geborgene hintere TITAN-Dom (Seite 341)
→ Bild 77: Auch Expeditionsaufkleber werden geborgen. (Seite 341)

Am 8. November 2023 findet auf dem Gelände der Küstenwache in Newport eine Beschau der TITAN-Überreste statt, an der mehrere Behörden beteiligt sind: die US-Küstenwache, das National Transportation Safety Board (NTSB), das Transportation Safety Board of Canada (TSB) und die französische Behörde zur Untersuchung von Todesfällen auf See, das Bureau d'enquêtes sur les événements de mer (BEAmer). Im Anschluss sollen forensische Tests durchgeführt werden.[1430]

75

76

77

75 Ein Team der US-Küstenwache untersucht während der Bergungsexpedition im Herbst 2023 an Bord der Gary Chouest. die vielen kleinen Bruchstücke und Fetzen der Titan, die vom Meeresboden geborgen wurden. (Lt. Cmdr. Katie Williams, US-Küstenwache)

76 Der geborgene hintere Titan-Dom steht am Heck des Expeditionsschiffes Gary Chouest. (National Transportation Safety Board/Chief Warrant Officer Melissa Leake)

77 Im Herbst 2023 wird auch ein Teil des Overalls von Stockton Rush geborgen. Darin finden die Ermittler Aufkleber von der Expedition sowie Visitenkarten von Stockton Rush. (Chief Warrant Officer Melissa Leake, US-Küstenwache)

2024
Der Untersuchungsausschuss

# ÖFFENTLICHE ANHÖRUNG

Von 16. bis 27. September 2024 hält der amerikanische Untersuchungsausschuss eine öffentliche Anhörung ab. Geladen sind 25 Zeugen, darunter die beiden Mission Specialists Renata Rojas und Fred Hagen, diverse (ehemalige) OceanGate-Beschäftigte sowie der Mitgründer der Firma, Guillermo Söhnlein. Schlüsselpersonen wie Expeditionsleiter Kyle Bingham oder Wendy Rush fehlen auf der Liste. Sie haben vermutlich den fünften Verfassungszusatz zum Grundgesetz der USA geltend gemacht – das Recht, die Aussage zu verweigern, um sich nicht selbst zu belasten.

→ Bild 78: Der Untersuchungsausschuss (Seite 345)

Geladen sind auch mehrere Experten, die nun erste Erkenntnisse aus der forensischen Analyse öffentlich machen. Don Kramer, einer der führenden Materialexperten des National Transportation Safety Board der USA, zeigt in seiner Präsentation Fotos von den Trümmern der TITAN auf dem Meeresboden, die auf herstellungsbedingte Schwachstellen hinweisen. Kramer erklärt, dass es beim Verbacken der Karbonfaserröhre in fünf Schritten zu ungewollten Lufteinschlüssen gekommen sein muss. So habe man die Hülle vor dem Aushärten der einzelnen Schichtringe jeweils mit einer Schutzfolie bezogen. Deren Oberflächenstruktur hat beim Ausbacken der Röhre einen waffelförmigen Abdruck im Epoxidharz hinterlassen, der mit bloßem Auge allerdings nicht zu erkennen war. Kramer zeigt Fotos von Materialproben unter dem Mikroskop, auf denen eine Art Schachbrettmuster aus Erhöhungen und Vertiefungen zu sehen ist. Nach dem Aushärten des jeweiligen Rings wurde die Schutzfolie wieder abgezogen. Als anschließend eine Klebefilm auf das waffelförmige Relief im Harz aufgebracht wurde, damit die erste Lage Karbonfasern des nächsten Rings anhaftet, seien winzige luftgefüllte Hohlräume entstanden.[1431]

→ Bild 79: Geborgenes Karbonfaserkomposit-Material (Seite 345)
→ Bild 80: Querschnitt der Faserschichtringe (Seite 345)

Bei den Trümmern der Karbonfaserröhre hätten sich an mehreren Stellen die Schichtringe voneinander gelöst. Unter dem Rastermikroskop seien an den Übergängen zudem teilweise Abriebspuren zu erkennen gewesen. Das deute darauf hin, dass sich die Schichten teilweise schon vor der Implosion getrennt haben. Insbesondere zwischen den Ringen 1 und 2 sowie den Ringen 4 und 5 sei es zu großflächigen Delaminierungen gekommen.[1432, 1433]

Roy Thomas vom American Bureau of Shipping (ABS) wird ebenfalls zur Herstellung des Druckkörpers befragt. Er erklärt, dass die Computerprogramme bei der Berechnung der Wandstärke von fehlerfreiem Material mit optimalen Eigenschaften ausgehen. Kommt es bei der Herstellung vermehrt zu Lufteinschlüssen, sei das fertige Werkstück möglicherweise nicht so belastbar wie angenommen. Zudem verschlechtere sich der Zustand des Tauchboots, je länger es im Einsatz ist. Um die Integrität der Röhre zu gewährleisten, hätte man das Tauchboot regelmäßig auseinandernehmen und das Karbonfasersegment im Computertomografen durchleuchten müssen. Spätestens nach den Vorfällen am Ende der Tauchgänge #61 (Frontdom abgefallen) und #80 (lauter Knall und maximaler Ausschlag bei den akustischen Sensoren) hätte eine Materialprüfung stattfinden müssen.[1434]

Roy Thomas macht auch deutlich, dass es für OceanGate so gut wie unmöglich war, die TITAN beispielsweise durch das ABS zertifizieren zu lassen. Wegen seiner Form (Röhre statt Kugel) und dem verwendeten Material (Karbonfaserkomposit statt Metall) galt sie als „neuartiges Design“. Tests mit drei Prototypen in Realgröße wären nötig gewesen, bei denen der Druckkörper das Sechsfache des Zieltiefendrucks hätte aushalten müssen. Zudem hätte das ABS einen Dauerbelastungstest von 10.000 Stunden verlangt (mehr als 13 Monate). Die Kosten wären exorbitant und kaum vereinbar gewesen mit dem Geschäftsziel von OceanGate, den Zugang zur Tiefsee billiger zu machen.[1435]

Ein weiterer Experte, der befragt wird, ist John Duffett vom Büro zur Einhaltung der Regeln für kommerzielle Wasserfahrzeuge der US-Küstenwache. Auch er kritisiert, dass OceanGate sich über viele bewährte Regeln der Zertifizierungsgesellschaften hinweggesetzt hat. Tauchboote sollten beispielsweise nicht längere Zeit unter freiem Himmel stehen, sondern möglichst in klimatisierten Räumen bei 16 bis 32 Grad Celsius (60 bis 90 Grad Fahrenheit). Das Überwintern der TITAN auf einem offenen Lagerplatz bei stark schwankenden Temperaturen und Frost habe möglicherweise zur Schwächung des Materials beigetragen.[1436]

Im Publikum sitzt auch die Tochter von P. H. Nargeolet. Sidonie Nargeolet ist eigens von Andorra in die USA geflogen, um bei den Befragungen dabei zu sein. Sie hofft auf eine Antwort, warum ihr Vater gestorben ist, und kommt zu einem vernichtenden Urteil: „Ich wollte meine eigenen Schlüsse

78

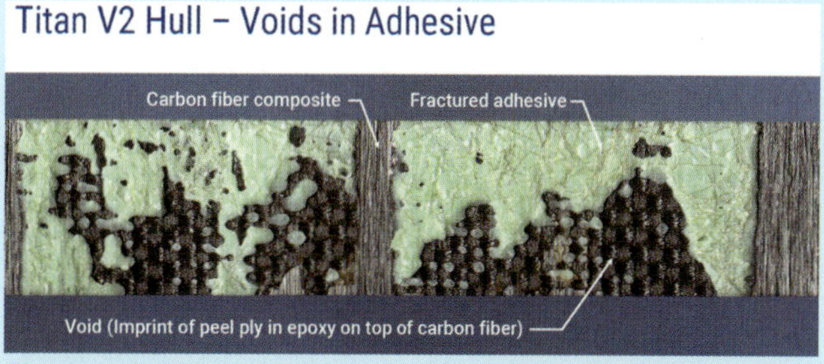


79

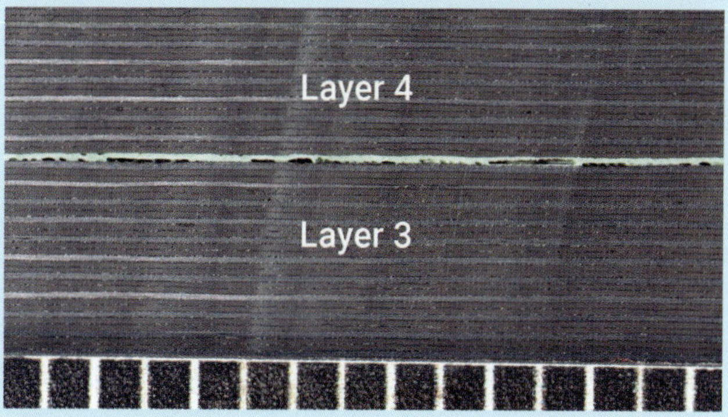


80

**78** Zum Untersuchungsausschuss gehören (v. l. n. r.): Marcel Muise, Lars T. Okmark, der Vorsitzende Jason Neubauer, Tom Whalen, Kathryn Williams, Nicole Emmons und Keith Fawcett. (US Küstenwache / Petty Officer 2nd Class Kate Kilroy)

**79** Geborgenes Karbonfaserkomposit unter dem Mikroskop: Beim Aushärten der Ringe hat die Schutzfolie einen Abdruck im Epoxidharz hinterlassen. In den Vertiefungen kam es zu Lufteinschlüssen. (National Transportation Safety Board)

**80** Querschnitt der Faserschichtringe 3 und 4 der zweiten Titanröhre. Entlang der hellgrünen Klebeschicht zwischen den Ringen sind größere Lufteinschlüsse zu erkennen. (National Transportation Safety Board) ziehen. Ich wollte den Menschen ins Gesicht sehen, ihnen direkt zuhören. [...] Ich wollte wissen, was nicht gestimmt hat [mit dem Tauchboot], und meine Erkenntnis war, dass überhaupt nichts gut daran war."[1437]

Bei den Befragungen geht es auch um den Begriff „Mission Specialists" und den Widerspruch, dass diese für ihre Teilnahme an Expeditionen bezahlt haben, von OceanGate aber als Crewmitglieder bezeichnet wurden. Lieutenant Commander John Duffett vom Büro zur Einhaltung der Regeln für kommerzielle Wasserfahrzeuge der US-Küstenwache sagt aus, dass jemand, der für seinen Aufenthalt an Bord bezahlt hat, per Definition kein Crewmitglied sein könne. Entsprechend seien die Mission Specialists zahlende Passagiere („passengers for hire") gewesen, und die Tauchboote hätten alle zugehörigen Bestimmungen einhalten müssen. Die CYCLOPS 1 und die TITAN hätten, anders als behauptet, nicht ausschließlich der Meeresforschung gedient und bei Tauchgängen mit Kunden in US-Gewässern von der Küstenwache inspiziert werden müssen. Die Expeditionen zur ANDREA DORIA oder in den Hudson Canyon hätten eigentlich nicht stattfinden dürfen, so Duffett. Für die TITANIC-Expeditionen hätte das nur nicht gegolten, weil die Vorschriften und Gesetze der USA in internationalen Gewässern nicht greifen.[1438, 1439]

Die beiden Mission Specialists, die vor dem Ausschuss aussagen, schlagen ganz andere Töne an. Sie sehen sich, Stockton Rush und die TITAN missverstanden. Beide bereuen ihre Teilnahme an den OceanGate-Expeditionen nicht. Renata Rojas: „Ich hoffe, dass die Untersuchung Verständnis dafür schafft, dass die Erforschung immer mit Risiken einhergeht. Hätten wir nie etwas riskiert, würden wir noch immer glauben, dass die Erde eine Scheibe ist. Ich hoffe, dass es weitere Innovationen gibt, damit die Ozeane für so viele Menschen wie möglich zugänglich werden. Menschen wie ich, denen ein Traum erfüllt wurde. Ich hoffe, dass Normalbürger auch weiterhin an Expeditionen teilnehmen dürfen. Wir brauchen mehr solcher Expeditionen, denn die Ozeanforschung ist signifikant unterfinanziert."[1440]

Fred Hagen hält vor allem an der Vision fest, die sein Freund und Weggefährte Stockton Rush hatte, und hofft, dass andere sie nun umsetzen: „Er wollte unser inneres Universum erforschen und die Meere besiedeln. Ich hoffe, wir lernen etwas daraus. [...] Mein Wunsch wäre, dass sich die Regierung und private Firmen zusammentun, so wie mit Elon Musk im Weltraum. Weil unser inneres Universum und die Tiefe der Ozeane auf absehbare Zeit viel wichtiger sind als das All."[1441]

## KLAGE DER FAMILIE NARGEOLET GEGEN OCEANGATE [1442, 1443]

Am 6. August 2024 reichte Richard Ortoli, der Nachlassverwalter von Paul-Henri Nargeolet, im Namen seiner Witwe und der drei Kinder beim Bezirksgericht County King im Bundesstaat Washington Zivilklage gegen mehrere Firmen und Einzelpersonen ein, mit einer Schadenersatzforderung von 50 Millionen US-Dollar.

Zu diesem Zeitpunkt lagen noch nicht alle Erkenntnisse aus dem Untersuchungsausschuss vor. Bekannt war die letzte Textbotschaft der TITAN: „Zwei Gewichte abgeworfen". Daraus leitete die Klage ab, die Insassen des Tauchboots hätten gewusst, dass die Integrität der Hülle kompromittiert war und hätten unter Todesangst versucht aufzutauchen. (Es ist ein Szenario, das inzwischen als widerlegt gilt – der Ballastabwurf war, wie schon beschrieben, ein Standardbremsmanöver).

Die Schadenersatzforderungen richteten sich nicht nur gegen OceanGate. Die Kläger sehen drei weitere Firmen in der Haftung, dazu den verstorbenen OceanGate-Chef Stockton Rush (die Ansprüche werden gegen seine Erben geltend gemacht) sowie Tony Nissen, den ehemaligen Chefingenieur von OceanGate. Die Klage auszuweiten ist schon allein deswegen sinnvoll, weil OceanGate nach dem Unglück pleitegegangen ist, zwischenzeitlich abgewickelt wurde und im Falle einer Verurteilung kein Geld von der Firma zu erwarten ist.

Die anderen beklagten Firmen waren alle an der Entwicklung oder der Herstellung der TITAN beteiligt: Electroimpact hat den (zweiten) Karbonfaserzylinder des Druckkörpers gewickelt; Janicki Industries hat ihn ausgehärtet und zugeschnitten. Die Firma Hydrospace Group hat das erste Tauchbootfenster hergestellt. Hydrospace ist allerdings wohl zu Unrecht angeklagt, da sich nach Einreichung der Klage herausgestellt hat, dass beim tödlichen Tauchgang das Acrylfenster eines anderen Herstellers im Einsatz war.

Die Klage behauptete, dass bei der Konstruktion und dem Bau der TITAN Sicherheitsstandards nicht beachtet und gefährliche Design-Entscheidungen getroffen wurden. Bemängelt wurde auch, dass es keine unabhängige Zertifizierung des Tauchbootes gab.

Es ist von böswilliger Täuschung und mangelnden Sicherheitsvorkehrungen die Rede. Stockton Rush habe bezüglich der Beteiligung von Firmen wie Boeing, der NASA und der University of Washington am Bau der TITAN gelogen und Gefahren verschleiert. Electroimpact und Janicki wiederum hätten wissen können, dass der von ihnen hergestellte oder bearbeitete Druckkörper nicht für extreme Tiefen von bis zu 4.000 Metern geeignet ist.

Die Kläger behaupten zudem, dass P. H. Nargeolet Mitarbeiter bei OceanGate gewesen ist und einen tödlichen Arbeitsunfall hatte, für den der Arbeitgeber wegen grober Fahrlässigkeit haften müsse. Welches Vertragsverhältnis zwischen Nargeolet und OceanGate bestand, ist nicht bekannt. Er könnte auch ehrenamtlich oder als selbstständiger Berater an Bord gewesen sein – dann hätte er das unternehmerische Risiko für seine Teilnahme an den Expeditionen möglicherweise selbst tragen müssen.

Ob all diese Tatsachenbehauptungen stimmen, ist nun im Rahmen eines Gerichtsverfahrens zu klären. Der Prozess hat bei Drucklegung noch nicht begonnen. Die Ursache dafür ist, dass Janicki Industries zunächst beantragt hatte, den Fall vor einem Bundesgericht zu verhandeln, weil Kläger und Beklagte in verschiedenen Bundesstaaten verortet seien. Nach einem Antrag des Nargeolet-Nachlassverwalters verwies Bundesrichterin Lauren King vom United States District Court for the Western District of Washington den Fall aber wieder zurück ans Bezirksgericht. Sollte die Klage Erfolg haben, ist damit zu rechnen, dass auch die Hinterbliebenen der anderen Opfer Ansprüche geltend machen.

# 2025

Ein Karbonfasersegment des TITAN-Druckkörpers auf dem Meeresboden

# DER ABSCHLUSSBERICHT DES UNTERSUCHUNGS-AUSSCHUSSES[1444]

Nach mehr als zwei Jahren Arbeit veröffentlicht der Untersuchungsausschuss der US-Küstenwache am 5. August 2025 seine Erkenntnisse zur TITAN. Der Bericht hat 335 Seiten, auf denen auch die Geschichte von OceanGate und die seiner drei Tauchboote ANTIPODES, CYCLOPS 1 und TITAN umrissen werden.

Als Hauptursache der Implosion nennt der Ausschuss, dass „OceanGate nicht den etablierten Ingenieursregeln in den Bereichen Sicherheit, Tests und Unterhalt ihres Tauchboots gefolgt ist.“ Die Vorwürfe an Stockton Rush sind schwerwiegend: Er habe „lebenswichtige Inspektionen, Datenanalysen und der Prävention dienende Wartungsmaßnahmen“ nicht durchgeführt, was in Summe schließlich zum katastrophalen Versagen des Druckkörpers der TITAN geführt habe. Bei OceanGate sei die Belegschaft eingeschüchtert worden, um Sicherheitsbedenken und Kritik zu unterdrücken. Zudem habe man vorsätzlich Widersprüche oder Lücken im Gesetz und in Verordnungen oder Verwaltungsvorschriften ausgenutzt, um sich der Aufsicht durch die Behörden zu entziehen.

Wie einst beim Untergang der TITANIC habe es nicht den einen singulären Fehler oder einen alles entscheidenden Moment des Versagens gegeben. Vielmehr seien viele Einzelfaktoren zusammengekommen. Das Design und die wenigen Tests seien an fundamentalen Ingenieursprinzipien eines Druckkörpers vorbeigegangen. Diese wären jedoch entscheidend gewesen bei der Konstruktion einer Tauchboothülle, die dem immensen Wasserdruck der Tiefsee ausgesetzt werden soll. OceanGate habe nicht verstanden oder missachtet, dass jedes Tauchboot eine vorher zu berechnende Lebensdauer hat und dass es danach aus dem Verkehr zu ziehen ist. Stattdessen sollte die Druckhülle der TITAN so lange verwendet werden, bis das selbst erfundene und an Bord verbaute Akutwarnsystem eine unmittelbar drohende Implosion anzeigt. Dies in der Annahme, dass dann noch genügend Zeit bleibt, um den Tauchgang abzubrechen. Es sei ein Fehler gewesen, sich auf die Echtzeitüberwachung der Hülle als einziges

Warnsystem zu verlassen. Zudem habe dieses eine Vorschädigung der Röhre aus vorherigen Tauchgängen nicht beachtet. Bemerkenswert sei auch, dass OceanGate entweder nicht bemerkt oder ignoriert habe, dass drei der acht akustischen Sensoren während der Expeditionen 2022 und 2023 nicht funktioniert haben.

Fehler und Schwächen im Herstellungsprozess der Karbonfaserröhre seien weitgehend ignoriert worden. Grundlage für die Konstruktion waren Computersimulationen und Berechnungen, die unter der Annahme durchgeführt wurden, dass bei der Herstellung optimale Werkstoffe verwendet werden. Das bedeutet, dass die Mindestwandstärke der Karbonfaserröhre und die zugehörigen Aussagen zur Belastbarkeit des Druckkörpers nur dann gelten, wenn die Faserschichten der Karbonröhre absolut präzise und plan gewickelt werden, sodass es keinerlei Lufteinschlüsse oder Verschiebungen der Fasern gibt. Stockton Rush müsse klar gewesen sein, dass auch die zweite Röhre der TITAN nicht aus fehlerfrei produziertem Karbonfaserkomposit bestand. Vielmehr haben sich beim Wickeln und Aushärten Falten gebildet, sodass an diesen Stellen ein anderes Volumenverhältnis zwischen Fasern und Epoxidharz herrschte. Die Unebenheiten in der Röhrenoberfläche wurden im Laufe der Herstellung an mehreren Stellen abgeschliffen, wodurch zusätzlich Fasern durchtrennt wurden. Zudem gab es im Bereich der Verklebung zwischen den fünf Schichtringen der Röhre nachweislich Lufteinschlüsse. Somit war die TITAN weniger druckresistent als vom Computer berechnet. Zudem habe man bei OceanGate mehrere Empfehlungen aus der Boeing-Machbarkeitsstudie ignoriert, darunter die, dass die Karbonfaserschichten jeweils um 45 Grad gedreht zur Faserlaufrichtung übereinanderzulegen sind und nicht nur, wie bei der TITAN, um 90 Grad gedreht. Auch der Vorschlag, die empfindliche Oberfläche der Röhre mit einer Schutzschicht (zum Beispiel aus syntaktischem Schaum) zu umgeben, die Stöße gegen den Druckkörper abfedern kann, wurde nicht umgesetzt. Boeing hatte zudem konstatiert, dass zusätzlicher Forschungsbedarf besteht, um herauszufinden, ob eine Verklebung von Karbonfaserkomposit und Titan auf Dauer halten kann.

Das Unglück habe bereits mit dem lauten Knall bei Tauchgang #80 gegen Ende der 2022er-TITANIC-Expedition begonnen, so Ausschussmitglied Lieutenant Commander Katie Williams, der Leiterin der Abteilung für die Sicherheit von Hochsee-Wasserfahrzeugen der US-Küstenwache. Der Knall sei ein Indiz dafür, dass sich damals schon großflächig Karbonfaserschichten voneinander gelöst haben: „Die Delamination bei Tauchgang #80 war der Anfang vom Ende. Jeder, der danach an Bord der TITAN ging, hat sein Leben riskiert. […] Mit jedem weiteren Tauchgang in die Tiefe wurde die Hülle weiter beschädigt. Irgendwann musste etwas Schlimmes passieren."[1445]

Die Untersuchung der vom Meeresboden geborgenen Karbonfaserteile lege nahe, dass die Delamination, die den Knall ausgelöst hat, entlang der Verklebung zwischen den Karbonfaserringen 1 und 2, den beiden innersten der Röhre, stattgefunden hat. Es sei unverantwortlich gewesen, danach einfach weiterzumachen, als sei nichts geschehen. Durch die Daten der Sensoren im Tauchboot hätte man zu dem Schluss kommen können, dass die Hülle kompromittiert ist. Diese seien bei OceanGate jedoch nicht ausreichend ausgewertet oder ignoriert worden. Stockton Rush habe vielleicht auch nicht die nötige Expertise gehabt, die Messwerte der Dehnungsstreifen richtig auszuwerten. OceanGate habe diese ausschließlich entlang einer Zeitachse dargestellt. Im Rahmen der Ermittlungen hat das amerikanische National Transportation Safety Board die Daten der Tauchgänge #75, #80, #81, #82 und #83 neu aufbereitet und die Werte entlang einer Achse mit der Tauchtiefe sortiert. So aufbereitet, ist bei den Tauchgängen bis zum großen Knall jeweils eine Datenwolke entlang einer Geraden zu sehen. Ab Tauchgang #81 ergeben die Messwerte im Bereich von null bis 500 Metern Meerestiefe dann plötzlich eine Kurve. Dass sich die Karbonröhre bei geringem Druck weiter ausdehnt habe als früher, deute darauf hin, dass sie an Steifheit verloren hat.

→ Bild 81: Datenvergleich eines Dehnungsmessstreifens (Seite 355)

Der Abschlussbericht zählt weiter auf, was die Hülle danach weiter geschädigt haben könnte: Dass die TITAN im Winter 2022/23 ungeschützt am Pier in St. John's stand und dort extremen Temperaturschwankungen inklusive mehrerer Frostperioden ausgesetzt war. Dass sie während der 2023er-Expedition auf der Plattform LARS Tausende Kilometer hinter dem Expeditionsschiff hergeschleppt wurde und durch den Seegang unzählige kleinere Schläge abbekommen hat. Und dass das Tauchboot am Ende von Tauchgang #87 durch den Wellengang rund 45 Minuten lang immer wieder hart auf die Plattform knallte. Entsprechend sei es am wahrscheinlichsten, dass die Implosion durch ein Versagen der Karbonröhre ausgelöst wurde.

Falls hingegen die Verklebung der Röhre mit den Titanringen der Auslöser für die Implosion war, könnte relevant sein, dass OceanGate die Reste der ersten Karbonröhre aus der Nut der Verbindungsringe fräsen ließ, um sie wiederzuverwenden, so der Abschlussbericht. Das habe möglicherweise dazu geführt, dass die Metalloberflächen nicht mehr ganz eben waren, was Auswirkungen auf die Qualität der Verklebung habe. Bei den vom Meeresboden geborgenen Ringen fehle die Klebeschicht fast überall. Lediglich am Heckring seien auf einem Segment von etwa 90 Grad noch Reste zu finden. Sollte sich die Delaminierung in der Röhre bis zu den Rändern ausgedehnt haben, könnte auch das die Verbindung geschwächt haben. Zudem sei die Oberfläche der Klebeschicht an einer Stelle komplett glatt gewesen, während sonst ein Abdruck der zugeschnittenen Röhre darauf zu erkennen ist. An der glatten Stelle habe sich der Kleber vermutlich lange vor der Implosion von der Röhre gelöst und wurde dann von den Bewegungen des lose aufsitzenden Materials glattgerubbelt. Dabei legt die Anordnung der Trümmerteile am Meeresboden nahe, dass die Implosion in der Nähe des Frontrings oder am Frontring selbst ihren Anfang nahm. Die glattgerubbelte Stelle auf dem Heckring ist also wohl nicht der Hauptauslöser für die Implosion, sondern allenfalls ein Indiz, dass die Verklebung insgesamt mangelhaft gewesen sein könnte.

→ Bild 82: Hinterer Verbindungsring (Seite 355)

Die Arbeitsatmosphäre bei OceanGate bezeichnet der Abschlussbericht als toxisch und autoritär. Als Beleg wird genannt, dass Mitarbeitern fristlos gekündigt wurde, nachdem sie Bedenken geäußert haben oder es sicherheitsrelevante Vorfälle gab. Am Ende habe ein Klima geherrscht, bei dem sich niemand mehr so recht traute, Kritik zu äußern aus Angst vor einem Rauswurf. Als CEO, Chefpilot der TITAN, Großinvestor und Sicherheitsmanager von OceanGate, Inc. hatte Stockton Rush in fast allen Belangen das letzte Wort. Es habe im Grunde keine Kontrollmechanismen mehr gegeben, weder durch den Vorstand (Board of Directors), deren Vorsitzender Rush war, noch durch den Expeditionsleiter oder die Mitarbeiter in Mission Control, über deren Anweisungen sich Rush nach Belieben hinweggesetzt habe.

Zudem habe Stockton Rush seine Kunden in falsche Sicherheit gewiegt, weil er die TITAN mehrfach als „unzerstörbar“ bezeichnet hat. Diese hätten die tatsächlichen Risiken eines Tauchgangs in einem nicht zertifizierten „experimentellen Tauchboot“ nicht abschätzen können. Der Haftungsausschlussvertrag, in dem gleich mehrfach darauf hingewiesen wurde, dass die Teilnahme an einem Tauchgang zum Tode führen kann, ändere nichts an der Täuschung bezüglich der Sicherheit der TITAN. Zudem hätten die Mission Specialists das Papier oft erst kurz vor dem Tauchgang zur Unterschrift vorgelegt bekommen, sodass ein Rücktritt mit einem Totalverlust der bezahlten Teilnahmegebühr einhergegangen wäre. Lieutenant Commander Williams: „OceanGate hat den Anschein erweckt, dass alles sicher ist. Aber wenn man sich all die Dinge ansieht, die OceanGate umgangen oder nicht getan hat, dann war Sicherheit nicht ihre Priorität, sondern ein monetärer Gewinn. [...] Stockton Rush hatte so viele Chancen, alles zu stoppen. Er hat sich immer wieder entschieden weiterzumachen, statt die Dinge unter Sicherheitsaspekten zu überdenken."[1446]

Der Abschlussbericht hat zunächst keine unmittelbare juristische Wirkung; er führt nicht automatisch zu einem Strafrechtsverfahren oder einem Schadensersatzprozess. Dennoch enthält er juristische Aussagen. Stockton Rush wird als hauptverantwortlich für das Unglück bezeichnet. In der Argumentationskette spielt überraschenderweise eine Rolle, dass Rush Inhaber eines US-Kapitänspatents (für Binnengewässerfahrzeuge bis 35 Bruttoregistertonnen) war. Das ist relevant, weil der Fall dadurch unter das „Seaman's Manslaughter Statute" fällt. Dieses US-Bundesgesetz besagt: „Kapitäne, Piloten und leitende Offiziere können strafrechtlich zur Verantwortung gezogen werden, wenn ihre Fahrlässigkeit, ihr Fehlverhalten oder ihre vorsätzliche Pflichtverletzung zum Tod einer Person führt."

Rush hatte die Bruttoregistertonnenzahl der TITAN fälschlicherweise mit 26 angegeben (statt der tatsächlichen vier BRT des Tauchboots), um die Voraussetzungen für die Erteilung des Patents zu erfüllen. Der Untersuchungsausschuss erklärt dieses nun trotz der Täuschung überraschenderweise nicht für ungültig. Dass er die TITAN ohne Zertifizierung als Passagierfahrzeug betrieben hat, sei als Fehlverhalten im Rahmen seines Patents zu werten – und das unabhängig davon, ob das Tauchboot während der TITANIC-Expeditionen nicht den Gesetzen und Regularien der USA unterstand.

Als Kapitän und Pilot der TITAN sowie in seiner Rolle als CEO von OceanGate, Inc. sei Stockton Rush für die Konstruktion des Tauchboots und für die Sicherheitsmaßnahmen verantwortlich gewesen. Hätte er den Vorfall überlebt, hätte der Untersuchungsausschuss den Fall an die zuständige Staatsanwaltschaft weitergeleitet mit der Einschätzung, dass eine Straftat begangen wurde. Rush habe fahrlässig zum Tod der vier Menschen beigetragen, die mit ihm an Bord der TITAN waren. Wäre Rush noch am Leben,

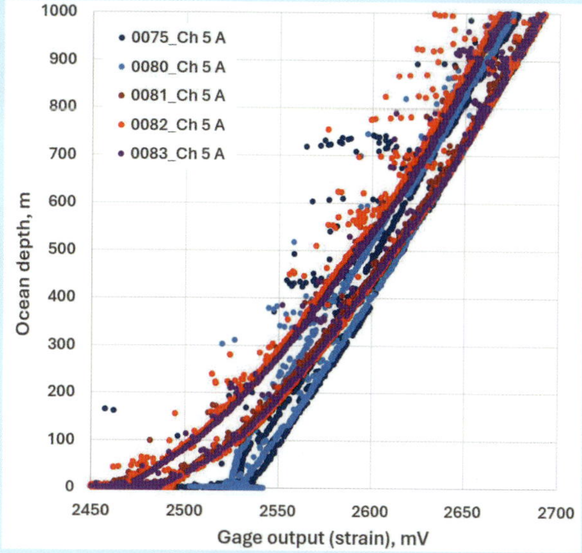


81

81 Datenvergleich eines Dehnungsmessstreifens. Vor dem großen Knall ergeben die Punkte fast eine Gerade (dunkelblau und hellblau), danach im Bereich von 0 bis 500 Meter eine Kurve (braun, rot und lila). (National Transportation Safety Board)

82 Auf dem geborgenen hinteren Verbindungsring ist der Abdruck der Röhre im Klebstoff zu erkennen. Weiter innen ist die Oberfläche glatt – dort könnte sich die Röhre schon vor der Implosion gelöst haben. (National Transportation Safety Board)

82

hätte es zu eine Anklage wegen fahrlässiger Tötung kommen können (im US-Recht „involuntary manslaughter" – die Begriffe sind nicht zu 100 Prozent deckungsgleich, aber ähnlich).

Weitere Mitverantwortliche im juristischen Sinne nennt der Abschlussbericht nicht. Schuld an der Implosion seien die unzähligen Versäumnisse, Schlampereien und die Risikobereitschaft eines einzigen Mannes sowie sein Unwillen, die Bedenken anderer zu beherzigen. Zur Rechenschaft kann er nicht mehr gezogen werden, weil er selbst in seinem Tauchboot umgekommen ist. Ob dies ein befriedigendes Ergebnis ist, sei dahingestellt.

Am Ende des Untersuchungsberichts gibt die Kommission Empfehlungen ab, wie Unglücke ähnlich dem der TITAN künftig verhindert werden. Sie rät, die Ausnahmeregel abzuschaffen, dass Forschungstauchboote nicht von der Küstenwache inspiziert werden müssen. Ziel müsse sein, dass diese die gleichen Vorgaben erfüllen wie alle anderen „kleinen Passagierfahrzeuge". Gleichzeitig müsse allerdings die Beschränkung im „NVIC 5-93"-Regelwerk gestrichen werden, die maximal 45 Meter Tauchtiefe erlaubt, weil die Unterwasserforschung in tieferen Küstengewässern sonst unmöglich würde. Zudem solle vorgeschrieben werden, dass Tauchboote zertifiziert werden müssen, wenn nicht ausschließlich ihr Besitzer damit fährt. Des Weiteren sei dafür zu sorgen, dass die Küstenwache den Betrieb von Tauchbooten nur genehmigt, wenn die Kommunikation mit der Oberfläche über gesprochene Sprache stattfindet und nicht nur per Textbotschaften.

Der Abschlussbericht ordnet schließlich auch die Erfolgsaussichten des ursprünglichen Rettungsszenarios ein, bei dem die TITAN intakt am Meeresboden festgesessen hätte. Wahrscheinlich wäre es nicht gelungen, das Tauchboot innerhalb von 96 Stunden zu finden, an die Oberfläche zu holen und die Besatzung zu befreien, so die Erkenntnis. Wäre die Besatzung noch am Leben gewesen, hätten also wohl die Sauerstoffreserven der TITAN über Leben und Tod entschieden – eine fürchterliche Vorstellung. Der Ausschuss empfiehlt der Küstenwache abschließend, zusammen mit der US-Marine und Firmen, die über geeignete Rettungsmittel (wie Tiefseetauchroboter) verfügen, Rettungsübungen durchzuführen. Zudem sollten Mobilisierungspläne ausgearbeitet werden, um den Vorlauf bei der Aktivierung von Gerätschaften und Rettungspersonal zu verkürzen.

Eine Erklärung, wer oder was die Klopfgeräusche ausgelöst hat, die während der Rettungsmission im Wasser zu hören waren, liefert der Abschlussbericht nicht – sie werden mit keinem Wort erwähnt. OceanGate-Berater

David Concannon sagt diesbezüglich in einem Interview, dass er unbestätigte Informationen erhalten habe, wonach sich vier U-Boote im Bereich des Einsatzgebiets befunden hätten. Es sei reine Spekulation, aber seiner Meinung nach nicht unplausibel, dass die russische Marine das Klopfen angeordnet hat – schließlich wäre dies eine einmalige Chance gewesen zu testen, wie gut der Gegner aufgestellt ist und welche technischen Geräte wie schnell mobilisiert werden können. Concannon habe aber auch erfahren, dass nördlich der Unglücksstelle Vorbereitungen für Bohrarbeiten stattgefunden haben, die das Klopfen verursacht haben könnten.[1447]

# HEUTE

# EINE LETZTE ANALYSE

Was bleibt von der Vision und dem Selbstverständnis des angeblichen Hauptschuldigen am Unglück? Stockton Rush wollte ein radikaler Vordenker und Innovator sein, hat immer wieder neue Ideen ausprobiert, um Systeme zu verschlanken und Kosten zu sparen. Der Gamecontroller als Steuerung hat es Amateuren wie den Mission Specialists tatsächlich ermöglicht, ohne große Vorkenntnis ein Tauchboot zu navigieren. Die Opferanoden waren eine vielversprechende Methode, um bei Stromausfall Ballast abwerfen zu können. Die Verwendung des Hülleninserts, das mit Abstand zum Druckkörper verbaut ist, hat die von anderen Tauchbooten bekannten Probleme mit Kondenswasser gelöst. Es ist vorstellbar, dass diese Neuerungen im Design künftiger Tauchboote Niederschlag finden.

Doch was wird aus den beiden Hauptinnovationen – dem röhrenförmigen Druckkörper aus Karbonfaserkomposit und dem patentierten Realtime Monitoring System? Waren sie schon immer zum Scheitern verurteilt – oder wurden sie nur falsch umgesetzt? Tony Nissen, der bei der ersten Karbonfaserhülle der TITAN-Chefingenieur bei OceanGate war, besteht bis heute darauf, dass der Druckkörper keine Fehlkonstruktion war und das Warnsystem rein technisch funktioniert hat. Er könne zur zweiten Röhre, mit der die TITAN verunfallt ist, wenig sagen, weil er OceanGate bereits verlassen hatte, als diese hergestellt wurde. Dennoch sei er der festen Überzeugung, dass die Firmenkultur und somit menschliches Versagen die Hauptursache für die Implosion waren und nicht das ursprüngliche Design. Wäre er 2019 nicht bei OceanGate rausgeflogen, hätte Nissen nach dem großen Knall von Tauchgang #80 dafür sorgen können, dass die TITAN außer Betrieb genommen wird – davon ist er fest überzeugt. „Sie hätten mich nicht rauswerfen sollen. Wir haben ein System gebaut, das genau das gemacht hat, was sie uns aufgetragen haben. Das System hat ein paar Jahre zuvor [bei Hülle 1] eine Tragödie verhindert. […] Es hat zu 100 Prozent funktioniert." Folgt man dieser Argumentation, wäre das Tauchboot nach dem Knall ohne Implosion und ohne Todesopfer einfach für kaputt erklärt worden, und das Konzept der Karbonfaserröhre wäre anschließend vielleicht überarbeitet und verbessert worden.[1448]

Dr. Robert Wagner, ein Experte für Materialversagen bei dünnwandigen Druckkörpern an der Technischen Universität Braunschweig, sieht das

Warnsystem mit den Akustiksensoren hingegen mit einem fatalen Denkfehler behaftet. Dieses habe sehr wenig über den tatsächlichen Zustand des Druckkörpers ausgesagt. Die Annahme, dass die Röhre stabil ist, solange lediglich ein leises Grundknacken und gelegentliche lautere Einzelgeräusche zu hören sind, sei grundfalsch. Druckkörper aus Verbundstoffen würden weltweit so konstruiert, dass sie unter der vorgesehenen Belastung gar keine Geräusche von sich geben. „Dieses Kompositknacken darf man gar nicht hören. Wenn man es hört, muss man eigentlich sofort aufhören. Die Struktur geht da schon nach und nach kaputt." Das RTM habe lediglich die seit dem jeweils letzten Tauchgang entstandenen Schäden gezählt. Ein Warnsystem, das die Vorschädigung des Materials ignoriere, könne nicht zuverlässig funktionieren, so Wagners Fazit.[1449, 1450, 1451]

Es ist davon auszugehen, dass das Konzept eines röhrenförmigen Druckkörpers aus Karbonfasern auf absehbare Zeit als verbrannt gilt, weil die Menschen kein Vertrauen in das Material haben, zumindest nicht bei Tauchbooten. Ein weiterer Grund ist, dass die Computer die tatsächliche Belastbarkeit des 12,7 Zentimeter dicken Werkstücks nicht zuverlässig berechnen konnten. Bei seiner vermeintlich bedeutendsten Innovation ist Stockton Rush krachend gescheitert, und es ist unwahrscheinlich, dass andere sein Werk fortführen wollen.

Fünf Menschen haben am 18. Juni 2023 in der Tiefsee ihr Leben verloren – nichts kann daran noch etwas ändern. Es mag auf makabere Weise tröstlich sein, dass der Implosion höchstwahrscheinlich keine Warnung durch die Echtzeitüberwachung der Hülle vorausging. Eine längere Alarmsituation mit akuter Todesangst blieb den fünf Männern in der TITAN erspart. Sie haben binnen Millisekunden und ohne Schmerz ihr Leben verloren. Die Trauer und das Entsetzen über den Unfall aber bleiben.

Die Angehörigen der Opfer haben nun immerhin weitgehend Klarheit über die Abläufe, die zur Implosion geführt haben. Vielleicht ist es für sie auch eine Entlastung, dass das hohe Risiko einer Tauchfahrt mit der TITAN für Außenstehende schwer oder gar nicht erkennbar war. Christine Dawood, die ihren Mann und ihren Sohn verloren hat, sieht es zumindest so: „Für mich persönlich war es mit das Wichtigste, dass die Küstenwache uns als Familie versichert hat, dass wir es nicht kommen sehen konnten. Mir das zu bestätigen war das Wichtigste, was sie für mich tun konnten." Die Trauerarbeit geht dennoch weiter, ist Christine Dawood überzeugt: „Sie werden nie zurückkehren. Ich höre ihre Stimmen noch im Haus, die Erinnerungen sind hier. Doch egal, was die Ermittler herausfinden, die Zimmer bleiben leer."[1452, 1453]

Derweil baut die Firma Triton Submarines im Auftrag des Immobilienmoguls und Multimilliardärs Larry Connor ein neues Tauchboot, das zwei Menschen auf 4.000 Meter Tiefe – und ganz konkret zur TITANIC – bringen soll. Connor hat den Auftrag nur wenige Tage nach der Implosion der TITAN erteilt. „Die Tiefsee ist kein Ort für Kompromisse" steht auf der Website des Herstellers, wohl auch um sich von OceanGate abzugrenzen. Der Druckkörper des ABYSSAL EXPLORER genannten Tauchboots soll weitgehend aus Acryl bestehen und vom American Bureau of Shipping zertifiziert werden. Triton verspricht Innovation innerhalb streng konservativer Grenzen.

Die Tragödie der TITAN hat dem Traum, die Tiefsee und das Wrack der TITANIC mit eigenen Augen zu sehen, offenbar kein Ende gesetzt. Larry Connor erläutert seine Pläne: „Wir wollen den Menschen in aller Welt zeigen, dass die See gewaltig ist, aber auch ein wunderbarer und erquicklicher Ort sein und dein Leben verändern kann, wenn man es richtig anstellt."[1454, 1455]

# ANMERKUNGEN

1 NY Mag, „What I Learned on a Titanic Sub Expedition“, David Pogue, 27. Juni 2023; https://nymag.com/intelligencer/2023/06/what-i-learned-on-a-titanic-submarine-expedition.html • 2 Los Angeles Times, „Frozen feet, cramped quarters: What it's like in the Titan submersible“, Noah Goldberg, 21. Juni 2021 • 3 The Radical Centrist, „The Sixth Passenger: David Concannon and the OceanGate Tragedy“, 21. August 2023; https://centristchange.blogspot.com/2023/08/the-sixth-passenger-david-concannon-and.html?fbclid=IwAR3YYwwL2wUZV_LOxNz2_TXeOzzhMbrrGOsv7KDFDlETf81_Wlq2mXCfT5M • 4 YouTube, KQED QUEST „Underwater Flight with Graham Hawkes“, 19. August 2010; https://www.youtube.com/watch?v=qv9sH5ptgRA • 5 https://en.wikipedia.org/wiki/Graham_Hawkes • 6 Interview mit Graham Hawkes, 16. Dezember 2024 • 7 http://www.deepflight.com/subs/df_challenger.htm • 8 Roy Thomas bei der Befragung durch den Untersuchungsausschuss der US-Küstenwache, 23. September 2024 • 9 CompositesWorld, „Composite submersibles: Under pressure in deep, deep waters“, 5. Oktober 2017; https://www.compositesworld.com/articles/composite-submersibles-under-pressure-in-deep-deep-waters • 10 Engineering.com „Ill-Fated Titan Submersible Was Based on an Unproven Design“, 4. Juli 2023; https://www.engineering.com/ill-fated-titan-submersible-was-based-on-an-unproven-design/ • 11 Interview mit Graham Hawkes, 16. Dezember 2024 • 12 https://www.wikiwand.com/en/articles/DeepFlight_Challenger • 13 Reddit.com, „Rush: Was he really an innovator or simply emulating Fosett's submersible's legacy?“, RepresentativeWing73, 2023; https://www.reddit.com/r/OceanGateTitan/comments/16f9h5u/rush_was_he_really_an_innovator_or_simply/?rdt=53936 • 14 https://en.wikipedia.org/wiki/DeepFlight_Challenger • 15 Cnet.com, „Steve Fossett's unfinished legacy: Deepest ocean exploration“, 6. Oktober 2008; https://www.cnet.com/culture/steve-fossetts-unfinished-legacy-deepest-ocean-exploration/ • 16 Engineering.com „Ill-Fated Titan Submersible Was Based on an Unproven Design“, 4. Juli 2023; https://www.engineering.com/ill-fated-titan-submersible-was-based-on-an-unproven-design/ • 17 Interview mit Graham Hawkes, 16. Dezember 2024 • 18 https://en.wikipedia.org/wiki/DeepFlight_Challenger • 19 https://www.wikiwand.com/en/articles/DeepFlight_Challenger • 20 Interview mit Guillermo Söhnlein, 22. Juni 2024 • 21 Interview mit Guillermo Söhnlein, 22. Juni 2024 • 22 YouTube, „Sir Richard Branson Necker Nymph“, 15. Juni 2020; https://www.youtube.com/watch?v=Wgw1cYfFtq4
23 Guillermo Söhnlein, „Titan Unfinished“, Matt Holt Books, vorläufiges Manuskript vom 8. Juni 2025 • 24 Interview mit Guillermo Söhnlein, 22. Juni 2024 • 25 Guillermo Söhnlein, „Titan Unfinished“, Matt Holt Books, vorläufiges Manuskript vom 8. Juni 2025
26 Interview mit Guillermo Söhnlein, 22. Juni 2024 • 27 Interview mit Guillermo Söhnlein, 22. Juni 2024 • 28 The Sunday Times „What really happened to the Titanic sub? The tragic inside story“, 24. Dezember 2023 • 29 YouTube, RN Breakfast, „OceanGate Co-Founder Guillermo Söhnlein Just Revealed This About The Implosion“, 28. Juni 2023; https://www.youtube.com/watch?v=_sldDuT18PM&t=74s • 30 „OceanGate's neighbors, used to privacy, thrust into the spotlight“, Andrea Brown und Janice Podsada, 22. Juni 2023; https://www.heraldnet.com/news/oceangates-neighbors-used-to-privacy-thrust-into-the-spotlight/heraldnet.com • 31 Interview mit Guillermo Söhnlein, 22. Juni 2024 • 32 „USCG Report of the Marine Board of Investigation into the implosion of the submersible Titan“, Untersuchungsausschuss der US-Küstenwache, 4. August 2025 • 33 The Seattle Times, „OceanGate cofounder recalls origins, defends late CEO's approach to safety“, Paige Cornwell, 24. Juni 2023; https://www.seattletimes.com/seattle-news/oceangate-cofounder-recalls-origins-defends-late-ceos-approach-to-safety/ • 34 https://en.wikipedia.org/wiki/Stockton_Rush • 35 Smithsonian Magazine, „A Deep Dive Into the Plans to Take Tourists to the 'Titanic'“, Tony Perrottet, Juni 2019; https://www.smithsonianmag.com/innovation/worlds-first-deep-diving-submarine-plans-tourists-see-titanic-180972179/ • 36 https://oceangate.com/about/leadership/stockton-rush.html • 37 ABC news, „Fatal Dive to the Titanic: Truth and Lies“, David Hoffman, 2024 • 38 Engineering, „Trust Me, I'm an Engineer—A Broken Promise That Sunk the Titan Submersible“, Roopinder Tara, 5. September 2023; https://www.engineering.com/story/trust-me-im-an-engineer-the-broken-promise-that-sunk-the-titan-submersible • 39 Princeton Alumni Weekly, „Alumni News Big Dreams and Daring Marked the Life of Stockton Rush '84“, Anna Mazarakis, 26. Juni 2023; https://paw.princeton.edu/article/stockton-rush-84-titanic-titan-submersible-adventurer
40 Tap into Princeton, „What We're Reading: A Postscript on Princeton Alumnus Stockton Rush“, Richard R. Kein, 15. Juli 2023; https://www.tapinto.net/towns/princeton/sections/spotlight-on-princeton/articles/what-we-re-reading-a-postscript-on-princeton-alumnus-stockton-rush • 41 USA Today, „Stockton Rush, pilot of the Titan Submersible, pronounced dead at 61“, Camilo Morgan, 23. Juni 2023 • 42 Titanic-Verein Schweiz, Titanic Post 125, „Biografien der Titan-Opfer“, Günter Bäbler, September 2023 • 43 The Independent, „Stockton Rush: Meet the man leading tours of the Titanic“, Beth Timmins, 9. Mai 2017; https://www.independent.co.uk/travel/news-and-advice/titanic-visit-stockton-rush-ocean-gate-commercial-submarines-ocean-floor-a7718896.html • 44 Guillermo Söhnlein, „Titan Unfinished“, vorläufiges Manuskript, Matt Holt Books, 27. November 2025 • 45 Opentheoceans.com, „Manned Submersibles“, 12. September 2010; https://web.archive.org/web/20100912105300/http://www.opentheoceans.com/mannedsubmersibles.htm • 46 https://encyclopedia.pub/entry/37463 • 47 https://en.wikipedia.org/wiki/Guillermo_S%C3%B6hnlein • 48 https://sutusummit.com/speakers/guillermo-sohnlein/ • 49 https://alchetron.com/Guillermo-S%C3%B6hnlein • 50 https://bluemarbleexploration.com/crew/; https://web.archive.org/web/20230204153206/https://bluemarbleexploration.com/crew/ • 51 Interview mit Guillermo Söhnlein, 22. Juni 2024 • 52 Business Insider, „The Titanic is overrated, deep-sea explorers say. The wealthy keep venturing to it anyway.“, Lloyd Lee, 23. Juni 2024; https://www.businessinsider.com/titanic-wreckage-overrated-deep-sea-explorers-2024-6 • 53 Guillermo Söhnlein bei der Befragung durch den Untersuchungsausschuss der US-Küstenwache, 23. September 2024 • 54 Star Trek title sequence, 1966–1969 • 55 https://www.thespaceshow.com/show/16-may-2012/broadcast-1776-special-edition • 56 https://web.archive.org/web/20120504235154/http://seaspaceinitiative.org/ • 57 https://opusnovum.org/information/the-opus-novum-way/ • 58 Guillermo Söhnlein bei der Be-

fragung durch den Untersuchungsausschuss der US-Küstenwache, 23. September 2024 • **59** Guillermo Söhnlein, „Titan Unfinished", Matt Holt Books, vorläufiges Manuskript vom 8. Juni 2025 • **60** https://perrybaromedical.com/about-us/history/ • **61** The Miami Herald, „Submarine making big discoveries", Susan Cocking, 19. Dezember 2012 • **62** Roy Thomas bei der Befragung durch den Untersuchungsausschuss der US-Küstenwache, 23. September 2024 • **63** The Miami Herald, „Voyage of discovery", Susan Cocking, 19. Dezember 2012 • **64** Interview mit Guillermo Söhnlein, 22. Juni 2024 • **65** Tym Catterson bei der Befragung durch den Untersuchungsausschuss der US-Küstenwache, 16. September 2024 • **66** David Lochridge bei der Befragung durch den Untersuchungsausschuss der US-Küstenwache, 17. September 2024 • **67** Guillermo Söhnlein, „Titan Unfinished", Matt Holt Books, vorläufiges Manuskript vom 8. Juni 2025 • **68** Dokument CG 002, „Antipodes CG documentation", Untersuchungsausschuss der US-Küstenwache, September 2024 • **69** http://web.archive.org/web/20120115235637/http://www.oceangatefoundation.org/antipodes.htm • **70** Interview mit Guillermo Söhnlein, 22. Juni 2024 • **71** http://www.opentheoceans.com/index.html; http://web.archive.org/web/20101205051535/http://www.opentheoceans.com/index.html • **72** http://www.opentheoceans.org/about-us/; http://web.archive.org/web/20150822180951/http://www.opentheoceans.org/about-us/ • **73** Interview mit Guillermo Söhnlein, 22. Juni 2024 • **74** https://wealthyspy.com/wendy-rush/ • **75** „USCG Report of the Marine Board of Investigation into the implosion of the submersible Titan", Untersuchungsausschuss der US-Küstenwache, 4. August 2025 • **76** Guillermo Söhnlein, „Titan Unfinished", Matt Holt Books, vorläufiges Manuskript vom 8. Juni 2025 • **77** https://web.archive.org/web/20120801022428/http://opentheoceans.com/catalina/overview.htm • **78** https://web.archive.org/web/20130704090536/http://www.oceangate.com/expeditions/catalina-expedition.html • **79** http://oceangatefoundation.org/ (erster Eintrag am 18. August 2011) • **80** http://www.opentheoceans.org/old-site/catalina-2010.html • **81** Guillermo Söhnlein, „Titan Unfinished", Matt Holt Books, vorläufiges Manuskript vom 8. Juni 2025 • **82** Guillermo Söhnlein, „Titan Unfinished", Matt Holt Books, vorläufiges Manuskript vom 8. Juni 2025 • **83** Guillermo Söhnlein, „Titan Unfinished", Matt Holt Books, vorläufiges Manuskript vom 8. Juni 2025 • **84** https://web.archive.org/web/20100710065634/http://www.opentheoceans.com/remotelyoperatedvehicles.htm • **85** https://www.boydski.com/diving/photos/wrecks/Dix/DixWreck.htm • **86** The Miami Herald, „Submarine making big discoveries", 19. Dezember 2012 • **87** hydro-international.com, „SS Dix Discovered After 104 Years", 20. Mai 2011; https://www.hydro-international.com/content/news/ss-dix-discovered-after-104-years-2 • **88** http://www.opentheoceans.org/old-site/dix.html • **89** http://opentheoceans.com/alindeskasea.htm • **90** King 5.com, „Puget Sound shipwreck could help prevent oil spill", 24. Juni 2011; http://www.king5.com/news/environment/Puget-Sound-Wreck-Helps-Prevent-Oil-Spill-124522229.html • **91** Peninsula Daily News, „Submarine makes first dive to 1921 SS Governor wreck in Admiralty Inslet", 23. Juni 2011; http://www.peninsuladailynews.com/article/20110623/news/306239988/submarine-makes-first-dive-to-1921-ss-governor-wreck-in-admiralty • **92** Port Townsend Leader, „Sub's away! Shipwreck mapping begins", 22. Juni 2011; https://web.archive.org/web/20120801074404/http://ptleader.com/main.asp?SectionID=36&SubSectionID=55&ArticleID=29480 • **93** Oceangate.com, „SS Governor Expedition", 13. Juli 2013; https://web.archive.org/web/20130712212551/http://www.oceangate.com/expeditions/governor-expedition.html • **94** Youtube, „Shipwreck of the Art Riedel", @deepoceangate, 21. November 2011; https://www.youtube.com/watch?v=_wimCysCXT4, **95** „Monterey bay wreck is teeming with life", Glen Martin, 30. Juli 2006; https://www.sfgate.com/green/article/MONTEREY-BAY-WRECK-IS-TEEMING-WITH-LIFE-2515283.phpsfgate.com, • **96** http://kengwin.com/barge.html • **97** https://www.opentheoceans.org/old-site/monterey-2011.html • **98** https://www.opentheoceans.org/old-site/monterey-2011-gallery.html • **99** Guillermo Söhnlein bei der Befragung durch den Untersuchungsausschuss der US-Küstenwache, 23. September 2024 • **100** John Duffett bei der Befragung durch den Untersuchungsausschuss der US-Küstenwache, 26. September 2024 | Dave Dyer bei der Befragung durch den Untersuchungsausschuss der US-Küstenwache, 20. September 2024 • **101** „Hull Failure and Implosion of Submersible Titan", Bericht MIR-25-36 vom National Transportation Safety Board, S. 68, 2. Oktober 2025 • **102** Miamy Today, „Sub Caters To Adventurers With Zest To Learn", Catherine Lackner, 5. Juli 2012; https://www.miamitodaynews.com/news/120705/story2.shtml • **103** Guillermo Söhnlein, „Titan Unfinished", Matt Holt Books, vorläufiges Manuskript vom 8. Juni 2025 • **104** https://web.archive.org/web/20130704091445/http://www.oceangate.com/expeditions/goddard-expedition.html • **105** „USCG Report of the Marine Board of Investigation into the implosion of the submersible Titan", Untersuchungsausschuss der US-Küstenwache, 4. August 2025 • **106** Interview mit Guillermo Söhnlein, 22. Juni 2024 • **107** Dokument CG 002, „Antipodes CG documentation", Untersuchungsausschuss der US-Küstenwache, September 2024 • **108** https://www.marinelink.com/news/discovered-aircraft351615 • **109** Guillermo Söhnlein, „Titan Unfinished", Matt Holt Books, vorläufiges Manuskript vom 8. Juni 2025 **110** https://www.history.navy.mil/research/underwater-archaeology.html • **111** The Miami Herald, „Sunken wreckage of WWII plane found offshore", Susan Cocking, 27. November 2012 • **112** The Palm Beach Post, „Why is a navy fighter plane submerged off Miami Beach?", Carlos Frias, 21. Dezember 2012 • **113** https://web.archive.org/web/20160819170335/http://www.oceangate.com/expeditions/monterey-2011.html • **114** South Florida Sun Sentinel, S. A7, „Mysteries no more? Another look at lost Flight 19 and Earhart", Ken Kaye, 31. Dezember 2012; https://www.newspapers.com/image/266199495/ • **115** The Daily Oklahoman, „Technology might solve aviation mysteries", Ken Kaye, 6. Januar 2013; https://www.newspapers.com/image/452526543 • **116** Dokument CG 002, „Antipodes CG documentation", Untersuchungsausschuss der US-Küstenwache, September 2024 • **117** Roy Thomas bei der Befragung durch den Untersuchungsausschuss der US-Küstenwache, 23. September 2024 **118** https://www.miamidade.gov/environment/reefs-artificial.asp • **119** „USCG Report of the Marine Board of Investigation into the implosion of the submersible Titan", Untersuchungsausschuss der US-Küstenwache, 4. August 2025 • **120** Guillermo Söhnlein bei der Befragung durch den Untersuchungsausschuss der US-Küstenwache, 23. September 2024 • **121** https://www.opentheoceans.org/old-site/hatteras-2012.html • **122** https://flowergarden.noaa.gov/about/rvmantaspecs.html • **123** https://flowergarden.noaa.gov/image_library/hatteraswreck.html • **124** http://www.oceangate.com/expeditions/monterey-2012.html **125** https://de.wikipedia.org/wiki/Deepflight • **126** https://oceangateexpeditions.com/past-expeditions/monterey-bay **127** Der Spiegel, „Deep Flight Super Falcon – Mini-Jet für die Tiefe", 5. Mai 2009; https://www.spiegel.de/fotostrecke/deep-flight-super-falcon-mini-jet-fuer-die-tiefe-fotostrecke-42663.html • **128** Latitude 38, „Chris Welsh – An Adventurer's Adventurer

Passes“, Ross Tibbits, 22. März 2021; https://www.latitude38.com/lectronic/chris-welsh-adventurer-passes/ • **129** The Sunday Times, „What really happened to the Titanic sub? The tragic inside story“, 24. Dezember 2023 • **130** Interview mit Guillermo Söhnlein, 22. Juni 2024 • **131** Interview mit Guillermo Söhnlein, 22. Juni 2024 • **132** Guillermo Söhnlein, „Titan Unfinished“, Matt Holt Books, vorläufiges Manuskript vom 8. Juni 2025 • **133** Mark Negley bei der Befragung durch den Untersuchungsausschuss der US-Küstenwache, 26. September 2024 • **134** Dokument CG 037, „Boeing feasibility study of OceanGate deep sea submersible hull“, Untersuchungsausschuss der US-Küstenwache, September 2024 • **135** American Bureau of Shipping, „uwvs-rules“, Rules for classing a submersible, Januar 2021 • **136** https://www.whoi.edu/press-room/news-release/alvinsphere/ **137** https://engineeringunits.com/pressure-at-depth-calculator/ • **138** https://bluerobotics.com/learn/pressure-depth-calculator/ **139** https://www.swri.org/technology-today/article/swri-alvin-50-year-relationship • **140** Roy Thomas bei der Befragung durch den Untersuchungsausschuss der US-Küstenwache, 23. September 2024 • **141** Interview Dr. Robert Wagner, Universität Braunschweig, 20. Juni 2024 • **142** „A User-friendly approach to the Calculation of Safety Factor for Pressure Vessel Design – A Case Study“, Zainul Huda und Elvin H. C. Jie, 2016; https://www.kau.edu.sa/Files/320/Researches/70212_43186.pdf, S. 5 • **143** Red River, „Typical Safety Factor for Pressure Vessels“; https://www.redriver.team/typical-safety-factor-for-pressure-vessels/ **144** Roy Thomas bei der Befragung durch den Untersuchungsausschuss der US-Küstenwache, 23. September 2024 • **145** YouTube, „OceanGate Co-Founder Guillermo Söhnlein Just Revealed This About The Implosion“, 28. Juni 2023; https://www.youtube.com/watch?v=_sldDuT18PM&t=74s • **146** YouTube, CTV News, „OceanGate co-founder on the implosion | Guillermo Sohnlein speaks“, 23. Juni 2023; https://www.youtube.com/watch?v=IhXSb96E4Ck • **147** CTV News, „OceanGate co-founder on the implosion | Guillermo Sohnlein speaks“, 23. Juni 2023; https://www.youtube.com/watch?v=IhXSb96E4Ck • **148** Interview mit Guillermo Söhnlein, 22. Juni 2024 • **149** Guillermo Söhnlein, „Titan Unfinished“, Matt Holt Books, vorläufiges Manuskript vom 8. Juni 2025 • **150** YouTube, „OceanGate Co-Founder Guillermo Söhnlein Just Revealed This About The Implosion“, 28. Juni 2023; https://www.youtube.com/watch?v=_sldDuT18PM&t=74s • **151** YouTube, CTV News, „OceanGate co-founder on the implosion | Guillermo Sohnlein speaks“, 23. Juni 2023; https://www.youtube.com/watch?v=IhXSb96E4Ck • **152** CTV News, „OceanGate co-founder on the implosion | Guillermo Sohnlein speaks“, 23. Juni 2023; https://www.youtube.com/watch?v=IhXSb96E4Ck • **153** Interview mit Guillermo Söhnlein, 22. Juni 2024 • **154** https://bluemarbleexploration.com/ • **155** Reuters, „Titanic sub firm's late CEO was committed to safety, says co-founder“, David Latona, 23. Juni 2023; https://www.reuters.com/world/titanic-sub-firms-late-ceo-was-committed-safety-says-co-founder-2023-06-23/ • **156** Marine Technology News, Pressemitteilung, „OceanGate Acquires Deep-Sea Submersible“, 16. Januar 2013; https://www.marinetechnologynews.com/news/oceangate-acquires-submersible-473831 • **157** School of Oceanography, „OceanGate to produce a manned submersible“; https://www.ocean.washington.edu/story/OceanGate_to_produce_a_manned_submersible • **158** Guillermo Söhnlein bei der Befragung durch den Untersuchungsausschuss der US-Küstenwache, 23. September 2024 • **159** Interview mit Guillermo Söhnlein, 22. Juni 2024 • **160** Marine Technology News, „OceanGate Submersible Refit Part of 3,000m Deep Project“, 13. Februar 2014; https://www.marinetechnologynews.com/news/oceangate-submersible-refit-3000m-487259 • **161** E-Mail von Kirsten Jakobsen, Fundação Rebikoff-Niggeler, 9. August 2025 • **162** OceanGate Pressemitteilung, „Deep-sea Submersible Purchase by OceanGate“, 15. Januar 2013 • **163** „USCG Report of the Marine Board of Investigation into the implosion of the submersible Titan“, Untersuchungsausschuss der US-Küstenwache, 4. August 2025 • **164** https://web.archive.org/web/20130910235808/http://www.oceangate.com/blog/2013-02-21-new-frontiers.html • **165** OceanGate Pressemitteilung, „OceanGate Inc. Transforms Lula 500-meter Submersible to Cyclops 1 Prototype“, 5. November 2013; http://web.archive.org/web/20150313055705/http://www.oceangate.com/media/press-releases/2013-11-05-oceangate-names-neil-mccurdy-chief-operating-officer.html • **166** Guillermo Söhnlein, „Titan Unfinished“, Matt Holt Books, vorläufiges Manuskript vom 8. Juni 2025 • **167** Dave Dyer bei der Befragung durch den Untersuchungsausschuss der US-Küstenwache, 20. September 2024 • **168** Dokument CG 016, „UW research proposal“, Untersuchungsausschuss der US-Küstenwache, September 2024 • **169** „Boeing, UW and NASA deny design partnerships with OceanGate“, Janice Podsada, 22. Juni 2023; https://www.heraldnet.com/news/boeing-uw-and-nasa-deny-design-partnerships-with-oceangate/HeraldNet • **170** https://web.archive.org/web/20180303132142/http://www.oceangate.com/blog/2015-03-26-oceangate-apl-public-private-collaboration.html • **171** University of Washington, „UW, local company building innovative deep-sea manned submarine“, 8. Oktober 2013; https://www.washington.edu/news/2013/10/08/uw-local-company-building-innovative-deep-sea-manned-submarine/ • **172** https://mail.oceangate.com/about/partners/applied-physics-lab.html • **173** OceanGate Pressemitteilung, „University's Applied Physics Lab to Help Design and Develop Groundbreaking New Vessel Aimed at Expanding Oceanic Commercial Exploration and Research“, 7. Mai 2013 • **174** OceanGate.com, „New Frontiers“, 12. Juli 2013; https://web.archive.org/web/20130712034232/http://www.oceangate.com/blog/2013-02-21-new-frontiers.html • **175** Port Charlotte Sun, „Hunting lionfish from a submarine“, PR Newswire, 27. Juni 2013 • **176** The Miami Herald, „Sub ist latest weapon targeting lionfish“, Susan Cocking, 30. Juli 2023 • **177** OceanGate Pressemitteilung, „OceanGate Inc. Hosts Three-Day Event to Promote Awareness and Gauge Impact of Lionfish on Ocean Habitat and Economy“, 18. Juni 2013 • **178** Regina Sun, „Invasive lionfish threatens native species in Atlantic and Caribbean“, Jennifer Kay, 28. Juli 2013; https://www.newspapers.com/image/498801092 **179** The Los Angeles Times, „Invasive lionfish found in deep waters of Florida“, David Fleshler, 6. Juli 2013; https://www.newspapers.com/image/203635525 • **180** Mark Negley bei der Befragung durch den Untersuchungsausschuss der US-Küstenwache, 26. September 2024 • **181** Dokument CG 037, „Boeing feasibility study of OceanGate deep sea submersible hull“, Untersuchungsausschuss der US-Küstenwache, September 2024 • **182** „USCG Report of the Marine Board of Investigation into the implosion of the submersible Titan“, Untersuchungsausschuss der US-Küstenwache, 4. August 2025 • **183** Marine Technology News, „Cyclops: A Revolutionary Hull Design“, 6. November 2013; https://www.marinetechnologynews.com/news/cyclops-revolutionary-design-483715 • **184** OceanGate Pressemitteilung „Boeing Research & Technology, University of Washington complete design feasibility study for Pressure Vessel“, 21. August 2013 • **185** https://www.youtube.com/watch?v=VOTi8KxKGRk&t=176s **186** https://patents.google.com/patent/US11027805B1/en • **187** OceanGate Pressemitteilung „Boeing Research & Technology,

University of Washington complete design feasibility study for Pressure Vessel", 21. August 2013 • **188** OceanGate, „Sixgill Shark Survey: Elliot bay"; https://web.archive.org/web/20210917152910/https:/oceangateexpeditions.com/past-expeditions/sixgill-sharks • **189** Discovery Channel/Daily Planet „Diving with sharks with Macklemore", 2. August 2014; https://www.facebook.com/watch/?v=358700941689704 • **190** „USCG Report of the Marine Board of Investigation into the implosion of the submersible Titan", Untersuchungsausschuss der US-Küstenwache, 4. August 2025 • **191** „USCG Report of the Marine Board of Investigation into the implosion of the submersible Titan", Untersuchungsausschuss der US-Küstenwache, 4. August 2025 **192** Smithsonian Magazine, „A Deep Dive Into the Plans to Take Tourists to the ‚Titanic'", Tony Perrottet, Juni 2019; https://www.smithsonianmag.com/innovation/worlds-first-deep-diving-submarine-plans-tourists-see-titanic-180972179/ • **193** YouTube, 60 Minutes Australia, „James Cameron reveals new information about Titanic sub disaster", 6. Juni 2024; https://www.youtube.com/watch?v=Cb9uqlr7b4Q • **194** OceanGate Blog, „Cyclops 1 Test Dives", 22. Februar 2015; https://web.archive.org/web/20150222060644/http://www.oceangate.com/blog/2015-01-13-cyclops-1-test-dives.html • **195** Oceangate.com, „Cyclops FAQs", 12. August 2016; https://web.archive.org/web/20160812161837/http://oceangate.com/submersibles/cyclops1-faq.html • **196** Guillermo Söhnlein, „Titan Unfinished", Matt Holt Books, vorläufiges Manuskript vom 8. Juni 2025 • **197** OceanGate FAQs, 16. Februar 2018; https://web.archive.org/web/20180216141219/http://www.oceangate.com/submersibles/cyclops1-faq.html • **198** Dokument CG 016, „UW research proposal", Untersuchungsausschuss der US-Küstenwache, September 2024 • **199** YouTube, „OceanGate/APL-UW Joint Venture to Produce a Manned Submersible", 12. Dezember 2013 • **200** YouTube, „Collaboratory: OceanGate + APL-UW", 31. Dezember 2014 • **201** Wired, „The Titan Submersible Disaster Shocked the World. The Exclusive Inside Story Is More Disturbing Than Anyone Imagined", 11. Juni 2024 • **202** Wired, „The Titan Submersible Disaster Shocked the World. The Exclusive Inside Story Is More Disturbing Than Anyone Imagined", 11. Juni 2024; https://www.wired.com/story/titan-submersible-disaster-inside-story-oceangate-files/ • **203** https://en.wikipedia.org/wiki/Flower_Garden_Banks_National_Marine_Sanctuary **204** http://web.archive.org/web/20151018025054/http://www.oceangate.com/expeditions/flower-garden-banks-expedition.html **205** https://en.wikipedia.org/wiki/Flower_Garden_Banks_National_Marine_Sanctuary • **206** http://web.archive.org/web/20151018025054/http://www.oceangate.com/expeditions/flower-garden-banks-expedition.html • **207** „USCG Report of the Marine Board of Investigation into the implosion of the submersible Titan", Untersuchungsausschuss der US-Küstenwache, 4. August 2025 • **208** https://web.archive.org/web/20161026172357/http://oceangate.com/photo-gallery/gallery-flower-garden-banks.html **209** https://interfishmarket.com/en/company.aspx?id=119106 • **210** https://web.archive.org/web/20130910235808/http://www.oceangate.com/blog/2013-02-21-new-frontiers.html • **211** The Los Angeles Times, „Invasive lionfish found in deep waters of Florida", David Fleshler, 6. Juli 2013; https://www.newspapers.com/image/203635525 • **212** Port of Everett Pressemitteilung, „Manned Submersible Solutions Provider, OceanGate, Inc. Relocates Headquarters to the Port of Everett", 17. Februar 2015; https://web.archive.org/web/20150222143832/http://www.portofeverett.com/Home/Components/News/News/2132 • **213** Delaware Wave, „An immersive experience", Rachael Pacella, 10. November 2015; https://www.newspapers.com/image/137707054 • **214** The Daily Times (Salisbury, Maryland), „Underwater ‚magic school bus' visits Lewes", Rachael Pacella, 15. November 2015; https://www.newspapers.com/image/138218233 • **215** University of Delawarey, UDaily, „Dive success – CEOE students, faculty participate in Delaware Bay research dives aboard Cyclops 1", Karen B. Roberts, 4. November 2015; http://www1.udel.edu/udaily/2016/nov/research-dives-110415.html • **216** CNN travel, „End of an era for tourist trips to ghostly wreck of Titanic", 10. April 2012 **217** OceanGate, Inc. auf Facebook (bereits gelöscht); https://www.facebook.com/OceanGateInc/ (bereits gelöscht) • **218** Renata Rojas auf Facebook; https://www.facebook.com/renata.rojas • **219** Renata Rojas auf Facebook, 1. Dezember 2015; https://www.facebook.com/photo/?fbid=10153781121372744&set=pcb.10153781127412744 • **220** University of Delaware, UD daily, „Manned submersible", 18. August 2015; http://www1.udel.edu/udaily/2016/aug/submersible-cyclops1-081815.html • **221** https://en.wikipedia.org/wiki/DeepFlight_Challenger • **222** Business Insider, „Richard Branson Quietly Scrapped His Plan To Explore The Bottom Of The Sea", Robert Mendick, 14. Dezember 2013; https://www.businessinsider.com/richard-branson-stops-submarine-mission-2014-12 • **223** Berkley Engineering, „Diving to the edge of darkness", Daniel McGlynn, 1. November 2013; https://engineering.berkeley.edu/news/2013/11/diving-to-the-edge-of-darkness/ • **224** Engineering.com, „Ill-Fated Titan Submersible Was Based on an Unproven Design", Roopinder Tara, 4. Juli 2023; https://www.engineering.com/story/ill-fated-titan-submersible-was-based-on-an-unproven-design • **225** https://underwatermunitions.org/pentarius-deep-sub-project/ • **226** Spacenews.com, „DeepFlight Challenger — World's Deepest Submersible — to Dive to Mariana Trench", SpaceRef, 7. April 2011; https://spacenews.com/deepflight-challenger-worlds-deepest-submersible-to-dive-to-mariana-trench/ • **227** Dokument CG 019, „Spencer Composites FEA", Untersuchungsausschuss der US-Küstenwache, September 2024 • **228** Dokument CG 052, „OceanGate dive and maintenance log", Untersuchungsausschuss der US-Küstenwache, September 2024 • **229** Dokument CG 019, „Spencer Composites FEA", Untersuchungsausschuss der US-Küstenwache, September 2024 • Dokument CG 052, „OceanGate dive and maintenance log", Untersuchungsausschuss der US-Küstenwache, September 2024 • **230** Dokument CG 001, „Basic Factual Information – Loss of Life and Total Constructive Loss Submersible Titan", „Titan Prototype History, Late 2018–2019", Untersuchungsausschuss der US-Küstenwache, September 2024 • **231** https://www.reddit.com/r/OceanGateTitan/comments/14iyt8z/titans_hull_being_made_at_electroimpact/ • **232** University of Washington – Applied Physics Laboratory, „Cyclops Next Gen: New Hull Design and Testing", 2015; https://www.youtube.com/watch?v=pOZQ103p9po&t=16s • **233** Reddit, r/OceanGateTitan „Rare Footage of 1/3 Scale Titan Model being Pressure Tested", 2015; https://www.reddit.com/r/OceanGateTitan/comments/14koi28/rare_footage_of_13_scale_titan_model_being/ • **234** University of Washington, „Oceangate Titan 1/3 Scale Model Pressure test"; https://www.reddit.com/r/OceanGateTitan/comments/14koi28/rare_footage_of_13_scale_titan_model_being/ • **235** Oceangate.com, „Titan Tests and Deep Sea Validation", 3. April 2018; http://web.archive.org/web/20180403003525/http://www.oceangate.com/submersibles/titan-test-and-deep-sea-validation.html • **236** Umrechnung psi auf Meerestiefe über https://calculator.academy/pressure-depth-calculator/ • **237** Dokument CG 021, „Mr. Rush Letter to Stakeholders" vom 23. Dezember 2015, Untersuchungsausschuss der US-Küstenwache, September 2024 • **238** Online-Präsentation von Kyle Bingham bei den Sno-Isle

Libraries, 22. März 2023, Ausschnitt auf YouTube, „This New OceanGate Docuseries Is A Bad Idea" by EddieGM, 16. September 2023 • **239** http://web.archive.org/web/20180403003525/http://www.oceangate.com/submersibles/titan-test-and-deep-sea-validation.html • **240** Mark Negley bei der Befragung durch den Untersuchungsausschuss der US-Küstenwache, 26. September 2024 **241** Dokument CG 037, „Boeing feasibility study of OceanGate deep sea submersible hull", Untersuchungsausschuss der US-Küstenwache, September 2024 • **242** Dokument CG 001, „Basic Factual Information – Loss of Life and Total Constructive Loss Submersible Titan", „Titan Prototype History, Late 2018–2019", Untersuchungsausschuss der US-Küstenwache, September 2024 **243** http://web.archive.org/web/20180403003525/http://www.oceangate.com/submersibles/titan-test-and-deep-sea-validation.html • **244** „USCG Report of the Marine Board of Investigation into the implosion of the submersible Titan", Untersuchungsausschuss der US-Küstenwache, 4. August 2025 • **245** http://web.archive.org/web/20180403003525/http://www.oceangate.com/submersibles/titan-test-and-deep-sea-validation.html • **246** Netflix, „Titan: The OceanGate Submersible Disaster", 10. Juni 2025 • **247** https://patents.google.com/patent/US11119071B1/en • **248** Tony Nissen bei der Befragung durch den Untersuchungsausschuss der US-Küstenwache, 16. September 2024 • **249** Dokument CG 082, „Titan preliminary interview transcripts", Tony Nissen, S. 479, 484, Untersuchungsausschuss der US-Küstenwache, 4. August 2025 • **250** http://web.archive.org/web/20180403003525/http://www.oceangate.com/submersibles/titan-test-and-deep-sea-validation.html • **251** Dokument CG 001, „Basic Factual Information – Loss of Life and Total Constructive Loss Submersible Titan", „Titan Prototype History, Late 2018–2019", Untersuchungsausschuss der US-Küstenwache, September 2024 • **252** http://web.archive.org/web/20180403003525/http://www.oceangate.com/submersibles/titan-test-and-deep-sea-validation.html • **253** Dokument CG 001, „Basic Factual Information – Loss of Life and Total Constructive Loss Submersible Titan", „Titan Prototype History, Late 2018–2019", Untersuchungsausschuss der US-Küstenwache, September 2024 • **254** „USCG Report of the Marine Board of Investigation into the implosion of the submersible Titan", Untersuchungsausschuss der US-Küstenwache, 4. August 2025 • **255** https://www.eyos-expeditions.com/team-members/rob-mccallum-frgs/ • **256** Boat International, „Alucia now ready for sale with Fraser and Burgess", 5. Oktober 2009; https://www.boatinternational.com/yacht-market-intelligence/brokerage-sales-news/superyacht-alucia-now-ready-for-sale-with-fraser-and-burgess--3403 • **257** Yachting Magazine, „Auroux 183: Ready to Rule the World", 1. Dezember 2010; https://www.yachtingmagazine.com/auroux-183-ready-rule-world/ • **258** Deep-Ocean-Expeditions-Broschüre „Deep Ocean Quest – A unique ocean exploration Initiative", 2008; http://web.archive.org/web/20090206170743/http://deepoceanexpeditions.com/DOQ_Overview_Oct07.pdf • **259** Interview mit Rob McCallum, 19. Mai 2024 • **260** The New Yorker, „The Titan Submersible Was ‚an Accident Waiting to Happen'", Ben Taub, 1. Juli 2023; https://www.newyorker.com/news/a-reporter-at-large/the-titan-submersible-was-an-accident-waiting-to-happen • **261** Vanity Fair, „The Titan Submersible Disaster Was Years in the Making, New Details Reveal", Susan Casey, 17. August 2023; https://www.vanityfair.com/news/2023/08/titan-submersible-implosion-warnings • **262** John Winters bei der Befragung durch den Untersuchungsausschuss der US-Küstenwache, 26. September 2024 • **263** David Lochridge bei der Befragung durch den Untersuchungsausschuss der US-Küstenwache, 17. September 2024 • **264** Dokument CG 021, „Mr. Rush letter to stakeholders", Untersuchungsausschuss der US-Küstenwache, September 2024 • **265** „USCG Report of the Marine Board of Investigation into the implosion of the submersible Titan", Untersuchungsausschuss der US-Küstenwache, 4. August 2025 • **266** https://semperoffshore.com/wp-content/uploads/2021/02/semper-warren-spec-sheet-feb-2021.pdf-.pdf • **267** https://www.marinelog.com/legal/environment/salvage/boston-harbor-cruises-plays-pivotal-role-in-history-channel-series/ • **268** Fox News, Andrea Doria shipwreck more badly deteriorated than expected", 13. Juni 2016; https://www.foxnews.com/science/andrea-doria-shipwreck-more-badly-deteriorated-than-expected • **269** Tym Catterson bei der Befragung durch den Untersuchungsausschuss der US-Küstenwache, 16. September 2024 • **270** Renata Rojas auf Facebook, 6. Juni 2016; https://www.facebook.com/renata.rojas/posts/pfbid02w4iDQypfuAtfGaMUYjeMBJ9HbXpDtJBWicQY-yWfWBuCcq5QNKr7E7mpaoYaTTymAl • **271** https://twitter.com/RojasRenata/status/888766966797828096 • **272** Renata Rojas bei der Befragung durch den Untersuchungsausschuss der US-Küstenwache, 19. September 2024 • **273** Vanity Fair, „The Titan Submersible Disaster Was Years in the Making, New Details Reveal", Susan Casey, 17. August 2023; https://www.vanityfair.com/news/2023/08/titan-submersible-implosion-warnings • **274** David Lochridge bei der Befragung durch den Untersuchungsausschuss der US-Küstenwache, 17. September 2024 • **275** Renata Rojas bei der Befragung durch den Untersuchungsausschuss der US-Küstenwache, 19. September 2024 • **276** Vineyard Gazette, „Team Exploring Andrea Doria Shipwreck Pays Visit to Menemsha", Sara Brown, Juni, 2016; https://vineyardgazette.com/news/2016/06/06/team-exploring-andrea-doria-shipwreck-pays-visit-menemsha • **277** University of Delaware „Mission: Andrea Doria", 28. Juni 2016; https://www.udel.edu/udaily/2016/june/andrea-doria-dive/ • **278** Engineering and Technology, „Exploring the Britannic wreck, Titanic's sister ship", 12. September 2016; https://eandt.theiet.org/2016/09/12/exploring-britannic-wreck-titanics-sister-ship • **279** https://tritonsubs.com/boat-of-the-week-u-boat-navigator/ • **280** Fox News, Andrea Doria shipwreck more badly deteriorated than expected", 13. Juni 2016; https://www.foxnews.com/science/andrea-doria-shipwreck-more-badly-deteriorated-than-expected • **281** Scuba Diving, „Divers Explore Andrea Doria Shipwreck For The First Time in 20 Years", Ashley Annin, 27. Juni 2016; https://www.scubadiving.com/divers-explore-andrea-doria-shipwreck-for-first-time-in-20-years • **282** GeekWire, „OceanGate's explorers map the Andrea Doria, the Mount Everest of shipwrecks", Alan Boyle, 14. Juni 2016; https://www.geekwire.com/2016/oceangate-explorers-map-andrea-doria-mount-everest-shipwreck/ • **283** Daily Hampshire Gazette, „New Andrea Doria mission planned", Mark Pratt, 19. Mai 2016; https://www.newspapers.com/image/801131018 • **284** Record-Journal, „Andrea Doria Shipwreck more badly deteriorated than expected", Associated Press, 14. Juni 2016; https://www.newspapers.com/image/676108825 • **285** Boston Globe „Images offer a new looke at a sunken, sullied gem"; „New images offer new detailed look at Andrea Doria wreck", Trisha Thadani, 14. Juni 2016; https://www.newspapers.com/image/444646001 und https://www.newspapers.com/image/444645929 • **286** The Philadelphia Inquirer, „Famed wreck is found to be deteriorating", Philip Marcelo, 14. Juni 2016; https://www.newspapers.com/image/192608780 • **287** Fast Company, „The Man Who Wants To Send Us To The Bottom Of The Ocean", Melissa Locker, 14. April 2017; https://www.fastcompany.com/40406673/the-man-who-wants-to-send-us-to-the-bottom-of-the-ocean • **288** David Lochridge bei der Befragung durch den Untersuchungsausschuss der US-Küstenwache, 17. September 2024 • **289** https://twitter.com/RojasRenata/status/888766966797828096 • **290** Renata Rojas bei der Befragung durch den Untersuchungsausschuss der US-Küstenwache, 19. September 2024 • **291** https://oceangateexpeditions.com/past-expeditions/greater-farallones • **292** https://www.oceangatefoundation.org/2019/09/26/eye-on-the-sanctuaries-expedition-greater-farallones-national-marine-sanctuary/ **293** Interview mit Guillermo Söhnlein, 22. Juni 2024 • **294** „USCG Report of the Marine Board of Investigation into the implosion of the submersible Titan", Untersuchungsausschuss der US-Küstenwache, 4. August 2025 • **295** Youtube, OceanGate, „First manned submersible dive around Alcatraz", 17. November 2016; https://archive.org/details/youtube-DoAvWiTteq4 • **296** http://web.archive.org/web/20111202111556/http://thebluefish.com/visit-the-titanic/ • **297** http://web.archive.org/web/20120101230017/http://thebluefish.com/visit-the-titanic/ • **298** http://web.archive.org/web/20160806005621/http://thebluefish.com/visit-the-titanic/ • **299** http://web.archive.org/web/20150410163926/http://thebluefish.com/visit-the-titanic/ • **300** https://web.archive.org/web/20180425085001/http://titanicsurveyexpedition.com/ • **301** The Bluefish, „Titanic Survey Expedition", Broschüre, September 2016 • **302** New York Post, „Why this banker is shelling out over $100K to visit the Titanic", Reuters, 14. April 2017; https://nypost.com/2017/04/14/why-this-banker-is-shelling-out-over-100k-to-visit-the-titanic/ • **303** BBC News, „Woman ‚saves for 30 years' to see Titanic shipwreck", 16. Oktober 2022; https://www.youtube.com/watch?v=OlZDlC_GQj4 • **304** Fast Company, „The Man Who Wants To Send Us To The Bottom Of The Ocean", Melissa Locker, 14. April 2017; https://www.fastcompany.com/40406673/the-man-who-wants-to-send-us-to-the-bottom-of-the-ocean • **305** „USCG Report of the Marine Board of Investigation into the implosion of the submersible Titan", Untersuchungsausschuss der US-Küstenwache, 4. August 2025 • **306** CompositesWorld, „Composite submersibles: Under pressure in deep, deep waters", Jeff Sloan, 10. Mai 2017; https://www.compositesworld.com/articles/composite-submersibles-under-pressure-in-deep-deep-waters • **307** CompositesWorld, „Composite submersibles: Under pressure in deep, deep waters", 5. Oktober 2017; https://www.compositesworld.com/articles/composite-submersibles-under-pressure-in-deep-deep-waters • **308** Engineering.com „Ill-Fated Titan Submersible Was Based on an Unproven Design", 4. Juli 2023; https://www.engineering.com/ill-fated-titan-submersible-was-based-on-an-unproven-design/ • **309** Interview mit Graham Hawkes, 16. Dezember 2024 • **310** United States Coast Guard, „Report of the Marine Board of Investigation into the implosion of the submersible Titan", 4. August 2025 • **311** https://www.vesselfinder.com/vessels/details/9630547 • **312** OceanGate Pressemitteilung „OceanGate Expeditions Selects Falck Safety Services for Helicopter Underwater Egress Training for Titanic Survey Expedition", 20. Februar 2018; https://web.archive.org/web/20180625123225/http://www.oceangate.com/media/press-releases/2018-02-20-oceangate-expeditions-selects-falck-safety-services.html • **313** Titanic-Verein Schweiz, Titanic Post 99, „Neue Tauchgänge zur Titanic?" Brigitte Saar, März 2017 • **314** Titanic-Verein Schweiz, Titanic Post 100, „Es wird konkreter: Die Titanic-Expedition 2018", Brigitte Saar, Juni 2017 • **315** Fast Company, „The Man Who Wants To Send Us To The Bottom Of The Ocean", Melissa Locker, 14. April 2017; https://www.fastcompany.com/40406673/the-man-who-wants-to-send-us-to-the-bottom-of-the-ocean • **316** „USCG Report of the Marine Board of Investigation into the implosion of the submersible Titan", Untersuchungsausschuss der US-Küstenwache, 4. August 2025 • **317** Interview mit Dawn Macauley, 27. August 2025 • **318** Business Insider, „The Titan's first experimental carbon-fiber hull was designed and made on a 6-week deadline", Mia Jankowicz, 23. Juni 2023; https://www.insider.com/titan-carbon-fiber-hull-designed-made-6-week-deadline-report-2023-6 • **319** Composites World, Composite submersibles: Under pressure in deep, deep waters", Jeff Sloan, 10. Mai 2017; https://www.compositesworld.com/articles/composite-submersibles-under-pressure-in-deep-deep-waters • **320** Dokument CG 037, „Boeing feasibility study of OceanGate deep sea submersible hull", Untersuchungsausschuss der US-Küstenwache, September 2024 • **321** „USCG Report of the Marine Board of Investigation into the implosion of the submersible Titan", Untersuchungsausschuss der US-Küstenwache, 4. August 2025 • **322** Dokument CG 082, „Titan preliminary interview transcripts", David Lochridge, S. 285, Untersuchungsausschuss der US-Küstenwache, 4. August 2025 • **323** YouTube, OceanGate Archive, „Explorers Club Lecture", 10. April 2017; https://www.youtube.com/watch?v=IL3iuoJRaR8 • **324** https://de.wikipedia.org/wiki/USS_Lexington_(CV-2) • **325** https://de.wikipedia.org/wiki/Deepwater_Horizon • **326** https://en.wikipedia.org/wiki/USS_Independence_(CVL-22) • **327** The Smithsonian, „Wreck of Aircraft Carrier U.S.S. Lexington Found 76 Years After It Was Scuttled in Battle", 17. März, 2018; https://www.smithsonianmag.com/smart-news/wreck-aircraft-carrier-uss-lexington-found-2-miles-down-180968371/ • **328** Renata Rojas bei der Befragung durch den Untersuchungsausschuss der US-Küstenwache, 19. September 2024 • **329** Dokument CG 082, „Titan preliminary interview transcripts", Dan Scoville, S. 664, Untersuchungsausschuss der US-Küstenwache, 4. August 2025 • **330** Dave Dyer bei der Befragung durch den Untersuchungsausschuss der US-Küstenwache, 20. September 2024 • **331** „USCG Report of the Marine Board of Investigation into the implosion of the submersible Titan", Untersuchungsausschuss der US-Küstenwache, 4. August 2025 • **332** Wired, „The Titan Submersible Disaster Shocked the World. The Exclusive Inside Story Is More Disturbing Than Anyone Imagined", Mark Harris, 11. Juni 2024; https://www.wired.com/story/titan-submersible-disaster-inside-story-oceangate-files/ • **333** Dave Dyer bei der Befragung durch den Untersuchungsausschuss der US-Küstenwache, 20. September 2024 • **334** Wired, „The Titan Submersible Disaster Shocked the World. The Exclusive Inside Story Is More Disturbing Than Anyone Imagined", Mark Harris, 11. Juni 2024 • **335** https://vitrovex.com/instrument-spheres • **336** Dokument CG 082, „Titan preliminary interview transcripts", Tony Nissen, Untersuchungsausschuss der US-Küstenwache, 4. August 2025 • **337** Titanic-Verein Schweiz, Titanic Post 103, „Mit der Titan zur Titanic", März 2018 • **338** „USCG Report of the Marine Board of Investigation into the implosion of the submersible Titan", Untersuchungsausschuss der US-Küstenwache, 4. August 2025 • **339** Dokument CG 082, „Titan preliminary interview transcripts", S. 573–575 (Tony Nissen), 678, 726 (Dan Scoville), Untersuchungsausschuss der US-Küstenwache, 4. August 2025 • **340** William Kohnen bei der Befragung durch den Untersuchungsausschuss der US-Küstenwache, 25. September 2024 • **341** „USCG Report of the Marine Board of Investigation into the implosion of the submersible Titan", Untersuchungsausschuss der US-Küstenwache, 4. August 2025 • **342** SEAmagine.com, „Aurora-3: 3 person private submarine", 21. Juni 2017; https://web.archive.org/web/20170621114020/http://www.seamagine.com/private-submarine-3-person.html **343** Quote Hydrospace Group, Inc. to OceanGate, 7. November 2017 • **344** William Kohnen bei der Befragung durch den Untersuchungsausschuss der US-Küstenwache, 25. September 2024 • **345** Bart Kemper bei der Befragung durch den Untersuchungsausschuss der US-Küstenwache, 25. September 2024 • **346** The New Yorker, „The Titan Submersible Was ‚an Accident Waiting to Happen'", Ben Taub, 1. Juli 2023; https://www.newyorker.com/news/a-reporter-at-large/the-titan-submersible-was-an-accident-waiting-to-happen • **347** http://www.oceangate.com/our-company/david-lochridge.html • **348** E-Mail von Stockton Rush an Rob McCallum, 25. März 2018 • **349** Wired, „The Titan Submersible Disaster Shocked the World. The Exclusive Inside Story Is More Disturbing Than Anyone Imagined", 11. Juni 2024; https://www.wired.com/story/titan-submersible-disaster-inside-story-oceangate-files/ • **350** GeekWire, „Some assembly required: OceanGate readies Titanic sub for the holidays", Alan Boyle, 17. Dezember 2017; https://www.geekwire.com/2017/assembly-required-oceangate-gets-titanic-sub-ready-holidays/?fbclid=IwAR1md3eu_oL4__hg7nH8Iu4U1Nj7zeGXbCv48l1appX5ncib-ZHh-eSPD_k • **351** Playstation Lifestyle, „OceanGate's 5-Person Submarine Uses PS3 DualShock 3 Controller to Move Around", Mark Labbe, 26. Februar 2015; https://www.playstationlifestyle.net/2015/02/26/oceangate-submarine-controlled-using-a-ps3-dualshock-3-controller/ • **352** OceanGate Blog, „Submersible Technology: Gaming meets the Deep Blue Sea", 4. März 2015; http://oceangate.com/blog/2015-02-24-submersible-technology-gaming-device.html • **353** Daily Mail, „What is the Logitech f710 Gamepad controller used in the OceanGate Titanic submarine expedition?", Daniel Fessahaye & Natasha Anderson, 20. Juni 2023; https://www.dailymail.co.uk/news/article-12215729/What-Logitech-f710-Gamepad-controller-used-OceanGate-Titanic-submarine-expedition.html • **354** https://mailchi.mp/61b7f0968d54/count-down-to-the-2019-titanic-survey-expedition • **355** https://geo-matching.com/media/migrationp44fjb.pdf • **356** https://www.teledynemarine.com/en-us/products/SiteAssets/Benthos_Modem_PSG.pdf • **357** Space.com, „Pluto explorer deep dives to the Titanic", 9. August 2022; https://www.space.com/pluto-explorer-dive-titanic • **358** „USCG Report of the Marine Board of Investigation into the implosion of the submersible Titan", Untersuchungsausschuss der US-Küstenwache, 4. August 2025 • **359** Phil Brooks bei der Befragung durch den Untersuchungsausschuss der US-Küstenwache, 23. September 2024 • **360** R6S Sensor Mistras product data sheet; https://www.physicalacoustics.com/content/literature/sensors/Model_R6S.pdf • **361** Dokument CG 107, „NTSB Titan material analysis", Untersuchungsausschuss der US-Küstenwache, September 2024 • **362** „USCG Report of the Marine Board of Investigation into the implosion of the submersible Titan", Untersuchungsausschuss der US-Küstenwache, 4. August 2025 • **363** Titanic-Verein Schweiz, Titanic Post 103, „Mit der Titan zur Titanic", Brigitte Saar, März 2018 • **364** YouTube, „An Exclusive Interview mit Mr Bruce Morton – The Man Behind Oceangate's Titan"; https://www.youtube.com/watch?v=l1FkS-3vdLk&t=218s • **365** „USCG Report of the Marine Board of Investigation into the implosion of the submersible Titan", Untersuchungsausschuss der US-Küstenwache, 4. August 2025 • **366** https://ocean-archives.github.io/gallery-hull-insert.html **367** OceanGate, „Titan development Timeline", Dezember 2018; https://web.archive.org/web/20190209113852/http://www.oceangate.com/submersibles/titan/titan-development-timeline.html • **368** David Lochridge bei der Befragung durch den Untersuchungsausschuss der US-Küstenwache, 17. September 2024 • **369** E-Mail von David Lochridge, 19. Januar 2018 • **370** E-Mail von David Lochridge, 19. Januar 2018 • **371** Dokument CG 082, „Titan preliminary interview transcripts", David Lochridge, S. 286, Untersuchungsausschuss der US-Küstenwache, 4. August 2025 • **372** David Lochridge bei der Befragung durch den Untersuchungsausschuss der US-Küstenwache, 17. September 2024 • **373** Dokument CG 082, „Titan preliminary interview transcripts", David Lochridge, S. 914, Untersuchungsausschuss der US-Küstenwache, 4. August 2025 • **374** E-Mail von David Lochridge, 19. Januar 2018 • **375** Dokument CG 082, „Titan preliminary interview transcripts", David Lochridge, S. 333–334, Untersuchungsausschuss der US-Küstenwache, 4. August 2025 • **376** Dokument CG 100, „Interview Transcript Director of Marine Operations with CEO", S. 41, 19. Januar 2018, Marine Board of Investigation • **377** Tony Nissen bei der Befragung durch den Untersuchungsausschuss der US-Küstenwache, 16. September 2024 • **378** Will Kohnen bei der Befragung durch den Untersuchungsausschuss der US-Küstenwache, 25. September 2024 • **379** David Lochridge bei der Befragung durch den Untersuchungsausschuss der US-Küstenwache, 17. September 2024 • **380** Dokument CG 082, „Titan preliminary interview, transcripts combined", David Lochridge, S. 41, 280, Marine Board of Investigation, 4. August 2025 • **381** Handelsblatt Online, „Jahre vor dem Tauchboot-Unglück: Mitarbeiter warnte vor Sicherheitslücken", Katharina Kort, 4. Juli 2023; https://www.handelsblatt.com/unternehmen/dienstleister/tauchboot-titan-mitarbeiter-warnte-schon-vor-jahren-vor-sicherheitsluecken/29222838.html • **382** CNN, „2 former OceanGate employees voiced safety concerns years ago about the hull of the now-missing vessel", Celina Tebor, 21. Juni 2023; https://edition.cnn.com/2023/06/21/us/titan-sub-safety-oceangate-employees/index.html • **383** The New Republic, „Missing Titanic Sub Once Faced Massive Lawsuit Over Depths It Could Safely Travel To", Daniel Strauss, 20. Juni 2023; https://newrepublic.com/post/173802/missing-titanic-sub-faced-lawsuit-depths-safely-travel-oceangate • **384** The New Yorker, „The Titan Submersible Was ‚an Accident Waiting to Happen'", Ben Taub, 1. Juli 2023; https://www.newyorker.com/news/a-reporter-at-large/the-titan-submersible-was-an-accident-waiting-to-happen • **385** Bonnie Carl bei der Befragung durch den Untersuchungsausschuss der US-Küstenwache, 16. September 2024 • **386** David Lochridge bei der Befragung durch den Untersuchungsausschuss der US-Küstenwache, 17. September 2024 • **387** Netflix, „Titan: The OceanGate Submersible Disaster", 10. Juni 2025 **388** The New Yorker, „The Titan Submersible Was ‚an Accident Waiting to Happen'", Ben Taub, 1. Juli 2023; https://www.newyorker.com/news/a-reporter-at-large/the-titan-submersible-was-an-accident-waiting-to-happen • **389** David Lochridge bei der Befragung durch den Untersuchungsausschuss der US-Küstenwache, 17. September 2024 • **390** Interview mit Rob McCallum, 19. Mai 2024 • **391** The New Yorker, „The Titan Submersible Was ‚an Accident Waiting to Happen'", Ben Taub, 1. Juli 2023; https://www.newyorker.com/news/a-reporter-at-large/the-titan-submersible-was-an-accident-waiting-to-happen • **392** The New Yorker, „The Titan Submersible Was ‚an Accident Waiting to Happen'", Ben Taub, 1. Juli 2023; https://www.newyorker.com/news/a-reporter-at-large/the-titan-submersible-was-an-accident-waiting-to-happen • **393** The New Yorker, „The Titan Submersible Was ‚an Accident Waiting to Happen'", Ben Taub, 1. Juli 2023; https://www.newyorker.com/news/a-reporter-at-large/the-titan-submersible-was-an-accident-waiting-to-happen • **394** https://tritonsubs.com/subs/ • **395** https://app.leg.wa.gov/RCW/default.aspx?cite=49.60.210&pdf=true • **396** The New Yorker, „The Titan Submersible Was ‚an Accident Waiting to Happen'", Ben Taub, 1. Juli 2023; https://www.newyorker.com/news/a-reporter-at-large/the-titan-submersible-was-an-accident-waiting-to-happen • **397** Interview mit Rob McCallum, 19. Mai 2024 • **398** https://hkm.com/seattle/whistleblower-claims/ **399** Dokument CG 082, „Titan preliminary interview transcripts“, Paul McDevitt, S. 1092, Untersuchungsausschuss der US-Küstenwache, 4. August 2025 • **400** „USCG Report of the Marine Board of Investigation into the implosion of the submersible Titan“, Untersuchungsausschuss der US-Küstenwache, 4. August 2025 • **401** Dokument CG 052, „OceanGate dive and maintenance log“, Untersuchungsausschuss der US-Küstenwache, September 2024 • **402** https://www.penncoveshellfish.com/everest-marine • **403** OceanGate-Video von der Taufe der Titan, 12. Februar 2018; https://www.youtube.com/watch?v=_vFnoe50dnw **404** „USCG Report of the Marine Board of Investigation into the implosion of the submersible Titan“, Untersuchungsausschuss der US-Küstenwache, 4. August 2025 • **405** Dokument CG 052, „OceanGate dive and maintenance log“, Untersuchungsausschuss der US-Küstenwache, September 2024 • **406** Washington State University, WSU Insider, „A new Generation of Titanic exploration“, Randy Bolerjack, 21. Februar 2018; https://news.wsu.edu/news/2018/02/21/a-new-generation-of-titanic-exploration/ **407** Will Kohnen bei der Befragung durch den Untersuchungsausschuss der US-Küstenwache, 25. September 2024 • **408** Canadian Broadcast Company, CDC, „Marine group says 10 subs in the world can dive to Titanic depths. Titan is the only one not certified“, Ryan Cooke, 21. Juni 2023; https://www.cbc.ca/news/canada/newfoundland-labrador/oceangate-warned-2018-david-lochridge-1.6883432 • **409** Interview mit David Concannon, 22. Mai 2024 • **410** https://www.davidconcannon.com/a-titanic-adventure **411** E-Mail von Stockton Rush an Rob McCallum, 25. März 2018 • **412** E-Mail von Rob McCallum an Stockton Rush, 27. März 2018 • **413** YouTube, Nexus, „He was right: Engineer who warned Stockton Rush about OceanGate talks to Nexus“; https://www.youtube.com/watch?v=SFUdeEvRIWg&t=68s • **414** Canadian Broadcast Company, CBC, „Marine group says 10 subs in the world can dive to Titanic depths. Titan is the only one not certified“, Ryan Cooke, 21. Juni 2023; https://www.cbc.ca/news/canada/newfoundland-labrador/oceangate-warned-2018-david-lochridge-1.6883432 • **415** „USCG Report of the Marine Board of Investigation into the implosion of the submersible Titan“, Untersuchungsausschuss der US-Küstenwache, 4. August 2025 **416** Dokument CG 052, „OceanGate dive and maintenance log“, Untersuchungsausschuss der US-Küstenwache, September 2024 **417** https://www.penncoveshellfish.com/everest-marine • **418** Dokument CG 052, „OceanGate dive and maintenance log“, Untersuchungsausschuss der US-Küstenwache, September 2024 • **419** https://web.archive.org/web/20180714060426/http://www.oceangate.com/submersibles/titan/titan-development-and-innovation.html • **420** OceanGate Blog, „Titan Bahamas Deep Dive Test“, 29. April 2018; https://web.archive.org/web/20180714230902/http://www.oceangate.com/blog/2018-05-16-titan-bahamas-test-dive-update.html • **421** Dokument CG 082, „Titan preliminary interview transcripts“, Scott Griffith, S. 1206, Untersuchungsausschuss der US-Küstenwache, 4. August 2025 • **422** OceanGate Blog, „Titan Bahamas Deep Dive Test“, 8. Mai 2018; https://web.archive.org/web/20180714230902/http://www.oceangate.com/blog/2018-05-16-titan-bahamas-test-dive-update.html • **423** Dokument CG 052, „OceanGate dive and maintenance log“, Untersuchungsausschuss der US-Küstenwache, September 2024 • **424** GeekWire, „Some assembly required: OceanGate readies Titanic sub for the holidays“, Alan Boyle, 17. Dezember 2017; https://www.geekwire.com/2017/assembly-required-oceangate-gets-titanic-sub-ready-holidays/?fbclid=IwAR1md3eu_oL4__hg7nH8Iu4U1Nj7zeGXbCv48l1appX5ncib-ZHh-eSPD_k • **425** https://twitter.com/RojasRenata/status/995091256182231040 **426** https://twitter.com/RojasRenata/status/995737967401537538 • **427** Dokument CG 082, „Titan preliminary interview transcripts“, Tony Nissen, S. 524–525, Untersuchungsausschuss der US-Küstenwache, 4. August 2025 • **428** OceanGate Blog, „Titan Bahamas Deep Dive Test“, 16. Mai 2018; https://web.archive.org/web/20180714230902/http://www.oceangate.com/blog/2018-05-16-titan-bahamas-test-dive-update.html • **429** OceanGate Pressemitteilung, „OceanGate Reschedules Titanic Survey Expedition to 2019“, 15. Mai 2018; https://web.archive.org/web/20180625123230/http://www.oceangate.com/media/press-releases/2018-05-16-oceangate-reschedules-titanic-survey-expedition-to-2019.html • **430** OceanGate Blog, „Titan Bahamas Deep Dive Test“, 27. Juni 2018; https://web.archive.org/web/20181218170828/http://oceangate.com/blog/2018-06-27-titan-bahamas-test-dive-update.html • **431** Dokument CG 052, „OceanGate dive and maintenance log“, Untersuchungsausschuss der US-Küstenwache, September 2024 • **432** Dokument CG 082, „Titan preliminary interview transcripts“, Tony Nissen, S. 547, Untersuchungsausschuss der US-Küstenwache, 4. August 2025 • **433** OceanGate Blog, „Titan Bahamas Deep Dive Test“, 4. Juni 2018; https://web.archive.org/web/20180714230148/http://www.oceangate.com/blog/2018-06-04-titan-bahamas-test-dive-update.html **434** Smithsonian Magazine, „A Deep Dive Into the Plans to Take Tourists to the Titanic“, Tony Perrottet, Juni 2019; https://www.smithsonianmag.com/innovation/worlds-first-deep-diving-submarine-plans-tourists-see-titanic-180972179/ • **435** Bonnie Carl bei der Befragung durch den Untersuchungsausschuss der US-Küstenwache, 16. September 2024 • **436** OceanGate Blog, „Titan Bahamas Deep Dive Test“, 27. Juni 2018; https://web.archive.org/web/20181218170828/http://oceangate.com/blog/2018-06-27-titan-bahamas-test-dive-update.html • **437** OceanGate Pressemitteilung, „World’s Largest Carbon Fiber Manned Submersible Hull Proven to 4000 Meters“, 27. Juni 2018; https://web.archive.org/web/20190216001717/http://www.oceangate.com/news/press-releases/2018-06-27-worlds-largest-carbon-fiber-manned-submersible-proven-to-4000-meters.html • **438** Smithsonian Magazine, „A Deep Dive Into the Plans to Take Tourists to the Titanic“, Tony Perrottet, Juni 2019 • **439** Becky Kagan Schott auf Facebook, 23. Mai 2019; https://www.facebook.com/profile/500338351/search/?q=oceangate • **440** https://photos.liquidproductions.com/Titan-Submersible-Underwater-Images- • **441** Renata Rojas bei der Befragung durch den Untersuchungsausschuss der US-Küstenwache, 19. September 2024 • **442** Titanic-Verein Schweiz, Titanic Post 104, „Titanic-Expedition auf 2019 verschoben“, Brigitte Saar, Juni 2018 • **443** „USCG Report of the Marine Board of Investigation into the implosion of the submersible Titan“, Untersuchungsausschuss der US-Küstenwache, 4. August 2025 • **444** Law & Crime, „Company behind missing Titanic exploration sub ‚refused to pay‘ for making viewport safe for deep ocean dives: Whistleblower lawsuit“, Marisa Sarnoff, 21. Juni 2023; https://lawandcrime.com/high-profile/company-behind-missing-titanic-exploration-sub-refused-to-pay-for-making-viewport-safe-for-deep-ocean-dives-whistleblower-lawsuit/ • **445** David Lochridge bei der Befragung durch den Untersuchungsausschuss der US-Küstenwache, 17. September 2024 • **446** Dokument CG 082, „Titan preliminary interview transcripts“, Paul McDevitt, S. 1094, Untersuchungsausschuss der US-Küstenwache, 4. August 2025 • **447** https://s3.documentcloud.org/documents/23855274/complaint-oceangate-v-lochridge.pdf • **448** CNN, „OceanGate marketed its vessel as safe. But experts say it used materials that

‚simply didn't work'", Isabelle Chapman und Curt Devine, 23. Juni 2023; https://edition.cnn.com/2023/06/23/us/oceangate-submersible-titanic-safety-invs/index.html • **449** The New Republic, „Missing Titanic Sub Once Faced Massive Lawsuit Over Depths It Could Safely Travel To", Daniel Strauss, 20. Juni 2023; https://newrepublic.com/post/173802/missing-titanic-sub-faced-lawsuit-depths-safely-travel-oceangate • **450** TechCrunch, „A whistleblower raised safety concerns about OceanGate's submersible in 2018. Then he was fired.", Mark Harris, 20. Juni 2023; https://techcrunch.com/2023/06/20/a-whistleblower-raised-safety-concerns-about-oceangates-submersible-in-2018-then-he-was-fired/ • **451** David Lochridge bei der Befragung durch den Untersuchungsausschuss der US-Küstenwache, 17. September 2024 • **452** Dokument CG 052, „OceanGate dive and maintenance log", Untersuchungsausschuss der US-Küstenwache, September 2024 • **453** OceanGate Blog, „4000 m Validation Dive", 10. Dezember 2018; https://web.archive.org/web/20181224170317/http://www.oceangate.com/blog/2018-12-10-4000m-validation-dive.html **454** Dokument CG 052, „OceanGate dive and maintenance log", Untersuchungsausschuss der US-Küstenwache, September 2024 • **455** Netflix, „Titan: The OceanGate Submersible Disaster", 10. Juni 2025 • **456** Dokument CG 082, „Titan preliminary interview transcripts", Jerome Sanders, S. 956, Untersuchungsausschuss der US-Küstenwache, 4. August 2025 • **457** Smithsonian Magazine, „A Deep Dive Into the Plans to Take Tourists to the 'Titanic", Tony Perrottet, Juni 2019; https://www.smithsonianmag.com/innovation/worlds-first-deep-diving-submarine-plans-tourists-see-titanic-180972179/ • **458** https://en.wikipedia.org/wiki/Deepsea_Challenger • **459** Popular Science, „An inside look at the first solo trip to the deepest point of the Atlantic", Josh Dean, 21. Dezember 2021; https://www.popsci.com/victor-vescovo-five-deeps-submarine/ • **460** https://de.wikipedia.org/wiki/Deepsea_Challenger#Technische_Beschreibung • **461** https://oceangate.com/about/leadership/stockton-rush.html • **462** https://fivedeeps.com/home/expedition/atlantic/ • **463** Wired, „James Cameron, Victor Vescovo, and the Saga of the Deepest* Solo Dive Ever", Matt Simon, 17. September 2019; https://www.wired.com/story/deepest-solo-dive-ever/ • **464** Wired, „The Titan Submersible Disaster Shocked the World. The Exclusive Inside Story Is More Disturbing Than Anyone Imagined", 11. Juni 2024; https://www.wired.com/story/titan-submersible-disaster-inside-story-oceangate-files/ • **465** Netflix, „Titan: The OceanGate Submersible Disaster", 10. Juni 2025 • **466** https://web.archive.org/web/20180214025105/http://www.oceangate.com/blog/2016-03-11-cyclops2-model-pressure-test-insights.html • **467** The New Yorker, „The Titan Submersible Was ‚an Accident Waiting to Happen'", Ben Taub, 1. Juli 2023; https://www.newyorker.com/news/a-reporter-at-large/the-titan-submersible-was-an-accident-waiting-to-happen • **468** The Daily Herald (Everett), „Fighting Cancer a foot at a a time", 26. Dezember 20213 • **469** Kyle Bingham auf LinkedIn, 28. November 2025; https://www.linkedin.com/in/kylebingham/ • **470** The Daily Herald (Everett), „Searching for adventure?", 13. Mai 20218 • **471** Deadline, „‚Salvaged:' Life Of Former Oceangate Mission Director Kyle Bingham To Be Made Into Docuseries By MindRiot Entertainment", 15. September 2023; https://deadline.com/2023/09/oceangate-kyle-bingham-salvaged-mindriot-entertainment-1235547933/ • **472** NTSB, Zusammenfassung der Befragung von Kyle Bingham, 25. Juni 2025 **473** https://survivormind.com/about/ • **474** https://twitter.com/RojasRenata/status/1120180726538874880 • **475** https://mailchi.mp/61b7f0968d54/count-down-to-the-2019-titanic-survey-expedition • **476** YouTube, OceanGate Archive, „Behind the Scenes with OceanGate in The Bahamas", 12. April 2019; https://www.youtube.com/watch?v=8a8NgkqcqYQ • **477** GeekWire „OceanGate gears up for deep-sea dives with a crew that'll pay for the privilege", Alan Boyle, 5. April 2019; https://www.geekwire.com/2019/oceangate-gears-deep-sea-dives-crew-thats-paying-privilege/ • **478** https://angari.org/wp-content/uploads/2021/03/ANGARI_Foundation_Brochure_2021_website.pdf • **479** GeekWire „OceanGate gears up for deep-sea dives with a crew that'll pay for the privilege", 5. April 2019; https://www.geekwire.com/2019/oceangate-gears-deep-sea-dives-crew-thats-paying-privilege/ **480** Interview mit Rob McCallum, 19. Mai 2024 • **481** The Sunday Times, „What really happened to the Titanic sub? The tragic inside story", 23. Dezember 2023 • **482** Boat International, „OceanGate submarine a ‚monstrosity' say industry experts", 20. Juli 2023 • **483** Patrick Lahey bei der Befragung durch den Untersuchungsausschuss der US-Küstenwache, 20. September 2024 **484** The Sunday Times, „What really happened to the Titanic sub? The tragic inside story", Matthew Campbell, 24. Dezember 2023 • **485** YouTube, OceanGate Archive, „OceanGate completes Dive no. 46 with Titan"; https://www.youtube.com/watch?v=gYZ8GoTbLjw • **486** Dokument CG 052, „OceanGate dive and maintenance log", Untersuchungsausschuss der US-Küstenwache, September 2024 • **487** https://stanleysubmarines.com/ • **488** http://www.vulcaniasubmarine.com/KARL%20STANLEY.htm **489** https://steel-fish.com/xpc15-1994/ • **490** Karl Stanley bei der Befragung durch den Untersuchungsausschuss der US-Küstenwache, 24. September 2024 • **491** https://steel-fish.com/xpc15-1994/ • **492** https://www.geekwire.com/2019/oceangate-gears-deep-sea-dives-crew-thats-paying-privilege/ • **493** BBC, „Implosion – the Titanic sub disaster", 29. Mai 2025 • **494** Interview mit Rob McCallum, 19. Mai 2024 • **495** Karl Stanley bei der Befragung durch den Untersuchungsausschuss der US-Küstenwache, 24. September 2024 • **496** Vanity Fair, „The Titan Submersible Disaster Was Years in the Making, New Details Reveal", Susan Casey, 17. August 2023; https://www.vanityfair.com/news/2023/08/titan-submersible-implosion-warnings • **497** BBC, „Implosion – the Titanic sub disaster", 29. Mai 2025 • **498** https://stanleysubmarines.com/submarine/ • **499** Youtube, 60 Minutes Australia, „Titan sub tragedy: Who is to blame for the implosion?", 22. Juni 2025 • https://www.youtube.com/watch?v=-ij9Y-XIWzmw • **500** BBC, „Implosion – the Titanic sub disaster", 29. Mai 2025 • **501** Vanity Fair, „The Titan Submersible Disaster Was Years in the Making, New Details Reveal", 17. August 2023; https://www.vanityfair.com/news/2023/08/titan-submersible-implosion-warnings • **502** YouTube, ACE, „Sub Expert Tells TheTruth About Ocean Titan Submarine", 30. Juni 2023; https://www.youtube.com/watch?v=n40ukuk9Ay4 • **503** E-Mails von Karl Stanley an Stockton Rush, 18. April 2019 und 27. Mai 2019 **504** Karl Stanley bei der Befragung durch den Untersuchungsausschuss der US-Küstenwache, 24. September 2024 • **505** Dokument CG 082, „Titan preliminary interview transcripts", Tony Nissen, S. 491, 519, 526, Untersuchungsausschuss der US-Küstenwache, 4. August 2025 • **506** Dokument CG 052, „OceanGate dive and maintenance log", Untersuchungsausschuss der US-Küstenwache, September 2024 • **507** National Transportation Safety Board, DCA23FM036, „Materials Laboratory Factual Report 24-011_Redacted", S. 6, Untersuchungsausschuss der US-Küstenwache, September 2024 • **508** Phil Brooks bei der Befragung durch den Untersuchungsausschuss der US-Küstenwache, 23. September 2024 • **509** Dokument CG 082, „Titan preliminary interview transcripts", Phil Brooks, S. 835–838, 840, 862, 875, Untersuchungsausschuss der US-Küstenwache, 4. August 2025

**510** Roy Thomas bei der Befragung durch den Untersuchungsausschuss der US-Küstenwache, 23. September 2024 • **511** „USCG Report of the Marine Board of Investigation into the implosion of the submersible Titan“, Untersuchungsausschuss der US-Küstenwache, 4. August 2025 • **512** Dokument CG 082, „Titan preliminary interview transcripts“, Phil Brooks, S. 861, Untersuchungsausschuss der US-Küstenwache, 4. August 2025 • **513** Phil Brooks bei der Befragung durch den Untersuchungsausschuss der US-Küstenwache, 23. September 2024 • **514** https://laws-lois.justice.gc.ca/eng/acts/C-33.3/page-1.html#h-86338 **515** https://en.wikipedia.org/wiki/MV_Havila_Harmony • **516** Offshore Energy, „Reach Subsea Vessel to Support Titanic Survey Expedition“, Subsea World News, 21. Mai 2019; https://www.offshore-energy.biz/reach-subsea-vessel-to-support-titanic-survey-expedition/ • **517** TradeWinds, „Reach Subsea ties up Havila ship charter“, Geoff Garfield, 24. Juli 2018; https://www.tradewindsnews.com/offshore/reach-subsea-ties-up-havila-ship-charter/2-1-385009?zephr_sso_ott=ldyTfa • **518** GeekWire, „OceanGate puts off plans to dive to Titanic shipwreck this year, due to topside tangle“, Alan Boyle, 13. Juni 2019; https://www.geekwire.com/2019/oceangate-puts-off-plans-dive-titanic-shipwreck-due-topside-tangle/ • **519** https://web.archive.org/web/20190924185831/http://www.titanicsurveyexpedition.com/schedule.html • **520** https://twitter.com/RojasRenata/status/1139671242645147649 • **521** Dokument CG 001, „Basic Factual Information – Loss of Life and Total Constructive Loss Submersible Titan“, „Titan Prototype History, Late 2018–2019“, Untersuchungsausschuss der US-Küstenwache, September 2024 • **522** Tony Nissen bei der Befragung durch den Untersuchungsausschuss der US-Küstenwache, 16. Oktober 2024 • **523** Wired, „The Titan Submersible Disaster Shocked the World. The Exclusive Inside Story Is More Disturbing Than Anyone Imagined“, 11. Juni 2024; https://www.wired.com/story/titan-submersible-disaster-inside-story-oceangate-files/ • **524** Dokument CG 052, „OceanGate dive and maintenance log“, Untersuchungsausschuss der US-Küstenwache, September 2024 • **525** ZDF, Terra X, „Titan – Todesfahrt zur Titanic“, 22. Juni 2025 • **526** Guillermo Söhnlein, „Titan Unfinished“, Matt Holt Books, vorläufiges Manuskript vom 8. Juni 2025 • **527** „USCG Report of the Marine Board of Investigation into the implosion of the submersible Titan“, Untersuchungsausschuss der US-Küstenwache, 4. August 2025 • **528** Dokument CG 082, „Titan preliminary interview transcripts“, S. 148 (Bob Shuman), S. 534 (Tony Nissen), S. 1206, 1211, 1251 (Scott Griffith), Untersuchungsausschuss der US-Küstenwache, 4. August 2025 • **529** Dokument CG 082, „Titan preliminary interview transcripts“, Dan Scoville, S. 595–604, 628–630, Untersuchungsausschuss der US-Küstenwache, 4. August 2025 • **530** https://www.whoi.edu/press-room/news-release/AlvinSphere/ • **531** https://www.usna.edu/NewsCenter/sites/NAOE/images/DOTF_Brochure_003.pdf • **532** https://www.whoi.edu/what-we-do/explore/underwater-vehicles/hov-alvin/history-of-alvin/ • **533** „USCG Report of the Marine Board of Investigation into the implosion of the submersible Titan“, Untersuchungsausschuss der US-Küstenwache, 4. August 2025 • **534** https://emeralddiving.com/shilshole_wrecks.html • **535** Titanic-Verein Schweiz, Titanic Post 108, „Auf zur Titanic! Die Titanic Survey Expedition“, Brigitte Saar, Juni 2019 **536** Titanic-Verein Schweiz, Titanic Post 109, „Überraschung! Titanic-Expedition 2019“, Günter Bäbler und Brigitte Saar, September 2019 • **537** https://fivedeeps.com/ • **538** GeekWire, „OceanGate raises $18M to build a bigger submersible fleet and set up Titanic trips“, Alan Boyle, 9. Januar 2020; https://www.geekwire.com/2020/oceangate-raises-18m-build-bigger-submersible-fleet-get-set-titanic-trips/ • **539** Business Insider, „The Titan's first experimental carbon-fiber hull was designed and made on a 6-week deadline: report“, Mia Jankowicz, Juni 2023; https://www.insider.com/titan-carbon-fiber-hull-designed-made-6-week-deadline-report-2023-6 • **540** Dokument CG 033, „Deep Ocean Test Facility (DOTF) Titan testing“, Untersuchungsausschuss der US-Küstenwache, September 2024 • **541** Online-Präsentation von Kyle Bingham bei den Sno-Isle Libraries, 22. März 2023, Ausschnitt auf YouTube, „This New OceanGate Docuseries Is A Bad Idea“ by EddieGM, 16. September 2023 • **542** Dokument CG 082, „Titan preliminary interview transcripts“, S. 567 (Tony Nissen), S. 839, 896 (Phil Brooks), S. 1013 (Ryan Stalkfleet); Untersuchungsausschuss der US-Küstenwache, 4. August 2025 • **543** GeekWire, „OceanGate gets set for dives to Titanic while overcoming the complications of COVID-19“, Alan Boyle, 16. Oktober 2020; https://www.geekwire.com/2020/oceangate-gets-set-dives-titanic-overcoming-covid-19-complications/ • **544** Built in Seattle, „OceanGate Raises $18M to Explore the Deep Seas“, Ellen Glover, 10. Januar 2020; https://www.builtinseattle.com/2020/01/10/oceangate-raises-18m • **545** Yahoo, „OceanGate gets set for dives to Titanic while overcoming the complications of COVID-19“, 17. Oktober 2020; https://finance.yahoo.com/news/oceangate-gets-set-dives-titanic-012000844.html • **546** Titanic-Verein Schweiz, Titanic Post 110, „OceanGate Expedition erneut verschoben“, Brigitte Saar, Dezember 2019 • **547** GeekWire, „OceanGate raises $18M to build a bigger submersible fleet and set up Titanic trips“, Alan Boyle, 9. Januar 2020; https://www.geekwire.com/2020/oceangate-raises-18m-build-bigger-submersible-fleet-get-set-titanic-trips/ • **548** Youtube, OceanGateArchive, „Hudson Canyon Expedition: Citizen Explorers Dive Experience“, 1. Oktober 2020; https://www.youtube.com/watch?v=jCulpyUMOVg • **549** http://web.archive.org/web/20210124045554/https://oceangateexpeditions.com/past-expeditions/hudson-canyon • **550** „USCG Report of the Marine Board of Investigation into the implosion of the submersible Titan“, Untersuchungsausschuss der US-Küstenwache, 4. August 2025 • **551** CompositesWorld, „NASA, OceanGate collaborate on manufacture of carbon fiber pressure vessels“, Hannah Mason, 27. Februar 2020; https://www.compositesworld.com/news/nasa-oceangate-collaborate-on-manufacture-of-carbon-fiber-pressure-vessels • **552** Dokument CG 082, „Titan preliminary interview transcripts“, Bob Shuman, S. 150, Untersuchungsausschuss der US-Küstenwache, 4. August 2025 • **553** Dokument CG 095, „NASA-OceanGate agreement“, Untersuchungsausschuss der US-Küstenwache, September 2024 • **554** Dokument CG 082, „Titan preliminary interview transcripts“, Bob Shuman, S. 150, Untersuchungsausschuss der US-Küstenwache, 4. August 2025 • **555** Dokument CG 095, „NASA-OceanGate agreement“, Untersuchungsausschuss der US-Küstenwache, September 2024 • **556** „USCG Report of the Marine Board of Investigation into the implosion of the submersible Titan“, Untersuchungsausschuss der US-Küstenwache, 4. August 2025 • **557** Justin Jackson bei der Befragung durch den Untersuchungsausschuss der US-Küstenwache, 26. September 2024 • **558** „USCG Report of the Marine Board of Investigation into the implosion of the submersible Titan“, Untersuchungsausschuss der US-Küstenwache, 4. August 2025 • **559** „Hull Failure and Implosion of Submersible Titan“, Bericht MIR-25-36 vom National Transportation Safety Board, S. 24, 2. Oktober 2025 • **560** Dokument CG 082, „Titan preliminary interview transcripts“, Dan Scoville, S. 701–703, Untersuchungsausschuss der US-Küstenwache, 4. August 2025 • **561** „USCG Report of the Marine Board of Investigation into the implosion of the submersible Titan“, S. 47, 4. August 2025 • **562** Business Insider, „NASA

was supposed to help test OceanGate's controversial carbon fiber hull, but the plan was scrapped because of COVID-19", Grace Eliza Goodwin und Katherine Long, 31. Juli 2023; https://www.businessinsider.com/nasa-oceangate-plans-carbon-fiber-titanic-sub-hull-2023-7 • **563** LBC – Leading Britain's Conversation, „NASA and Boeing distance themselves from OceanGate, despite Titan sub company claiming they helped build ship", Kit Heren, 23. Juni 2023; https://www.lbc.co.uk/news/titan-sub-nasa-boeing-university-washington-deny-involvement/ • **564** KSBY, „NASA downplays its role in making doomed Titan sub", Justin Boggs, 23. Juni 2023; https://www.ksby.com/nasa-downplays-its-role-in-making-doomed-titan-sub • **565** Business Insider, „Boeing and University of Washington deny OceanGate's claim that they helped design the lost Titan sub", Grace Mayer, 22. Juni 2023; https://www.businessinsider.com/boeing-university-of-washington-deny-helping-design-oceangate-titan-submersible-2023-6 • **566** https://en.wikipedia.org/wiki/Space_Act_Agreement • **567** Dokument CG 095, „NASA-OceanGate agreement", Untersuchungsausschuss der US-Küstenwache, September 2024 • **568** GeekWire, „OceanGate gets set for dives to Titanic while overcoming the complications of COVID-19", Alan Boyle, 16. Oktober 2020; https://www.geekwire.com/2020/oceangate-gets-set-dives-titanic-overcoming-covid-19-complications/ • **569** Justin Jackson bei der Befragung durch den Untersuchungsausschuss der US-Küstenwache, 26. September 2024 • **570** https://web.archive.org/web/20230621140343/https://oceangate.com/news-and-media/press-releases/2020-0323-oceangate-selects-toray-composite-materials-america.html • **571** „USCG Report of the Marine Board of Investigation into the implosion of the submersible Titan", Untersuchungsausschuss der US-Küstenwache, 4. August 2025 • **572** https://www.prweb.com/releases/OceanGate_Inc_s_Carbon_Fiber_and_Titanium_5_Crewmember_Submersible_Dives_3800_Meters_to_the_Titanic_Wreck_Site/prweb18066066.htm • **573** Dokument CG 037, „Boeing feasibility study of OceanGate deep sea submersible hull", Untersuchungsausschuss der US-Küstenwache, September 2024 • **574** „USCG Report of the Marine Board of Investigation into the implosion of the submersible Titan", Untersuchungsausschuss der US-Küstenwache, 4. August 2025 • **575** https://www.geomar.de/st/jago/uebersicht • **576** https://www.heinz-fritz.de/projekte/u-boot/tauchboot-jago/; https://www.heinz-fritz.de/projekte/u-boot/tauchboot-limiting-factor-triton/; https://www.heinz-fritz.de/projekte/u-boot/kugeldruckkoerper-fuer-triton-passenger-submersible-7500-3/ • **577** Dokument CG 082, „Titan preliminary interview transcripts", Dan Scoville, S. 683, Untersuchungsausschuss der US-Küstenwache, 4. August 2025 • **578** „USCG Report of the Marine Board of Investigation into the implosion of the submersible Titan", S. 262 (Foto), 4. August 2025 • **579** Dokument CG 106, „Fritz viewport documentation", Untersuchungsausschuss der US-Küstenwache, September 2024 • **580** Jason Neubauer bei der Befragung von Will Kohnen durch den Untersuchungsausschuss der US-Küstenwache, 25. Oktober 2024
**581** Dokument CG 052, „OceanGate dive and maintenance log", Untersuchungsausschuss der US-Küstenwache, September 2024 • **582** „USCG Report of the Marine Board of Investigation into the implosion of the submersible Titan", Untersuchungsausschuss der US-Küstenwache, 4. August 2025 • **583** Dokument CG 082, „Titan preliminary interview transcripts", Ryab Stalkfleet, S. 1043, Untersuchungsausschuss der US-Küstenwache, 4. August 2025 • **584** Engineering, „Ill-Fated Titan Submersible Was Based on an Unproven Design", Roopinder Tara, 4. Juli 2023; https://www.engineering.com/story/ill-fated-titan-submersible-was-based-on-an-unproven-design • **585** Northwest Yachting, „Titan of Industry", Kate Calamusa, 8. Juni 2022; https://www.nwyachting.com/titan-of-industry/ • **586** GeekWire, „OceanGate gets set for dives to Titanic while overcoming the complications of COVID-19", Alan Boyle, 16. Oktober 2020 • **587** CBS Sunday Morning, „OceanGate CEO Stockton Rush talks Titan sub's design, carbon fiber hull, safety and more in 2022 interviews", David Pogue, 25. Juni 2026; https://www.cbsnews.com/news/titanic-submersible-interview-transcript-with-oceangate-ceo-stockton-rush/ • **588** GeekWire, „OceanGate gets set for dives to Titanic while overcoming the complications of COVID-19", Alan Boyle, 16. Oktober 2020; https://www.geekwire.com/2020/oceangate-gets-set-dives-titanic-overcoming-covid-19-complications/ • **589** GeekWire, „OceanGate raises $18M to build a bigger submersible fleet and set up Titanic trips", Alan Boyle, 19. Januar 2020; https://www.geekwire.com/2020/oceangate-raises-18m-build-bigger-submersible-fleet-get-set-titanic-trips/ • **590** The Boston Gloge, „What it's like inside the missing Titan submersible vessel", Emily Sweeney, 20. Juni 2023; https://www.bostonglobe.com/2023/06/20/metro/missing-titanic-submersible-what-its-like-diving-5-person-vessel/ • **591** https://web.archive.org/web/20230619195500/https://mail.oceangate.com/news-and-media/press-releases/2021-1208-5-crewmember-submersible-dives-3800-meters.html • **592** GeekWire „OceanGate gets set for dives to Titanic while overcoming the complications of COVID-19", Alan Boyle, 16. Oktober 2020; https://www.Geekwire.com/2020/oceangate-gets-set-dives-titanic-overcoming-covid-19-complications/ • **593** „USCG Report of the Marine Board of Investigation into the implosion of the submersible Titan", Untersuchungsausschuss der US-Küstenwache, 4. August 2025 • **594** Phil Brooks bei der Befragung durch den Untersuchungsausschuss der US-Küstenwache, 23. September 2024
**595** Dokument CG 082, „Titan preliminary interview transcripts", S. 711–714, 721–724 (Dan Scoville), S. 853 (Phil Brooks), S. 1005–1008 (Jerome Sanders), Untersuchungsausschuss der US-Küstenwache, 4. August 2025 • **596** Oceangateexpeditions.com, „Subs/Meet Titan", 6. August 2020; https://web.archive.org/web/20200806003705/https://oceangateexpeditions.com/subs/titan • **597** Geekwire, „OceanGate gets set for undersea trips to the 'Grand Canyon of the Ocean' in August", Alan Boyle, 11. Februar 2020; https://www.geekwire.com/2020/oceangate-gets-set-undersea-trips-grand-canyon-ocean-august/ • **598** https://de.subcimaging.com/case-studies/4k-rayfin-camera-hudson-canyon • **599** „USCG Report of the Marine Board of Investigation into the implosion of the submersible Titan", Untersuchungsausschuss der US-Küstenwache, 4. August 2025 • **600** OcenGate Expeditions, „Hudson Canyon Expedition: Citizen Explorers Dive Experience", 1. Oktober 2020; https://archive.org/details/youtube-thdVr1FAxqc • **601** https://us10.campaign-archive.com/?u=97ce012f01b5b5131bd6a5619&id=28ab9dc16b • **602** OceanGate Expeditions, „Hudson Canyon Expedition: Citizen Explorers Dive Experience", 1. Oktober 2020 • **603** Renata Rojas bei der Befragung durch den Untersuchungsausschuss der US-Küstenwache, 19. September 2024 • **604** Oceangate.com, „Meet the pilots series: Kenny Hauge", 22. Juli 2020; http://web.archive.org/web/20200807162029/https://oceangate.com/news-and-media/blog/2020-0722-meet-the-pilot-series-kenneth.html • **605** OceanGate Pressemitteilung, „OceanGate Expeditions announces Wrecks of the Northeast deep-sea expedition", 30. September 2020 • **606** YouTube, OceanGate Archive, „Hudson Canyon Expedition: Citizen Explorers Dive Experience", 1. Oktober 2020; https://www.youtube.com/watch?v=jCulpyUMOVg&t=4s • **607** OceanGate

Expeditions, „Join the mission to Dokument historic wrecks and WWII submarine“, 5. Oktober 2020; https://web.archive.org/web/20201001000000*/https://oceangateexpeditions.com/wrecks-of-the-northeast • **608** http://www.ubootarchiv.de/ubootwiki/index.php/U_869 • **609** GeekWire, „OceanGate gets set for dives to Titanic while overcoming the complications of COVID-19“, Alan Boyle, 16. Oktober 2020; https://www.geekwire.com/2020/oceangate-gets-set-dives-titanic-overcoming-covid-19-complications/ • **610** Dokument CG 014, „OceanGate marketing brochure – Hudson Canyon“, Untersuchungsausschuss der US-Küstenwache, September 2024 • **611** https://www.ncei.noaa.gov/maps/bathymetry/ • **612** Phil Brooks bei der Befragung durch den Untersuchungsausschuss der US-Küstenwache, 23. September 2024 • **613** Dokument CG 032, „UW-APL OceanGate testing emails and documents“, Untersuchungsausschuss der US-Küstenwache, September 2024 • **614** „USCG Report of the Marine Board of Investigation into the implosion of the submersible Titan“, Untersuchungsausschuss der US-Küstenwache, 4. August 2025 **615** Dokument CG 082, „Titan preliminary interview transcripts“, Tony Nissen, S. 502–503, Untersuchungsausschuss der US-Küstenwache, 4. August 2025 • **616** Engineering, „Ill-Fated Titan Submersible Was Based on an Unproven Design“, Roopinder Tara, 4. Juli 2023; https://www.engineering.com/story/ill-fated-titan-submersible-was-based-on-an-unproven-design • **617** Northwest Yachting, „Titan of Industry“, Kate Calamusa, 8. Juni 2022; https://www.nwyachting.com/titan-of-industry/ • **618** GeekWire, „OceanGate gets set for dives to Titanic while overcoming the complications of COVID-19“, Alan Boyle, 16. Oktober 2020 **619** CBS Sunday Morning, „OceanGate CEO Stockton Rush talks Titan sub's design, carbon fiber hull, safety and more in 2022 interviews“, David Pogue, 25. Juni 2026; https://www.cbsnews.com/news/titanic-submersible-interview-transcript-with-oceangate-ceo-stockton-rush/ • **620** „USCG Report of the Marine Board of Investigation into the implosion of the submersible Titan“, Untersuchungsausschuss der US-Küstenwache, 4. August 2025 • **621** National Transportation Safety Board, DCA23FM036, „Materials Laboratory Factual Report 24-011_Redacted“, S. 6, Untersuchungsausschuss der US-Küstenwache, September 2024 **622** Don Kramer bei der Befragung durch den Untersuchungsausschuss der US-Küstenwache, 25. September 2024 • **623** Phil Brooks bei der Befragung durch den Untersuchungsausschuss der US-Küstenwache, 23. September 2024 • **624** Don Kramer bei der Befragung durch den Untersuchungsausschuss der US-Küstenwache, 25. September 2024 • **625** „USCG Report of the Marine Board of Investigation into the implosion of the submersible Titan“, Untersuchungsausschuss der US-Küstenwache, 4. August 2025 **626** Phil Brooks bei der Befragung durch den Untersuchungsausschuss der US-Küstenwache, 23. September 2024 • **627** Dokument CG 082, „Titan preliminary interview transcripts“, S. 512 (Tony Nissen), S. 728, 755, 776 (Dan Scoville), Untersuchungsausschuss der US-Küstenwache, 4. August 2025 • **628** Don Kramer bei der Befragung durch den Untersuchungsausschuss der US-Küstenwache, 25. September 2024 • **629** Online-Präsentation von Kyle Bingham bei den Sno-Isle Libraries, 22. März 2023, Ausschnitt auf YouTube, „This New OceanGate Docuseries Is A Bad Idea“ by EddieGM, 16. September 2023; https://www.youtube.com/watch?v=jWXNU7gSeDM&t=1371s • **630** https://www.henkel-adhesives.com/vn/en/product/structural-adhesives/loctite_ea_9394_aero0.html • **631** https://www.ellsworth.com/products/adhesives/epoxy/henkel-loctite-hysol-ea-9394-epoxy-adhesive-gray-1-qt-kit/ • **632** National Transportation Safety Board, DCA23FM036, „Materials Laboratory Factual Report 24-011“, Untersuchungsausschuss der US-Küstenwache, September 2024 • **633** „Hull Failure and Implosion of Submersible Titan“, Bericht MIR-25-36 vom National Transportation Safety Board, S. 43, 2. Oktober 2025 • **634** Dokument CG 082, „Titan preliminary interview transcripts“, Dan Scoville, S. 678, Untersuchungsausschuss der US-Küstenwache, 4. August 2025 • **635** Navigation and Vessel Inspection Circular No. 5-93, Guidance for Certification of Passenger Carrying Submersibles; https://www.dco.uscg.mil/Portals/9/DCO%20Documents/5p/5ps/NVIC/1993/n5-93.pdf • **636** Holland & Night, „The Solemn Role of the Coast Guard and NTSB in Casualties Involving Passenger-Carrying Submersibles“, Sean T. Pribyl und Christopher R. Nolan, 23. Juni 2023; https://www.hklaw.com/en/insights/publications/2023/06/the-coast-guards-and-ntsbs-solemn-role-in-casualties • **637** Titanic-Verein Schweiz, Titanic Post 116, „Titanic Survey Expedition“, Brigitte Saar, Juni 2021 • **638** „USCG Report of the Marine Board of Investigation into the implosion of the submersible Titan“, Untersuchungsausschuss der US-Küstenwache, 4. August 2025 • **639** https://flagship.ie/about-us/ • **640** https://web.archive.org/web/20210917161255/https://oceangateexpeditions.com/faqs • **641** Dokument CG 052, „OceanGate dive and maintenance log“, Untersuchungsausschuss der US-Küstenwache, September 2024 • **642** LinkedIn, Todd Rudberg, 2021; https://www.linkedin.com/feed/update/urn:li:activity:6767124177494388736/ • **643** National Transportation Safety Board, document DCA23FM036, „Materials Laboratory Factual Report 24-011_Redacted“, S. 6, Untersuchungsausschuss der US-Küstenwache, September 2024 • **644** Dokument CG 031, „Titanium end gluing procedures“, Untersuchungsausschuss der US-Küstenwache, September 2024 • **645** LinkedIn, Daniel Scoville, 2021; https://www.linkedin.com/in/daniel-scoville-749b26192/recent-activity/all/ • **646** Phil Brooks bei der Befragung durch den Untersuchungsausschuss der US-Küstenwache, 23. September 2024 • **647** Dokument CG 082, „Titan preliminary interview transcripts“, Dan Scoville, S. 720, Untersuchungsausschuss der US-Küstenwache, 4. August 2025 • **648** Dokument CG 082, „Titan preliminary interview transcripts“, S. 720 (Dan Scoville), S. 855–874 (Phil Brooks), Untersuchungsausschuss der US-Küstenwache, 4. August 2025 • **649** GeekWire. „OceanGate gets set for dives to Titanic while overcoming the complications of COVID-19“, 16. Oktober 2020; https://www.geekwire.com/2020/oceangate-gets-set-dives-titanic-overcoming-covid-19-complications/ • **650** Phil Brooks bei der Befragung durch den Untersuchungsausschuss der US-Küstenwache, 23. September 2024 • **651** Dokument CG 082, „Titan preliminary interview transcripts“, Ryan Stalkfleet, S. 1015, Untersuchungsausschuss der US-Küstenwache, 4. August 2025 • **652** Dokument CG 052, „OceanGate dive and maintenance log“, Untersuchungsausschuss der US-Küstenwache, September 2024 • **653** NOAA, „R.M.S Titanic – Salvage“, 23. Juli 2025; https://www.noaa.gov/office-of-general-counsel/gc-international-section/rms-titanic-salvage **654** Explorer Consulting/David Concannon, Brief an Richterin Rebecca B. Smith, „OceanGate Expeditions, Ltd.'s 2021 Titanic Survey Expedition“, 18. Mai 2021; https://s3.documentcloud.org/documents/23859021/may-2021.pdf • **655** AP, „Deep-sea craft carrying 5 people to Titanic wreckage reported missing, search underway“, Ben Finley and Holly Ramer, 19. Juni 2023; https://apnews.com/article/titanic-wreckage-missing-submersible-62fadef7a55af0022e3dc75df862a5c1 • **656** NOAA's Section 113 Authorization Process; https://www.noaa.gov/office-of-general-counsel/gc-international-section/noaas-section-113-authorization-process • **657** „USCG Report of the Marine Board of Investigation into the implosion of the submersible Titan“, Untersuchungsausschuss der US-Küstenwache, 4. August 2025 • **658** Brief von Explorer Consulting an Richterin Rebecca B. Smith, 20. April 2023; https://s3.documentcloud.org/documents/23859020/april-2023.pdf • **659** Business Insider, „A federal judge in charge of Titanic wreck turned down an invitation to take ill-fated sub dive and see it herself", 20. Juni 2023; https://www.businessinsider.com/missing-titanic-sub-federal-judge-turned-down-invite-2023-6 • **660** https://www.state.gov/multilateral-19-1118 • **661** https://www.congress.gov/115/plaws/publ31/PLAW-115publ31.pdf • **662** „USCG Report of the Marine Board of Investigation into the implosion of the submersible Titan", Untersuchungsausschuss der US-Küstenwache, 4. August 2025 • **663** Dokument CG 052, „OceanGate dive and maintenance log", Untersuchungsausschuss der US-Küstenwache, September 2024 • **664** Business Insider, „OceanGate's Titanic sub went out of control on a test-dive after its thrusters failed, leaving it a ‚sitting duck' under the water for more than 2 hours", Natalie Musumeci, 6. Juli 2023; https://www.insider.com/oceangate-titan-sitting-duck-malfunction-test-dive-thrusters-former-passenger-2023-7 • **665** Business Insider, „OceanGate CEO Stockton Rush was ‚blinded by his own hubris,' says a documentary cameraman who took a rocky test dive on his sub", Natalie Musumeci, 6. Juli 2023; https://www.businessinsider.com/oceangates-stockton-rush-blinded-by-own-hubris-ex-passenger-2023-7 • **666** BBC, „Implosion – the Titanic sub disaster", 29. Mai 2025 • **667** Dokument CG 082, „Titan preliminary interview transcripts", S. 213 (Amber Bay), S. 889 (Phil Brooks), Untersuchungsausschuss der US-Küstenwache, 4. August 2025 • **668** The Detroit News, „Metro Detroit man reveals details of his own Titan dive to Titanic", Breana Noble, 24. Juni 2023; https://eu.detroitnews.com/in-depth/news/michigan/2023/06/23/oceangate-titan-submersible-titanic-wreck-deep-sea-exploration-michigan-man/70347602007/ • **669** Online-Präsentation von Kyle Bingham bei den Sno-Isle Libraries, 22. März 2023, Ausschnitt auf YouTube, „This New OceanGate Docuseries Is A Bad Idea" by EddieGM, 16. September 2023 • **670** OceanGate Expeditions: Expedition Blog 2021; https://web.archive.org/web/20210812165119/https://oceangateexpeditions.com/blog • **671** Dokument CG 082, „Titan preliminary interview transcripts", Ryan Stalkfleet, S. 1019, Untersuchungsausschuss der US-Küstenwache, 4. August 2025 • **672** OceanGate Expeditions: Expedition Blog 2021; https://web.archive.org/web/20210812165119/https://oceangateexpeditions.com/blog • **673** Dokument CG 082, „Titan preliminary interview transcripts", Ryan Stalkfleet, S. 1031, Untersuchungsausschuss der US-Küstenwache, 4. August 2025 **674** Titanic-Verein Schweiz, Titanic Post 117, September 2021 • **675** ABC, „Fatal Dive to the Titanic: Truth and Lies", 2. Februar 2024; https://abc.com/movies-and-specials/fatal-dive-to-the-titanic-truth-and-lies • **676** Titanic-Verein Schweiz, Titanic Post 118, „Mal wieder zur Titanic – ein Interview mit P. H. Nargeolet", Dezember 2021 • **677** People, „This Man Has Been on Missing ‚Titanic' Sub – and Calls It ‚Majestic' But ‚Highly Risky'", Abigail Adams und Wendy Grossman Kantor, 20. Juni 2023; https://people.com/man-who-has-been-on-titanic-sub-calls-it-majestic-but-risky-7550564 • **678** Interview mit P. H. Nargeolet, 1. November 2021 **679** Fred Hagen bei der Befragung durch den Untersuchungsausschuss der US-Küstenwache, 20. September 2024 • **680** YouTube, „Royal Navy Corsair JT160 in Sebago Lake dive video", April 2024, 2013; https://www.youtube.com/watch?v=3yYNd6Msp9s **681** Fred Hagen auf Facebook, 26. Juni 2021; https://www.facebook.com/profile/100000071128355/search/?q=zodiac • **682** Titanic-Verein Schweiz, Titanic Post 116, „Grünes Licht für die ‚Titanic Survey Expedition'", Juni 2021 • **683** Rory Golden auf Facebook, 27. Juni 2021; https://www.facebook.com/profile/570719732/search/?q=titan • **684** Dokument CG 052, „OceanGate dive and maintenance log", Untersuchungsausschuss der US-Küstenwache, September 2024 • **685** http://www.opentheoceans.org/old-site/where-we-have-been.html • **686** Bridget Buxton auf Facebook, 29. Juni 2021; https://www.facebook.com/profile/1062602875/search/?q=titan • **687** https://wealthyspy.com/wendy-rush/ • **688** https://zacjohnson.com/wendy-rush-net-worth/ **689** Dokument CG 102, „Image of Titan after forward Dome fell off", Untersuchungsausschuss der US-Küstenwache, September 2024 • **690** Fred Hagen auf Facebook, 1. Juli 2021; https://www.facebook.com/alfred.hagen.10/posts/pfbid02k7DK64z1UwVV9hG57ikMXHZDeJf19716NQPNRF8VQYyb6vNEThrmk8x0PGykdDL3l • **691** Dokument CG 052, „OceanGate dive and maintenance log", Untersuchungsausschuss der US-Küstenwache, September 2024 • **692** Fred Hagen bei der Befragung durch den Untersuchungsausschuss der US-Küstenwache, 20. September 2024 • **693** BBC, „Implosion – the Titanic sub disaster", 29. Mai 2025 **694** Fred Hagen bei der Befragung durch den Untersuchungsausschuss der US-Küstenwache, 20. September 2024 • **695** https://www.facebook.com/profile/1028793895/search/?q=dive • **696** Amber Bay bei der Befragung durch den Untersuchungsausschuss der US-Küstenwache, 24. September 2024 • **697** Renata Rojas bei der Befragung durch den Untersuchungsausschuss der US-Küstenwache, 19. September 2024 • **698** „USCG Report of the Marine Board of Investigation into the implosion of the submersible Titan", Untersuchungsausschuss der US-Küstenwache, 4. August 2025 • **699** Dokument CG 023 „Titan dive plan C2 dive 088", Untersuchungsausschuss der US-Küstenwache, September 2024 • **700** Dokument CG 082, „Titan preliminary interview transcripts", Scott Griffith, S. 1223, Untersuchungsausschuss der US-Küstenwache, 4. August 2025 • **701** The Checklist Manifesto: How to Get Things Right, Atul Gawande, New York, Picador, 2011 • **702** Travel Weekly, „Mission Titanic, Part 1: Preparing to dive", Arnie Weissmann, 20. Juni 2023; https://www.travelweekly.com/North-America-Travel/Mission-Titanic-part-1 • **703** https://www.sonardyne.com/products/avtrak-6-auv-tracking-communications/ • **704** https://www.sonardyne.com/products/ranger-2-subsea-positioning-usbl/ • **705** New York Magazine „What I Learned on a Titanic Sub Expedition", David Pogue, 27. Juni 2023; https://nymag.com/intelligencer/2023/06/what-i-learned-on-a-titanic-submarine-expedition.html • **706** https://www.nortekgroup.com/knowledge-center/wiki/new-to-subsea-navigation • **707** https://www.ixblue.com/store/phins-subsea/ • **708** CTV News, „MISSING SUBMARINE | Member of 2022 Oceangate Titanic mission on safety of the dive", 20. Juni 2023; https://www.youtube.com/watch?v=RoRxyOw9A1Q • **709** Fred Hagen bei der Befragung durch den Untersuchungsausschuss der US-Küstenwache, 20. September 2024 • **710** Dokument CG 052, „OceanGate dive and maintenance log", Untersuchungsausschuss der US-Küstenwache, September 2024 • **711** Fred Hagen bei der Befragung durch den Untersuchungsausschuss der US-Küstenwache, 20. September 2024 • **712** Fred Hagen bei der Befragung durch den Untersuchungsausschuss der US-Küstenwache, 20. September 2024 • **713** https://en.wikipedia.org/wiki/Bay_Bulls_(Newfoundland_and_Labrador) • **714** Dokument CG 052, „OceanGate dive and maintenance log", Untersuchungsausschuss der US-Küstenwache, September 2024 • **715** YouTube, „OceanGate Webinar Series: December 2021", 8. Dezember 2021; https://www.youtube.com/watch?v=N7ti3HLdmT4 • **716** Fred Hagen bei der Befragung durch den Untersuchungsausschuss der US-Küstenwache, 20. September 2024 • **717** Interview mit P. H. Nargeolet,

11. November 2021 • **718** https://web.archive.org/web/20210810175036/https://oceangateexpeditions.com/blog/titanic-expedition • **719** Cathy Jutilla-Lamet auf Facebook, 28. Juli, 2021; https://www.facebook.com/cathy.jutillalamet/posts/pfbid035pXufoJaanTjPVuvnhtF9EeLQXtxW20Ep7LBPEVfvzQWdR6ALRhV7sq3zzB4SJXol • **720** Titanic-Verein Schweiz, Titanic Post 117, September 2021 • **721** YouTube, alanxelmundo, „Mi expedición al TITANIC parte 1/4 | Alan por el mundo", Alan Estrada, 7. August 2021 • **722** YouTube, alanxelmundo, „Mi expedición al TITANIC parte 1/4 | Alan por el mundo", Alan Estrada, 7. August 2021 • **723** OceanGate Liability Waiver • **724** „USCG Report of the Marine Board of Investigation into the implosion of the submersible Titan", Untersuchungsausschuss der US-Küstenwache, 4. August 2025 • **725** Titanic-Verein Schweiz, Titanic Post 118, „Mal wieder zur Titanic – ein Interview mit P. H. Nargeolet", Dezember 2021 • **726** YouTube, alanxelmundo, „Mi expedición al TITANIC parte 1/4 | Alan por el mundo", Alan Estrada, 7. August 2021 • **727** Dokument CG 082, „Titan preliminary interview transcripts", Phil Brooks, S. 868, Untersuchungsausschuss der US-Küstenwache, 4. August 2025 • **728** YouTube, alanxelmundo, „Mi expedición al TITANIC parte 1/4 | Alan por el mundo", Alan Estrada, 7. August 2021; https://www.youtube.com/watch?v=uD5SUDFE6CA • **729** YouTube, alanxelmundo, „Mi expedición al TITANIC parte 2/4 | Alan por el mundo", Alan Estrada, 14. August 2021; https://www.youtube.com/watch?v=gOjJJKld6jY • **730** GeekWire, „OceanGate sub makes first dive to Titanic wreck site and captures photos of debris", Alan Boyle, 13. Juli 2021; https://www.GeekWire.com/2021/oceangate-sub-makes-first-dive-titanic-wreck-site-captures-photos-debris/ • **731** https://titanic-ma.weebly.com/floor-patterns.html • **732** PR web, „OceanGate, Inc.'s Carbon Fiber and Titanium, 5-Crewmember Submersible Dives 3800 Meters to the Titanic Wreck Site", OceanGate, Inc., 13. Juli 2021; https://www.prweb.com/releases/OceanGate_Inc_s_Carbon_Fiber_and_Titanium_5_Crewmember_Submersible_Dives_3800_Meters_to_the_Titanic_Wreck_Site/prweb18066066.htm • **733** YouTube, alanxelmundo, „Mi expedición al TITANIC parte 2/4 | Alan por el mundo", Alan Estrada, 14. August 2021 • **734** Tym Catterson bei der Befragung durch den Untersuchungsausschuss der US-Küstenwache, 16. September 2024 • **735** Dokument CG 052, „OceanGate dive and maintenance log", Untersuchungsausschuss der US-Küstenwache, September 2024 • **736** GeekWire, „OceanGate sub makes first dive to Titanic wreck site and captures photos of debris", 13. Juli, 2021; https://www.geekwire.com/2021/oceangate-sub-makes-first-dive-titanic-wreck-site-captures-photos-debris/ • **737** Dokument CG 052, „OceanGate dive and maintenance log", Untersuchungsausschuss der US-Küstenwache, September 2024 • **738** Interview mit David Concannon, 22. Mai 2024 • **739** E-Mail von David Concannon & Rory Golden, 23. Februar, 2025 • **740** „Hull Failure and Implosion of Submersible Titan", Bericht MIR-25-36 vom National Transportation Safety Board, S. 13, 2. Oktober 2025 • **741** Dokument CG 052, „OceanGate dive and maintenance log", Untersuchungsausschuss der US-Küstenwache, September 2024 • **742** Dokument CG 052, „OceanGate dive and maintenance log", Untersuchungsausschuss der US-Küstenwache, September 2024 • **743** Phil Brooks bei der Befragung durch den Untersuchungsausschuss der US-Küstenwache, 23. September 2024 • **744** GeekWire, „OceanGate sub makes first dive to Titanic wreck site and captures photos of debris", Alan Boyle, 13. Juli 2021; https://www.GeekWire.com/2021/oceangate-sub-makes-first-dive-titanic-wreck-site-captures-photos-debris/ • **745** Titanic-Verein Schweiz, Titanic Post 117, „Titanic-Expedition 2021", Brigitte Saar, September 2021 • **746** Titanic-Verein Schweiz, Titanic Post 117, „Titanic Survey Expedition – Bericht eines TVS Mitglieds", Cathy Jutilla-Lamet, September 2021 • **747** Titanic-Verein Schweiz, Titanic Post 117, „Titanic-Expedition 2021", Brigitte Saar, September 2021 • **748** United States Coast Guard, „Report of the Marine Board of Investigation into the implosion of the submersible Titan", 4. August 2025 • **749** Dokument CG 082, „Titan preliminary interview transcripts", Dan Scoville, S. 615, Untersuchungsausschuss der US-Küstenwache, 4. August 2025 • **750** PetaPixel, „OceanGate CEO Told Videographer to Sleep on the Titan Sub After the Battery Died", Matt Growcoot, 5. Juli 2023; https://petapixel.com/2023/07/05/oceangate-ceo-told-videographer-to-sleep-on-the-titan-sub-after-the-battery-died/ • **751** Global News, „B.C. businessman talks about his experience on submersible to see the Titanic", Amy Judd, 20. Juni 2023; https://globalnews.ca/news/9781844/titanic-submersible-experience-bc/ • **752** CBC, „Titan operators made it clear ‚you can die' on trip, says Vancouver businessman who rode vessel multiple times", Michelle Gomez, 22. Juni 2023; https://www.cbc.ca/news/canada/british-columbia/titan-former-passenger-1.6885460 • **753** Podcast: The Jas Johal Show, „BC businessman Ron Toigo has up-close encounter with the Titanic", 2022; https://player.fm/series/the-jas-johal-show/bc-businessman-ron-toigo-has-up-close-encounter-with-the-titanic • **754** https://www.facebook.com/watch/?v=1033757217275229 • **755** Vancouver Sun, „B.C. businessman Ron Toigo visited Titanic in same mini-sub now missing", Gordon McIntyre, 20. Juni 2023; https://vancouversun.com/news/local-news/holding-out-hope-for-missing-titanic-submariners • **756** Daily Hive, „Canadian businessman felt ‚very safe' during two trips on Titanic sub", Nikitha Martins und Claire Fenton, 22. Juni 2023; https://dailyhive.com/canada/titanic-sub-oceangate-canadian-businessman-tour **757** Dokument CG 082, „Titan preliminary interview transcripts", Dan Scoville, S. 813–814, Untersuchungsausschuss der US-Küstenwache, 4. August 2025 • **758** Interview mit Bill Price, 9. März 2025 • **759** The Tribune, „SLO Country Man journeyed on Titan 2 years before fatal implosion: ‚Adventure of a lifetime*", Kathe Tanner, 26. Juni 2023; https://www.sanluisobispo.com/article276738851.html • **760** YouTube, „Diving to the Titanic with Bill Price", 27. März 2024; https://www.youtube.com/watch?v=DtxVswJcB5A • **761** The Detroit News, „Metro Detroit man reveals details of his own Titan dive to Titanic", Breana Noble, 24. Juni 2023; https://eu.detroitnews.com/in-depth/news/michigan/2023/06/23/oceangate-titan-submersible-titanic-wreck-deep-sea-exploration-michigan-man/70347602007/ • **762** OceanGate Pressemitteilung „OceanGate Expeditions completes groundbreaking 2021 Titanic Survey Expedition", 10. August 2021 • **763** OceanGate, „titanic survey expedition blog", 24. Juli 2021; https://web.archive.org/web/20210812165119/https:/oceangateexpeditions.com/blog • **764** Interview mit Bill Price, 9. März 2025 • **765** Saltwire, „‚Citizen scientists' pay $250K to work Titanic expedition at depths of 12,500 feet in the North Atlantic Ocean", Andrew Waterman, 17. November 2021; https://www.saltwire.com/atlantic-canada/lifestyles/citizen-scientists-pay-250k-to-work-titanic-expedition-at-depths-of-12500-feet-in-the-north-atlantic-ocean-100659359/ • **766** Detroit News, „Metro Detroit man's dive to Titanic aboard OceanGate's Titan", 12. Juli 2023; https://eu.detroitnews.com/picture-gallery/media/photo/2023/06/24/detroit-ceo-makes-successful-dive-titanic-aboard-oceangates-titan/12156215002/ • **767** The Detroit News, „Metro Detroit man reveals details of his own Titan dive to Titanic", Breana Noble, 24. Juni 2023; https://eu.detroitnews.com/in-depth/news/michigan/

2023/06/23/oceangate-titan-submersible-titanic-wreck-deep-sea-exploration-michigan-man/70347602007/ • **768** Dokument CG 052, „OceanGate dive and maintenance log", Untersuchungsausschuss der US-Küstenwache, September 2024 • **769** Interview mit Bill Price, 9. März 2025 • **770** The Detroit News, „Metro Detroit man reveals details of his own Titan dive to Titanic", Breana Noble, 24. Juni 2023; https://eu.detroitnews.com/in-depth/news/michigan/2023/06/23/oceangate-titan-submersible-titanic-wreck-deep-sea-exploration-michigan-man/70347602007/ • **771** https://deepdiveblog789.blogspot.com/2023/07/the-complete-2021-timeline-of-oceangate.html • **772** The Tribune, „SLO Country Man journeyed on Titan 2 years before fatal implosion: ‚Adventure of a lifetime*", Kathe Tanner, 26. Juni 2023; https://www.sanluisobispo.com/article276738851.html • **773** Los Angeles Times „He took an OceanGate sub trip to the Titanic. Now he has ‚survivor's guilt'", Noah Goldberg, 23. Juni 2023; https://www.latimes.com/california/story/2023-06-23/titanic-titan-oceangate-survivors-guilt • **774** KSBY, „Cayucos man reflects on his 2021 OceanGate submarine voyage to the Titanic", Jacob Dizon, 26. Juni 2023; https://www.ksby.com/news/local-news/cayucos-man-reflects-on-his-2021-oceangate-submarine-voyage-to-the-titanic • **775** The Tribune, „SLO County man journeyed on Titan 2 years before fatal implosion: ‚Adventure of a lifetime'", Kathe Tanner, 26. Juni 2023; https://www.sanluisobispo.com/article276738851.html • **776** Interview mit Bill Price, 9. März 2025 • **777** Dokument CG 052, „OceanGate dive and maintenance log", Untersuchungsausschuss der US-Küstenwache, September 2024 • **778** Interview mit Bill Price, 9. März 2025 • **779** „Titanic Expedition – Summer 2021", Nassau/Everett, OceanGate Expeditions, 2021 • **780** Dokument CG 052, „OceanGate dive and maintenance log", Untersuchungsausschuss der US-Küstenwache, September 2024 • **781** Interview mit einem Mission Specialist, der anonym bleiben möchte, 3. November 2023 • **782** Tym Catterson bei der Befragung durch den Untersuchungsausschuss der US-Küstenwache, 16. September 2024 • **783** Interview mit einem Mission Specialist, der anonym bleiben möchte, 3. November 2023
**784** „USCG Report of the Marine Board of Investigation into the implosion of the submersible Titan", S. 194, 4. August 2025
**785** Dokument CG 082, „Titan preliminary interview transcripts", S. 847 (Phil Brooks), S. 1066 (Ryan Stalkfleet), Untersuchungsausschuss der US-Küstenwache, 4. August 2025 • **786** Saltwire, „Bill Price: Diving to the Titanic in a submersible", 23. Dezember 2021; https://www.saltwire.com/atlantic-canada/opinion/bill-price-diving-to-the-titanic-in-a-submersible-100674119/
**787** KSBY, „Cayucos man reflects on his 2021 OceanGate submarine voyage to the Titanic", Jacob Dizon, 26. Juni 2023; https://www.ksby.com/news/local-news/cayucos-man-reflects-on-his-2021-oceangate-submarine-voyage-to-the-titanic • **788** OceanGate Expeditions, „Webinar Series 2021 Expedition Recap & 2022 Expedition Launch" mit Stockton Rush und Kyle Bingham, 8. Dezember 2021 • **789** Interview mit Bill Price, 9. März 2025 • **790** Paul-Henri Nargeolet, „The Secrets of the Titanic", One more chapter/Harper Collins, 2024 • **791** Interview mit P. H. Nargeolet, 11. November 2021 • **792** The Tribune, „SLO Country Man journeyed on Titan 2 years before fatal implosion: Adventure of a lifetime", Kathe Tanner, 26. Juni 2023; https://www.sanluisobispo.com/article276738851.html • **793** Titanic-Verein Schweiz, Titanic Post 118, „Mal wieder zur Titanic – ein Interview mit P. H. Nargeolet", Dezember 2021 • **794** Interview mit Stockton Rush, 12. November 2021 • **795** Interview mit P. H. Nargeolet Interview, 11. November 2021 • **796** „Megafauna of the RMS Titanic shipwreck and nearby seamount ridge in the deep sea of the western North Atlantic", Jason Cleland et. al, unpublished preliminary version, University of Edinburgh, März 2025
**797** Dokument CG 052, „OceanGate dive and maintenance log", Untersuchungsausschuss der US-Küstenwache, September 2024 • **798** Titanic-Verein Schweiz, Titanic Post 117, „Die Titanic-Expedition 2021", Brigitte Saar, September 2021 • **799** Frankfurter Rundschau, „Er tauchte 2021 mit der ‚Titan': Deutscher hat schon nächsten waghalsigen Ausflug im Visier", Alina Schröder, 28. Juni 2023; https://www.fr.de/panorama/arthur-loibl-naechsten-ausflug-visier-weltall-uboot-titan-titanic-deutscher-zr-92363409.html • **800** Aaron Newman auf Facebook, 22. Juni 2023; https://www.facebook.com/profile/589019771/search/?q=titan • **801** Interview mit Stockton Rush, 12. November 2021 • **802** https://web.archive.org/web/20210812165119/https://oceangateexpeditions.com/blog • **803** Dokument CG 052, „OceanGate dive and maintenance log", Untersuchungsausschuss der US-Küstenwache, September 2024 • **804** GeekWire, „OceanGate brings its deep-sea submersible back to homeport — and gets set for its next Titanic trips", Alan Boyle, 23. November 2021; https://www.GeekWire.com/2021/oceangate-brings-its-deep-sea-submersible-back-to-homeport-and-gets-set-for-its-next-titanic-trips/ • **805** https://web.archive.org/web/20210812165119/https://oceangateexpeditions.com/blog • **806** Lake Forrest Love, „Deep Dive: Lake Forest's David Waud Goes to the Bottom of the Ocean to See the Titanic" David A. F. Sweet, 6. Dezember 2021; https://www.lakeforestlove.com/post/deep-dive-lake-forest-s-david-waud-goes-to-the-bottom-of-the-ocean-to-see-the-titanic • **807** Straubinger Tagblatt, „Wrack der Titanic so nah wie nur wenige", 27. August 2021 • **808** GeekWire, New videos: OceanGate sub dives to Titanic again, reports ship wreckage is ‚rapidly deteriorating', Kurt Schlosser, 3. August 2021; https://www.GeekWire.com/2021/new-videos-oceangate-sub-dives-titanic-reports-ship-wreckage-rapidly-deteriorating/ • **809** https://web.archive.org/web/20210810175036/https://oceangateexpeditions.com/blog/titanic-expedition • **810** GeekWire, „OceanGate sub makes first dive to Titanic wreck site and captures photos of debris", Alan Boyle, 13. Juli 2021; https://www.GeekWire.com/2021/oceangate-sub-makes-first-dive-titanic-wreck-site-captures-photos-debris/ • **811** ABC 7, Eyewittness news, „Suburban man took trip to Titanic wreckage on OceanGate's Titan submersible with CEO Stockton Rush", Mark Rivera, 22. Juni 2023; https://abc7chicago.com/titanic-submarine-mising-oceangate-expeditions-stockton-rush/13411544/ • **812** YouTube, CBS News, „Former Titan passenger describes underwater trip on sub", 22. Juni 2023; https://www.youtube.com/watch?app=desktop&v=pA2vcNnKpGw&feature=youtu.be • **813** Tagesschau.de, „Arthur Loibl berichtet von Tauchgang mit Mini-U-Boot zur Titanic", 21. Juni 2023 • **814** Stern.de, „Ehemaliger Titanic-Tourist: ‚Das Ganze war nicht ausgereift'", 23. Juni 2023 • **815** Associated Press, „Looking back, sub tourist calls himself ‚naive' for taking 2021 dive to the Titanic", Frank Jordans, 22. Juni 2023 • **816** Deutscher Titanic-Verein von 1997, Der Navigator, „Titanic-Tauchgänge 2021", Malte Fiebing, September 2021 • **817** Dokument CG, 052, „OceanGate dive and maintenance log", Untersuchungsausschuss der US-Küstenwache, September 2024 • **818** Dokument CG, 001, „Basic Factual Information – Loss of Life and Total Constructive Loss Submersible Titan", „Titanic Expedition 2021", Untersuchungsausschuss der US-Küstenwache, September 2024 • **819** OceanGate Expeditions, „How to join", 27. Juli 2021 und 8. November 2021; https://web.archive.org/web/20210727032756/https://oceangateexpeditions.com/how-to-join; https://web.archive.org/web/20211108183528/https://oceangateexpeditions.com/how-to-join

**820** https://web.archive.org/web/20211102114635/https://oceangateexpeditions.com/titanic/faqs • **821** Titanic-Expedition-OceanGate-Broschüre, Dezember 2021; https://s3.amazonaws.com/hoth.bizango/assets/22874/2022-Titanic-Expedition-brochure-v12-01-lr.pdf • **822** Titanic-Verein Schweiz, Titanic Post 118, „Mal wieder zur Titanic – ein Interview mit P. H. Nargeolet“, Dezember 2021 • **823** Interview mit Stockton Rush, 12. November 2021 • **824** Interview mit Stockton Rush, 12. November 2021 **825** Dokument CG 082, „Titan preliminary interview transcripts“, Dan Scoville, S. 742, 744, Untersuchungsausschuss der US Küstenwache, 4. August 2025 • **826** Dokument CG 082, „Titan preliminary interview transcripts“, Phil Brooks, S. 882, 826, Untersuchungsausschuss der US-Küstenwache, 4. August 2025 • **827** The University of Rhode Island, Rhody Today, „URI to host educational open house for cutting-edge submersible that surveyed the Titanic“, Hugh Markey, 13. Oktober 2021; https://www.uri.edu/news/2021/10/uri-to-host-educational-open-house-for-cutting-edge-submersible-that-surveyed-the-titanic/ • **828** ABC 7, Eyewittness news, „Suburban man took trip to Titanic wreckage on OceanGate's Titan submersible with CEO Stockton Rush“, Mark Rivera, 22. Juni 2023; https://abc7chicago.com/titanic-submarine-mising-oceangate-expeditions-stockton-rush/13411544/ **829** OceanGate Expeditions, „Webinar Series 2021 Expedition Recap & 2022 Expedition Launch“ mit Stockton Rush und Kyle Bingham, 8. Dezember 2021; https://archive.org/details/youtube-nIQxssTuWCw • **830** CT Insider, „Greenwich man who toured Titan submersible during CT visit ‚was glad to get out'“, Caroline Tien, 25. Juni 2023; https://www.ctinsider.com/news/article/titan-submersible-titanic-greenwich-ct-tour-18169418.php • **831** GeekWire, „OceanGate brings its deep-sea submersible back to homeport — and gets set for its next Titanic trips“, Alan Boyle, 23. November 2021; https://www.GeekWire.com/2021/oceangate-brings-its-deep-sea-submersible-back-to-homeport-and-gets-set-for-its-next-titanic-trips/ • **832** HeraldNet, „For $250K, this Everett company will take you to the Titanic“, Janice Podsada, 19. Dezember 2021; https://www.heraldnet.com/business/for-250k-this-everett-company-will-take-you-to-the-titanic/ • **833** https://oceanographicmagazine.com/news/oceangate-submersible-tour-in-full-swing/ • **834** Scubadiving.com, „A Titanic Finding: What It's Like to Discover a Deep Sea Reef“, 2. April 2023; https://www.scubadiving.com/a-titanic-finding-what-its-like-to-discover-a-deep-sea-reef • **835** GeekWire, „OceanGate explorers solve a 26-year-old mystery and document life near the Titanic“, 25. Oktober 2022; https://www.geekwire.com/2022/oceangate-solve-mystery-life-near-titanic/ • **836** CNN, „Divers uncover a surprising discovery near the wreck of the Titanic“, 8. November 2022; https://edition.cnn.com/2022/11/07/world/titanic-mystery-deep-sea-coral-reef-scn/index.html • **837** Brief von Explorer Consulting, David Concannon an Richterin Rebecca Smith, United States District Court, Eastern District of Virginia, 10. November 2022 • **838** OceanGate Expeditions, „Webinar Series 2021 Expedition Recap & 2022 Expedition Launch“ mit Stockton Rush und Kyle Bingham, 8. Dezember 2021; https://archive.org/details/youtube-nIQxssTuWCw • **839** https://web.archive.org/web/20211202224851/https://oceangateexpeditions.com/ • **840** https://web.archive.org/web/20220118200529/https://oceangateexpeditions.com/ • **841** OceanGate Expeditions, „Webinar Series 2021 Expedition Recap & 2022 Expedition Launch“ mit Stockton Rush und Kyle Bingham, 8. Dezember 2021; https://archive.org/details/youtube-nIQxssTuWCw • **842** Adventure Travel, „OceanGate Expeditions Will Dive the Site of the Titanic 110 years After the Ship's Sinking“, 8. Januar 2022; https://www.adventuretravelnews.com/oceangate-expeditions-will-dive-the-site-of-the-titanic-110-years-after-the-ships-sinking • **843** https://www.prweb.com/releases/titanic-expedition-chief-scientist-steve-w-ross-phd-spearheads-first-ever-effort-to-study-the-marine-ecosystem-of-the-iconic-titanic-wreck-site-817869117.html • **844** Space.com, „Missing Titanic submersible built with NASA help“, Mike Wall, 20. Juni 2023; „https://www.space.com/missing-titanic-submersible-built-nasa-help • **845** https://www.prweb.com/releases/oceangate-inc-engineered-submersible-marks-a-pivotal-shift-in-deep-sea-exploration-with-series-of-successful-titanic-dives-895362747.html • **846** https://www.nasa.gov/wp-content/uploads/2015/06/541196main_analogfactsheet.pdf **847** The New York Times, „A Rubik's Cube, Thick Socks and Giddy Anticipation: The Last Hours of the Titan“, John Branch und Christina Goldbaum, 20. Juli 2022; https://www.nytimes.com/2023/07/02/us/titan-submersible-passengers.html • **848** https://blog.rafflebox.ca/charitable-lottery-regulations-in-quebec • **849** SaltWire, „Make-A-Wish Canada, OceanGate Expeditions holding Titanic expedition contest“, 10. Mai 2022; https://www.saltwire.com/atlantic-canada/lifestyles/make-a-wish-canada-oceangate-expeditions-holding-titanic-expedition-contest-100731106/ • **850** Standard-Freeholder, „Dad from South Stormont visits Titanic wreckage through Make-A-Wish contest“, Shawna O'Neill, 20. Juli 2022; https://www.standard-freeholder.com/news/local-news/dad-from-south-stormont-visits-titanic-wreckage-through-make-a-wish-contest • **851** https://web.archive.org/web/20230624221836/https://oceangateexpeditions.com/5723-2/ • **852** https://www.facebook.com/makeawish.ca/posts/we-have-a-winner-were-very-excited-to-announce-today-that-the-grand-prize-winner/10159098662084401/ • **853** https://www.tiktok.com/@itiswhatitis8999/video/7247853014923365638 • **854** https://www.noaa.gov/office-of-general-counsel/gc-international-section/noaas-section-113-authorization-process • **855** https://www.noaa.gov/office-of-general-counsel/gc-international-section/rms-titanic-international-agreement • **856** Steve Ross bei der Befragung durch den Untersuchungsausschuss der US-Küstenwache, 19. September 2024 • **857** „Megafauna of the RMS Titanic shipwreck and nearby seamount ridge in the deep sea of the western North Atlantic“, Jason Cleland et. al, unpublished preliminary version, University of Edinburgh, März 2025 • **858** Univ. NC-Wilmington, Center of Marine Science, „Cruise Report for RMS Titanic Shipwreck Expeditions using M/V Horizon Arctic and HOV Titan, 15 June–25 July 2022, Steve Ross“, April 2023 • **859** https://www.prweb.com/releases/oceangate-expeditions-invites-media-to-discuss-scientific-research-planned-during-2022-titanic-expedition-june-6-2022-8-30am-pacific-835070281.html • **860** Northwest Yachting, „Titan of Industry“, Kate Calamusa, 8. Juni 2022; https://www.nwyachting.com/titan-of-industry/ **861** GeekWire, „OceanGate ramps up the research for its second deep-sea expedition to the Titanic“, Alan Boyle, 6. Juni 2022; https://www.geekwire.com/2022/oceangate-ramps-up-the-research-for-its-second-deep-sea-expedition-to-the-titanic/ • **862** Zeit Online/dpa, „Forscher: Sprachtechnologie-Test vom Meeresgrund bei Titanic“, 25. Juli 2022; https://www.zeit.de/news/2022-07/25/forscher-sprachtechnologie-test-vom-meeresgrund-bei-titanic • **863** Extra.ie, „Irishman who made two dives on missing sub: ‚We lost communication on Titan'“, Ian Begley, 22. Juni 2023; https://extra.ie/2023/06/22/news/irish-news/irish-man-who-made-two-dives-on-missing-sub-we-lost-communication-on-titan • **864** https://wikiofcelebrities.com/2023/06/wendy-rush.html **865** https://theorg.com/org/oceangate/org-chart/wendy-rush • **866** New York Intelligencer, „What I Learned on a Titanic Sub

Expedition“, David Pogue, 27. Juni 2023; https://nymag.com/intelligencer/2023/06/what-i-learned-on-a-titanic-submarine-expedition.html • **867** YouTube, Jeffrey Donenfeld, „Titan's last successful trip to Titanic – Lecture“; https://www.youtube.com/watch?v=TddIDXj2BRs • **868** Dokument CG, 052 „OceanGate dive and maintenance log“, Untersuchungsausschuss der US-Küstenwache, September 2024 • **869** BBC Travel Show, „Take me to Titanic – Part 1“, 8. Oktober 2022 • **870** https://www.cegacanada.com/about.html • **871** Univ. NC-Wilmington, Center of Marine Science, „Cruise Report for RMS Titanic Shipwreck Expeditions using M/V Horizon Arctic and HOV Titan, 15 June–25 July 2022, Steve Ross“, April 2023 • **872** Dokument CG, 052 „OceanGate dive and maintenance log“, Untersuchungsausschuss der US-Küstenwache, September 2024 • **873** Dokument CG 082, „Titan preliminary interview transcripts“, S. 382–383 (Michael Lewis), S. 1255 (Scott Griffith) Untersuchungsausschuss der US-Küstenwache, 4. August 2025 • **874** „Hull Failure and Implosion of Submersible Titan“, Bericht MIR-25-36 des National Transportation Safety Board, 2. Oktober 2025 • **875** Titanic-Verein Schweiz, Titanic Post 121, „Back to Titanic! Die Oceangate-Expeditionen 2022“, Brigitte Saar, September 2022 • **876** AP, „Deep-sea craft carrying 5 people to Titanic wreckage reported missing, search underway“, Ben Finley und Holly Ramer, 19. Juni 2023; https://apnews.com/article/titanic-wreckage-missing-submersible-62fadef7a55af0022e3dc75df862a5c1 • **877** YouTube, alanxelmundo, „Mi expedición al TITANIC parte 3/4 | Alan por el mundo“, Alan Estrada, 7. August 2021; https://www.youtube.com/watch?v=KMLEn3XAU8c • **878** YouTube, alanxelmundo, „Mi expedición al TITANIC parte 3/4 | Alan por el mundo“, Alan Estrada, 7. August 2021; https://www.youtube.com/watch?v=KMLEn3XAU8c • **879** https://sjpa-apsj.com/about-the-port/port-map/ • **880** https://www.linkedin.com/posts/steverbarrett_dr-anna-gebruk-thanks-anna-we-are-thrilled-activity-6953692190246154240-rNg-/?originalSubdomain=bm • **881** Reuters, „‚I'm not very optimistic for their return‘ – Past Titan passenger on missing sub“, 23. Juni 2023 • **882** KIRO7, „‚You know what you're getting into‘: ‚The Simpsons‘ writer describes trip on submersible Titan“, Natalie Dreier, 20. Juni 2023; https://news.yahoo.com/know-getting-man-took-trip-135005547.html • **883** New York Post, „I was a Titanic sub passenger: The waiver said ‚death‘ three times“, Joshua Rhett Miller, 20. Juni 2023; https://nypost.com/2023/06/20/i-was-titanic-sub-passenger-waiver-said-death-three-times/ • **884** NBC news, „Titan passengers share eerie accounts of safety issues on the submersible's past expeditions“, Marlene Lenthang und Melissa Chan, 22. Juni 2023; https://www.nbcnews.com/news/us-news/titan-passengers-share-eerie-accounts-safety-issues-submersibles-exped-rcna90582 • **885** The Independent, „Previous passengers recall ill-fated Titan: ‚I 100% knew this was going to happen‘“, Ben Finley und Holly Ramer, 24. Juni 2023; https://www.independent.co.uk/news/ap-rush-titan-ceo-oceangate-expeditions-b2363401.html • **886** YouTube, GB News, „Titanic sub: ‚Waiver lists 100 ways to die‘ but Mike Reiss would still go on vessel again“, 21. Juni 2023; https://www.youtube.com/watch?v=z8kWdeSw8vw • **887** Dokument CG 052, „OceanGate dive and maintenance log“, Untersuchungsausschuss der US-Küstenwache, September 2024 • **888** New York Post, „I was a Titanic sub passenger: The waiver said ‚death‘ three times“, Joshua Rhett Miller, 20. Juni 2023; https://nypost.com/2023/06/20/i-was-titanic-sub-passenger-waiver-said-death-three-times/ • **889** KIRO7, „‚You know what you're getting into‘: ‚The Simpsons‘ writer describes trip on submersible Titan“, Natalie Dreier, 20. Juni 2023; https://news.yahoo.com/know-getting-man-took-trip-135005547.html • **890** Global News, „B. C. businessman talks about his experience on submersible to see the Titanic“, Amy Judd, 20. Juni 2023; https://globalnews.ca/news/9781844/titanic-submersible-experience-bc/ • **891** Podcast: The Jas Johal Show, „BC businessman Ron Toigo has up-close encounter with the Titanic“ 2022; https://player.fm/series/the-jas-johal-show/bc-businessman-ron-toigo-has-up-close-encounter-with-the-titanic • **892** YouTube, alanxelmundo, „Bajé a los restos del Titanic 4K | Parte 4/4“, Alan Estrada, Juli 27, 2022; https://www.youtube.com/watch?v=RAncVNaw5No • **893** Global News, „B.C. businessman has up close encounter with the Titanic“, 27. Juli, 2022; https://globalnews.ca/video/9021240/b-c-businessman-ron-toiggo-has-up-close-encounter-with-the-titanic • **894** People, „Woman Who Went on OceanGate Expedition Shared Experience Seeing ‚Titanic‘ First-Hand: ‚Overwhelmed by All the Emotions‘“, Kimberlee Speakman, 22. Juni 2023; https://people.com/woman-who-went-on-oceangate-expedition-shared-experience-seeing-titanic-7551587 • **895** Informationen eines Mission Specialists, der anonym bleiben möchte, Facebook Messenger, 16. Februar 2025 • **896** Steve Ross bei der Befragung durch den Untersuchungsausschuss der US-Küstenwache, 19. September 2024 • **897** New York Intelligencer, „What I Learned on a Titanic Sub Expedition“, David Pogue, 27. Juni 2023; https://nymag.com/intelligencer/2023/06/what-i-learned-on-a-titanic-submarine-expedition.html • **898** New York Intelligencer, „What I Learned on a Titanic Sub Expedition“, David Pogue, 27. Juni 2023; https://nymag.com/intelligencer/2023/06/what-i-learned-on-a-titanic-submarine-expedition.html • **899** YouTube, deeperblue.com, „Diving the World's Most Iconic Wreck – The Titanic with David Concannon – DeeperBlue Podcast Ep8“, 11. August 2020; https://www.youtube.com/watch?v=PeQ3gT4aemM • **900** Explorer Consulting, „Titanic: The First Dive of the New Century“, David Concannon, 2000; https://www.explorerconsulting.com/titanicfirstdive • **901** New York Intelligencer, „What I Learned on a Titanic Sub Expedition“, David Pogue, 27. Juni 2023; https://nymag.com/intelligencer/2023/06/what-i-learned-on-a-titanic-submarine-expedition.html • **902** Forbes, „A Geological Study Of The Titanic Shipwreck Site“, David Bressan, 14. April 2019; https://www.forbes.com/sites/davidbressan/2019/04/14/a-geological-study-of-the-titanic-shipwreck-site/?sh=18e4a390431a **903** CBC, „Titanic expedition a once-in-a-lifetime opportunity for these Indigenous artists from N. L.“, Andrew Hawthorn, 25. Mai 2022; https://www.cbc.ca/news/canada/newfoundland-labrador/indigenous-artists-titanic-expedition-1.6463809 • **904** People, „Woman Who Went on OceanGate Expedition Shared Experience Seeing ‚Titanic‘ First-Hand: ‚Overwhelmed by All the Emotions‘“, Kimberlee Speakman, 22. Juni 2023; https://people.com/woman-who-went-on-oceangate-expedition-shared-experience-seeing-titanic-7551587 • **905** YouTube, alanxelmundo, „Mi expedición al TITANIC parte 3/4 | Alan por el mundo“, Alan Estrada, 7. August 2021; https://www.youtube.com/watch?v=KMLEn3XAU8c • **906** Dokument CG 082, „Titan preliminary interview transcripts“, Amber Bay, S. 213, Untersuchungsausschuss der US-Küstenwache, 4. August 2025 • **907** New York Intelligencer, „What I Learned on a Titanic Sub Expedition“, David Pogue, 27. Juni 2023; https://nymag.com/intelligencer/2023/06/what-i-learned-on-a-titanic-submarine-expedition.html • **908** https://baldota.co.in/ • **909** https://shrenikbaldota.com/professional.html • **910** Karlsruher Institut für Technologie, „Tiefsee-Test am Titanic-Wrack: Neue Technologie könnte Videokommunikation stark verbessern“, 25. Juli 2022; https://www.kit.edu/kit/pi_2022_074_tiefsee-test-am-titanic-wrack-neue-technologie-konnte-videokommunikation-stark-verbessern.php • 911 LinkedIn, Ralph D. Crago; https://www.linkedin.com/in/ralph-d-crago-a319b613/ • 912 The Detroit News, „Metro Detroit man reveals details of his own Titan dive to Titanic", Breana Noble, 24. Juni 2023; https://eu.detroitnews.com/in-depth/news/michigan/2023/06/23/oceangate-titan-submersible-titanic-wreck-deep-sea-exploration-michigan-man/70347602007/ • 913 Antonella Wilby bei der Befragung durch den Untersuchungsausschuss der US-Küstenwache, 20. September 2024 • 914 ZDF, Terra X, „Titan – Todesfahrt zur Titanic", 22. Juni 2025 • 915 Teledyne Marine M450 Mk2 Datasheet; https://www.teledynemarine.com/brands/blueview/m450-mk2 • 916 T3N/dpa, „Forscher schickt Sprachnachricht vom Meeresgrund bei Titanic an die Oberfläche", 25. Juni 2022; https://t3n.de/news/kit-forscher-sprachnachricht-meeresgrund-titanic-1487791/ 917 Univ. NC-Wilmington, Center of Marine Science, „Cruise Report for RMS Titanic Shipwreck Expeditions using M/V Horizon Arctic and HOV Titan, 15 June–25 July 2022, Steve Ross", April 2023 • 918 New York Intelligencer, „What I Learned on a Titanic Sub Expedition", David Pogue, 27. Juni 2023; https://nymag.com/intelligencer/2023/06/what-i-learned-on-a-titanic-submarine-expedition.html • 919 CBS Sunday Morning, „A visit to RMS Titanic", 20. Dezember 2022; https://www.youtube.com/watch?v=29co_Hksk60 • 920 T3N/dpa, „Forscher schickt Sprachnachricht vom Meeresgrund bei Titanic an die Oberfläche", 25. Juni 2022; https://t3n.de/news/kit-forscher-sprachnachricht-meeresgrund-titanic-1487791/ • 921 Karlsruher Institut für Technologie, Presseinformation 074/2022, „Tiefsee-Test am Titanic-Wrack: Neue Technologie könnte Videokommunikation stark verbessern", 25. Juli 2022; https://www.kit.edu/kit/pi_2022_074_tiefsee-test-am-titanic-wrack-neue-technologie-konnte-videokommunikation-stark-verbessern.php • 922 CTV News, „Missing submarine: Member of 2022 OceanGate Titanic mission on safety of the dive", 20. Juni 2023; https://www.youtube.com/watch?v=RoRxyOw9A1Q • 923 Los Angeles Times, „Frozen feet, cramped quarters: What it's like in the Titan submersible", Noah Goldberg, 21. Juni 2023; https://www.latimes.com/california/story/2023-06-21/what-its-like-in-the-titan-submersible • 924 Piers Morgan Uncensored, „The Titanic Took 5 More" – Piers Morgan's Emotional Interview mit Former Titan Passenger", 22. Juni 2023; https://www.youtube.com/watch?v=09KUZ-zEdoU • 925 CTV News, „Missing Submarine – Member of 2022 Oceangate Titanic mission on safety of the dive", 20. Juni 2023; https://www.youtube.com/watch?v=RoRxyOw9A1Q • 926 Dokument CG 052, „OceanGate dive and maintenance log", Untersuchungsausschuss der US-Küstenwache, September 2024 • 927 Fred Hagen bei der Befragung durch den Untersuchungsausschuss der US-Küstenwache, 20. September 2024 • 928 „USCG Report of the Marine Board of Investigation into the implosion of the submersible Titan", Untersuchungsausschuss der US-Küstenwache, 4. August 2025 • 929 Dokument CG 052, „OceanGate dive and maintenance log", Untersuchungsausschuss der US-Küstenwache, September 2024 • 930 Fred Hagen bei der Befragung durch den Untersuchungsausschuss der US-Küstenwache, 20. September 2024 • 931 „USCG Report of the Marine Board of Investigation into the implosion of the submersible Titan", Untersuchungsausschuss der US-Küstenwache, 4. August 2025 • 932 Renata Rojas bei der Befragung durch den Untersuchungsausschuss der US-Küstenwache, 19. September 2024 • 933 Steve Ross bei der Befragung durch den Untersuchungsausschuss der US-Küstenwache, 19. September 2024 • 934 Antonella Wilby bei der Befragung durch den Untersuchungsausschuss der US-Küstenwache, 20. September 2024 • 935 BBC, „Implosion – the Titanic sub disaster", 29. Mai 2025 • 936 https://www.instagram.com/p/CgFXKweAs1Y/ • 937 https://www.instagram.com/p/CgFWbo3gAe9/ 938 Standard Freeholder, „Dad from South Stormont visits Titanic wreckage through Make-A-Wish contest", 20. Juli 2022; https://www.standard-freeholder.com/news/local-news/dad-from-south-stormont-visits-titanic-wreckage-through-make-a-wish-contest • 939 https://www.linkedin.com/posts/iuoe-local-793_makeawish-titantic-oceanexpedition-activity-6976593728102694912-465s/?trk=public_profile_like_view&originalSubdomain=ca • 940 https://www.tiktok.com/@itiswhatitis8999 941 https://www.tiktok.com/@itiswhatitis8999/video/7246436120089611525 • 942 https://www.tiktok.com/@itiswhatitis8999/video/7246438169741118726 • 943 Antonella Wilby bei der Befragung durch den Untersuchungsausschuss der US-Küstenwache, 20. September 2024 • 944 Amber Bay bei der Befragung durch den Untersuchungsausschuss der US-Küstenwache, 24. September 2024 • 945 Dokument CG 077, „Dive 80 real time monitoring data", Untersuchungsausschuss der US-Küstenwache, September 2024 • 946 Phil Brooks bei der Befragung durch den Untersuchungsausschuss der US-Küstenwache, 23. September 2024 • 947 „USCG Report of the Marine Board of Investigation into the implosion of the submersible Titan", Untersuchungsausschuss der US-Küstenwache, 4. August 2025 • 948 „Hull Failure and Implosion of Submersible Titan", Bericht MIR-25-36 des National Transportation Safety Board, S. 51, 2. Oktober 2025 • 949 Don Kramer bei der Befragung durch den Untersuchungsausschuss der US-Küstenwache, 25. September 2024 • 950 Phil Brooks bei der Befragung durch den Untersuchungsausschuss der US-Küstenwache, 23. September 2024 • 951 Dokument CG 107, „NTSB Titan material analysis", Untersuchungsausschuss der US-Küstenwache, September 2024 • 952 Dokument CG 058, „Titan AE and Strain Sensor Layout", Untersuchungsausschuss der US-Küstenwache, September 2024 • 953 BBC, „A new mission to see Titanic", 7. Oktober 2022; https://www.bbc.com/travel/article/20221007-ocean-gate-a-new-mission-to-see-titanic • 954 YouTube, Jeffrey Donenfeld, „Titan's last successful trip to Titanic – Lecture"; https://www.youtube.com/watch?v=TddIDXj2BRs • 955 NasaWatch, „Its Deep Diving Away Team Week", Keith Cowing, 26. Juli 2022; https://nasawatch.com/exploration/its-deep-diving-away-team-week/ • 956 https://dylantaylor.org/ • 957 YouTube, „Dylan Taylor's Dive to Challenger Deep: Deepest Spot Anywhere in the World's Oceans", 18. Juli 2022; https://www.youtube.com/watch?v=RScPhN3LYAw • 958 https://en.wikipedia.org/wiki/Blue_Origin_NS-19 • 959 https://en.wikipedia.org/wiki/Blue_Origin_NS-21 • 960 https://en.wikipedia.org/wiki/List_of_people_who_descended_to_Challenger_Deep • 961 Fermag.com, „Excell, Nissco's Longtime CEO Retires", 6. April 2022 • 962 New York Times, „Two-Time Titan Diver Says Rescue May Depend on Passengers Staying Calm", 21. Juni, 2023; https://www.nytimes.com/2023/06/21/us/oisin-fanning-titan-submarine.html • 963 BBC, „A new mission to see Titanic", 7. Oktober, 2022; https://www.bbc.com/travel/article/20221007-ocean-gate-a-new-mission-to-see-titanic • 964 BBC, „A new mission to see Titanic", 7. Oktober, 2022; https://www.bbc.com/travel/article/20221007-ocean-gate-a-new-mission-to-see-titanic • 965 Extra.ie, „Irishman who made two dives on missing sub: ‚We lost communication on Titan'", 22. Juni 2023; https://extra.ie/2023/06/22/news/irish-news/irish-man-who-made-two-dives-on-missing-sub-we-lost-communication-on-titan • 966 Extra.ie, „Irishman who made two dives on missing sub: ‚We lost communication on Titan'", 22. Juni 2023; https://extra.ie/2023/06/22/news/irish-news/irish-man-who-made-two-dives-on-missing-sub-we-lost-communication-on-titan • **967** BBC, „A new mission to see Titanic“, 7. Oktober, 2022; https://www.bbc.com/travel/article/20221007-ocean-gate-a-new-mission-to-see-titanic • **968** The Independent, „Woman who visited Titanic shipwreck with OceanGate describes what it was like“, 12. September 2022; https://www.independent.co.uk/news/world/americas/renata-rojas-oceangate-titanic-wreck-b2363574.html • **969** Renata Rojas auf Facebook, 25. Juli 2022; https://www.facebook.com/renata.rojas/videos/457144775975885 • **970** Astrobiology.com, „Alan Stern's Titanic Away Team Journal: Of Exploration, Moonlight, and July 19th“, 19. Juli 2022; https://astrobiology.com/2022/07/alan-sterns-titanic-away-team-journal-of-exploration-moonlight-and-july-19th.html • **971** Renata Rojas bei der Befragung durch den Untersuchungsausschuss der US-Küstenwache, 19. September 2024 • **972** Titanic-Verein Schweiz, Titanic Post 121, „Back to Titanic! Die OceanGate-Expeditionen 2022“, Brigitte Saar, September 2022 • **973** Dokument CG 082, „Titan preliminary interview transcripts“, Scott Griffith, S. 1275, Untersuchungsausschuss der US-Küstenwache, 4. August 2025 • **974** Astrobiology.com, „Alan Stern's Titanic Away Team Journal: T-1 Day, Reflections on Risk and Reward“, 21. Juli 2022; https://astrobiology.com/2022/07/alan-sterns-titanic-away-team-journal-t-1-day-reflections-on-risk-and-reward.html • **975** https://alanstern.space/about/ • **976** YouTube, Jeffrey Donenfeld, „Titan's last successful trip to Titanic – Lecture“; https://www.youtube.com/watch?v=TddIDXj2BRs • **977** Space.com, „Pluto explorer deep dives to the Titanic“, 9. August 2022; https://www.space.com/pluto-explorer-dive-titanic • **978** US Reporter, „Meet the Man Who Has Been to Space and the Bottom of the Ocean“, 11. Februar 2023 • **979** Space.com, „Pluto explorer deep dives to the Titanic“, 9. August 2022; https://www.space.com/pluto-explorer-dive-titanic • **980** Astrobiology, „Alan Stern's Titanic Away Team Journal: Tally Ho Titanic!“, 23. Juli 2022, 2022; https://astrobiology.com/2022/07/alan-sterns-titanic-away-team-journal-tally-ho-titanic.html **981** Dokument CG 052, „OceanGate dive and maintenance log“, Untersuchungsausschuss der US-Küstenwache, September 2024 • **982** You Tube, Jeffrey Donenfeld, „Titan's last successful trip to Titanic (lecture)“, Explorers Club lecture at Boulder, Colorado, 3. Oktober 2023; https://www.youtube.com/watch?v=TddIDXj2BRs • **983** Univ. NC-Wilmington, Center of Marine Science, „Cruise Report for RMS Titanic Shipwreck Expeditions using M/V Horizon Arctic and HOV Titan, 15 June–25 July 2022, Steve Ross“, April 2023 • **984** YouTube, Geekwire, „GW Summit Power Talk: Journey to the Titanic with Stockton Rush, Chief Submersible Pilot, OceanGate“, 13. Oktober 2022; https://www.youtube.com/watch?v=9PGpjEDc96I • **985** https://www.reddit.com/r/OceanGateTitan/comments/14i48le/times_titan_actually_made_it_to_the_titanic/ • **986** Scubadiving.com, „A Titanic Finding: What It's Like to Discover a Deep Sea Reef“, 2. April 2023; https://www.scubadiving.com/a-titanic-finding-what-its-like-to-discover-a-deep-sea-reef • **987** GeekWire, „OceanGate explorers solve a 26-year-old mystery and document life near the Titanic“, 25. Oktober 2022; https://www.geekwire.com/2022/oceangate-solve-mystery-life-near-titanic/ • **988** CNN, „Divers uncover a surprising discovery near the wreck of the Titanic“, 8. November 2022; https://edition.cnn.com/2022/11/07/world/titanic-mystery-deep-sea-coral-reef-scn/index.html • **989** Brief von Explorer Consulting, David Concannon an Richterin Rebecca Smith, United States District Court, Eastern District of Virginia, 10. November 2022 • **990** Dokument CG 052, „OceanGate dive and maintenance log“, Untersuchungsausschuss der US-Küstenwache, September 2024 • **991** „USCG Report of the Marine Board of Investigation into the implosion of the submersible Titan“, Untersuchungsausschuss der US-Küstenwache, 4. August 2025 **992** Univ. NC-Wilmington, Center of Marine Science, „Cruise Report for RMS Titanic Shipwreck Expeditions using M/V Horizon Arctic and HOV Titan, 15 June–25 July 2022, Steve Ross“, April 2023 • **993** Univ. NC-Wilmington, Center of Marine Science, „Cruise Report for RMS Titanic Shipwreck Expeditions using M/V Horizon Arctic and HOV Titan, 15 June –25 July 2022, Steve Ross“, April 2023 • **994** Dokument GC 107 „NTSB Titan material analysis“, Untersuchungsausschuss der US-Küstenwache, September 2024 • **995** Phil Brooks bei der Befragung durch den Untersuchungsausschuss der US-Küstenwache, 23. September 2024 **996** Don Kramer bei der Befragung durch den Untersuchungsausschuss der US-Küstenwache, 25. September 2024 • **997** Dokument GC 066 „Real time monitoring acoustic emissions“, Untersuchungsausschuss der US-Küstenwache, September 2024 **998** Dokument CG 001, „Basic Factual Information – Loss of Life and Total Constructive Loss Submersible Titan“, „Titanic Expedition 2022“, Untersuchungsausschuss der US-Küstenwache, September 2024 • **999** Amber Bay bei der Befragung durch den Untersuchungsausschuss der US-Küstenwache, 24. September 2024 • **1000** „USCG Report of the Marine Board of Investigation into the implosion of the submersible Titan“, Untersuchungsausschuss der US-Küstenwache, 4. August 2025 • **1001** You Tube, Alanxelmundo, „Bajé a los restos del Titanic 4K | Parte 4/4“, 27. Juli, 2022; https://www.youtube.com/watch?v=RAncVNaw5No • **1002** El País, „Mexican youtuber who traveled on ‚Titan‘ last year: ‚I was aware that I was risking my life‘“, 22. Juni 2023; https://english.elpais.com/international/2023-06-22/mexican-youtuber-who-traveled-on-titan-last-year-i-was-aware-that-i-was-risking-my-life.html • **1003** Oceangateexpeditions.com, „Titanic as never seen before – OceanGate Expeditions shares glimpses of the first ever 8K footage of the Titanic“, 30. August 2022; https://web.archive.org/web/20221204062535/https://oceangateexpeditions.com/titanic-as-never-seen-before-oceangate-expeditions-shares-glimpses-of-the-first-ever-8k-footage-of-the-titanic/ • **1004** Brief von Explorer Consulting, David Concannon an Richterin Rebecca Smith, United States District Court, Eastern District of Virginia, 10. November 2022 • **1005** Titanic-Verein Schweiz, Titanic Post 121, „Back to Titanic! Die Oceangate-Expeditionen 2022“, Brigitte Saar, September 2022 • **1006** https://de.weatherspark.com/s/913/1/Durchschnittswetter-im-Sommer-in-Seattle-Washington-Vereinigte-Staaten • **1007** Titanic-Verein Schweiz, Titanic Post 121, „Back to Titanic! Die Oceangate-Expeditionen 2022“, Brigitte Saar, September 2022 • **1008** Oceangateexpeditions.com, „Titanic as never seen before – OceanGate Expeditions shares glimpses of the first ever 8K footage of the Titanic“, 30. August 2022; https://web.archive.org/web/20221204062535/https://oceangateexpeditions.com/titanic-as-never-seen-before-oceangate-expeditions-shares-glimpses-of-the-first-ever-8k-footage-of-the-titanic/ • **1009** Interview mit Stockton Rush, 22. August 2022 • **1010** Dokument CG 082, „Titan preliminary interview transcripts“, Amber Bay, S. 221, Untersuchungsausschuss der US-Küstenwache, 4. August 2025 • **1011** Oceangateexpeditions.com, „Titanic Expedition – Explore the Titanic“, 25. September 2022; https://web.archive.org/web/20221025202401/https://oceangateexpeditions.com/tour/titanic-expedition/ • **1012** Oceangateexpeditions.com, „Titanic Expedition – Explore the Titanic“, 4. Dezember 2022; https://web.archive.org/web/20221204044440/https://oceangateexpeditions.com/tour/titanic-expedition/ • **1013** Oceangateexpeditions.com, „Azores Expedition – Explore hydrothermal vents“, 21. September 2022; http://

web.archive.org/web/20230530031847/https://oceangateexpeditions.com/tour/azores-expedition/ • **1014** Interview mit Stockton Rush, 22. August 2022 • **1015** United States Coast Guard, „Report of the Marine Board of Investigation into the implosion of the submersible Titan", 4. August 2025 • **1016** Süddeutsche Zeitung, „Führerlos im Atlantik: 3965 VW-Autos", Max Hägler, 18. Februar 2022; https://www.sueddeutsche.de/wirtschaft/schiffsunglueck-felicityace-vw-atlantik-1.5532025 • **1017** Motorwelt, „Porsche-Akku soll schuld am Feuer gewesen sein", Marcel Sommer, 7. März 2022; https://www.auto-motor-und-sport.de/verkehr/autotransportschiff-felicity-ace-hier-brennen-4000-autos/ • **1018** Manager Magazin, „Friedhof der Luxusautos", Helmut Reich, 16. Mai 2022; https://www.manager-magazin.de/unternehmen/autoindustrie/nach-untergang-des-frachters-felicity-ace-knapp-4000-luxusautos-von-vw-porsche-und-audi-auf-meeresboden-bergung-kaum-moeglich-a-eec2ef47-ade6-4853-97a6-0187d50684da • **1019** Topgear.nl, „Dit waren alle auto's op de gezonken Felicity Ace, inclusief een paar bijzondere exemplaren", Door Mattjin Nederend, 5. April 2022; https://topgear.nl/autonieuws/alle-autos-gezonken-felicity-ace/ • **1020** OceanGate Blog, „5 places we want to explore on our next dive", 21. September 2022; https://web.archive.org/web/20230331133249/https://oceangateexpeditions.com/5-places-we-want-to-explore-on-our-next-dive/ • **1021** Oceangateexpeditions.com, „Bahamas Expedition", 5. November 2022; https://web.archive.org/web/20221025202356/https://oceangateexpeditions.com/tour/bahamas-expedition/ • **1022** Oceangateexpeditions.com, FAQs, 7. März 2021; https://web.archive.org/web/20211102114635/https://oceangateexpeditions.com/titanic/faqs • **1023** Oceangateexpeditions.com, FAQs, 2. November 2022; https://web.archive.org/web/20211102114635/https://oceangateexpeditions.com/titanic/faqs • **1024** Oceangateexpeditions.com, FAQs, 8. März 2023; https://web.archive.org/web/20230308084655/https://oceangateexpeditions.com/about-us/faqs/ • **1025** https://web.archive.org/web/20221204062535/https://oceangateexpeditions.com/titanic-as-never-seen-before-oceangate-expeditions-shares-glimpses-of-the-first-ever-8k-footage-of-the-titanic/ • **1026** Oceangateexpeditions.com, Shop, 2021 „Titanic Expedition Photo Book – Collector's Edition"; https://web.archive.org/web/20230530032306/https://oceangateexpeditions.com/shop/2021titanicphotobook/; https://web.archive.org/web/20221109180202/https://oceangateexpeditions.com/shop/2021titanicphotobook/ • **1027** Oceangateexpeditions.com, shop, „2021 Titanic Expedition Photo Book"; https://web.archive.org/web/20230530033436/https://oceangateexpeditions.com/shop/2021-titanic-expedition-photo-book/ • **1028** Oceangateexpeditions.com, Pressemitteilung, „Planetary Scientist Dr. Alan Stern Announces Call for Mission Specialists for 2023 Titanic Expedition", 6. Dezember 2022; https://web.archive.org/web/20230530033329/https://oceangateexpeditions.com/2023titanicexpeditionlaunch/ • **1029** Amber Bay bei der Befragung durch den Untersuchungsausschuss der US-Küstenwache, 24. September 2024 • **1030** Phil Brooks bei der Befragung durch den Untersuchungsausschuss der US-Küstenwache, 23. September 2024 • **1031** „USCG Report of the Marine Board of Investigation into the implosion of the submersible Titan", Untersuchungsausschuss der US-Küstenwache, 4. August 2025 **1032** OceanGate Pressemitteilung, 20. Dezember 2022 • **1033** Oceangateexpeditions.com, „Four Subs Project", 4. Dezember 2022; https://web.archive.org/web/20230530031816/https://oceangateexpeditions.com/tour-category/research-projects/ • **1034** Oceangateexpeditions.com, „Research Projects", 23. Juni 2023; https://web.archive.org/web/20230624221627/https://oceangateexpeditions.com/tour-category/research-projects/ • **1035** Dokument CG 001, „Basic Factual Information – Loss of Life and Total Constructive Loss Submersible Titan", „Titanic Expedition 2022", Untersuchungsausschuss der US-Küstenwache, September 2024 • **1036** Amber Bay bei der Befragung durch den Untersuchungsausschuss der US-Küstenwache, 24. September 2024 **1037** Dokument CG 107, „NTSB Titan material analysis", Untersuchungsausschuss der US-Küstenwache, September 2024 **1038** „USCG Report of the Marine Board of Investigation into the implosion of the submersible Titan", Untersuchungsausschuss der US-Küstenwache, 4. August 2025 • **1039** MUN Gazette, „Titanic Voyages", Moira Baird, 22. März 2022; https://gazette.mun.ca/teaching-and-learning/titanic-voyages/ • **1040** Hakai Magazine, „A Canadian University's Curious Connection to the Titan Submersible Disaster", Laura Trethewey, 7. November 2023; https://hakaimagazine.com/features/a-canadian-universitys-curious-connection-to-the-titan-submersible-disaster/ • **1041** YouTube, DALLMYD, „Titanic Sub Tourism Expedition – Exclusive Footage (My Personal Experience)"; https://www.youtube.com/watch?v=O-8Uo8yJlb8, 23. Juni 2023 • **1042** You Tube, Horizon Maritime, „Polar Prince Cabin Tour", 11. Juli 2024; https://www.youtube.com/watch?v=7i6slv4JuAI • **1043** You Tube, Horizon Maritime, „Polar Prince Main Floor Short Tour", 14. Juni 2024; https://www.youtube.com/shorts/a9kHITq0ozQ • **1044** https://web.archive.org/web/20230627200454/https://oceangateexpeditions.com/2023-titanic-expedition-embarks-during-iceberg-season-aboard-famous-icebreaker/ • **1045** GeekWire, „Icebergs ahead? OceanGate plans to get an early start on this year's Titanic dives", 6. April 2023; https://www.geekwire.com/2023/oceangate-early-titanic-dives/ • **1046** Travel Weekly, „Mission Titanic, Part 1: Preparing to dive", 20. Juni 2023; https://www.travelweekly.com/North-America-Travel/Mission-Titanic-part-1 • **1047** You Tube, DALLMYD, „Titanic Sub Tourism Expedition – Exclusive Footage (My Personal Experience)"; https://www.youtube.com/watch?v=O-8Uo8yJlb8, 23. Juni 2023 • **1048** Interview mit David Concannon, 22. Mai 2024 • **1049** ABC, „Fatal Dive to the Titanic: Truth and Lies", 2. Februar 2024; https://abc.com/movies-and-specials/fatal-dive-to-the-titanic-truth-and-lies • **1050** Dokument CG 001, „Basic Factual Information – Loss of Life and Total Constructive Loss Submersible Titan", „Distance and location of RMS Titanic site for Titanic Expeditions", Untersuchungsausschuss der US-Küstenwache, September 2024 • **1051** https://miawpukekhorizon.com/#polar-prince • **1052** https://horizonmaritime.com/vessels/ • **1053** Courtney und Dan Kroymann, Online-Interview vor dem Untersuchungsausschuss der US-Küstenwache, 16. Dezember 2024 • **1054** Phil Brooks bei der Befragung durch den Untersuchungsausschuss der US-Küstenwache, 23. September 2024 • **1055** https://en.wikipedia.org/wiki/Horizon_Maritime • **1056** YouTube, DALLMYD, „Titanic Sub Tourism Expedition – Exclusive Footage (My Personal Experience)"; https://www.youtube.com/watch?v=O-8Uo8yJlb8, 23. Juni 2023 • **1057** EvoLogics S2C R 7/17D Underwater Acoustic Modem Fact Sheet; https://www.evologics.com/product/s2c-r-7-17d-19 • **1058** Dokument CG 010, „EvoLogics equipment documents", Untersuchungsausschuss der US-Küstenwache, September 2024 • **1059** „USCG Report of the Marine Board of Investigation into the implosion of the submersible Titan", Untersuchungsausschuss der US-Küstenwache, 4. August 2025 • **1060** Dokument CG 082, „Titan preliminary interview transcripts", S. 376–380 (Michael Lewis), 448–449, 453 (Gary Foss), Untersuchungsausschuss der US-Küstenwache, 4. August 2025 • **1061** https://www.linkedin.com/company/oceangate-foundation/posts/?feed

View=all • **1062** Memorial University Gazette, „Titanic Voyages“, Moira Baird, 22. März 2023; https://gazette.mun.ca/teaching-and-learning/titanic-voyages/ • **1063** Fisheries and Marine Institute of Memorial University of Newfoundland, „Titanic Partnership“, 22. März 2023; https://www.mi.mun.ca/news/title,60964,en.php • **1064** Lethbridge News Now, „Newfoundland university threw open its doors to Titanic dive operator, emails show“, 20. September 2023; https://lethbridgenewsnow.com/2023/09/20/newfoundland-university-threw-open-its-doors-to-titanic-dive-operator-emails-show/ • **1065** New York Post, „Why this banker is shelling out over $100K to visit the Titanic“, 14. April 2017; https://nypost.com/2017/04/14/why-this-banker-is-shelling-out-over-100k-to-visit-the-titanic/ • **1066** Orange County Circuit Courts, „Hagle, Marc et al. vs. Rush, Richard Stockton“, eingereicht am 15. Februar 2023; https://unicourt.com/case/fl-ora-hagle-marc-et-al-vs-rush-richard-stockton-1682680 **1067** The Daily Beast, „Missing Sub Boss Was Previously Sued for Fraud in Florida“, 20. Juni 2023; https://ca.sports.yahoo.com/news/missing-sub-boss-previously-sued-174254186.html • **1068** FOX 35 Orlando, „Missing Titanic sub owner sued by Florida couple who traveled to space“, 22. Juni 2023; https://www.fox35orlando.com/news/florida-couple-sue-owner-of-missing-titanic-sub • **1069** Meaww.com, „Who are Marc and Sharon Hagle? Missing OceanGate CEO Stockton Rush was sued for fraud by Florida couple“, Anna Mathew, 21. Juni 2023 • **1070** https://www.blueorigin.com/news/ns-20-mission-updates • **1071** Klageschrift, Fallnummer 2023-CA-001349-O, „Mark Hagle and Sharon Hagle vs. Richard Stockton Rush“, 15, Februar 2023; https://myeclerk.myorangeclerk.com/DocView/Doc?eCode=7AwXjJbppMBSIe8xoZnYSwNMhVrroExEA7JhbVQuTSC1L3BUh4eXdwMlG1QEkHGrZf3g3UxNUsypTqQPq6pdvcm1xgFoFIDDMMl6cZlLNbXTwNKguoGlRvQ9BZYgXF5TqoUjZNq7czhJu5y7hfoNlA%3D%3D • **1072** Maureen McKinney auf Facebook, 20. Februar 2023 (Profil inzwischen gelöscht) • **1073** Rory Golden auf Facebook, 1. März 2023; https://www.facebook.com/photo/?fbid=10159873673879733&set=a.108878909732 • **1074** E-Mails von Amber Bay, Emily Gilbert & Stockton Rush, Februar 2023 • **1075** Dokument CG 082, „Titan preliminary interview transcripts“, Phil Brooks, S. 900, Untersuchungsausschuss der US-Küstenwache, 4. August 2025 • **1076** Telefonat mit Günter Bäbler, 24. Februar 2023 • **1077** YouTube, 60 Minutes Australia, „James Cameron reveals new information about Titanic sub disaster“, 6. Juni 2024; https://www.youtube.com/watch?v=Cb9uqlr7b4Q • **1078** https://www.facebook.com/profile/1151823504/search/?q=titan • **1079** https://www.facebook.com/jay.l.bloom/posts/10227149669024878?ref=embed_post • **1080** Reuters, „Why U.S. investor Jay Bloom turned down seats on the doomed Titanic submersible“, 3. Juni 2023; https://www.reuters.com/world/us/why-us-investor-jay-bloom-turned-down-seats-doomed-titanic-submersible-2023-06-23/ • **1081** Mail online, „We ALL turned down a trip on ‚shoddy‘ Titanic submarine: From the tourist who saw DIY strip lighting and thought again, to the ex-marine terrified by ‚off-the-shelf‘ components and son who warned his dad not to board ‚unsafe‘ vessel before tragedy“, 23. Juni 2023; https://www.dailymail.co.uk/news/article-12226339/Businessmen-reveal-refused-OceanGates-doomed-vessel.html • **1082** Watson, „Titan-Implosion: Mann enthüllt verstörende Nachricht von OceanGate-Boss“, 24. Juni 2024; https://www.watson.de/panorama/899285584-titan-implosion-mann-enthuellt-verstoerende-nachricht-von-oceangate-boss • **1083** YouTube, Kwame Christian Esq., M.A./American Negotiation Institute, „Jay Bloom and Sean Bloom open up on surviving OceanGate“, 22. August 2023; https://www.youtube.com/watch?v=Jj-D3_QB5ik • **1084** https://web.archive.org/web/20230308084626/https://oceangateexpeditions.com/tour/titanic-expedition • **1085** https://web.archive.org/web/20230530034034/https://oceangateexpeditions.com/press/ • **1086** „USCG Report of the Marine Board of Investigation into the implosion of the submersible Titan“, Untersuchungsausschuss der US-Küstenwache, 4. August 2025 • **1087** Brief Von Richard W. Spinrad, NOAA, an David Concannon, Explorer Consulting, vom 5. Mai 2023 • **1088** Anordnung von Richterin Rebecca Smith, United States District Court, Eastern District of Virginia, vom 30. Mai 2023 • **1089** The Walrus, „The Curious Connection between a Canadian University and OceanGate“, 11. September 2023; https://thewalrus.ca/the-curious-connection-between-memorial-university-and-oceangate/ • **1090** Dokument CG 141, „Video of Chartroom Polar Prince with unidentified sound, observed by Titan communications team“, Untersuchungsausschuss der US-Küstenwache, 18. Juni 2023 (veröffentlicht am 22. März 2025) • **1091** Business Insider, „Read OceanGate's 4-page waiver signed by a would-be Titan passenger listing all the ways they could die in the ‚experimental‘ sub“, 8. Juli 2023; https://www.insider.com/read-oceangate-waiver-titan-sub-passengers-lists-numerous-death-risks-2023-7 • **1092** The Sydney Morning Herald, „Confusion over who investigates what went wrong with the Titan, 24. Juni 2023“ • **1093** https://oceangateexpeditions.com/tour/titanic-expedition/; https://web.archive.org/web/20230530031821/https://oceangateexpeditions.com/tour/titanic-expedition/ • **1094** Paul-Henri Nargeolet, „The Secrets of the Titanic“, One more chapter/Harper Collins, 2024 • **1095** Mark Chirnside, „Titanic's center propeller: Dossier“, 2021; https://markchirnside.co.uk/titanic-the-three-blade-centre-propeller-dossier/ • **1096** Dokument CG 001, „Basic Factual Information – Loss of Life and Total Constructive Loss Submersible Titan“, „Titanic Expedition 2022“, Untersuchungsausschuss der US-Küstenwache, September 2024 • **1097** Phil Brooks bei der Befragung durch den Untersuchungsausschuss der US-Küstenwache, 23. September 2024 • **1098** Dokument CG 064, „Polar Prince crew list, Captain CV and interview questions and responses“, Untersuchungsausschuss der US-Küstenwache, September 2024 • **1099** Dokument CG 082, „Titan preliminary interview transcripts“, Amber Bay, S. 238, Untersuchungsausschuss der US-Küstenwache, 4. August 2025 • **1100** https://web.archive.org/web/20230702155306/https://oceangateexpeditions.com/how-exploring-the-titanic-can-help-us-better-understand-the-deep-ocean/ • **1101** Travel Weekly, „Mission Titanic, Part 1: Preparing to dive“, 20. Juni 2023; https://www.travelweekly.com/North-America-Travel/Mission-Titanic-part-1 • **1102** „USCG Report of the Marine Board of Investigation into the implosion of the submersible Titan“, Untersuchungsausschuss der US-Küstenwache, 4. August 2025 • **1103** Travel Weekly, „Mission Titanic, part 3: Trouble ahead, trouble behind“, 22. Juni 2023; https://www.travelweekly.com/North-America-Travel/Mission-Titanic-part-3 • **1104** Dokument CG 052, „OceanGate dive and maintenance log“, Untersuchungsausschuss der US-Küstenwache, September 2024 • **1105** Dokument CG 052, „OceanGate dive and maintenance log“, Untersuchungsausschuss der US-Küstenwache, September 2024 • **1106** „Hull Failure and Implosion of Submersible Titan“, Bericht MIR-25-36 vom National Transportation Safety Board, S. 17, 252, 2. Oktober 2025 • **1107** „USCG Report of the Marine Board of Investigation into the implosion of the submersible Titan“, Untersuchungsausschuss der US-Küstenwache, 4. August 2025 • **1108** Wymt.com, „Recent Titan sub passenger says he would go on trip to Titanic again despite implosion“, Wendy Wright, 27. Juni 2023; https://www.wymt.com/2023/06/27/recent-titan-sub-passenger-says-he-would-go-trip-titanic-again-despite-implosion/ • **1109** Facebook, Craig Curran, „Todays dive plan for submersible #Titan“, 27. Mai 2023; https://www.facebook.com/craig.curran.568 • **1110** „Hull Failure and Implosion of Submersible Titan“, Bericht MIR-25-36 vom National Transportation Safety Board, S. 37, 38, 2. Oktober 2025 • **1111** Travel Weekly, „Mission Titanic, part 3: Trouble ahead, trouble behind“, 22. Juni 2023; https://www.travelweekly.com/North-America-Travel/Mission-Titanic-part-3 **1112** Travel Weekly, „Mission Titanic, part 3: Trouble ahead, trouble behind“, 22. Juni 2023; https://www.travelweekly.com/North-America-Travel/Mission-Titanic-part-3 • **1113** Travel Weekly, „Mission Titanic, Part 2: Delays and an unsettling statement from the OceanGate CEO“, 21. Juni 2023; https://www.travelweekly.com/North-America-Travel/Mission-Titanic-Part-2 **1114** Travel Weekly, „Mission Titanic, Part 2: Delays and an unsettling statement from the OceanGate CEO“, 21. Juni 2023; https://www.travelweekly.com/North-America-Travel/Mission-Titanic-Part-2 • **1115** YouTube, DALLMYD, „Titanic Sub Tourism Expedition – Exclusive Footage (My Personal Experience)“, 23. Juni 2023; https://www.youtube.com/watch?v=O-8Uo8yJlb8 **1116** Netflix, „Titan: The OceanGate Submersible Disaster“, 10. Juni 2025 • **1117** „Hull Failure and Implosion of Submersible Titan“, Bericht MIR-25-36 vom National Transportation Safety Board, S. 37, 2. Oktober 2025 • **1118** „USCG Report of the Marine Board of Investigation into the implosion of the submersible Titan“, Untersuchungsausschuss der US-Küstenwache, 4. August 2025 • **1119** YouTube, DALLMYD, „Titanic Sub Tourism Expedition – Exclusive Footage (My Personal Experience)“, 23. Juni 2023; https://www.youtube.com/watch?v=O-8Uo8yJlb8 • **1120** Dokument CG 001, „Basic Factual Information – Loss of Life and Total Constructive Loss Submersible Titan“, „Significant Events Titanic Expedition 2023“, Untersuchungsausschuss der US-Küstenwache, September 2024 • **1121** Dokument CG 052, „OceanGate dive and maintenance log“, Untersuchungsausschuss der US-Küstenwache, September 2024 • **1122** YouTube, DALLMYD, „Titanic Sub Tourism Expedition – Exclusive Footage (My Personal Experience)“, 23. Juni 2023; https://www.youtube.com/watch?v=O-8Uo8yJlb8 • **1123** The Independent, „Elon Musk breaks silence on Titanic submarine that reportedly used Starlink internet“, 9. Februar 2025; https://www.independent.co.uk/news/world/americas/elon-musk-starlink-titanic-submarine-b2362168.html • **1124** Twitter, @Starlink, gepostet am 8. Juni 2023 • **1125** Newsweek, „Elon Musk Weighs in on Sub's Starlink Ties“, 21. Juni 2023; https://www.newsweek.com/titanic-sub-live-search-latest-how-much-oxygen-left-map-update-1808380#live-blog-24147 • **1126** YouTube, DALLMYD, „Titanic Sub Tourism Expedition – Exclusive Footage (My Personal Experience)“, 23. Juni 2023; https://www.youtube.com/watch?v=O-8Uo8yJlb8 **1127** YouTube, DALLMYD, „Titanic Sub Tourism Expedition – Exclusive Footage (My Personal Experience)“, 23. Juni 2023; https://www.youtube.com/watch?v=O-8Uo8yJlb8 • **1128** Dokument CG 064, „Polar Prince crew list, Captain CV and interview questions and responses“, Untersuchungsausschuss der US-Küstenwache, September 2024 • **1129** Courtney und Dan Kroymann, Online-Interview vor dem Untersuchungsausschuss der US-Küstenwache, 16. Dezember 2024 • **1130** „USCG Report of the Marine Board of Investigation into the implosion of the submersible Titan“, Untersuchungsausschuss der US-Küstenwache, 4. August 2025 • **1131** Courtney und Dan Kroymann, Online-Interview vor dem Untersuchungsausschuss der US-Küstenwache, 16. Dezember 2024 • **1132** Dokument CG 082, „Titan preliminary interview transcripts“, Ryan Stalkfleet, S. 1036, Untersuchungsausschuss der US-Küstenwache, 4. August 2025 • **1133** Dokument CG 052, „OceanGate dive and maintenance log“, Untersuchungsausschuss der US-Küstenwache, September 2024 • **1134** Courtney und Dan Kroymann, Online-Interview vor dem Untersuchungsausschuss der US-Küstenwache, 16. Dezember 2024 • **1135** Steve Ross bei der Befragung durch den Untersuchungsausschuss der US-Küstenwache, 19. September 2024 • **1136** Tym Catterson bei der Befragung durch den Untersuchungsausschuss der US-Küstenwache, 16. September 2024 • **1137** Courtney und Dan Kroymann, Online-Interview vor dem Untersuchungsausschuss der US-Küstenwache, 16. Dezember 2024 • **1138** Dokument CG 082, „Titan preliminary interview transcripts“, Amber Bay, 241 (Amber Bay), 686–689 (Dan Scoville), Untersuchungsausschuss der US-Küstenwache, 4. August 2025 • **1139** Dokument CG 082, „Titan preliminary interview transcripts“, Jerome Sanders, S. 940, Untersuchungsausschuss der US-Küstenwache, 4. August 2025 • **1140** https://web.archive.org/web/20230622225054/https://oceangateexpeditions.com/tour/titanic-expedition/ • **1141** Dokument CG 001, „Basic Factual Information – Loss of Life and Total Constructive Loss Submersible Titan“, „2023 Titanic Expedition“, Untersuchungsausschuss der US-Küstenwache, September 2024 • **1142** Hakai Magazine, „A Canadian University's Curious Connection to the Titan Submersible Disaster“, Laura Trethewey, 7. November 2023; https://hakaimagazine.com/features/a-canadian-universitys-curious-connection-to-the-titan-submersible-disaster/ • **1143** Interview mit David Concannon, 22. Mai 2024 • **1144** Dokument CG 001, „Basic Factual Information – Loss of Life and Total Constructive Loss Submersible Titan“, „2023 Titanic Expedition“, Untersuchungsausschuss der US-Küstenwache, September 2024 **1145** „Hull Failure and Implosion of Submersible Titan“, Bericht MIR-25-36 vom National Transportation Safety Board, 2. Oktober 2025 • **1146** Hamish Harding auf Facebook, 17. Juni 2023; https://www.facebook.com/ActionAviationChairman • **1147** The New York Times, „A Rubik's Cube, Thick Socks and Giddy Anticipation: The Last Hours of the Titan“, 2. Juli 2023; https://www.nytimes.com/2023/07/02/us/titan-submersible-passengers.html • **1148** „USCG Report of the Marine Board of Investigation into the implosion of the submersible Titan“, Untersuchungsausschuss der US-Küstenwache, 4. August 2025 • **1149** https://www.timeanddate.com/sun/@41.73520,-49.93904 • **1150** Polar Prince Deck Log Book, Untersuchungsausschuss der US-Küstenwache, September 2024 • **1151** Dokument CG 001, „Basic Factual Information – Loss of Life and Total Constructive Loss Submersible Titan“, „Weather at Time of Incident“, Untersuchungsausschuss der US-Küstenwache, September 2024 • **1152** New York Post, „Tragic final photo shows father and son moments before boarding doomed Titanic sub“, Snejana Farberov, 3. Juli 2023; https://nypost.com/2023/07/03/final-photo-shows-titan-subs-shahzada-dawood-and-his-son/ • **1153** Dokument CG 001, „Basic Factual Information – Loss of Life and Total Constructive Loss Submersible Titan“, „2023 Titanic Expedition“, Untersuchungsausschuss der US-Küstenwache, September 2024 • **1154** „USCG Report of the Marine Board of Investigation into the implosion of the submersible Titan“, Untersuchungsausschuss der US-Küstenwache, 4. August 2025 • **1155** The Sunday Times „What really happened to the Titanic sub? The tragic inside story“, 24. Dezember 2023 • **1156** The New York Times, „A Rubik's Cube, Thick Socks and Giddy Anticipation: The Last Hours of the Titan“, 2. Juli 2023; https://www.nytimes.com/2023/07/02/us/

titan-submersible-passengers.html • **1157** The Sunday Times „What really happened to the Titanic sub? The tragic inside story“, 24. Dezember 2023 • **1158** United States Coast Guard, „Report of the Marine Board of Investigation into the implosion of the submersible Titan“, 4. August 2025 • **1159** BBC, „Teenager on sub took Rubik's Cube to break record, mother tells BBC“, Nomia Iqbal & Chelsea Bailey, 26. Juni 2026; https://www.bbc.com/news/world-us-canada-66015851 • **1160** BBC, Video „Moment Titanic sub victim solves Rubik's Cube“, 26. Juni 2026; https://www.bbc.com/news/world-us-canada-66015851 • **1161** New York Post, „Tragic final photo shows father and son moments before boarding doomed Titanic sub“, Snejana Farberov, 3. Juli 2023; https://nypost.com/2023/07/03/final-photo-shows-titan-subs-shahzada-dawood-and-his-son/ • **1162** Divers24.com „The deepest Rubik's cube ever laid – there's a Guinness record!“, Tomasz Andrukajtis, 10. November 2015 • **1163** Interview mit David Concannon, 22. Mai 2024 • **1164** Renata Rojas bei der Befragung durch den Untersuchungsausschuss der US-Küstenwache, 19. September 2024 • **1165** ZDF, Terra X, „Titan – Todesfahrt zur Titanic“, 22. Juni 2025 • **1166** Dokument CG 082, „Titan preliminary interview transcripts“, Jerome Sanders, S. 942, Untersuchungsausschuss der US-Küstenwache, 4. August 2025 • **1167** EvoLogics S2C R 7/17D Underwater Acoustic Modem Fact Sheet; https://www.evologics.com/product/s2c-r-7-17d-19 • **1168** Dokument CG 010, „EvoLogics equipment documents“, Untersuchungsausschuss der US-Küstenwache, September 2024 • **1169** „USCG Report of the Marine Board of Investigation into the implosion of the submersible Titan“, Untersuchungsausschuss der US-Küstenwache, 4. August 2025 • **1170** Dokument CG 082, „Titan preliminary interview transcripts“, Michael Lewis, S. 376–380, Untersuchungsausschuss der US-Küstenwache, 4. August 2025 • **1171** Marine Board of Investigation, „Model animation for the Marine Board of Investigation, Titan submersible hearing“, 16. September 2024 • **1172** „Fatal Dive to the Titanic: Truth and Lies“, ABC, Februar 2024 • **1173** Interview mit Sidonie Nargeolet, 8. Februar 2025 • **1174** Dokument CG 082, „Titan preliminary interview transcripts“, Ryan Stalkfleet, S. 1056, Untersuchungsausschuss der US-Küstenwache, 4. August 2025 • **1175** https://twitter.com/actionaviation • **1176** Interview mit David Concannon, 22. Mai 2024 • **1177** Dokument CG 001, „Basic Factual Information – Loss of Life and Total Constructive Loss Submersible Titan“, „2023 Titanic Expedition“, Untersuchungsausschuss der US-Küstenwache, September 2024 • **1178** Tym Catterson bei der Befragung durch den Untersuchungsausschuss der US-Küstenwache, 16. September 2024 • **1179** Interview mit Polar Prince Captain, veröffentlicht als „CG 064 Polar Prince crewlist, Captain CV and interview questions and responses“, Untersuchungsausschuss der US-Küstenwache, September 2024 • **1180** BBC, „Ship footage captures sound of Titan sub imploding“, Rebecca Morell & Alison Francis, 25. Mai 2025; https://www.bbc.com/news/articles/c5yg5qggvwjo • **1181** Dokument CG 141, „Video of Chartroom Polar Prince with unidentified sound, observed by Titan communications team“, Untersuchungsausschuss der US-Küstenwache, 18. Juni 2023 (veröffentlicht am 22. März 2025) **1182** Dokument CG 011, „EvoLogics Data, June 18, 2023“, Untersuchungsausschuss der US-Küstenwache, September 2024 **1183** United States Coast Guard, „Report of the Marine Board of Investigation into the implosion of the submersible Titan“, 4. August 2025 • **1184** https://www.businessinsider.com/what-was-secret-navy-system-detected-suspected-titan-implosion-2023-6 **1185** Dokument CG 001, „Basic Factual Information – Loss of Life and Total Constructive Loss Submersible Titan“, „2023 Titanic Expedition“, Untersuchungsausschuss der US-Küstenwache, September 2024 • **1186** Dokument CG 011, „EvoLogics Data, June 18, 2023“, Untersuchungsausschuss der US-Küstenwache, September 2024 • **1187** Dokument CG 001, „Basic Factual Information – Loss of Life and Total Constructive Loss Submersible Titan“, „2023 Titanic Expedition“, Untersuchungsausschuss der US-Küstenwache, September 2024 • **1188** „USCG Report of the Marine Board of Investigation into the implosion of the submersible Titan“, Untersuchungsausschuss der US-Küstenwache, 4. August 2025 • **1189** Interview mit David Concannon, 22. Mai 2024 • **1190** „USCG Report of the Marine Board of Investigation into the implosion of the submersible Titan“, Untersuchungsausschuss der US-Küstenwache, 4. August 2025 • **1191** The Radical Centrist, Interview mit David Concannon, 21. August 2023; https://centristchange.blogspot.com/2023/08/the-sixth-passenger-david-concannon-and.html?fbclid=IwAR3YYwwL2wUZV_LOxNz2_TXeOzzhMbrrGOsv7KDFDlETf81_Wlq2mXCfT5M • **1192** Interview mit David Concannon, 22. Mai 2024 **1193** Titanic-Verein Schweiz, Titanic Post 124 „Wow, da bist Du ja!“, Günter Bäbler, Juni 2023 • **1194** https://www.magellan.gg **1195** Interview mit David Concannon, 22. Mai 2024 • **1196** The Radical Centrist, Interview mit David Concannon, 21. August 2023; https://centristchange.blogspot.com/2023/08/the-sixth-passenger-david-concannon-and.html?fbclid=IwAR3YYwwL2wUZV_LOxNz2_TXeOzzhMbrrGOsv7KDFDlETf81_Wlq2mXCfT5M • **1197** United States Coast Guard, „Report of the Marine Board of Investigation into the implosion of the submersible Titan“, 4. August 2025 • **1198** Titan Case file, Incident H2023-00759, Joint Rescue Coordination Centre, Halifax • **1199** Jamie Frederick bei der Befragung durch den Untersuchungsausschuss der US-Küstenwache, 27. September 2024 • **1200** Dokument CG 065, „Daily search and rescue recovery slides“, Untersuchungsausschuss der US-Küstenwache, September 2024 • **1201** Interview mit David Concannon, 22. Mai 2024 • **1202** Dokument CG 082, „Titan preliminary interview transcripts“, David Lochridge, S. 304, Untersuchungsausschuss der US-Küstenwache, 4. August 2025 **1203** https://pelagic-services.com/web2/index.php/2023/09/12/prs-titan-support-release-21-june-23/ • **1204** Jamie Frederick bei der Befragung durch den Untersuchungsausschuss der US-Küstenwache, 27. September 2024 • **1205** Dokument CG 082, „Titan preliminary interview transcripts“, Scott Griffith, S. 1242, Untersuchungsausschuss der US-Küstenwache, 4. August 2025 **1206** „USCG Report of the Marine Board of Investigation into the implosion of the submersible Titan“, Untersuchungsausschuss der US-Küstenwache, 4. August 2025 • **1207** Titan Case file, Incident H2023-00759, Joint Rescue Coordination Centre, Halifax **1208** Horizon Maritime Press Statement, 21. Juni 2023; https://horizonmaritime.com/news/media-statement2023/ • **1209** Channel 9 Australia/AP Associated Press „Search under way for missing submersible that takes people to see Titanic“, 20. Juni 2023; https://www.9news.com.au/world/titanic-submersible-search-oceangate-expeditions-vessel-missing-as-us-coast-guard-launches-search/9d7352d8-6a6d-4dc1-afac-ce07dc63cea3 • **1210** Scott Talbot bei der Befragung durch den Untersuchungsausschuss der US-Küstenwache, 27. September 2024 • **1211** Jamie Frederick bei der Befragung durch den Untersuchungsausschuss der US-Küstenwache, 27. September 2024 • **1212** YouTube: 60 Minutes Australia, „James Cameron reveals new information about Titanic sub disaster“, 6. Juni 2024; https://www.youtube.com/watch?v=Cb9uqlr7b4Q • **1213** ABC, „Truth and lies – the fatal dive to the Titanic“, 9. Februar 2024 • **1214** The Radical Centrist, Interview mit David Concannon, 21. August 2023;

https://centristchange.blogspot.com/2023/08/the-sixth-passenger-david-concannon-and.html?fbclid=IwAR3YYwwL2wUZV_LOxNz2_TXeOzzhMbrrGOsv7KDFDlETf81_Wlq2mXCfT5M • **1215** Online-Präsentation von Kyle Bingham bei den Sno-Isle Libraries, 22. März 2023, Ausschnitt auf YouTube, „This New OceanGate Docuseries Is A Bad Idea“ by EddieGM, 16. September 2023 **1216** Interview mit David Concannon, 22. Mai 2024 • **1217** The Telegraph, „British billionaire's family accuse OceanGate of taking ‚too long‘ to raise alarm“, Michael Murphy & Rozina Sabur, 21. Juni 2023 • **1218** Dokument CG 010, „EvoLogics equipment documents“, Untersuchungsausschuss der US-Küstenwache, September 2024 • **1219** Titan Case file, Incident H2023-00759, Joint Rescue Coordination Centre, Halifax • **1220** https://www.nationalgeographic.com/science/article/titan-submersible-rescue-delay-explorers-club • **1221** E-Mail von Richard Parkinson/Magellan an Kyle Bingham, 19. Juni 2023 • **1222** Interview mit David Concannon, 22. Mai 2024 • **1223** The Telegraph, „British rescue mission for Titan ‘blocked by US officials“, 20. Juni 2023; https://www.telegraph.co.uk/world-news/2023/06/20/missing-submarine-titan-titanic-rescue-mission-blocked/ • **1224** Channel 9 Australia/AP Associated Press „Search under way for missing submersible that takes people to see Titanic“, 20. Juni 2023; https://www.9news.com.au/world/titanic-submersible-search-oceangate-expeditions-vessel-missing-as-us-coast-guard-launches-search/9d7352d8-6a6d-4dc1-afac-ce07dc63cea3 • **1225** Scott Talbot bei der Befragung durch den Untersuchungsausschuss der US-Küstenwache, 27. September 2024 • **1226** Jamie Frederick bei der Befragung durch den Untersuchungsausschuss der US-Küstenwache, 27. September 2024 • **1227** The Radical Centrist, Interview mit David Concannon, 21. August 2023; https://centristchange.blogspot.com/2023/08/the-sixth-passenger-david-concannon-and.html?fbclid=IwAR3YYwwL2wUZV_LOxNz2_TXeOzzhMbrrGOsv7KDFDlETf81_Wlq2mXCfT5M • **1228** Interview mit David Concannon, 22. Mai 2023 • **1229** YouTube, The Unfiltered Historian, „Interview mit OceanGate Titan Sub Engineer: Bruce Morton“, 8. Dezember 2021; https://www.youtube.com/watch?v=IHR3foWRy94&t=11s • **1230** https://en.wikipedia.org/wiki/Soda_lime • **1231** Dokument CG 025, „Titan Operations Manual“, Untersuchungsausschuss der US-Küstenwache, September 2024 • **1232** Online-Präsentation von Kyle Bingham bei den Sno-Isle Libraries, 22. März 2023, Ausschnitt auf YouTube, „This New OceanGate Docuseries Is A Bad Idea“ by EddieGM, 16. September 2023 • **1233** YouTube, „An Exclusive Interview mit Mr Bruce Morton – The Man Behind Oceangate's Titan“; https://www.youtube.com/watch?v=l1FkS-3vdLk&t=218s • **1234** https://www.ultra.group/media/2448/anssq-53d3-datasheet_final.pdf • **1235** https://www.ctvnews.ca/canada/it-cost-more-than-2-4m-for-one-rcaf-plane-to-join-titanic-sub-search-1.6470101 • **1236** https://de.wikipedia.org/wiki/Sonoboje • **1237** Titan Case file, Incident H2023-00759, Joint Rescue Coordination Centre, Halifax • **1238** Business Insider, „Military Sub-Hunting Aircraft Searched for Missing Titanic Submersible“; 21. Juni 2023; https://www.businessinsider.com/military-submarine-hunting-aircraft-searched-for-missing-titanic-submersible-2023-6 • **1239** Channel 5, „The Titan Sub Disaster – Minute by Minute“, 6. März 2024 • **1240** Interview mit Sidonie Nargeolet, 2. Februar 2025 • **1241** Interview mit David Concannon, 22. Mai 2024 • **1242** Interview mit David Concannon, 22. Mai 2024 **1243** Channel 5, „The Titan Sub Disaster – Minute by Minute“, 6. März 2024 • **1244** Interview mit David Concannon, 22. Mai 2024 **1245** E-Mail von David Concannon & Rory Golden, 23. Februar 2025 • **1246** YouTube, 60 Minutes Australia, „James Cameron reveals new information about Titanic sub disaster“, 6. Juni 2024; https://www.youtube.com/watch?v=Cb9uqlr7b4Q • **1247** ABC, „Truth and lies – the fatal dive to the Titanic“, 9. Februar 2024 • **1248** The Mirror, „Hamish Harding's stepson CONFIRMS Brit billionaire explorer was on missing Titanic submarine“, 19. Juni 2023; https://www.mirror.co.uk/news/us-news/hamish-hardings-stepson-confirms-brit-30272887 • **1249** Reuters, „UPDATE 3-Submarine exploring Titanic wreck missing, rescue effort under way“, 19. Juni 2023 • **1250** Tym Catterson bei der Befragung durch den Untersuchungsausschuss der US-Küstenwache, 16. September 2024 • **1251** Interview mit David Concannon, 22. Mai 2024 • **1252** The Radical Centrist, Interview mit David Concannon, 21. August 2023; https://centristchange.blogspot.com/2023/08/the-sixth-passenger-david-concannon-and.html?fbclid=IwAR3YYwwL2wUZV_LOxNz2_TXeOzzhMbrrGOsv7KDFDlETf81_Wlq2mXCfT5M • **1253** DOF, „Skandi Vinland joins the international search and rescue operation for missing submersible, Titan“, Juni 2021, 2023; https://www.dof.com/news/skandi-vinland-joins-the-international-search-and-rescue-operation-for-missing-submersible-titan • **1254** https://www.dof.com/fleet/schilling-robotics-uhd#specifications • **1255** https://www.vard.com/shipbuilding/references/skandi-vinland • **1256** Titan Case file, Incident H2023-00759, Joint Rescue Coordination Centre, Halifax • **1257** Titanic-Verein Schweiz, Titanic Post 124 „Die Titan – Protokoll einer Tragödie“, Juni 2023 • **1258** Titan Case file, Incident H2023-00759, Joint Rescue Coordination Centre, Halifax **1259** Dokument CG 065, „Daily search and rescue recovery slides“, Untersuchungsausschuss der US-Küstenwache, September 2024 • **1260** https://www.knudehansen.com/wp-content/uploads/2017/10/Technip-Pipe-Lay-Vessel-Deep-Energy-1.pdf • **1261** Interview mit David Concannon, 22. Mai 2024 • **1262** Rory Golden auf Facebook, 19. Juni 2023; https://www.facebook.com/rory.golden.39 • **1263** https://www.dvidshub.net/news/447835/ny-air-guard-rescue-wing-airmen-were-part-effort-find-lost-mini-sub **1264** Titan Case file, Incident H2023-00759, Joint Rescue Coordination Centre, Halifax • **1265** https://twitter.com/uscgnortheast/status/1670867860023803925?s=46&t=PA1x2yCMFjwcSRY5XER9cA • **1266** Geekwire, „OceanGate loses contact with submersible during dive to Titanic; search is underway“, 19. Juni 2023; https://www.geekwire.com/2023/oceangate-loses-contact-with-sub mersible-during-dive-to-titanic-search-is-underway/ • **1267** Interview mit David Concannon, 22. Mai 2024 • **1268** Jamie Frederick bei der Befragung durch den Untersuchungsausschuss der US-Küstenwache, 27. September 2024 • **1269** Interview mit David Concannon, 22. Mai 2024 • **1270** Pelagic Press Conference, 30. Juni 2023 • **1271** Titan Case file, Incident H2023-00759, Joint Rescue Coordination Centre, Halifax • **1272** Interview mit Dawn Macauley, 27. August 2025 • **1273** Titan Case file, Incident H2023-00759, Joint Rescue Coordination Centre, Halifax • **1274** Interview mit Dawn Macauley, 27. August 2025 • **1275** Tym Catterson bei der Befragung durch den Untersuchungsausschuss der US-Küstenwache, 16. September 2024 • **1276** https://www.prweb.com/releases/oceangate-expeditions-announces-medical-team-for-inaugural-titanic-survey-expedition-891742204.html • **1277** CBC news, „ROV company describes how it prepared to rescue Titan, and the moment it turned to recovery“, 30. Juni 2023; https://www.cbc.ca/news/canada/newfoundland-labrador/pelagic-research-titan-recovery-rescue-1.6894142 **1278** The Independent, „First photo emerges of Titanic sub rescue fleet amid frustration over delayof crucial french ship“, 21. Juni 2023; https://www.independent.co.uk/news/world/americas/titanic-sub-rescue-fleet-first-photos-b2361739.html • **1279** https://

www.marine-marchande.net/Jourlejour3/b/965-Deep_Energy.pdf • **1280** Interview mit Sidonie Nargeolet, 2. Februar 2025 **1281** Channel 5, „The Titan Sub Disaster – Minute by Minute“, 6. März 2024 • **1282** www.Flightradar24.com • **1283** The New York Times, „Missing Titanic Submersible – We need to have hope: More ships join search“, 21. Juni 2023; https://www.nytimes.com/live/2023/06/21/us/titanic-missing-submarine#a-french-vessel-equipped-with-a-robot-capable-of-deep-sea-dives-is-en-route-to-the-search-site • **1284** CNN, Missing Titanic Sub Search news: „France sends ship with underwater robot to help with search for missing Titanic tour submersible“, 20. Juni 2023; https://edition.cnn.com/americas/live-news/titanic-submersible-missing-search-06-20-23/h_274e7179624f9f15d0c68f8df25a5fdb • **1285** Jamie Frederick bei der Befragung durch den Untersuchungsausschuss der US-Küstenwache, 27. September 2024 • **1286** Titan Case file, Incident H2023-00759, Joint Rescue Coordination Centre, Halifax • **1287** Titan Case file, Incident H2023-00759, Joint Rescue Coordination Centre, Halifax • **1288** Titan Case file, Incident H2023-00759, Joint Rescue Coordination Centre, Halifax • **1289** Dailymail.com, „French Titanic wreck expert PH Nargeolet who's missing on Titan sub gave chilling warning on deep dives: ‚If you are 11m or 11km down, if something bad happens … you're dead‘“, Melissa Koenig, 20. Juni 2023; https://www.dailymail.co.uk/news/article-12214791/Titanic-expert-PH-Nargeolet-missing-Titan-sub-gave-chilling-warning-deep-dives.html • **1290** Titan Case file, Incident H2023-00759, Joint Rescue Coordination Centre, Halifax • **1291** https://www.dvidshub.net/news/447835/ny-air-guard-rescue-wing-airmen-were-part-effort-find-lost-mini-sub • **1292** Pressemitteilung der US-Küstenwache, „Unified Command established for missing sub mersible from Polar Prince“, 20. Juni 2023; https://www.news.uscg.mil/Press-Releases/Article/3433572/unified-command-esta blished-for-missing-submersible-from-polar-prince/ • **1293** Interview mit David Concannon, 22. Mai 2024 • **1294** Titan Case file, Incident H2023-00759, Joint Rescue Coordination Centre, Halifax • **1295** Reuters, video feed 1448, „Titanic submersible/ past passenger 2“, 20. Juni 2023 • **1296** The Radical Centrist, Interview mit David Concannon, 21. August 2023; https://centrist change.blogspot.com/2023/08/the-sixth-passenger-david-concannon-and.html?fbclid=IwAR3YYwwL2wUZV_LOxNz2_TXe OzzhMbrrGOsv7KDFDlETf81_Wlq2mXCfT5M • **1297** Newsweek, „Titanic Sub Rescue Team Gets New Vessel at Eleventh Hour—‚Improved the Odds‘“, 22. Juni 2023; https://www.newsweek.com/titanic-sub-titan-rescue-operation-rov-magellan-1808371 **1298** Bailiwick Express, „Military plan to fly over equipment from Jersey for Titanic submersible search called off“, 20. Juni 2023 • **1299** Interview mit David Concannon, 22. Mai 2023 • **1300** Interview mit Sidonie Nargeolet, 2. Februar 2025 • **1301** Titan Case file, Incident H2023-00759, Joint Rescue Coordination Centre, Halifax • **1302** CBC News, „U.S. air force aircraft land in St. John's with gear to aid in search for missing submersible“, 20. Juni 2023; https://www.cbc.ca/news/canada/newfoundland-labrador/titanic-submersible-titan-missing-day-3-1.6881595 • **1303** https://edition.cnn.com/americas/live-news/titanic-missing-sub-oceangate-06-21-23/h_21e88c04fe3c16bba7e309f721b0b16c • **1304** The Warzone, „Navy Rushing Deep Sea Salvage System To Aid In Titan Submersible Search“, 20. Juni 2023; https://www.twz.com/navy-rushing-deep-sea-salvage-system-to-aid-in-titan-submersible-search • **1305** The Warzone, „Navy's Deep Sea Salvage System Still In Port, At Least Day Away From Joining Titan Search“, 21. Juni 2023; https://www.thedrive.com/the-war-zone/navys-deep-sea-salvage-system-still-in-port-at-least-day-away-from-joining-titan-search • **1306** Interview mit David Concannon, 22. Mai 2023 • **1307** Dokument CG 065, „Daily search and rescue recovery slides“, Untersuchungsausschuss der US-Küstenwache, September 2024 • **1308** Titan Case file, Incident H2023-00759, Joint Rescue Coordination Centre, Halifax • **1309** Titan Case file, Incident H2023-00759, Joint Rescue Coordination Centre, Halifax • **1310** Jamie Frederick bei der Befragung durch den Untersuchungsausschuss der US-Küstenwache, 27. September 2024 • **1311** The Rolling Stone, „Searchers for Titanic Tourist Sub Heard ‚Banging‘ From Area, Internal Comms Reveal“, 20. Juni 2023; https://www.rollingstone.com/culture/culture-features/titanic-submersible-missing-searchers-heard-banging-1234774674/ • **1312** CNN, „Banging sounds heard during Titan search, according to internal US government memo“, 21. Juni 2023 • **1313** CNN, „Deep-sea explorer breaks down what banging sound could mean“, 21. Juni 2023; https://edition.cnn.com/videos/world/2023/06/21/submersive-titan-titanic-banging-gallo-ctn-hnk-vpx.cnn • **1314** YouTube, 60 Minutes Australia, „James Cameron reveals new information about Titanic sub disaster“, 6. Juni 2024; https://www.youtube.com/watch?v=Cb9uqlr7b4Q **1315** Interview mit David Concannon, 22. Mai 2023 • **1316** https://en.wikipedia.org/wiki/CCGS_Ann_Harvey • **1317** Titan Case file, Incident H2023-00759, Joint Rescue Coordination Centre, Halifax • **1318** https://en.wikipedia.org/wiki/CCGS_Ann_Harvey • **1319** Titan Case file, Incident H2023-00759, Joint Rescue Coordination Centre, Halifax • **1320** Twitter, @USCGNortheast, 21. Juni 2023; https://twitter.com/USCGNortheast • **1321** Sky News, „Finding Titan: The search for the missing submersible“, 2024; https://news.sky.com/story/finding-titan-how-the-search-for-the-doomed-submersible-unfolded-129513 • **1322** Titan Case file, Incident H2023-00759, Joint Rescue Coordination Centre, Halifax • **1323** Titan Case file, Incident H2023-00759, Joint Rescue Coordination Centre, Halifax • **1324** Titan Case file, Incident H2023-00759, Joint Rescue Coordination Centre, Halifax **1325** https://www.dvidshub.net/news/447835/ny-air-guard-rescue-wing-airmen-were-part-effort-find-lost-mini-sub • **1326** https://www.dvidshub.net/news/447835/ny-air-guard-rescue-wing-airmen-were-part-effort-find-lost-mini-sub • **1327** United States Coast Guard News, „Joint search continues for missing submersible, Titan“, 21. Juni 2023; https://www.news.uscg.mil/Press-Releases/Article/3435166/joint-search-continues-for-missing-submersible-titan/ • **1328** United States Coast Guard News, „Media availability: Coast Guard to hold press briefing for missing submersible from Polar Prince“, 21. Juni 2023; https://www.news.uscg.mil/Press-Releases/Article/3434053/media-availability-coast-guard-to-hold-press-briefing-for-missing-submer sible-f/ • **1329** Titan Case file, Incident H2023-00759, Joint Rescue Coordination Centre, Halifax • **1330** Jamie Frederick bei der Befragung durch den Untersuchungsausschuss der US-Küstenwache, 27. September 2024 • **1331** The Telegraph, „British billionaire's family accuse OceanGate of taking ‚too long‘ to raise alarm“, Michael Murphy & Rozina Sabur, 21. Juni 2023 **1332** Elisabeth Navratil auf Facebook, 21. Juni 2023; https://www.facebook.com/profile/100000379509734/search/?q=Paul-Henri **1333** Bridget Buxton auf Facebook, 21. Juni 2023; https://www.facebook.com/profile/1062602875/search/?q=titan • **1334** Titan Case file, Incident H2023-00759, Joint Rescue Coordination Centre, Halifax • **1335** Titan Case file, Incident H2023-00759, Joint Rescue Coordination Centre, Halifax • **1336** Bailiwick Express, „US military plane leaves Jersey without vital kit for Titanic sub search“, 22. Juni 2023; https://www.bailiwickexpress.com/jsy/news/us-military-plane-heads-back-base-without-vital-kittitanic-sub-search/ • **1337** BBC, „Titanic sub: ‚Glitch' in loading search vehicle in Jersey", 22. Juni 2023; https://www.bbc.com/news/world-europe-jersey-65982967 • **1338** ITV, „Missing Titanic sub: Rescue gear unloaded as US Air Force plane returns to base", 22. Juni 2023 • **1339** Titan Case file, Incident H2023-00759, Joint Rescue Coordination Centre, Halifax • **1340** Pelagic Press Briefing, 30. Juni 2023 • **1341** Titanic-Verein Schweiz, Titanic Post 124 „Die Titan – Protokoll einer Tragödie", Juni 2023 **1342** Pelagic Press Briefing, 30. Juni 2023 • **1343** Channel 5, „The Titan Sub Disaster – Minute by Minute", 6. März 2024 • **1344** Titan Case file, Incident H2023-00759, Joint Rescue Coordination Centre, Halifax • **1345** Channel 5, „The Titan Sub Disaster – Minute by Minute", 6. März 2024 • **1346** Pelagic Press Briefing, 30. Juni 2023 • **1347** Twitter, @USCGNortheast, 22. Juni 2023; https://twitter.com/USCGNortheast • **1348** Wired, „The Last 96 Hours of the Titan Tragedy", Alex Christian, 29. Juni 2023; https://www.wired.com/story/titan-sub-oceangate-hull-failure-loss-tragedy/ • **1349** News.co.uk, „What time will the Titanic sub run out of oxygen? How much air experts say missing OceanGate Titan has left", David Hughes, 22. Juni 2023; https://inews.co.uk/news/world/titanic-sub-oxygen-what-time-run-out-how-much-air-missing-oceangate-titan-2428799 • **1350** BBC, „Teenager on sub took Rubik's Cube to break record, mother tells BBC", Nomia Iqbal & Chelsea Bailey, 26. Juni 2026, https://www.bbc.com/news/world-us-canada-66015851 • **1351** Dokument CG 001, „Basic Factual Information – Loss of Life and Total Constructive Loss Submersible Titan", „Location of Accident and Final Location of Wreckage of Titan", Untersuchungsausschuss der US-Küstenwache, September 2024 • **1352** Video Pelagic of dive 1, 22. Juni 2023, veröffentlicht als „Coast Guard Marine Board of Investigation_dive 1_aft technical bay.mp4", Untersuchungsausschuss der US-Küstenwache, September 2024 • **1353** Channel 5, „The Titan Sub Disaster – Minute by Minute", 6. März 2024 • **1354** Dokument CG 001, „Basic Factual Information – Loss of Life and Total Constructive Loss Submersible Titan", „Location of Accident and Final Location of Wreckage of TITAN", Untersuchungsausschuss der US-Küstenwache, September 2024 • **1355** Interview mit David Concannon, 22. Mai 2024 • **1356** The Guardian, „Titanic sub incident blog", 22. Juni 18:26 CEST; https://www.theguardian.com/world/live/2023/jun/22/titanic-sub-live-updates-search-titan-missing-submarine-submersible-rescue-us-coast-guard-latest-news • **1357** E-Mail von David Concannon, 24. Mai 2024 • **1358** https://www.flightradar24.com • **1359** The Radical Centrist, Interview mit David Concannon, 21. August 2023; https://centristchange.blogspot.com/2023/08/the-sixth-passenger-david-concannon-and.html?fbclid=IwAR3YYwwL2w-UZV_LOxNz2_TXeOzzhMbrrGOsv7KDFDIETf81_Wlq2mXCfT5M • **1360** The Guardian, Titan blog, „Two Royal Air Force (RAF) plans have taken off to fly to St John's in Canada, carrying specialist equipment and personnel to assist with the international search and rescue effort for the missing Titan submersible.", 22. Juni 2023; https://www.theguardian.com/world/live/2023/jun/22/titanic-sub-live-updates-search-titan-missing-submarine-submersible-rescue-us-coast-guard-latest-news • **1361** Titan Case file, Incident H2023-00759, Joint Rescue Coordination Centre, Halifax • **1362** Titan Case file, Incident H2023-00759, Joint Rescue Coordination Centre, Halifax • **1363** Sky News, „‚Landing frame and rear cover' found at debris field in hunt for missing sub", 22. Juni 2023; https://news.sky.com/story/debris-field-discovered-within-search-area-near-titanic-us-coast-guard-says-12906735 • **1364** The Express, „Debris found in search for Titan sub is ‚landing frame and rear cover', claims expert", 22. Juni 2023; https://www.express.co.uk/news/world/1783527/titanic-sub-debris-landing-frame-rear-cove • **1365** Tym Catterson bei der Befragung durch den Untersuchungsausschuss der US-Küstenwache, 16. September 2024 • **1366** Titan Case file, Incident H2023-00759, Joint Rescue Coordination Centre, Halifax • **1367** Don Kramer bei der Befragung durch den Untersuchungsausschuss der US-Küstenwache, 25. September 2024 • **1368** Dokument CG 107, „NTSB Titan material analysis", Untersuchungsausschuss der US-Küstenwache, September 2024 • **1369** „Hull Failure and Implosion of Submersible Titan", Bericht MIR-25-36 vom National Transportation Safety Board, S. 31–32, 2. Oktober 2025 • **1370** Dokument CG 103, „Titan debris field chart redacted", National Transportation Safety board, 2. Oktober 2025 • **1371** Interview mit Sidonie Nargeolet, 2. Februar 2025 • **1372** Titanic-Verein Schweiz, Titanic Post 124 „Die Titan – Protokoll einer Tragödie", Juni 2023 • **1373** BBC, „Jersey sub search equipment stood down", 23. Juni 2023; https://www.bbc.com/news/world-europe-jersey-65999780 • **1374** Bailiwick Express, „Another US jet flying in as island firm stood down from Titanic operation", 23. Juni 2023; https://www.bailiwickexpress.com/jsy/news/us-transport-planes-continue-fly-jersey/ • **1375** Newsweek, „Titanic Sub Rescue Team Gets New Vessel at Eleventh Hour—‚Improved the Odds'", 22. Juni 2023 • **1376** https://www.theguardian.com/world/live/2023/jun/22/titanic-sub-live-updates-search-titan-missing-submarine-submersible-rescue-us-coast-guard-latest-news?page=with:block-6494a1b08f08657ec7320f7c • **1377** Vanity Fair, „The Titan disaster was years in the making", 17. August 2023; https://www.vanityfair.com/news/2023/08/titan-submersible-implosion-warnings • **1378** www.Flightradar24.com • **1379** BBC, „Jersey sub search equipment stood down", 23. Juni 2023; https://www.bbc.com/news/world-europe-jersey-65999780 • **1380** Bailiwick Express, „Another US jet flying in as island firm stood down from Titanic operation", 23. Juni 2023; https://www.bailiwickexpress.com/jsy/news/us-transport-planes-continue-fly-jersey/ **1381** Ministerium für Innere Sicherheit der Vereinigten Staaten, US-Küstenwache, „MBI Convening Order", 23. Juni 2023; https://media.defense.gov/2023/Jun/28/2003250010/-1/-1/0/TITAN%20MBI%20CONVENING%20ORDER%20(23JUN2023).PDF **1382** Ministerium für Innere Sicherheit der Vereinigten Staaten, US-Küstenwache, „MBI Convening Order", Juni 2023, https://media.defense.gov/2023/Jun/28/2003250010/-1/-1/0/TITAN%20MBI%20CONVENING%20ORDER%20(23JUN2023).PDF • **1383** CBC News, „TSB launching investigation into Polar Prince, support vessel for Titan submersible", 23. Juni 2023; https://www.cbc.ca/news/canada/newfoundland-labrador/titan-search-update-canadian-ships-returning-1.6886264 • **1384** Transportation Safety Board of Canada, „Marine transportation safety investigation M23A0169", 23. Juni 2023, https://www.tsb.gc.ca/eng/enquetes-investigations/marine/2023/m23a0169/m23a0169.html • **1385** Titan Case file, Incident H2023-00759, Joint Rescue Coordination Centre, Halifax • **1386** Transportation Safety Board of Canada, „TSB update on investigation into the occurrence involving the support vessel Polar Prince and the submersible Titan", 28. Juni 2023; https://www.tsb.gc.ca/eng/medias-media/communiques/marine/2023/m23a0169-20230628.html • **1387** John Mauger at press conference in Boston, Juni 2025 • **1388** Jamie Frederick bei der Befragung durch den Untersuchungsausschuss der US-Küstenwache, 27. September 2024 • **1389** Transportation Safety Board of Canada, „TSB update on investigation into the occurrence involving the support vessel Polar Prince and the submersible Titan", 28. Juni 2023; https://www.tsb.gc.ca/eng/medias-media/communiques/marine/2023/m23a0169-20230628.html

**1390** Task and Purpose, „Navy won't use large recovery system for Titan submersible wreckage", 25. Juni 2023; https://taskandpurpose.com/news/navy-titan-submersible-fadoss-wreckage/ • **1391** „Hull Failure and Implosion of Submersible Titan", Bericht MIR-25-36 des National Transportation Safety Board, S. 82, 2. Oktober 2025 • **1392** Video Pelagic of dive 7, 26. Juni 2023, veröffentlicht als „Coast Guard Marine Board of Investigation_dive7_Applying lift gear to dome.mp4", Untersuchungsausschuss der US-Küstenwache, September 2024 • **1393** Tym Catterson bei der Befragung durch den Untersuchungsausschuss der US-Küstenwache, 16. September 2024 • **1394** FOX 29 Philadelphia, „Florida couple drops lawsuit against Titan sub owner after ‚catastrophic implosion'", 26. Juni 2023 • **1395** Klageschrift, Fallnummer 2023-CA-001349-O „Mark Hagle and Sharon Hagle vs. Richard Stockton Rush", 15. Februar 2023; https://myeclerk.myorangeclerk.com/DocView/Doc?eCode=7AwXjJbppMBSIe8xoZnYSwNMhVrroExEA7JhbVQuTSC1L3BUh4eXdwMlG1QEkHGrZf3g3UxNUsypTqQPq6pdvcm1xgFoFIDDMMl6cZlLNbXTwNKguoGlRvQ9BZYgXF5TqoUjZNq7czhJu5y7hfoNlA%3D%3D • **1396** Tym Catterson bei der Befragung durch den Untersuchungsausschuss der US-Küstenwache, 16. September 2024 • **1397** Reuters: „Wreckage of Titan arrives in St. John's", Feed 3378, 28. Juni 2023 • **1398** Reuters: „Salvaged Pieces arrive in St. John's", Feed 3380, 28. Juni 2023 • **1399** Dokument CG 082, „Titan preliminary interview transcripts", Tony Nissen, S. 556, Untersuchungsausschuss der US-Küstenwache, 4. August 2025 • **1400** RMST Periodic Report to the court in Norfolk, Virginia, eingereicht am 8. Juli 2023 • **1401** US-Küstenwache, „U.S. Coast Guard recovers evidence from TITAN submersible", 28. Juni 2023; https://www.news.uscg.mil/Press-Releases/Article/3443110/us-coast-guard-recovers-evidence-from-titan-submersible/ • **1402** „Hull Failure and Implosion of Submersible Titan", Bericht MIR-25-36 des National Transportation Safety Board, S. 77, 2. Oktober 2025 • **1403** Pelagic Pressemitteilung, „PRS Titan Demobilization", 28. Juni 2023; https://pelagic-services.com/web2/index.php/2023/09/12/prs-titan-demobilization-release-28-june-23/ • **1404** Pelagic Press Conference, 30. Juni 2023 • **1405** https://en.wikipedia.org/wiki/Rescue_of_Roger_Mallinson_and_Roger_Chapman

**1406** YouTube, Sky News, „Man recounts his rescue from submersible ‚Pisces III' which got trapped off Irish coast"; https://www.youtube.com/watch?v=pIxGeSZ-kto • **1407** BBC, „Pisces III submersible: A dramatic underwater rescue", Vanessa Barford, 30. August 2013; https://www.bbc.com/news/magazine-23862359 • **1408** United States Naval Undesea Museum, „CURV III", 21. April 2016; https://navalunderseamuseum.org/curv-iii/ • **1409** https://web.archive.org/web/20230713175133/https://oceangateexpeditions.com/ • **1410** https://web.archive.org/web/20230705081613/https://oceangateexpeditions.com/tour/titanic-expedition/ • **1411** Business Insider, „OceanGate, the company behind the doomed Titanic sub, has appointed an investment banker as its new CEO to lead it through ongoing investigations", 5. August 2023; https://www.businessinsider.com/oceangate-appoints-investment-banker-as-its-new-ceo-2023-8 • **1412** GeekWire, „Seattle tech exec Gordon Gardiner will face challenging task as OceanGate's new CEO", 15. August 2023; https://www.geekwire.com/2023/gordon-gardiner-oceangate-ceo/ • **1413** Dokument CG 082, „Titan preliminary interview transcripts", Bob Shuman, S. 153 • **1414** CBC News, „Investigators doing DNA testing on human remains recovered from Titan submersible", 25. Juli 2023; https://www.cbc.ca/news/canada/newfoundland-labrador/titan-human-remains-dna-update-july-25-1.6915962 • **1415** Dokument CG 001, „Basic Factual Information – Loss of Life and Total Constructive Loss Submersible Titan", „Recovery Operations", Untersuchungsausschuss der US-Küstenwache, September 2024 • **1416** Interview mit Sidonie Nargeolet, 2. Februar 2025 • **1417** Radio Canada, Enquête, „Titan, l'implosion que le Canada n'a pas su prévenir", März 2024 • **1418** YouTube, 60 Minutes Australia, „James Cameron reveals new information about Titanic sub disaster", 6. Juni 2024; https://www.youtube.com/watch?v=Cb9uqlr7b4Q • **1419** YouTube, DALLMYD, „After Oceangate Tragedy: Getting Back Into a Submersible (Overcoming Fears)", 18. Oktober 2023; https://www.youtube.com/watch?v=mQ_qTLBoato • **1420** YouTube, Live Science, „Here's What Happens to a Styrofoam Cup Under the Deep Sea's Crushing Pressure", 11. Juni 2018; https://www.youtube.com/watch?v=j1IyH2ZBsQQ • **1421** https://www.phnx-international.com/celia-morris-awarded-employee-of-the-3rd-quarter/ • **1422** Defense Visual Information Distribution Service, „Titan Marine Board of Investigation conducts recovery operations", 1. Januar 2023; https://www.dvidshub.net/image/8063285/titan-marine-board-investigation-conducts-recovery-operations • **1423** United States Coastguard News, „U.S. Coast Guard recovers remaining evidence from Titan submersible", 10. Oktober 2023; https://www.news.uscg.mil/Press-Releases/Article/3551133/us-coast-guard-recovers-remaining-evidence-from-titan-submersible/ • **1424** GeekWire, „Coast Guard brings up additional debris and remains from OceanGate sub wreck", 10. Oktober 2023; https://www.geekwire. • com/2023/coast-guard-debris-remains-oceangate-titan-sub/ • **1425** Interview mit Sidonie Nargeolet, 2. Februar 2025 • **1426** United States Coast Guard, Fotos 90573/9057369/ 9057342, 30. September 2024; https://www.dvidshub.net/image/9057368/titan-submersible-debris; https://www.dvidshub.net/image/9057369/titan-submersible-carbon-fiber-debris; https://www.dvidshub.net/image/9057342/titan-submersible-debris-recovery

**1427** BBC, „Implosion – the Titanic sub disaster", 29. Mai, 2025 • **1428** ZDF, Terra X, „Titan – Todesfahrt zur Titanic", 22. Juni 2025

**1429** „Hull Failure and Implosion of Submersible Titan", Bericht MIR-25-36 des National Transportation Safety Board, S. 38, 39, 45, 77, 2. Oktober 2025 • **1430** United States Coast Guard News, Pressemitteilung, „Coast Guard, interagency and international partners conduct Titan evidence review", 15. November 2023; https://www.news.uscg.mil/Press-Releases/Article/3589327/coast-guard-interagency-and-international-partners-conduct-titan-evidence-review/ • **1431** Don Kramer bei der Befragung durch den Untersuchungsausschuss der US-Küstenwache, 25. September 2024 • **1432** Don Kramer bei der Befragung durch den Untersuchungsausschuss der US-Küstenwache, 25. September 2024 • **1433** National Transportation Safety Board, DCA23FM036, „Materials Laboratory Factual Report 24-011_Redacted", Seiten 13, 73–74, Untersuchungsausschuss der US-Küstenwache, September 2024 • **1434** Roy Thomas bei der Befragung durch den Untersuchungsausschuss der US-Küstenwache, 23. September 2024 • **1435** Roy Thomas bei der Befragung durch den Untersuchungsausschuss der US-Küstenwache, 23. September 2024

**1436** John Duffett bei der Befragung durch den Untersuchungsausschuss der US-Küstenwache, 26. September 2024 • **1437** Interview mit Sidonie Nargeolet, 2. Februar 2025 • **1438** John Duffett bei der Befragung durch den Untersuchungsausschuss der US-Küstenwache, 26. September 2024 • **1439** „USCG Report of the Marine Board of Investigation into the implosion of the submersible Titan", Untersuchungsausschuss der US-Küstenwache, 4. August 2025 • **1440** Renata Rojas bei der Befragung durch den Untersuchungsausschuss der US-Küstenwache, 19. September 2024 • **1441** Fred Hagen bei der Befragung durch den Untersuchungsausschuss der US-Küstenwache, 20. September 2024 • **1442** Klageschrift „Richard Ortoli vs. OceanGate, Inc., the estate of R. S. Rush III, Tony Nissen, Electroimpact, Inc., Janicki Industries, Inc., and Hydrospace Group, Inc." eingereicht beim Superior Court of the State of Washington for the County of King, 6. August 2024 • **1443** Newsweek, „OceanGate ‚Titan' Victim's Family Gets Mixed Ruling From Judge", Jenna Sundel, 4. Februar 2025 • **1444** „USCG Report of the Marine Board of Investigation into the implosion of the submersible Titan", Untersuchungsausschuss der US-Küstenwache, 4. August 2025 **1445** BBC, „Implosion – the Titanic sub disaster", 29. Mai 2025 • **1446** BBC, „Implosion – the Titanic sub disaster", 29. Mai 2025 • **1447** Interview mit David Concannon, 22. Mai 2024 • **1448** 60 Minutes Australia, „Ex-Oceangate engineer Tony Nissen defends controversial carbon fibre in deep sea sub"; https://www.youtube.com/watch?v=4YneW3MD3Eg&t=5s • **1449** Interview mit Dr. Robert Wagner, Technische Universität Braunschweig, 19. Juni 2024 • **1450** Engineering, „Simulation Reveals Exactly How Titan Submersible Imploded", 18. Juli 2023; https://www.engineering.com/simulation-reveals-exactly-how-titan-submersible-imploded/ • **1451** Engineering, Transcript of Robert Wagners YouTube video „A Nonlinear Structural Analysis of the Titan Submersible Shows Implosion and Fracturing", 19. Juli 2023; https://www.engineering.com/a-nonlinear-structural-analysis-of-the-titan-submersible-shows-implosion-and-fracturing/ • **1452** ZDF, Terra X, „Titan – Todesfahrt zur Titanic", 22. Juni 2025 • **1453** People, „Woman Whose Husband and Son Died in Titan Sub Implosion Speaks Out: ‚I Will Never Be the Same'", 3. Juni 2025; https://people.com/titan-submersible-widow-speaks-out-in-new-documentary-11747767 • **1454** Forbes, „Another Thrill-Seeking Businessman Is Diving To The Titanic Wreck: Meet Ohio Billionaire Larry Connor", Mary Whitfill Roeloffs, 30. Mai 2024; https://www.forbes.com/sites/maryroeloffs/2024/05/28/larry-connor-titanic-sub-who-is-ohio-billionaire-triton-submarines-oceangate-titon/ • **1455** https://tritonsubs.com/subs/

## ZUSÄTZLICHE QUELLEN

Für Schiffsbewegungen: www.vesselfinder.com
Für Flugzeugbewegungen: www.flightradar24.com

## DANKSAGUNG

Ich entschuldige mich bei allen, die mich ertragen mussten, wenn ich mal wieder im Rechercherausch war und für nichts Zeit hatte, allen voran bei meinem Mann Michael Kleinau.

Zudem möchte ich mich bei denen bedanken, die Informationen oder Fotos beigesteuert haben, offen waren für meine Fragen und sich die Zeit genommen haben, Texte gegenzulesen oder Fehler auszumerzen, darunter: Günter Bäbler, Ute Korell, Meike Nieberding, Arthur Loibl, Sidonie Nargeolet, die Mission Specialists, die nicht genannt werden wollen, David Concannon, Rory Golden, Guillermo Söhnlein, Rob McCallum, Graham Hawkes, Prof. Alex Waibel, Jason Cleland und Dr. Anna Gebruk von der University of Edinburgh, Michael Spear, Bart Kemper, Becky Kagan Schott, Bill Price, Dawn Macauley, Stephen McFadgen und alle Beteiligten im Canadian Air Force Joint Rescue Coordination Centre in Halifax, Dr. Ronald Wagner, Kirsten Jakobsen von der Fundação Rebikoff-Niggeler, Jakob S., Parks Stephenson, Imre Karácsonyi, Uwe-Jens Görke, Anke Buchner.

## DIE AUTORIN

Brigitte Saar recherchiert seit mehr als 25 Jahren rund um die Themen Titanic und Tiefsee. Die Münchnerin hat an zwei Expeditionen zum Wrack der Titanic teilgenommen und ist 1998 an Bord des russischen Tauchboots Mir 2 rund 3.800 Meter tief ins Meer getaucht, um die Überreste des tragischen Transatlantik-Liners zu erkunden. Brigitte Saar ist Amerikanistin und im Hauptberuf Journalistin – für den Titanic-Verein Schweiz hat sie zahlreiche Artikel geschrieben. Dafür hat sie auch mehrere Interviews mit Paul-Henry „P. H." Nargeolet und OceanGate-Chef Stockton Rush geführt – zwei der fünf Männer, die am 18. Juni 2023 mit dem Tauchboot Titan im Nordatlantik verloren gingen.

Ein Gesamtverzeichnis der lieferbaren Titel schicken
wir Ihnen gerne zu. Bitte senden Sie eine E-Mail
mit Ihrer Adresse an: vertrieb@koehler-books.de

Bibliografische Information der Deutschen Nationalbibliothek
Die Deutsche Nationalbibliothek verzeichnet diese
Publikation in der Deutschen Nationalbibliografie;
detaillierte bibliografische Daten sind im Internet über
http://dnb.d-nb.de abrufbar.

ISBN 978-3-7822-1578-7


im Maximilian Verlag GmbH & Co. KG
Stadthausbrücke 4, 20355 Hamburg, Deutschland
Ein Unternehmen der **TAMM**MEDIA
herstellung@koehler-mittler.de



Texte: Brigitte Saar
Coverfoto: Becky Kagan Schott
Gestaltung: Sarah Winter
Druck und Bindung: „ADverts“ printing house,
Dzelzavas straße 124, Riga, LV-1021, Lettland

Printed in Europe

FSC www.fsc.org MIX Fördert gute Waldnutzung FSC® C106236